Jürgen Polster

Reaktionskinetische Auswertung spektroskopischer Meßdaten

Aus dem Programm
Chemie

A. Heintz, G. A. Reinhardt
Chemie und Umwelt

H. Rau, J. Rau
Chemische Gleichgewichtsthermodynamik

J. S. Fritz, G. H. Schenk
Quantitative Analytische Chemie

G. M. Barrow
Physikalische Chemie

K. Krischner, B. Koppelhuber-Bitschnau
Röntgenstrukturanalyse und Rietfeldmethode

K. E. Geckeler, H. Eckstein
Analytische und präparative Labormethoden

Jürgen Polster

Reaktionskinetische Auswertung spektroskopischer Meßdaten

Eine Einführung in die kinetische Analyse chemischer und photochemischer Reaktionen

Prof. Dr. Jürgen Polster
Technische Universität München
Lehrstuhl für Allgemeine Chemie und Biochemie
85350 Freising-Weihenstephan

Der Verlag Vieweg ist ein Unternehmen der Bertelsmann Fachinformation GmbH.

Gedruckt auf säurefreiem Papier

ISBN-13:978-3-528-06577-5 e-ISBN-13:978-3-322-87596-9
DOI: 10.1007/978-3-322-87596-9

Herrn Professor Dr.
Hanns-Ludwig Schmidt
zum 65. Geburtstag gewidmet

Vorwort

Zentrale Aufgabe der chemischen Kintetik ist die Aufklärung der Mechanismen von chemischen und biochemischen Reaktionen sowie die Bestimmung der betreffenden kinetischen Parameter. Für die kinetische Analyse eines unbekannten Reaktionssystems werden zunächst aus der Erfahrung des Chemikers oder Biochemikers heraus ein möglicher Mechanismus postuliert und dazu die kinetischen Gleichungen aufgestellt. Die so entwickelte Arbeitshypothese („Theorie") wird dann mit den Meßdaten („Experiment") verglichen. Widersprechen sich Theorie und Experiment, ist die Theorie zu verwerfen und durch eine neue zu ersetzen. Stimmen Theorie und Experiment überein, ist dies noch kein Beweis für die Richtigkeit der aufgestellten Theorie, da das Theorem gilt: Ein Reaktionsmechanismus kann experimentell widerlegt, aber nicht bewiesen werden.

Für die kinetische Analyse wird der Reaktionsumsatz in Abhängigkeit vom Mechanismus als Funktion der Zeit berechnet. Dazu werden üblicherweise die Konzentrations-Zeit-Differentialgleichungen aufgestellt und, wenn möglich, geschlossen integriert. Mit Hilfe mathematischer Verfahren können dann aus den experimentell ermittelten Konzentrations-Zeit-Kurven die kinetischen Parameter bestimmt werden.

Die direkte experimentelle Bestimmung der Konzentrations-Zeit-Kurven ist im allgemeinen aufwendig. Erschwerend kommt hinzu, daß für die signifikante Unterscheidung von Reaktionsmechanismen ausreichend viele Meßdaten mit möglichst geringen Fehlern benötigt werden. Wegen des großen experimentellen Aufwandes (z. B. bei chromatographischen Messungen) ist aber diese Vorgehensweise bisher nicht üblich. Trotzdem werden ungeachtet davon in den meisten Lehrbüchern die Methoden der kinetischen Analyse nahezu ausschließlich auf der Ebene der Konzentrations-Zeit-Gleichungen behandelt.

In der Reaktionskinetik haben sich vor allem spektroskopische Verfahren und hier in besonderem Maße die UV-VIS-Spektroskopie bewährt. Die Basisgleichung dafür ist das verallgemeinerte Lambert-Beer-Bouguersche Gesetz. – Der erste, der einen allgemeinen Formalismus zur kinetischen Auswertung von chemischen Reaktionen durch Kombination von Extinktionen verschiedener Wellenlängen entwickelt hat, war Heinz Mauser. Er hat die Extinktions (E)-, Extinktionsdifferenzen (ED)- und Extinktionsdifferenzen-Quotienten (EDQ)-Diagramme sowie die Methode der „Formalen Integration" in die Kinetik eingeführt. Die Grundlagen dieser Verfahren, die sich in der Praxis bestens bewährt haben, wurden erstmals von H. Mauser in der Monographie „Formale Kinetik" (Bertelsmann Universitätsverlag, Düsseldorf 1974) umfassend dargestellt. Wesentliche Aspekte dieser Monographie sowie die Weiterentwicklung der eingeführten Verfahren in den letzten 20 Jahren sind Gegenstand des vorliegenden einführenden Buches, das somit einen Teil des Lebenswerkes von H. Mauser behandelt.

In ausführlicher Weise wird gezeigt, wie die zentralen Fragen der reaktionskinetischen Auswertung spektroskopischer Meßdaten beantwortet werden können:

- Aus wievielen (linear unabhängigen) Teilreaktionen besteht das untersuchte System?
- Wie können die Extinktions-Zeit-Gleichungen des hypothetischen Reaktionsmechanismus aufgestellt werden?
- Wie können die charakteristischen kinetischen Parameter aus den Meßdaten bestimmt werden?

Im vorliegenden Buch werden parallel zu den thermisch kontrollierten Reaktionen (sog. „Dunkelreaktionen") auch Photoreaktionen behandelt. Die Anwendungsmöglichkeiten der dargestellten Theorie werden dadurch erheblich erweitert. Durch die Einführung der „transformierten Zeit" (H. Mauser, 1979) ist es möglich, sog. quasilineare Photoreaktionen wie Dunkelreaktionen 1. Ordnung auszuwerten. So können beispielsweise Photofolgereaktionen von Typ $A \xrightarrow{h\nu} B \xrightarrow{h\nu} C$ formal wie die entsprechenden Dunkelreaktionen von Typ $A \xrightarrow{\Delta} B \xrightarrow{\Delta} C$ behandelt werden. Um diese Einheitlichkeit zu demonstrieren, werden diejenigen Dunkel- und Photoreaktionen, die demselben mathematischen Formalismus gehorchen, in den einzelnen Kapiteln gemeinsam bearbeitet.

Das Buch ist in drei Teile gegliedert. Im Teil I werden die Grundlagen der kinetischen Analyse von Dunkel- und Photoreaktionen dargestellt. Im Mittelpunkt stehen dabei die Konzentrations-Differentialgleichungen, die Reaktionslaufzahl und die partielle Quantenausbeute. Das Verständnis dieser Zusammenhänge ist unerläßlich für die Teile II und III. – Im Teil II (dem umfangreichsten) werden die in der Praxis besonders relevanten Reaktionsmechanismen von Dunkel- und Photoreaktionen sowie deren spektroskopisch-kinetische Analyse dargestellt. Für jeden ausführlich diskutierten Mechanismus wird mindestens ein Meßbeispiel behandelt. Die dargestellten Ergebnisse werden in drei Theoremen zusammengefaßt, die gemeinsam mit H. Mauser formuliert wurden. – Im Teil III werden spezielle Anwendungsbeispiele der spektroskopisch-kinetischen Analyse behandelt. Es wird hier an Hand von Beispielen gezeigt, wie kombinierte Dunkel- und Photoreaktionen ausgewertet werden können. Ferner werden die für die Praxis wichtigen sensibilisierten Photoreaktionen sowie chemische Aktinometer diskutiert. Schließlich wird gezeigt, wie mit Hilfe von enzymatischen Modellen die Wirkungsweise von Enzymen sowie von Herbiziden in Chloroplasten durch kinetische Analyse aufgekärt und wie fluorimetrisch vermessene Reaktionssysteme ausgewertet werden können.

Die vorliegende Einführung richtet sich an alle Forscher und Studenten, die sich mit der kinetischen Analyse von chemischen und biochemischen Reaktionen oder Photoreaktionen befassen. Sie wendet sich an diejenigen, die sich neu in das Gebiet der Kinetik einarbeiten wollen, gleichzeitig auch an Fachleute, die sich näher mit dem Konzept der „Mehrwellenlängenanalyse" auseinanderzusetzen beabsichtigen. Grundkenntnisse in der Differential- und Integralrechnung sowie in der Statistik werden vorausgesetzt. Lediglich bei der Verallgemeinerung der entwickelten Methoden sind elementare Kenntnisse der Matrizenrechnung unerläßlich. Dies trifft besonders für die Kapitel 9 und 11 zu, die von dem an der Theorie weniger interessierten Benutzer übersprungen werden können.

Das Buch stellt keine Monographie dar, da nur die in der Praxis besonders relevanten Reaktionsmechanismen im Detail behandelt werden. Die Literatur ist auf ein Minimum beschränkt und bezieht sich im wesentlichen auf die im Rahmen dieser Einführung verwendeten Arbeiten. Die in Form von Lehrbüchern und Monographien weiterführende Literatur wird gesondert angegeben.

Meinem verehrten Lehrer, Herrn Prof. Dr. H. Mauser, danke ich sehr herzlich für die fast 25-jährige enge und fruchtbare Zusammenarbeit und für die vielen anregenden Diskussionen. Ebenso danke ich ihm herzlich für die kritische Durchsicht des Manuskriptes und die wertvollen Hinweise und Ratschläge. Leider wurde es uns nicht möglich gemacht, das vorliegende Buch gemeinsam herauszugeben. – Meinen ehemaligen Kollegen aus dem Arbeitskreis von H. Mauser danke ich für das zur Verfügung gestellte Material. Besonders möchte ich mich hier bei Herrn Prof. Dr. G. Gauglitz (vom Institut für Physikalische und Theoretische Chemie der Universität Tübingen) für die Meßergebnisse zum Kapitel 16 und für die kritische Korrektur dieses Kapitels bedanken. Frau Dr. G. Lachmann (vom Institut für Physikalische Chemie der Universität Aachen) danke ich für die im Kap. 9 dargestellten Meßergebnisse. Herrn Dr. V. Starrock sowie Herrn Dr. U. Kölle habe ich für das zur Verfügung gestellte Material zu den Photoreaktionen in den Kapiteln 7 und 8 bzw. 12 sowie für die kritische Korrektur zu danken. Herrn Dr. Dr. R. Verhagen danke ich für die Genehmigung der Darstellung seiner Ergebnisse zur kinetischen Analyse der alkalischen Phosphatase (s. Kap. 15.2). – Meinen ehemaligen Mitarbeitern, Herrn Dipl. ing. M. Sonntag, Frau Dr. M. Schwenk und Frau Dr. H. Vogel, sei für das im Kap. 15.5 zur Verfügung gestellte Material gedankt. – Herrn Dr. E. Schmelz vom hiesigen Lehrstuhl danke ich sehr für die kritische Durchsicht des gesamten Manuskriptes und für viele wertvolle Hinweise. – Wesentliche Teile des verwendeten Materials stammen aus meinen Vorlesungen an der TU München und aus Publikationen. Für technische Hilfen habe ich hier besonders Frau B. Moratz, Frau A. Papperger, Frau G. Prestel und Frau A. Schönhuber zu danken. Herrn Dr. W. Höbel danke ich für die sorgfältig durchgeführten Schreib- und Graphikarbeiten. Meinen Dank habe ich auch Frau Dr. A. Schulz (Lektorin für Chemie und Biochemie im Vieweg-Verlag) für die vertrauensvolle Zusammenarbeit zu erstatten. Nicht zuletzt möchte ich mich bei Herrn Prof. Dr. H.-L. Schmidt, dem diese Einführung gewidmet ist, für sein wohlwollendes Interesse meinen Arbeiten gegenüber und für seine effektive Unterstützung durch Mittel des hiesigen Lehrstuhls sehr herzlich bedanken.

Ganz besonders danke ich meiner Familie – Monika, Friederike, Annegret und Hansjörg – für manchen bereitwillig akzeptierten Verzicht und für die Kraft zu meinen Arbeiten.

Freising-Weihenstephan im Mai 1994 Jürgen Polster

Zum Geleit

Vor 20 Jahren erschien mein Buch „Formale Kinetik". Darin habe ich gezeigt, wie man für chemische Reaktionen die Konzentrations- und Zeitgesetze systematisch herleitet und wie man kinetische Messungen optimal auswertet. Ich beschränkte mich dabei auf homogene Systeme bei konstantem Volumen und konstanter Temperatur, berücksichtigte aber Photoreaktionen ebenso wie Dunkelreaktionen. Im wesentlichen enthält das Buch „Formale Kinetik" meine Arbeiten sowie die meiner Mitarbeiter.

In der Zwischenzeit haben wir unsere Methoden weiterentwickelt und uns vor allem mit der Analyse von linearen Reaktionssystemen und von Systemen, an denen Teilreaktionen zweiter Ordnung beteiligt sind, beschäftigt.

Nun hat Herr Polster in dem vorliegenden Buch die Probleme der formalen Kinetik wieder aufgegriffen und dabei auch unseren Beitrag nach dem neuesten Stand vollständig dargestellt. Ich freue mich darüber und wünsche dem Buch gute Aufnahme und weite Verbreitung.

Reutlingen im Juni 1994 Heinz Mauser

Behandelte Reaktionen zur spektroskopisch-kinetischen Analyse

Abkürzungen

Boc-gly-ONP	= tert. Butyloxycarbonyl-glycin-p-nitrophenylester
CPTC	= 7-4(Chlor-3-methylpyrazol-1-yl)-3-(4-methyl-1,2,4-triazol)-cumarinsulfat
DEMC	= 7,7'-Diethylamino-4-methylcumarin
MA	= 4'-Mercapto-acetanilid
MAA	= 4'-Mercapto-acetanilid-acetat
MUTMAC	= 4-Methyl-umbelliferyl-p-trimethyl-ammonium-cinnamat
oNPA	= o-Nitrophenylacetat
PPDA	= Phenyl-phosphorsäure-diamid
PPDA-NO_2	= Nitrophenyl-phosphorsäure-diamid

UV-VIS-Spektroskopie

1. Einfache Dunkelreaktionen (s = 1)

1. Ordnung:

Spontanhydrolyse von Dinosebacetat (Kap. 2.2, 7.1)
Spontanhydrolysen von PPDA und PPDA-NO_2 (Kap. 7.1)
Simultane Spontanhydrolysen von Boc-gly-ONP und oNPA (Kap. 8.1)

pseudo 1. Ordnung:

Aminolyse von MAA (Kap. 7.2)
Imidazolyse von MAA (Kap. 7.2)
Phosphatkatalysierte Spontanhydrolyse von PPDA-NO_2 (Kap. 7.2)

2. Ordnung:

Aminolyse von Boc-gly-ONP in Acetonitril (Kap 10.1)
Peptidsynthese nach der liquid-phase Methode (Kap. 10.1.2)

2. Quasilineare Photoreaktionen (s = 1)

Fluorenon-sensibilisierte Isomerierung von trans-Stilben (Kap. 12.1)
Isomerisierung von trans-Azobenzol (chemischer Aktinometer, Kap. 13.3)
Reduktion von Anthrachinonderivaten in neutralem Methanol (Kap. 7.1)

3. Nicht-einheitliche Dunkel- und Photoreaktionen (s = 2)

Folgereaktionen:

Bildung von Tetrahydropyridinderivaten aus Pyridoxal und Histidinen (Kap. 9.2.6)
Imidazolyse von MUTMAC (Kap. 8.2.2)
Oxidation von MA zum entsprechenden Disulfid (Kap. 11.6)
Photoreduktion von Anthrachinonderivaten in alkalischem Methanol (Kap. 8.2.1)

Parallelreaktionen:

Simultane Spontanhydrolysen von Boc-gly-ONP und oNPA (Kap. 8.1)
Simultane Aminolyse von Boc-gly-ONP und oNPA in Acetonitril (Kap. 11.5)

4. Kombinierte Dunkel- und Photoreaktionen

Photochemische Isomerisierung von Dihydroindolizinderivaten mit thermisch kontrollierter Rückreaktion (Kap. 14.2)

5. Enzymkinetische Modelle

Alkoholdehydrogenase-Reaktion (Kap. 15.1)
Hemmung der Photosynthese-Lichtreaktionen (in Chloroplasten) durch das Herbizid Dinoseb (Kap. 15.3)
Inhibition der alkalischen Phosphatase durch L-Phenylalanin (Kap. 15.2)

Fluoreszenz-Spektroskopie

Photochemische Zersetzung von Laserfarbstoffen
- CPTC (Kap. 16.4)
- DEMC (Kap. 16.4 und Kap. 16.5)

Inhaltsverzeichnis

Teil I

Spektroskopische und kinetische Grundlagen

1 Allgemeines zur kinetischen Analyse

Dieses Lehrbuch zeigt, wie man mit spektroskopischen Mitteln den Mechanismus chemischer Reaktionen optimal untersucht. Mit kinetischer Analyse bezeichnet man allgemein Methoden zur Aufklärung von Reaktionsmechanismen. Während es im Prinzip immer möglich ist, bei bekanntem Mechanismus und vorgegebenen Parametern den zeitlichen Verlauf einer Reaktion numerisch zu berechnen, gibt es keinen direkten Weg zur Bestimmung des Mechanismus aus Meßdaten. Dazu muß man intuitiv einen Mechanismus vorgeben, dafür den funktionalen Verlauf der Meßgrößen berechnen und prüfen, ob die berechneten Werte mit den gemessenen verträglich sind. Trifft dies nicht zu, so ist diese Hypothese zu verwerfen und eine neue zu prüfen. Findet man aber Übereinstimmung, so ist der Mechanismus keineswegs bewiesen: Es gibt viele Mechanismen, die zum gleichen funktionalen Verlauf der Meßgrößen führen. Außerdem ist die Meßgenauigkeit begrenzt. Daraus folgt die Erkenntnis, die wegen ihrer Bedeutung zum Theorem erhoben wird [Polster, Mauser 1992]:

Theorem 1:

Ein Reaktionsmechanismus kann experimentell widerlegt, aber nicht bewiesen werden.

Durch die moderne Technologie werden immer raffiniertere Methoden zum Nachweis von chemischen Verbindungen und zur Bestimmung ihres zeitlichen Konzentrationsverlaufs entwikkelt. Auch wenn dadurch ein Reaktionsmechanismus immer mehr abgesichert werden kann, ist trotzdem sein Beweis nicht möglich. So können Reaktionen über Zwischenprodukte ablaufen, die nur in geringsten Konzentrationen vorkommen und deren Bestimmung sehr schwierig ist.

Es gibt viele Methoden der kinetischen Analyse. Günstig ist es, wenn für möglichst viele Reaktionspartner die Konzentrationen als Funktion der Reaktionszeit bekannt sind. Die Konzentrationen aber werden fast immer mit physikalischen Methoden bestimmt. Entscheidend für die Auswertung ist, wie die Meßgröße mit der Konzentration zusammenhängt. Drei Möglichkeiten sind zu unterscheiden:

1. Die Meßgröße ist proportional zur Konzentration. Diesen Zusammenhang findet man bei einigen chromatographischen Verfahren. Kennt man die Proportionalitätskonstanten, so sind die Konzentrationen leicht zugänglich. Kennt man die Proportionalitätskonstanten nicht, so kann man die Meßdaten direkt auswerten.

2. Die Meßgröße ist eine Linearfunktion mehrerer oder aller Konzentrationen. Dies findet man bei der Spektroskopie im VIS– und UV–Bereich. Wenn man die Extinktionen bei vielen Wellenlängen gemessen hat und die Extinktionskoeffizienten aller Stoffe bei diesen Wellenlängen kennt, kann man auch aus spektroskopischen Messungen die Konzentration berechnen. Dies ist hier aber schwieriger als bei konzentrations-proportionalen Meßgrößen. Auch die Meßfehler der Konzentrationen werden durch die Umrechnung vergrößert.

3. Die Meßgröße ist eine nichtlineare Funktion einer oder mehrerer Konzentrationen. Um hier die Konzentrationen aus den Meßwerten zu ermitteln, muß man Kalibrierkurven verwenden. Die Umrechnung ist umständlich und die Meßwerte selbst können, im Gegensatz zu 1. und 2., nicht direkt ausgewertet werden. Die Auswertung solcher Meßwerte ist nicht Gegenstand dieses Buches.

Die optimale Auswertung der unter 2. genannten Meßgrößen wird in diesem Buch am Beispiel der UV-VIS-Spektroskopie gezeigt. Unabhängig davon, ob die Extinktionskoeffizienten bekannt sind oder nicht, sollten spektroskopische Messungen nach den hier zusammengestellten Methoden, bei denen Extinktionskoeffizienten im allgemeinen nicht notwendig sind, ausgewertet werden.

UV-VIS-spektroskopische Messungen sind

i) einfach durchzuführen (geeignete Geräte sind in großer Zahl im Handel),

ii) die Meßgenauigkeit ist groß und

iii) man kann bei mehreren Wellenlängen viele Extinktionen als Funktion der Reaktionszeit messen.

Gegenüber konzentrations-proportionalen Meßwerten haben Extinktionen auch Nachteile. Wenn die Extinktionskoeffizienten nicht bekannt sind, kann man z.B. zwischen den Systemen

$$A \rightarrow B \rightarrow C \quad \text{und} \quad A \rightarrow B, \; C \rightarrow D$$

ohne sonstigen Zusatzinformationen nicht unterscheiden. Allgemein gilt der Satz (s. Kap. 9.2.5) [Mauser, Polster 1987; Polster, Mauser 1992]:

Theorem 2:

Zwei streng lineare Reaktionssysteme, die dieselbe Zahl von linear unabhängigen Teilreaktionen haben, können mit rein spektroskopischen Mitteln nicht unterschieden werden.

„Streng linear" bedeutet: die Teilreaktionen laufen monomolekular ab. „Rein spektroskopisch" bedeutet wie oben: Extinktionskoeffizienten sind unbekannt; zusätzliche Informationen fehlen.

In ähnlicher Weise können auch Reaktionssysteme betrachtet werden, die sich aus zwei linear unabhängigen Teilschritten zusammensetzen, wobei zumindestens ein Teilschritt aus einer Reaktion 2. Ordnung besteht. Man kann hier zum Beispiel zeigen, daß die beiden Reaktionssysteme

$$2A \rightarrow B \rightarrow C \quad \text{und} \quad 2A \rightarrow B \rightleftarrows C$$

rein spektroskopisch nicht unterscheidbar sind. Es gilt der allgemeine Satz:

Theorem 3:

Reaktionssysteme, die aus zwei linear unabhängigen Teilschritten bestehen, wobei mindestens ein Teilschritt eine Reaktion 2. Ordnung darstellt, können mit rein spektroskopischen Mitteln nicht unterschieden werden, wenn ihre Eigenwerte die gleiche funktionale Abhängigkeit von den Ausgangskonzentrationen haben.

Das Theorem 3 wird im Kap. 11.7 näher behandelt.

2 Allgemeine Grundlagen

2.1 Das Lambert-Beer-Bouguersche Gesetz

Die Grundgleichung der quantitativen Spektroskopie ist das Lambert-Beer-Bouguersche Gesetz [Bouguer 1729, Lambert 1760, Beer 1852]. Es gibt die Abhängigkeit der Lichtschwächung von der Konzentration eines Stoffes an, der sich in einer Meßküvette in Lösung befindet. Wie die Abb. 2-1 zeigt, hat die Küvette die Schichtdicke ℓ (z.B. ℓ = 1 cm). Die Küvette ist mit einer homogenen Lösung gefüllt, in der sich Moleküle des Farbstoffes A der Konzentration a befinden. Der Farbstoff besitzt die Eigenschaft, elektromagnetische Strahlung (Licht), die in die Lösung einfällt, mehr oder weniger stark zu absorbieren. Experimentell kann man finden, daß

- die Lichtschwächung von der Schichtdicke ℓ abhängt (Bouguer, 1729),
- die Lichtintensität in der Küvette exponentiell abfällt (Lambert, 1760) und
- die Lichtschwächung von der Konzentration des Farbstoffes abhängt (Beer, 1852).

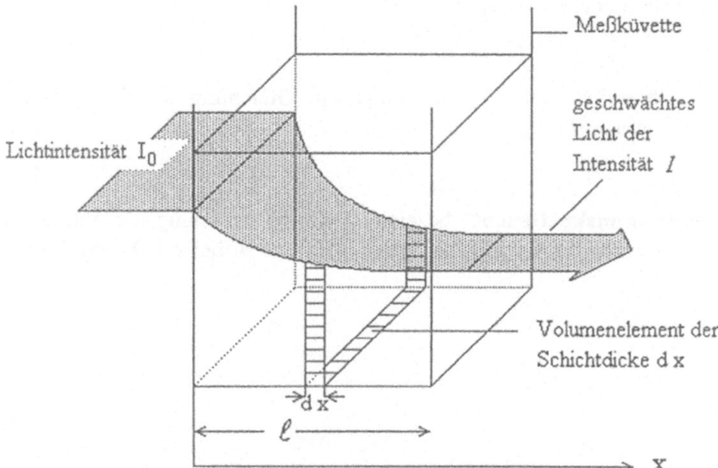

Abb. 2-1 Ableitung des Lambert-Bouguerschen Gesetzes: Auf die Vorderfront einer Küvette, die mit einer Lösung gefüllt ist, fällt senkrecht monochromatisches Meßlicht der Intensität I_0. Innerhalb der Küvette mit der Schichtdicke ℓ nimmt die Intensität des Meßlichtes exponentiell ab.

Um dafür das quantitative Gesetz aufzustellen, wird angenommen, daß das Vorderfenster der Küvette mit monochromatischem Licht der Intensität I_0 senkrecht bestrahlt wird. Dabei gibt die **Intensität (I)** die Menge Photonen (Lichtquanten) in Moleinheiten an, die pro Sekunde eine Fläche von 1 cm^2 durchdringen:

$$\text{Intensität} = \frac{\text{mol Photonen}}{\text{Zeit} \cdot \text{Fläche}} \quad \left[\frac{\text{Einstein}}{\text{s} \cdot \text{cm}^2}\right] \tag{2-1}$$

Die Menge 1 mol besteht aus $6{,}022 \cdot 10^{23}$ Teilchen (Loschmidt- oder Avogadro-Zahl). In der Photochemie wird die Molmenge an Photonen zu Ehren von A. Einstein in Einstein-Einheiten angegeben. *Per definitionem* gilt:

1 Einstein = 1 mol Photonen	($\hat{=}$ $6{,}022 \cdot 10^{23}$ Photonen)	(2-2)

Die Vorderfront der Küvette, auf die der Meßstrahl mit der Intensität I_0 fällt, muß homogen ausgeleuchtet sein. Innerhalb der Küvette wird der Lichtstrahl durch Absorption geschwächt. Die Richtung des Lichtes soll mit der x-Achse eines Koordinatensystems zusammenfallen (die y-Achse gibt die Intensität des Lichtes innerhalb der Küvette an). Um nun die Intensitätsänderung -dI (minus dI, da die Intensität innerhalb der Küvette abnimmt) innerhalb eines Volumenelementes mit der Schichtdicke dx zu berechnen, wird auf die experimentellen Befunde von Bouguer, Lambert und Beer zurückgegriffen. Danach ist die Lichtschwächung -dI proportional zur Größe dx und zur Konzentration a des Stoffes A (a wird nachfolgend in Einheiten mol/L angegeben):

$$-\mathrm{d}I \propto \mathrm{d}x$$

$$-\mathrm{d}I \propto a$$

Ferner ist -dI noch proportional zur Intensität $I(x)$, die an der Stelle x des Lichtweges auf die Vorderfront des betrachteten Volumenelements fällt (I=$I(x)$):

$$-\mathrm{d}I \propto I$$

Um aus allen 3 Proportionalitätsbeziehungen eine mathematische Gleichung zu erhalten, wird die Proportionalitätskonstante χ eingeführt:

$$-\mathrm{d}I = \chi \cdot I \cdot a \cdot \mathrm{d}x \tag{2-3}$$

χ wird als „**natürlicher Extinktionskoeffizient**" bezeichnet. Durch Trennung der Variablen und Integration zwischen den Grenzen $x = 0$ und $x = \ell$ bzw. I_0 (Intensität bei $x = 0$) und I ($I = I$ (x), Intensität bei x) folgt:

$$\int_{I_0}^{I} \frac{dI}{I} = -\chi \cdot a \int_{x=0}^{\ell} dx$$

und hieraus

$$\ln \frac{I}{I_0} = -\ell \cdot \chi \cdot a \quad \text{bzw.} \quad I = I_0\, e^{-\ell \chi a} \; . \tag{2-4}$$

Demnach nimmt die Lichtintensität innerhalb der Küvette exponentiell ab. Durch Umrechnung auf Logarithmen mit der Basis 10 erhält man hieraus

$$\lg \frac{I}{I_0} = -0{,}4343 \cdot \ell \cdot \chi \cdot a \; . \tag{2-5}$$

Indem der sogenannte **dekadische Extinktionskoeffizient** ε (engl.: absorptivity) mit der Definition

$$\varepsilon = 0{,}4343 \cdot \chi \tag{2-6}$$

eingeführt wird, folgt aus Gl. (2-5):

$$\lg \frac{I}{I_0} = -\ell \cdot \varepsilon \cdot a \quad \text{bzw.} \quad I = I_0 \cdot 10^{-\ell \varepsilon a} \tag{2-7}$$

Die Einheit von ε ist üblicherweise

$$\frac{\mathrm{L}}{\mathrm{mol \cdot cm}} = \frac{\mathrm{dm}^3}{\mathrm{mol \cdot cm}} \quad .$$

Nach Bunsen versteht man unter **dekadischer „Extinktion"** E (= Auslöschung, engl.: absorbance) den Ausdruck:

$$E = \lg \frac{I_0}{I}$$

Aus Gl. (2-7) folgt damit:

$$E = \ell \cdot \varepsilon \cdot a \tag{2-8}$$

Die Größe I / I_0 wird Durchlässigkeit oder **Transmission** (engl.: transmittance) genannt und mit T abgekürzt. (1 - T) wird als „**Absorption**" bezeichnet (nicht zu verwechseln mit dem physikalischen Vorgang der Absorption). (Die Begriffe „extinction", „optical density", „o. D." sollten nicht mehr verwendet werden.)

Die Gleichung (2-8) gilt nur für monochromatisches Licht einer bestimmten Wellenlänge λ. Wird die Küvette mit einer anderen Wellenlänge durchstrahlt, ändert sich allgemein die Extinktion E. Diese Wellenlängenabhängigkeit soll nachfolgend berücksichtigt werden (E_λ). Da die Konzentration a und die Schichtdicke ℓ der Küvette selbst nicht wellenlängenabhängig sind, kann nur ε in Gl. (2-8) wellenlängenabhängig sein. Gl. (8) gilt demnach unter Berücksichtigung der Wellenlängenabhängigkeit:

$$E_\lambda = \lg \frac{I_{\lambda 0}}{I_\lambda} = \ell \cdot \varepsilon_\lambda \cdot a \tag{2-9}$$

Die Gleichung wird als das **Lambert-Beer-Bouguersche** Gesetz bezeichnet. Sie gilt nur dann, wenn sich in der Lösung ausschließlich **eine** absorbierende Komponente befindet. Wenn jedoch die Lösung n absorbierende Stoffe A_i (i = 1...n) enthält, die gleichzeitig zu einer Schwächung des Lichtes führen, gilt für jeden dieser Stoffe A_i die Gl.(2-9):

$$E_{\lambda i} = \ell \cdot e_{\lambda i} \cdot a_i \tag{2-10}$$

Die Schwächung des Gesamtlichtes setzt sich dann additiv aus allen n Beiträgen $E_{\lambda i}$ zusammen, so daß für die gemessene Extinktion E_λ gilt:

$$E_\lambda = \sum_{i=1}^{n} E_{\lambda i} = l \sum_{i=1}^{n} \varepsilon_{\lambda i} \cdot a_i \tag{2-11}$$

Diese Beziehung wird als das „**verallgemeinerte Lambert-Beer-Bouguersche Gesetz**" bezeichnet.

Das Lambert-Beer-Bouguersche Gesetz gilt nur, wenn

- die Intensität der Strahlung nicht zu groß ist,
- das Bestrahlungslicht ausreichend monochromatisch ist,
- die Lösung nicht streut ,
- (spektroskopisch beobachtbare) konzentrationsabhängige Wechselwirkungen zwischen den Teilchen nicht stattfinden und
- keine „Sättigung“ oder „Entleerung“ von Energieniveaus durch den Absorptionsakt stattfinden (wie sie z. B. in der Laser- oder NMR-Spektroskopie häufig vorkommen).

Das Lambert-Beer-Bouguersche Gesetz wird haupsächlich im sichtbaren und im ultravioletten Spektralbereich (UV-VIS-Spektroskopie) angewendet, jedoch weniger häufig im Infrarot-Bereich (IR). Analoge Beziehungen gelten auch für andere Methoden der Spektroskopie. So stellt das Biotsche Gesetz die Grundgleichung für die quantitative ORD-Spektroskopie (ORD = Optical Rotary Dispersion) dar:

$$\alpha_\lambda = \ell [\varnothing]_\lambda \, a \tag{2-12}$$

Hier gibt α_λ den Rotationswinkel (in Gradeinheiten) an, um den linear polarisiertes Licht der Wellenlänge λ gedreht wird, wenn es durch eine Lösung fällt, in der sich eine optisch aktive Substanz mit der Konzentration a (in mol/L) befindet. ℓ bedeutet wieder die Schichtdicke der Küvette. $[\varnothing]_\lambda$ ist eine Proportionalitätskonstante, die als molarer Drehwinkel (engl.: molar rotation) bezeichnet wird.

Die Glgn. (2-9) und (2-12) sind formal identisch: Sie geben an, daß die Meßgrößen von der Konzentration linear abhängig sind. – Ähnliche Beziehungen können in der CD- (CD = Circular Dichroism) und in günstigen Fällen in der NMR-Spektroskopie (NMR = Nuclear Magnetic Resonance) [Polster, Lachmann 1989] aufgestellt werden. – Demnach hat das Lambert-Beer-Bouguersche Gesetz grundlegende Bedeutung für die quantitative Spektroskopie. Spektroskopische Messungen sind besonders für die kinetische Analyse von Reaktionssystemen geeignet. *Das in dieser Einführung entwickelte Konzept zur kinetischen Analyse von spektroskopischen Meßdaten hat demnach generelle Bedeutung: Es kann immer dann angewendet werden, wenn die angewandte spektroskopische Meßmethode einem dem Lambert-Beer-Bouguerschen analogen Gesetz gehorcht.*

2.2 Reaktionsspektren

Nach dem verallgemeinerten Lambert-Beer-Bouguerschen Gesetz gilt für die Extinktion E_λ:

$$E_\lambda = l \sum_{i=1}^{n} \varepsilon_{\lambda i} \cdot a_i \tag{2-11}$$

Wenn sich nun während einer „Dunkel-“ oder Photoreaktion die Konzentrationen a_i zeitabhängig ändern, ändert sich auch E_λ. Daher kann man mit spektroskopischen Messungen chemische und biochemische Reaktionen verfolgen und analysieren. Bei der Aufnahme eines Spektrums (z.B. im UV-VIS-Bereich) wird die Extinktion als Funktion der Wellenlänge bestimmt. Registriert man nun die Spektren auch in Abhängigkeit von der Reaktionszeit, erhält man eine Schar von Einzelspektren, die zusammen als **Reaktionsspektren** (oder **Reaktionsspektrum**) bezeichnet werden. Als Beispiel wird die Spontanhydrolyse des Phenolester-Derivates Dinosebacetat, einem „Gelbspritzmittel", betrachtet, das in der Landwirtschaft als Photosynthese-Inhibitor eingesetzt wird:

$$\text{Dinosebacetat} \xrightarrow{OH^-} \text{Dinoseb } (O^- \; H^+) + \text{Acetat } (^-O{-}CO{-}CH_3)$$

Dinosebacetat | Dinoseb | Acetat

$$A \xrightarrow[(OH^-)]{} B + C \qquad (2\text{-}13)$$

Als Reaktionsprodukt entsteht u.a. Dinoseb, das ebenfalls ein Photosynthese-Inhibitor ist. Das Reaktionsspektrum ist in Abb. 2-2 dargestellt.

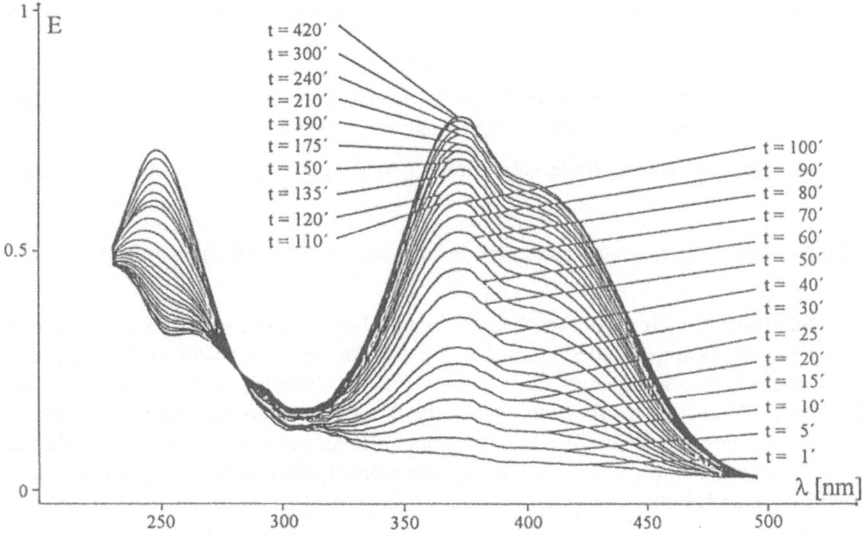

Abb. 2-2 Reaktionsspektren der Spontanhydrolyse von Dinosebacetat bei 25 °C (pH = 9,50; 0,1 M Carbonatpuffer).

Die betrachtete Reaktion ist eine „Dunkelreaktion" und kann – wie die kinetischen Analyse zeigt – durch den Mechanismus A → B + C beschrieben werden (es sei hier schon bemerkt, daß die Geschwindigkeitskonstante (k_1) dieser Spontanhydrolyse den Wert $2{,}25 \cdot 10^{-4}$ s^{-1} und der Protolyt Dinoseb den pK-Wert 4,88 besitzen [Polster, Sonntag et al., 1987]). Die Reaktionsspektren schneiden sich bei λ = 280 nm. Bei dieser Wellenlänge ändert sich die Extinktion nicht mit der Zeit. Dieser Schnittpunkt wird als **isosbestischer Punkt** bezeichnet. Wie die Abbildung weiter zeigt, ändern sich die Extinktionen im Wellenlängenbereich 350 - 450 nm während der Reaktion besonders stark. Die Extinktionen dieses Bereiches sind daher für die kinetische Analyse besonders geeignet.

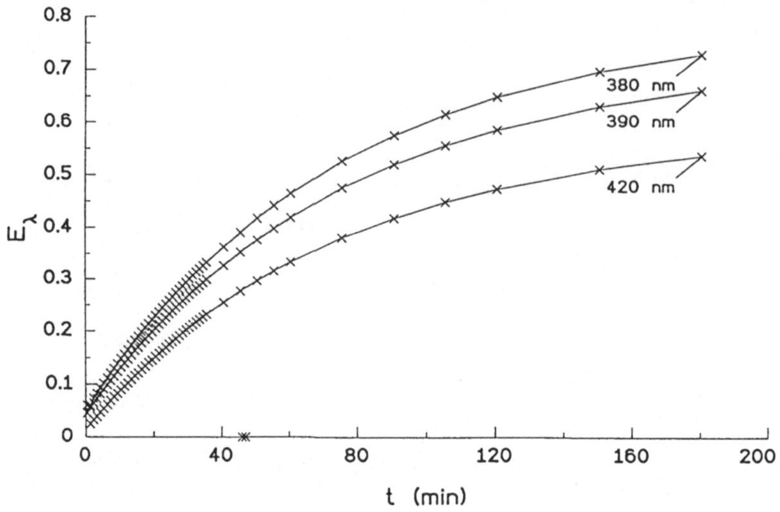

Abb. 2-3 Aus den Reaktionsspektren der Abb. 2-2 ermittelte Extinktions-Zeit-Kurven der Spontanhydrolyse von Dinosebacetat bei pH = 9,50 und 25°C.

In der Abb. 2-3 sind die zugehörigen Extinktions-Zeit-Kurven für mehrere Wellenlängen dargestellt. Die Aufgabe der spektroskopisch-kinetischen Analyse besteht nun darin,

1.) einen Reaktionsmechanismus zu finden, der nicht im Widerspruch zu den Meßdaten steht,

und

2.) die charakteristischen kinetischen Konstanten für den betreffenden Mechanismus zu bestimmen.

Analog zu den Dunkelreaktionen wird auch bei der kinetischen Analyse von **Photoreaktionen** vorgegangen. Bei Photoreaktionen ändern sich die Konzentrationen in der Lösung dadurch, daß Stoffe durch Licht elektronisch angeregt und dabei chemisch verändert werden (die Prozesse werden in dem Kap. 4.1 und 4.2 ausführlich beschrieben). Damit ändern sich auch die Extinktionen in Abhängigkeit von der Bestrahlungszeit („reine" Photoreaktionen laufen nur während der Bestrahlung ab; unterbricht man die Bestrahlung, kann das Spektrum bequem registriert und danach die Bestrahlung fortgesetzt werden).

Ein Beispiel für eine Photoreaktion ist die Umwandlung des Kaliumsalzes von 1-Hydroxy-benzotriazol zu Nitrosobenzol in Gegenwart der Kronenetherverbindung 18-Krone-6 [Lüdecke 1976; Lüdecke et al. 1976]:

$$\text{N, N, N–OK (Benzotriazol-K-Salz)} \xrightarrow[-N_2]{h\nu} \left[C_6H_4^{\bullet}\text{–}N^{\bullet}\text{–OK} \right] \xrightarrow[-KOH]{+H_2O} C_6H_5\text{–N=O} \qquad (2\text{-}14)$$

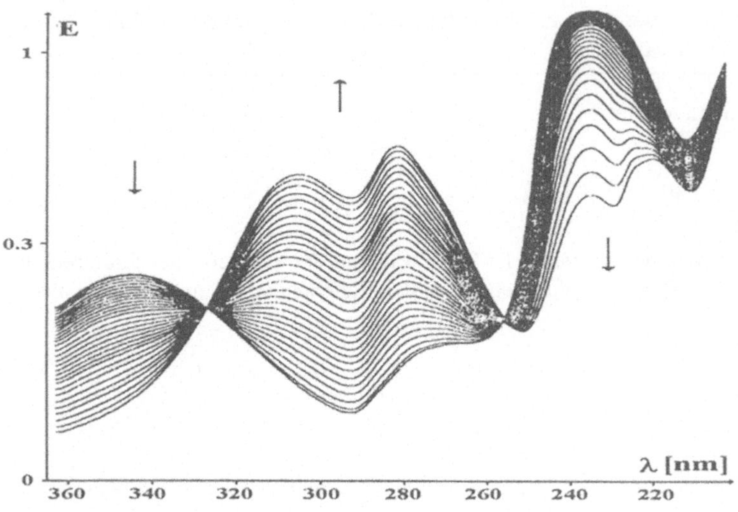

Abb. 2-4 Reaktionsspektrum der Photoreaktion von 1-Hydroxybenzotriazol in wasserhaltigem Acetonitril in Gegenwart von KOH und 18-Krone-6 (Bestrahlungswellenlänge: $\lambda' = 365$ nm; $I_0 = 1 \cdot 10^{-9}$ Einstein/(s · cm^2); Bestrahlungsdauer: ca. 5 h) [Lüddecke 1976].

Das Reaktionsspektrum ist in Abb. 2-4 dargestellt. Wie man sieht, findet man bei den Wellenlängen 255 nm und 325 nm isosbestische Punkte. In den Bereichen 220-240 nm und 270-310 nm ändern sich die Extinktionswerte während der Reaktion besonders stark. Die Extinktions-Zeit-Kurven werden daher vorteilhafterweise bei diesen Wellenlängen kinetisch ausgewertet.

2.3 Die Reaktionslaufzahl

Zunächst werden Begriffe definiert und Zusammenhänge abgeleitet, die für die kinetische Analyse von thermisch kontrollierten Reaktionen (**Dunkelreaktionen**) und Photoreaktionen wichtig sind. Es wird gezeigt, wie man die kinetischen Gleichungen von Reaktionsmechanismen vorteilhaft aufstellt. Dabei hat sich ein rechtwinkliges Schema (das sog. Rechteckschema) sehr bewährt.

Der Begriff **Reaktionslaufzahl** (λ) stammt aus der klassischen Thermodynamik und ist auch in der Reaktionskinetik vorteilhaft einzusetzen. Während einer Dunkel- oder Photoreaktion ändert sich die Molzahl (n_i) jedes Stoffes (A_i) mit der Zeit. Jede Reaktion kann daher quantitativ durch n_i oder aber durch die sog. Reaktionslaufzahl λ beschrieben werden. Zur Definition von λ (hier nicht mit der Wellenlänge zu verwechseln) werden differentielle Moländerungen betrachtet. Es gilt allgemein die Beziehung zwischen dn_i und dλ [Kortüm, Lachmann 1981]:

$$d n_i = \nu_i \, d \lambda \tag{2-15}$$

ν_i wird als sogenannter **stöchiometrischer Koeffizient** bezeichnet. Dabei gilt die **Vorzeichenkonvention**:

Der stöchiometrische Koeffizient eines Stoffes i erhält ein **positives Vorzeichen**, wenn der Stoff während der Reaktion **entsteht**. **Verschwindet** der Stoff i während der Reaktion, ist ein **negatives Vorzeichen** zu verwenden.

Beispiele zur Vorzeichenkonvention:

1. Beispiel

$$\underline{1} \cdot A \rightarrow \underline{1} \cdot B \quad \text{oder} \quad A \rightarrow B$$

Dieser Reaktionsmechanismus besagt: wenn 1 Mol A während der Dunkel- oder Photoreaktion verschwindet, entsteht 1 Mol B. Die stöchiometrischen Koeffizienten von A und B lauten also:

$$\nu_A = -1 \quad , \quad \nu_B = +1$$

2. Beispiel

$$2\,A \rightarrow B$$

Nach diesem Mechanismus entsteht 1 Mol B aus 2 Mol A. Es gelten also die Beziehungen:

$$\nu_A = -2 \quad , \quad \nu_B = +1$$

3. Beispiel

$$A + B \rightleftarrows 2\,C + D$$

Da 2 Mol C und 1 Mol D aus 1 Mol A und B entstehen, gilt:

$$\nu_A = -1\,, \; \nu_B = -1\,, \; \nu_C = +2\,, \; \nu_D = +1$$

Nach Gl. (2-15) kann eine Reaktion sowohl über n_i, als auch über λ charakterisiert werden. Beide Größen sind abhängig von der Zeit (die Darstellung $n_i(t)$ und $\lambda(t)$ wird hier nicht verwendet, um die Symbole möglichst einfach zu gestalten). Die Integration von Gl. (2-15) führt zu:

$$\int_{n_{io}}^{n_i} d\,n_i = \nu_i \int_0^{\lambda} d\,\lambda \tag{2-16}$$

oder

$$\Delta n_i = n_i - n_{i0} = \nu_i \cdot \lambda \quad . \tag{2-17}$$

Die untere, linke Integrationsgrenze von Gl. (2-16) ist n_{i0}. Dieser Wert gibt die Molzahl des Stoffes A_i zur Zeit $t = 0$ an. Die rechte, untere Integrationsgrenze von Gl. (2-16) hat den Wert $\lambda = 0$, da zur Zeit $t = 0$ die Reaktion noch nicht begonnen hat.

Nach Gl. (2-17) kann die Reaktionslaufzahl (sie kann hier nur **positive** Werte annehmen) aus der Moländerung jeder Komponente unter Berücksichtigung von ν_i berechnet werden. Für die Reaktion 2A → B gilt z.B. nach Gl. (2-17), wenn zur Zeit $t = 0$ $n_{A0} = 2$ mol und $n_{B0} = 0$ mol betragen und zur Zeit t $n_A = 1$ mol und $n_B = 0{,}5$ mol (mit $\nu_A = -2$, $\nu_B = +1$):

$$\Delta\,n_A = (1-2)\,\text{mol} = -\,2 \cdot \lambda \qquad \rightarrow \qquad \lambda = +\,0{,}5\,\text{mol}$$

oder:

$$\Delta n_B = (0{,}5 - 0)\,\text{mol} = +\,1 \cdot \lambda \quad \rightarrow \quad \lambda = +\,0{,}5\,\text{mol}$$

Wenn sich also im Beispiel 1 Mol A umgesetzt hat, ist λ = 0,5 Mol. Das gleiche Ergebnis wird erhalten, wenn der Stoff B betrachtet wird. Zur Zeit der klassischen Thermodynamik war nichts vom Aufbau der Materie aus Atomen, Molekülen und Ionen bekannt. Trotzdem ist es möglich, die Reaktionslaufzahl „molekular" zu interpretieren. Da sich nach der Loschmidt- (oder Avogadro-) Zahl die Masse 1 mol aus $6 \cdot 10^{23}$ Teilchen zusammensetzt, bedeutet im Fall der Reaktion $2\,A \rightarrow B$ der Umsatz λ = 0,5 mol molekular folgendes: Wenn $6 \cdot 10^{23}$ Teilchen A miteinander reagiert haben, wurden $3 \cdot 10^{23}$ Teilchen B gebildet. Oder anders ausgedrückt: Wenn λ = 0,5 mol beträgt, wurde die Reaktion $2\,A \rightarrow B$ insgesamt $3 \cdot 10^{23}$ mal „durchlaufen". Demnach ist die Reaktionslaufzahl ein Maß für den **Formelumsatz** der betrachteten Reaktion. Diese Reaktion kann entweder eine Dunkel- oder Photoreaktion sein.

2.4 Die Reaktionsgeschwindigkeit

Dunkel- oder Photoreaktionen, die in homogener flüssiger Phase ablaufen, werden zweckmäßig in **Konzentrationseinheiten** (mol/L) beschrieben. Dazu wird Gl. (2-15) durch das Volumen V der Lösung dividiert:

$$\frac{\mathrm{d}n_i}{V} = \nu_i \frac{\mathrm{d}\lambda}{V} \tag{2-18}$$

$\mathrm{d}n_i/V$ gibt die differentielle Moländerung des Stoffes i pro 1 L Reaktionslösung an und ist damit mit der Konzentrationsänderung $\mathrm{d}a_i$ identisch:

$$\mathrm{d}a_i = \frac{\mathrm{d}n_i}{V} = \nu_i \frac{\mathrm{d}\lambda}{V} \tag{2-19}$$

Durch Einführung der neuen Größe

$$\mathrm{d}x := \frac{\mathrm{d}\lambda}{V} \tag{2-20}$$

folgt aus Gl. (2-19):

$$\mathrm{d}a_i = \nu_i\,\mathrm{d}x \tag{2-21}$$

Die Integration von Gl. (2-21)

$$\int_{a_{i0}}^{a_i} \mathrm{d}a_i = \nu \int_0^x \mathrm{d}x$$

führt zu:

$$\boxed{\Delta a_i = a_i - a_{i0} = \nu_i\,x} \tag{2-22}$$

Die Konzentration des Stoffes i zur Zeit t = 0 ist a_{i0}. Da zu dieser Zeit noch keine Reaktion stattgefunden hat, ist hier x = 0.

Die Größe x wird wie λ als **Reaktionslaufzahl** bezeichnet. Sie bezieht sich wie λ auf den Formelumsatz der betrachteten Dunkel- oder Photoreaktion. Während jedoch λ den absoluten Molumsatz angibt, bezieht sich x auf den pro Volumeneinheit (1L) bezogenen Molumsatz. Durch Differentiation nach der Zeit t folgt aus Gl. (2-22):

$$\dot{a}_i = \frac{\mathrm{d}a_i}{\mathrm{d}t} = \nu_i \frac{\mathrm{d}x}{\mathrm{d}t} = \nu_i \dot{x} \qquad (2\text{-}23)$$

$\dot{x}$ wird allgemein als **Reaktionsgeschwindigkeit** bezeichnet. $\dot{a}_i$ gibt die Geschwindigkeit der Konzentrationsänderung von A_i an und ist proportional zu $\dot{x}$. $\dot{a}_i$ wird häufig im „Laborjargon“ ebenfalls als „Reaktionsgeschwindigkeit“ bezeichnet, obwohl diese Definition strenggenommen nur auf $\dot{x}$ zutrifft. – Die Beziehung (2-23) gilt nur dann, wenn sich das Volumen V während der Reaktion nicht ändert. Dies wird im nachfolgenden immer vorausgesetzt. Ebenso wird davon ausgegangen, daß die Temperatur der Reaktionslösung immer konstant ist.

2.5 Stoffbilanzgleichungen und das Rechteckschema

Bisher wurden Systeme betrachtet, in denen nur **eine** Dunkel- oder Photoreaktion abläuft. Laufen aber mehrere oder sogar viele (parallele oder konsekutive) Reaktionen ab, setzt sich der Reaktionsmechanismus des Systems aus einzelnen **Teilreaktionen** zusammen. Auf jede dieser Teilreaktionen können die bereits abgeleiteten Beziehungen angewendet werden. Um die einzelnen Teilreaktionen voneinander unterscheiden zu können, wird ein neuer Index mit der Variablen j ($j = 1,2 \ldots r$) eingeführt. Demnach müssen dann alle Konzentrationen, stöchiometrischen Koeffizienten und Reaktionslaufzahlen den Index j erhalten (a_{ji}, ν_{ji}, x_j). Für jede j-te Teilreaktion gelten dann nach Gl. (2-22) und (2-23) die Beziehungen:

$$\Delta a_{ji} = \nu_{ji}\, x_j \;, \qquad j = 1, \ldots, r \qquad (2\text{-}24)$$

und

$$\dot{a}_{ji} = \nu_{ji}\, \dot{x}_j \;, \qquad j = 1, \ldots, r \qquad (2\text{-}25)$$

Zur Bestimmung der **gesamten** Konzentrationsänderung eines Stoffes – und daraus die betreffende zeitliche Änderung – wird davon ausgegangen, daß jeder Stoff in allen Teilreaktionen vorkommen kann. Dies bedeutet, daß für den Stoff A_i die Gl. (2-22) über alle Teilreaktionen wie folgt addiert werden muß:

$$\Delta a_i = a_i - a_{i0} = \sum_{j=1}^{r} \Delta a_{ji} = \sum_{j=1}^{r} \nu_{ji}\, x_j \qquad (2\text{-}26)$$

Durch Differentiation dieser Beziehung erhält man analog zur Gl. (2-23) die **Konzentrations-Differentialgleichung**:

$$\dot{a}_i = \sum_{j=1}^{r} \dot{a}_{ji} = \sum_{j=1}^{r} \nu_{ji}\, \dot{x}_j \qquad (2\text{-}27)$$

Der Index j läuft von 1 bis r, wobei r die letzte Teilreaktion des Reaktionsmechanismus bedeutet. Δa_i gibt die gesamte Konzentrationsänderung des Stoffes A_i an, die sich aus den Beiträgen aller Teilreaktionen zusammensetzt. Das entsprechende gilt für $\dot{a}_i$. Ist der Stoff A_i an der j-ten Teilreaktion nicht beteiligt, ist $\nu_{ji} = 0$.

Die Zusammenhänge lassen sich mit einem einfachen Schema, dem sog. **Rechteckschema,** erfassen, das unabhängig von Repges und Boguth [Repges, Boguth 1965] und von Mauser [Mauser 1968a] entwickelt wurde. Hier werden in der ersten Zeile sämtliche n Stoffe A_1, A_2... A_n, die im Mechanismus vorkommen, eingetragen. In die erste Spalte trägt man die r Reaktionslaufzahlen x_j der Teilreaktionen fortlaufend ein und ergänzt dann in der so entstehenden Tabelle die entsprechenden stöchiometrischen Koeffizienten:

	A_1	A_2	......	A_n
x_1	ν_{11}	ν_{12}	......	ν_{1n}
:	:	:		:
x_j	ν_{j1}	ν_{j2}	......	ν_{jn}
:	:	:		:
x_r	ν_{r1}	ν_{r2}	......	ν_{rn}

Die Konzentrationsdifferenzen Δa_i und die zeitlichen Ableitungen $\dot{a}_i$ können aus diesem Rechteckschema durch stöchiometrische Summation über die i-te Spalte, wie nachfolgend gezeigt, erhalten werden.

1. Beispiel

In einer Lösung laufen nebeneinander die folgenden Dunkelreaktionen ab (die Stoffe A_1, A_2...A_n werden hier in A, B, C... umbenannt):

$$A \rightarrow B$$

$$B + C \rightarrow 2\,D$$

$$D + E \rightarrow F + 2\,G$$

Das zugehörige Rechteckschema lautet demnach:

	A	B	C	D	E	F	G
x_1	-1	+1	0	0	0	0	0
x_2	0	-1	-1	+2	0	0	0
x_3	0	0	0	-1	-1	+1	+2

Die Stoffbilanzgleichungen und die Konzentrations-Differenzialgleichungen lauten nach den Glgn. (2-26) und (2-27), wobei die Konzentrationen der Stoffe A, B... nachfolgend mit kleinen Buchstaben a, b... bezeichnet werden:

$$\Delta a = a - a_0 = -1 \cdot x_1 \qquad \text{und weiter:} \qquad \dot{a} = -\dot{x}_1$$

$$\Delta b = b = +x_1 - x_2 \qquad \dot{b} = +\dot{x}_1 - \dot{x}_2$$

$$\Delta c = c - c_0 = -x_2 \qquad \dot{c} = -\dot{x}_2$$

$\Delta d = d = +2\,x_2 - x_3$ $\qquad \dot{d} = +2\,\dot{x}_2 - \dot{x}_3$

$\Delta e = e - e_0 = -x_3$ $\qquad \dot{e} = -\dot{x}_3$

$\Delta f = f = +x_3$ $\qquad \dot{f} = +\dot{x}_3$

$\Delta g = g = +2\,x_3$ $\qquad \dot{g} = +2\dot{x}_3$

Hier wird angenommen, daß zur Zeit $t = 0$ nur die Stoffe A, C, E in den Anfangskonzentration a_0, c_0 und e_0 vorhanden sind.

2. Beispiel

In einer Lösung laufen die folgenden Photoreaktionen ab:

$$A + B \xrightarrow{h\nu} C + D$$

$$2\,C \xrightarrow{h\nu} E + F$$

Das Rechteckschema lautet hier:

	A	B	C	D	E	F
x_1	-1	-1	+1	+1	0	0
x_2	0	0	-2	0	+1	+1

Nach den Glgn. (2-26) und (2-27) folgt hieraus (zur Zeit $t = 0$ sollen nur A und B existieren):

$\Delta a = a - a_0 = -x_1$ bzw. $\qquad \dot{a} = -\dot{x}_1$

$\Delta b = b - b_0 = -x_1$ $\qquad \dot{b} = -\dot{x}_1$

$\Delta c = c = +x_1 - 2\,x_2$ $\qquad \dot{c} = \dot{x}_1 - 2\,\dot{x}_2$

$\Delta d = d = +x_1$ $\qquad \dot{d} = \dot{x}_1$

$\Delta e = e = +x_2$ $\qquad \dot{e} = \dot{x}_2$

$\Delta f = f = +x_2$ $\qquad \dot{f} = \dot{x}_2$

Mit dem Rechteckschema lassen sich die für die kinetische Analyse wichtigen Ausgangsgleichungen auch von komplizierten Reaktionen in einfacher Weise aufstellen. Die Beziehungen (2-26) und (2-27) stellen damit Basisgleichungen dar, auf die noch häufig zurückgegriffen wird.

3 Die Basisgleichungen der Dunkelreaktionen

3.1 Basis-Differentialgleichungen

Die meisten Reaktionsmechanismen setzen sich aus mehreren Teilreaktionen zusammen. Bei Dunkelreaktionen laufen die einzelnen Teilreaktionen in der Regel relativ einfach ab: Entweder zerfällt ein einzelnes Molekül spontan (oder es lagert sich um) oder aber zwei Moleküle kollidieren, und es werden dabei bestehende chemische Bindungen gelöst, die zu Radikalen, Ionen oder zu neuen Bindungen führen. Im ersten Fall spricht man von einer **monomolekularen** Reaktion (A → Produkte) und im zweiten von einer **bimolekularen** Reaktion (A + B → Produkte oder 2A → Produkte). Dabei versteht man unter **Molekularität** die Anzahl der Moleküle, die in der betrachteten Teilreaktion miteinander reagieren.

Für die **monomolekulare** Reaktion

$$\mathrm{A} \xrightarrow{k} \text{Produkte} \tag{3-1a}$$

gilt allgemein die Beziehung

$$\dot{x} = k \cdot a \ . \tag{3-1b}$$

Die Reaktionsgeschwindigkeit $\dot{x}$ ist demnach der Konzentration von A zu jedem Zeitpunkt proportional. Die Proportionalitätskonstante k wird als **Geschwindigkeitskonstante 1. Ordnung** (oder nur kurz Geschwindigkeitskonstante) bezeichnet. Die Reaktion A → Produkte wird demnach auch eine „**Reaktion 1. Ordnung**" genannt. Der Begriff 1. Ordnung bezieht sich auf den Exponenten von a (a^1).

Für bimolekulare Reaktionen gelten analoge Differentialgleichungen. So gilt für die Reaktion

$$2\,\mathrm{A} \xrightarrow{k} \text{Produkte} \tag{3-2a}$$

die Beziehung

$$\dot{x} = k \cdot a^2 \ . \tag{3-2b}$$

Entsprechend gilt für das Reaktionssystem

$$\mathrm{A} + \mathrm{B} \xrightarrow{k} \text{Produkte} \tag{3-3a}$$

die Gleichung:

$$\dot{x} = k \cdot ab \ . \tag{3-3b}$$

Die Reaktionsgeschwindigkeiten sind hier von dem Produkt der Konzentrationen der Reaktanten abhängig. Die Konstanten k werden hier als **Geschwindigkeitskonstanten 2. Ordnung** und die Reaktionen als „**Reaktionen 2. Ordnung**" bezeichnet. Der Begriff **Ordnung** bezieht sich dabei auf die Summe der Exponenten der Konzentrationen, von denen die Reaktionsgeschwindigkeiten abhängen.

Es gibt auch Reaktionen „nullter" und „dritter" Ordnung, die aber relativ selten sind. Bei Reaktionen nullter Ordnung ist die Reaktionsgeschwindigkeit unabhängig von der Konzentration:

$$\dot{x} = k \tag{3-4}$$

Ein Beispiel für eine Reaktion dritter Ordnung lautet:

$$A + B + C \rightarrow \text{Produkte}$$

mit

$$\dot{x} = k \cdot a\, b\, c \;. \tag{3-5}$$

Die Dimension der Geschwindigkeitskonstante k hängt von der Ordnung der Reaktion ab. Da die Konzentrationen üblicherweise in der Einheit „mol/L" (= M) angegeben werden, haben die Größen k bei den verschiedenen Reaktionstypen die folgenden Dimensionen:

Geschwindigkeitskonstante 0. Ordnung:	mol L^{-1} s^{-1}	bzw.	M s^{-1}
Geschwindigkeitskonstante 1. Ordnung:	s^{-1}		
Geschwindigkeitskonstante 2. Ordnung:	L mol^{-1} s^{-1}	bzw.	M^{-1} s^{-1}
Geschwindigkeitskonstante 3. Ordnung:	L^2 mol^{-2} s^{-1}	bzw.	M^{-2} s^{-1}

Die Verallgemeinerung der Glgn. (3-1b), (3-2b), (3-3b), (3-4) und (3-5) führt zu der Beziehung:

$$\dot{x} = k \prod_{i=1}^{n} a_i^{|\nu_i|} \qquad \text{mit} \qquad \nu_i < 0 \tag{3-6}$$

In dieser Gleichung werden die Stoffe A, B, C ... in A_1, A_2, A_3... umbenannt, um die Gleichung allgemein darstellen zu können (die Konzentration von A_i ist a_i). Π bedeutet das Produktzeichen. Durch die Bedingung $\nu_i < 0$ wird sichergestellt, daß bei der Produktbildung

$$\prod_{i=1}^{n} a_i^{|\nu_i|} = a_1^{|\nu_1|} \,.\, a_2^{|\nu_2|} \,\ldots\, a_n^{|\nu_n|}$$

nur die Konzentrationen der verschwindenden (n) Stoffe verwendet werden, deren stöchiometrische Koeffizienten nach der Vorzeichenkonvention negative Werte haben. Deswegen ist darauf zu achten, daß in den Exponenten nur die Beträge von ν_i (d.h. $|\nu_i|$) eingesetzt werden.

Für die Reaktion $A_1 + A_2 \rightarrow$ Produkte oder $A + B \rightarrow$ Produkte folgt aus Gl. (3-6).

$$\dot{x} = k \cdot a_1^1 \cdot a_2^1 = k \cdot a \cdot b$$

Diese Gleichung ist mit Gl. (3-3b) identisch.

Die Beziehung (3-6) gilt für jede einzelne (j-te) Teilreaktion. Um dieses zum Ausdruck zu bringen, muß wieder der Index j eingeführt werden. Die Reaktionsgeschwindigkeit für die j-te Teilreaktion lautet demnach :

$$\dot{x}_j = k_j \prod_{i=1}^{n} a_i^{|\nu_i|} \qquad \text{mit} \qquad \nu_{ji} < 0 \tag{3-7}$$

Die Gl. (3-7) ist eine wichtige Basisbeziehung für die Formulierung der Reaktionsgeschwindigkeiten von **Dunkelreaktionen.** Mit dieser Gleichung kann das Rechteckschema erweitert werden. Dazu werden die Reaktionsgeschwindigkeiten der einzelnen Teilreaktionen dem Reaktionsschema als letzte Spalte beigefügt. Man erhält so das **erweiterte Rechteckschema** (vgl. dazu Kap. 2.4) [Repges, Boguth, 1965; Mauser 1968 b]:

	A_1		A_n	$\dot{x}_j$
x_1	ν_{11}	...	ν_{1n}	$\dot{x}_1$
:	:		:	:
:	:		:	:
:	:		:	:
x_r	ν_{r1}	...	ν_{rn}	$\dot{x}_r$

1. Beispiel

In einer Lösung laufen die folgenden Reaktionen ab, die zum Gleichgewicht führen:

$$\mathrm{A} \rightleftarrows \mathrm{B} \tag{3-8}$$

Das erweiterte Rechteckschema lautet unter Berücksichtigung von Gl. (3-7):

	A	B	$\dot{x}_j$
x_1	-1	+1	$k_1\, a$
x_2	+1	-1	$k_2\, b$

k_1 und k_2 sind Geschwindigkeitskonstanten 1. Ordnung.

Nach Gl. (2-26) gilt für Δa_i:

$$\Delta a = a - a_0 = -x_1 + x_2 \tag{3-9}$$

$$\Delta b = b - b_0 = +x_1 - x_2$$

Für $\dot{a}_i$ gilt nach Gl. (2-27):

$$\dot{a} = -\dot{x}_1 + \dot{x}_2 = -k_1\, a + k_2\, b \tag{3-10}$$

$$\dot{b} = +\dot{x}_1 - \dot{x}_2 = +k_1\, a - k_2\, b$$

2. Beispiel

Für die Konkurrenzreaktionen

$$\mathrm{A} \xrightarrow{k_1} \mathrm{B} \tag{3-11}$$

$$\mathrm{A} \xrightarrow{k_2} \mathrm{C}$$

lautet das (erweiterte) Rechteckschema

	A	B	C	$\dot{x}_j$
x_1	-1	+1	0	$k_1 a$
x_2	-1	0	+1	$k_2 a$

Nach den Glgn. (2-26) und (2-27) gilt:

$$\Delta a = a - a_0 = -x_1 - x_2$$

$$\Delta b = b - b_0 = b = +x_1$$

$$\Delta c = c - c_0 = c = +x_2 \qquad (3\text{-}12)$$

und

$$\dot{a} = -\dot{x}_1 - \dot{x}_2 = -k_1\, a - k_2\, a = -(k_1 + k_2)\, a$$

$$\dot{b} = +\dot{x}_1 = k_1 a \qquad (3\text{-}13)$$

$$\dot{c} = +\dot{x}_2 = k_2\, a$$

3. Beispiel:

Für die Parallelreaktionen

$$\mathrm{A} \xrightarrow{k_1} \mathrm{B} \qquad (3\text{-}14)$$

$$\mathrm{C} \xrightarrow{k_2} \mathrm{D}$$

gilt das Rechteckschema

	A	B	C	D	$\dot{x}_j$
x_1	-1	+1	0	0	$k_1 a$
x_2	0	0	-1	+1	$k_2 c$

sowie die Gleichungen

$$\Delta a = a - a_0 = -x_1 \qquad (3\text{-}15)$$

$$\Delta b = b - b_0 = b = +x_1$$

$$\Delta c = c - c_0 = -x_2$$

$$\Delta d = d - d_0 = d = +x_2$$

und

$$\dot{a} = -\dot{x}_1 = -k_1\, a \qquad (3\text{-}16)$$

$$\dot{b} = +\dot{x}_1 = +k_1\, a$$

$$\dot{c} = -\dot{x}_2 = -k_2\, c$$

$$\dot{d} = +\dot{x}_2 = +k_2\, c$$

4. Beispiel

Für die Folgereaktion

$$A \xrightarrow{k_1} B \xrightarrow{k_2} C \tag{3-17}$$

gilt das Rechteckschema

	A	B	C	$\dot{x}_j$
x_1	-1	+1	0	$k_1 a$
x_2	0	-1	+1	$k_2 b$

sowie

$$\begin{aligned} \Delta a &= a - a_0 = -x_1 \\ \Delta b &= b - b_0 = b = +x_1 - x_2 \\ \Delta c &= c - c_0 = c = +x_2 \end{aligned} \tag{3-18}$$

und

$$\begin{aligned} \dot{a} &= -\dot{x}_1 = -k_1 a \\ \dot{b} &= +\dot{x}_1 - \dot{x}_2 = k_1 a - k_2 b \\ \dot{c} &= +\dot{x}_2 = +k_2 b \end{aligned} \tag{3-19}$$

Die k_i - Werte der Beispiele 1-4 sind alle Geschwindigkeitskonstanten 1. Ordnung.

5. Beispiel

Für die Dunkelreaktion

$$A + B \xrightarrow{k_1} C + D \tag{3-20}$$

gilt das Rechteckschema

	A	B	C	D	$\dot{x}_j$
x_1	-1	-1	+1	+1	$k_1 a b$

sowie

$$\begin{aligned} \Delta a &= a - a_0 = -x_1 \\ \Delta b &= b - b_0 = -x_1 \\ \Delta c &= c - c_0 = c = +x_1 \\ \Delta d &= d - d_0 = d = +x_1 \end{aligned} \tag{3-21}$$

und

$$\dot{a} = -\dot{x}_1 = -k_1\,a\cdot b \qquad (3\text{-}22)$$

$$\dot{b} = -\dot{x}_1 = -k_1\,a\cdot b$$

$$\dot{c} = +\dot{x}_1 = +k_1\,a\cdot b$$

$$\dot{d} = +\dot{x}_1 = +k_1\,a\cdot b$$

k_1 ist hier eine Geschwindigkeitskonstante 2. Ordnung.

6. Beispiel

In einer Lösung laufen die Dunkelreaktionen

$$2\mathrm{A} \xrightarrow{k_1} \mathrm{B}$$

$$\mathrm{B} \xrightarrow{k_2} \mathrm{C}$$

$$\mathrm{C+D} \xrightarrow{k_3} \mathrm{E}$$

ab. Aus dem Rechteckschema

	A	B	C	D	E	$\dot{x}_j$
x_1	-2	+1	0	0	0	k_1a^2
x_2	0	-1	+1	0	0	k_2b
x_3	0	0	-1	-1	+1	k_3cd

folgen die Gleichungen

$$\Delta a = a - a_0 = -2x_1 \qquad \text{und} \qquad \dot{a} = -2\dot{x}_1 = -2k_1 a^2$$

$$\Delta b = b - b_0 = b = +x_1 - x_2 \qquad \dot{b} = +\dot{x}_1 - \dot{x}_2 = +k_1 a^2 - k_2 b$$

$$\Delta c = c - c_0 = c = +x_2 - x_3 \qquad \dot{c} = +\dot{x}_2 - \dot{x}_3 = +k_2 b - k_3 c\, d$$

$$\Delta d = d - d_0 = -x_3 \qquad \dot{d} = -\dot{x}_3 = -k_3 c\, d$$

$$\Delta e = e - e_0 = e = +x_3 \qquad \dot{e} = +\dot{x}_3 = +k_3 c\, d$$

k_1 und k_3 sind Geschwindigkeitskonstanten 2. Ordnung und k_2 eine Geschwindigkeitskonstante 1. Ordnung.

Das erweiterte Rechteckschema kann auch auf Photoreaktionen angewendet werden. Da jedoch die Glgn. (3-6) und (3-7) nicht allgemein für Photoreaktionen gelten und der Sachverhalt hier komplizierter ist, können Photoreaktionen nicht ohne weiteres wie Dunkelreaktionen ausgewertet werden. Jedoch ist es möglich, quasilineare Photoreaktionen mit Hilfe der „transformierten Zeit Θ“ (s. Kap.5) wie lineare Dunkelreaktionen auszuwerten. Dadurch kann ein weitgehend einheitliches Konzept für die kinetische Analyse von Dunkel- und von Photoreaktionen aufgestellt werden. Aus diesem Grund werden später auch Dunkel- und Photoreaktionen, die z.B.

nach den Mechanismen A → B, A ⇄ B und A → B → C ablaufen, in gemeinsamen Kapiteln behandelt (vgl. Kap. 7 und 8).

Bevor aber die kinetischen Gleichungen für die Auswertung solcher Photoreaktionen hergeleitet werden, ist eine kurze allgemeine Darstellung der Primärprozesse unerläßlich, die bei Photoreaktionen stattfinden. Bei der mathematisch-kinetischen Behandlung dieser Primärprozesse spielt die Bodenstein-Hypothese eine wichtige Rolle. Da diese Hypothese auch für Dunkelreaktionen von Bedeutung ist, wird sie nachfolgend am Beispiel einer Radikalkettenreaktion erläutert.

3.2 Die Bodenstein-Hypothese

Die **Bodenstein-Hypothese** wird auch als Hypothese des (quasi-) stationären Zustandes bezeichnet. Sie ist gültig für Stoffe, die bei Reaktionen in sehr kleinen Konzentrationen im Vergleich zu den Ausgangsstoffen und Endprodukten vorkommen. Davon sind meistens solche Zwischenprodukte M_i betroffen, die sich während der Reaktion schwer nachweisen lassen. Die Bodenstein-Hypothese sagt voraus [Mauser 1974],

1.) daß die Konzentrationen m_i von M_i vernachlässigbar klein sind, d.h.

$$m_i \approx 0 \qquad (3\text{-}23)$$

und

2.) daß die zeitlichen Änderungen der Konzentrationen von M_i ebenfalls vernachlässigbar sind, d.h.

$$\dot{m}_i \approx 0\ . \qquad (3\text{-}24)$$

Beispiel

Die thermische Chlor-Wasserstoff-Reaktion verläuft über Radikale. Im wesentlichen lautet der Mechanismus:

$$Cl_2 \xrightarrow{k_1} 2\,Cl\cdot \qquad \text{Start}$$

$$\left.\begin{array}{l} Cl\cdot + H_2 \xrightarrow{k_2} HCl + H\cdot \\ H\cdot + Cl_2 \xrightarrow{k_3} HCl + Cl\cdot \end{array}\right\} \qquad \text{Kettenreaktion}$$

$$2\,Cl\cdot \xrightarrow{k_4} Cl_2 \qquad \text{Abbruch}$$

Die Radikale Cl· und H· kommen im Vergleich zu den Ausgangsstoffen Cl_2 und H_2 und dem Reaktionsprodukt HCl nur in sehr kleinen Konzentrationen vor, so daß hierauf (abgesehen von einer kurzen Induktionsperiode) die Bodenstein-Beziehung (3-24) angewendet werden darf. Für die Bestimmung der Differentialgleichung dc_{HCl}/dt wird zunächst das Rechteckschema aufgestellt:

	Cl_2	H_2	$Cl\cdot$	$H\cdot$	HCl	$\dot{x}_k$
x_1	-1	0	+2	0	0	$k_1\, c_{Cl_2}$
x_2	0	-1	-1	+1	+1	$k_2\, c_{Cl\cdot} \cdot c_{H_2}$
x_3	-1	0	+1	-1	+1	$k_3\, c_{H\cdot} \cdot c_{Cl_2}$
x_4	+1	0	-2	0	0	$k_4\, c_{Cl\cdot}^2$

Mit Gl. (2-27) gilt für $\dot{c}_{Cl\cdot}$, $\dot{c}_{H\cdot}$ und $\dot{c}_{HCl}$

$$\dot{c}_{Cl\cdot} = +2\dot{x}_1 - \dot{x}_2 + \dot{x}_3 - 2\dot{x}_4$$

$$\dot{c}_{H\cdot} = \dot{x}_2 - \dot{x}_3$$

$$\dot{c}_{HCl} = \dot{x}_2 + \dot{x}_3$$

Die Bodenstein-Hypothese führt hier für Cl· und H· zu (s. Gl. (3-24)):

$$\dot{c}_{Cl\cdot} = 0 = +2\dot{x}_1 - \dot{x}_2 - \dot{x}_3 - 2\dot{x}_4 \tag{a}$$

und

$$\dot{c}_{H\cdot} = 0 = \dot{x}_2 - \dot{x}_3 \ . \tag{b}$$

Aus der letzten Gleichung folgt:

$$\dot{x}_2 = \dot{x}_3 \tag{c}$$

Gl. (c) in Gl. (a) eingesetzt, ergibt:

$$\dot{x}_1 = \dot{x}_4 \tag{d}$$

Da $\dot{x}_1 = k_1\, c_{Cl_2}$ und $\dot{x}_4 = k_4\, c_{Cl\cdot}^2$ sind (s. Rechteckschema), folgt aus $\dot{x}_1 = \dot{x}_4$:

$$k_1\, c_{Cl_2} = k_4\, c_{Cl\cdot}^2$$

und hieraus:

$$c_{Cl\cdot} = \sqrt{\frac{k_1}{k_4} c_{Cl_2}} \tag{e}$$

Da $\dot{c}_{HCl} = \dot{x}_2 + \dot{x}_3$ (s. Rechteckschema) ist, folgt mit Gl. (c) und der Beziehung $\dot{x}_2 = k_2\, c_{Cl\cdot}\, c_{H_2}$:

$$\dot{c}_{HCl} = 2\dot{x}_2 = k_2\, c_{Cl\cdot}\, c_{H_2} \tag{f}$$

Durch Einführung von Gl. (e) in Gl. (f) erhält man schließlich:

$$\dot{c}_{HCl} = 2\, k_2\, c_{H_2} \sqrt{\frac{k_1}{k_4} c_{Cl_2}}$$

Wie man sieht, ist die Differentialgleichung für HCl kompliziert. Die Reaktionsordnung beträgt hier 1.5, da die Exponenten von c_{H_2} und von c_{Cl_2} die Werte 1 bzw. 1/2 haben. Dieses Ergebnis widerspricht nicht der Aussage, daß die Teilreaktionen Reaktionen 1. oder 2. Ordnung sind (s. Kap. 1.5). Da die Bildung von HCl sich aber aus mehreren Teilreaktionen zusammensetzt, kann die **Bruttoreaktion** auch von der Ordnung 1 oder 2 abweichen. Im vorliegenden Fall beträgt die Ordnung 3/2. Bei anderen Beispielen wird auch die Ordnung 1/2 angetroffen.

Die Bodenstein-Hypothese ist nicht nur für die kinetische Beschreibung von Radikalkettenreaktionen, sondern auch für Photoreaktionen wichtig, wo durch die Einwirkung von Licht elektronisch angeregte Moleküle in geringen Konzentrationen als Zwischenprodukte erzeugt werden.

4 Die Basisgleichungen der Photoreaktionen

Die physikalischen Prozesse, die bei der Absorption eines Lichtquants durch ein (organisches) Molekül ablaufen, sind kompliziert. Bei der Lichtabsorption kann das Molekül nacheinander in verschieden angeregte elektronische Zustände überführt werden. Die eigentliche chemische Reaktion setzt dann von einem dieser elektronisch angeregten Zustände ein. Für die Moleküle in diesen elektronischen Zwischenzuständen spielt besonders die Beziehung (3-24) der Bodenstein-Hypothese (s. Kap. 3.2 und Kap. 4.4) eine große Rolle.

4.1 Physikalische Primärprozesse

Ein Molekül kann Energie aufnehmen. Diese Energie wird entweder in Translationsenergie überführt, oder sie regt Elektronen, Schwingungen und Rotationen an. Die meisten Photoreaktionen laufen über elektronisch angeregte Zustände ab. Dies bedeutet, daß die elektromagnetische Strahlung über ausreichend Energie verfügen muß, um Elektronen anregen zu können. Elektromagnetische Strahlung im Mikrowellen- und IR-Bereich besitzt dazu nicht die nötige Energie, jedoch Licht im VIS- und UV-Bereich. Daher werden die meisten Photoreaktionen durch Licht dieses Spektralbereiches ausgelöst. (Ausgenommen hiervon sind Photoreaktionen, die durch Multiphotonenanregung mit Hilfe eines IR-Lasers oder durch Röntgen- und Gammastrahlung erzeugt werden).

Um die Rotation anzuregen, werden ca. 0,5 kJ/mol Energie benötigt und für die Schwingungsanregung 5-50 kJ/mol. Am meisten Energie ist für die Elektronenanregung notwendig. Sie liegt zwischen 150-1100 kJ/mol. Bei einer Elektronenanregung ändert sich im allgemeinen zusätzlich der Rotations- und Schwingungszustand des Moleküls. Die Lage der verschiedenen Energieniveaus eines Moleküls kann mit Hilfe des sog. **„Jablonski-Termschemas“** dargestellt werden (s. Abb. 4-1). Die Energie ist hier entlang der y-Achse aufgetragen. Auf dieser Achse sind die Lagen der verschiedenen Energiezustände als lange Striche markiert. Um die vielen Striche zu ordnen, werden sie in Pakete zusammengefaßt und aus didaktischen Gründen entlang der (gedachten) x-Achse verschoben.

In der Abb. 4-1 sind die elektronischen Energieniveaus (S_0, S_1, S_2, T_1 und T_2) als fette Linien hervorgehoben und zueinander entlang der x-Richtung verschoben. Die zu den einzelnen Elektronenzuständen gehörenden Schwingungszustände (mit den Schwingungsquantenzahlen v=0, v=1, v=2, ...) sind als dünne Striche darüber eingezeichnet (die Abstände zwischen den verschiedenen Schwingungsniveaus sind verglichen mit den Abständen der Elektronenniveaus in Wirklichkeit viel kleiner). Jeder Schwingungszustand ist zusätzlich von einer Reihe von Rotationslinien begleitet, deren Abstände noch wesentlich kleiner sind als die der Schwingungsniveaus. Diese Rotationslinien sind in der Abb. 4-1 nicht eingezeichnet. (Nach der Quantenchemie existieren nur diskrete Elektronen-, Schwingungs- und Rotationszustände. Die in der Abb. 4-1 eingezeichneten Pfeile stellen energetische Übergänge dar. Wenn die Pfeile nicht bei einem diskreten Schwingungsniveau enden, liegt das Molekül in einem entsprechend hoch angeregten Rotationszustand vor).

Die Elektronenzustände lassen sich bei organischen Stoffen in **Singulett- und Triplettzustände** einteilen. Bei den Singulettzuständen (S_0, S_1, S_2 ...) sind die Elektronenspins des Moleküls antiparallel (↑↓) ausgerichtet, so daß kein resultierendes Spinmoment existiert (das Molekül verhält sich dann diamagnetisch). Im Fall der Triplettzustände (T_1, T_2, ...) sind wenige Elektronenspins des Moleküls parallel (↑↑) zueinander ausgerichtet (das Molekül verhält sich dann paramagnetisch).

Bei Zimmertemperatur befinden sich die meisten organischen Moleküle (und nur solche werden nachfolgend betrachtet) im Elektronengrundzustand S_0 sowie im Schwingungsgrundzustand v=0 (die Rotation ist dabei meistens angeregt). Wenn nun ein Lichtquant ausreichender Energie auf ein Molekül trifft, wird ein Elektron in einen höheren Energiezustand (S_1 oder S_2, S_3 ...) überführt. Dabei wird meistens auch ein höherer Schwingungs- und Rotationszustand eingenommen. Der Absorptionsvorgang ist nach ca 10^{-15} s abgeschlossen (das entspricht der Frequenz des Lichtes im UV-Bereich). Durch die Absorption des Lichtquants wird das Molekül in ein „heißes" Molekül A* überführt, dessen Energie größer ist als die seiner Umgebung:

$$A \rightarrow A^* \qquad (10^{-15} s) \qquad (4\text{-}1)$$

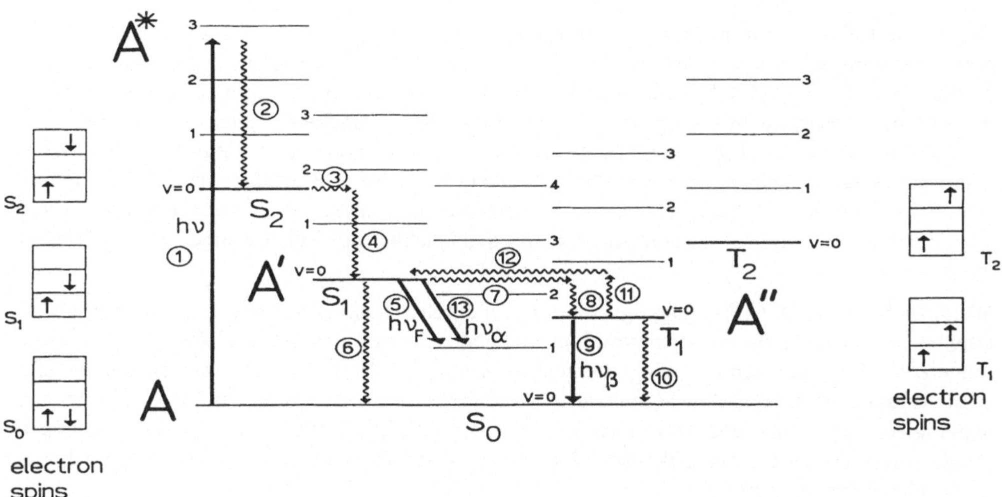

Abb. 4-1 Jablonski-Termschema für verschiedene Schwingungs- und Elektronenzustände beider Spinsysteme (S, T) eines Moleküls A. Gerade Pfeile: Absorption oder Emission. Gewellte Pfeile: Strahlungslose Übergänge. A bezeichnet das Molekül im Elektronengrundzustand, A' im ersten angeregten Singulettzustand (S_1) und A" im ersten (angeregten) Triplettzustand. Die relative Lage der Energieniveaus ist aus graphischen Gründen stark verzerrt dargestellt.

In der Abb. 4-1 ist dieser Übergang durch einen Pfeil mit der Nummer ① dargestellt. Das Molekül A* ist extrem instabil. In kondensierter Phase gibt es einen Teil seiner aufgenommenen Energie durch „**strahlungslose Desaktivierung**" an die Umgebung ab. Dabei geht A* in den niedrigsten Schwingungszustand (v = 0) des angeregten Elektronenzustandes S_2 über (s. „gewellter Pfeil" ② in der Abb. (4-1)). Von dort erreicht das Molekül den energiegleichen höheren (Schwingungs- und Rotations-) Zustand des nächstniedrigeren ersten Elektronenzustandes S_1 (s. „gewellter Pfeil" ③). Dadurch kann wieder Energie durch „strahlungslose Desaktivierung" an die Umgebung abgeführt werden (s. „gewellter Pfeil" ④). In dieser Weise erreicht das Molekül das unterste Schwingungsniveau (v = 0) des **ersten** angeregten Elektronenzustandes S_1. In diesem Zustand befindet sich das Molekül im thermischen Gleichgewicht mit der Umgebung. Dieser Zustand soll nachfolgend mit A' gekennzeichnet werden. Die Prozesse ② - ④ werden als **„thermische Äquilibrierung“** bezeichnet. Sie sind nach ca. 10^{-13} - 10^{-12} s abgeschlossen:

$$A^* \rightarrow A' \qquad (10^{-13} - 10^{-12}\,s) \qquad (4\text{-}2)$$

Das Molekül A' befindet sich im S_1-Zustand (v = 0). Die mittlere Lebensdauer dieses Zustandes beträgt ca. 10^{-9} - 10^{-7} s. Die Energie von A' kann nun in Form von **Fluoreszenzlicht** ($h\nu_F$) abgestrahlt werden. Dadurch geht das Molekül in den Elektronengrundzustand S_0 zurück (s. Pfeil ⑤). Der Schwingungszustand kann dabei angeregt sein (die Temperatur wird dann wieder nachfolgend mit der Umgebung ausgeglichen):

$$A' \rightarrow A + h\nu_F \qquad \text{(Fluoreszenz)} \qquad (4\text{-}3)$$

Die Energie von A' kann aber auch in Konkurrenz dazu strahlungslos in S_0 überführt werden (s. „gewellter Pfeil“ ⑥):

$$A' \rightarrow A \qquad (4\text{-}4)$$

Bei der Bestrahlung von organischen Molekülen mit Licht aus dem UV-VIS-Bereich ist der direkte Übergang eines Elektrons aus dem Elektronengrundzustand (S_0) in den angeregten Triplettzustand (T_1, T_2, ...) außerordentlich unwahrscheinlich, da dies die Spinumkehr eines Elektrons beim Absorptionsvorgang voraussetzt, was aber quantenmechanisch „verboten“ ist. (Ebenso ist auch der Elektronenübergang $T_1 \rightarrow S_0$ – verbunden mit einer Lichtemission (Phosphoreszenz) – sehr unwahrscheinlich; trotzdem kann dieser Prozeß bei sehr tiefen Temperaturen gelegentlich beobachtet werden, da dann die strahlungslosen Desaktivierungsprozesse wegen der „eingefrorenen“ Zusammenstöße mit den Nachbarmolekülen weitgehend unterdrückt sind).

Wenn auch ein direkter Übergang $S_0 \rightarrow T_1$ (T_2 ...) durch Strahlungsabsorption nicht möglich ist, können Triplettzustände trotzdem strahlungslos über A' erreicht werden. Dabei wird der **erste** (angeregte) Triplettzustand T_1 eingenommen (s. „gewellte Pfeile“ ⑦ und ⑧). Dieser Prozess wird als **intersystem crossing** bezeichnet. – Im Gegensatz zu A', womit das Molekül im ersten angeregten Singulettzustand bezeichnet wurde, soll nachfolgend mit A″ das Molekül im ersten (angeregten) Triplettzustand gekennzeichnet werden. Im Fall von intersystem crossing findet demnach der Prozeß statt:

$$A' \rightarrow A'' \qquad \text{(intersystem crossing, Spinumkehr)} \qquad (4\text{-}5)$$

In flüssigen Phasen erstreckt sich die mittlere Lebensdauer von A″ von 10^{-4} s bis in den Sekundenbereich. Die Energie von A″ kann (bei sehr tiefen Temperaturen) in Form von Licht ($h\nu_\beta$) abgestrahlt werden (s. Pfeil ⑨). Man spricht dann von Tieftemperatur- oder **β-Phosphoreszenz:**

$$A'' \rightarrow A + h\nu_\beta \qquad \text{(β-Phosphoreszenz)} \qquad (4\text{-}6)$$

Die Energie von A″ kann auch durch strahlungslose Desaktivierung in den Grundzustand überführt werden. Dieser Prozess ist sehr viel wahrscheinlicher als der von Gl. (4-6) (s. „gewellter Pfeil“ ⑩):

$$A'' \rightarrow A \qquad (4\text{-}7)$$

Wenn die Energiedifferenz zwischen A' und A″ kleiner als 40 kJ/mol ist, kann das Molekül thermische Energie aus der Umgebung aufnehmen und in den Zustand A' zurückkehren (s. „gewellte Pfeile“ ⑪ und ⑫):

$$A'' \rightarrow A' \quad (4\text{-}8)$$

Wird die Energie von A′ durch Lichtemission abgebaut, spricht man von **α-Phosphoreszenz** (verzögerte Fluoreszenz ($h\nu_\alpha$), s.Pfeil ⑬):

$$A' \rightarrow A + h\nu_\alpha \qquad (\alpha\text{-Phosphoreszenz}) \quad (4\text{-}9)$$

Es gibt keinen Triplettgrundzustand T_0, da in **einem** Orbital wegen des Pauli-Prinzips die beiden Elektronenspins antiparallel sein müssen (s. „Kästchen" in der Abb. 4-1). Einen Triplettzustand mit zwei gleichgerichteten Elektronenspins gibt es demnach nur dann, wenn die beiden Elektronen in verschiedenen Orbitalen vorkommen. Da Elektronen im antiparallelen Zustand energiereicher sind als im parallelen Zustand, sind auch die Singulettzustände (S_1, S_2 ...) energiereicher als die entsprechenden Triplettzustände (T_1, T_2 ...).

Elektronen, die sich im T_1-Zustand befinden, können durch Lichtabsorption grundsätzlich weiter angeregt und so z.B. in den Triplettzustand T_2 überführt werden (Triplett-Triplett-Anregung). Dies setzt jedoch eine hohe Lichtintensität voraus, die z. B. Laser erzeugen können. Diese Möglichkeit soll aber hier nicht weiter betrachtet werden.

Die Energie von A′ und A″ kann nicht nur strahlungslos oder durch Lichtemission abgeführt, sondern auch auf geeignete **Akzeptormoleküle** B übertragen werden:

$$A' + B \rightarrow A + B' \quad (4\text{-}10)$$

bzw.

$$A'' + B \rightarrow A + B'' \ . \quad (4\text{-}11)$$

Die Energie wird dabei entweder direkt durch Stoß oder über sog. „**induzierte Resonanz**" über eine Entfernung von 5-10 nm übertragen. Im Fall der Stoßübertragung muß A′ bzw. A″ innerhalb seiner Lebensdauer auf B treffen. Dies setzt allerdings voraus, daß B in ausreichender Konzentration in der Lösung vorliegt. (Bei einer mittleren Lebensdauer von A′ in der Größenordnung 10^{-8} s muß dazu die Konzentration von B etwa 10^{-2} mol/L betragen oder größer sein; bei einer mittleren Lebensdauer von A″ um 10^{-4} s muß B mindestens 10^{-6} mol/L betragen).

4.2 Chemische Primärprozesse

Eine chemische Reaktion kann während der thermischen Äquilibrierung $A^* \rightarrow A'$ einsetzen oder vom Zustand A′ oder A″ ausgehen. Nachfolgend soll derjenige angeregte Zustand, der zur chemischen Reaktion führt, mit A^e (e für „excited") bezeichnet werden. Folgende Reaktionen kommen als chemische Primärprozesse in Betracht:

a) Zerfall in Radikale

$$A^e \rightarrow B\cdot + C\cdot \quad (4\text{-}12)$$

Beispiele:

1) Photolyse von Acetonitril

$$CH_3-CN \xrightarrow{h\nu} CH_3\cdot + \cdot CN$$

2) Chlorgasspaltung

$$Cl_2 \xrightarrow{h\nu} 2\,Cl\cdot$$

b) Dissoziation in ein Kation und ein Elektron

$$A^e \rightarrow A^+ + e^- \tag{4-13}$$

Beispiel:

Abspaltung eines Elektrons aus einem Chlorophyllmolekül (Chl a_I oder Chl a_{II}) bei der Photosynthese

$$\text{Chl } a_{I,II} \xrightarrow{h\nu} \text{Chl } a_{I,II}{}^+ + e^-$$

c) Zerfall in Ionen

$$A^e \rightarrow B^+ + C^- \tag{4-14}$$

Beispiel:

Ringöffnung von Dihydroindolizinen zu Betainen (diese Reaktion kann auch als Isomerisierungsreaktion aufgefaßt werden; s. dazu auch Kap. 14.2)

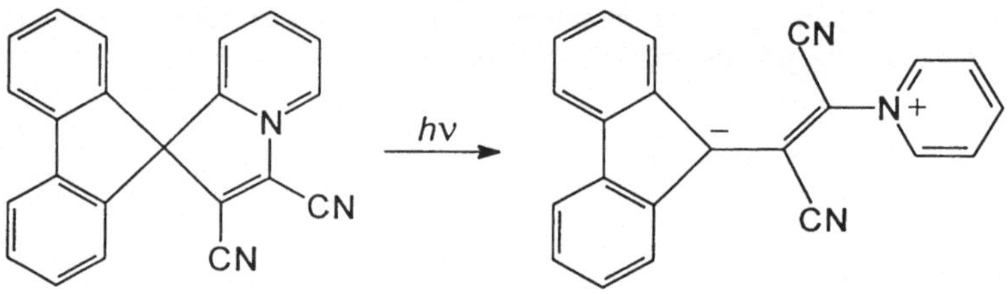

N CN CN $\xrightarrow{h\nu}$ CN N+ CN

d) Zerfall in stabile Moleküle

$$A^e \rightarrow B + C \tag{4-15}$$

Beispiel:

Zersetzung von 5-Oxi-3,4-diphenyl-1,2,4-oxadiozolium in 2-Phenylbenzimidazol

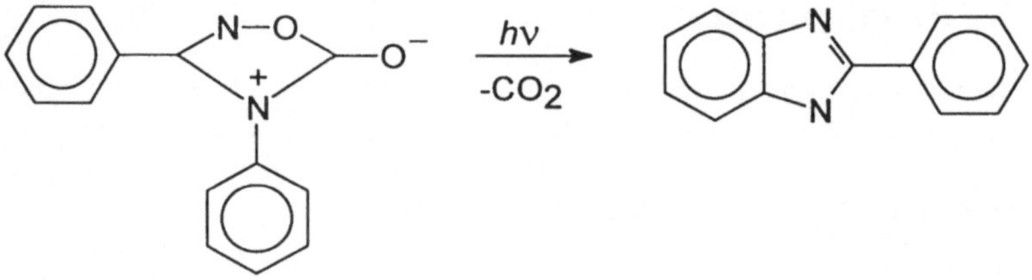

N—O O⁻ + N $\xrightarrow[-CO_2]{h\nu}$ N N

e) Isomerisierung

$$A^e \rightarrow B \tag{4-16}$$

Beispiele:

1) Bakterielle Photosynthese (Halobakterien): Photoreaktion von Bakteriorhodopsin (s. auch Kap. 12.1)

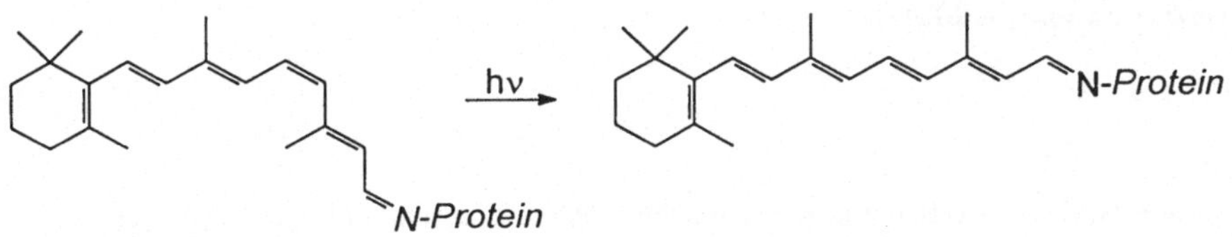

hν

N-Protein

N-Protein

11-cis-Retinal all-trans-Retinal

2) cis-trans-Isomerisierung von Azobenzol (s. auch Kap. 13.3)

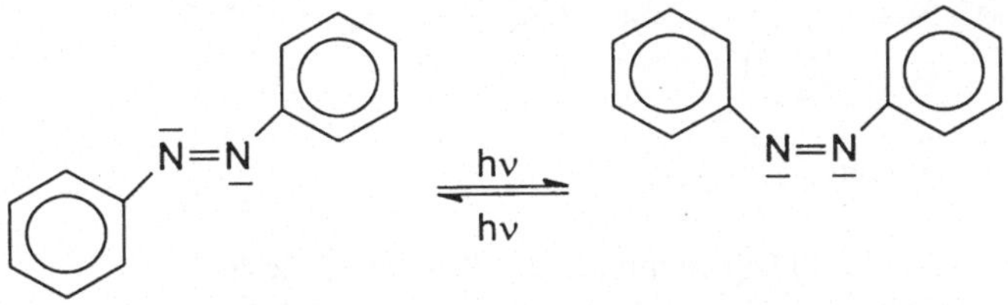

N=N hν hν N=N

trans-Azobenzol cis-Azobenzol

3) Valenzisomerisierung von 1,4 überbrückten Cyclohexadien-(2,5)

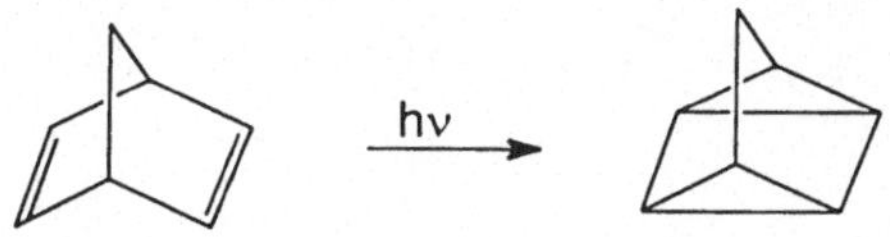

hν

f) Dimerisation

$$A^e + A \rightarrow C \tag{4-17}$$

Beispiele:

1) Excimeren-Bildung (**exci**ted di**mer**)

Pyren^e + Pyren → (Pyren – Pyren)^e

2) Dimerisierung von Thymin in DNA

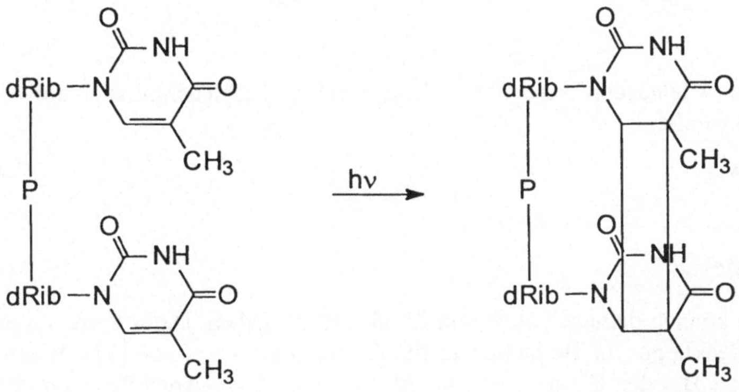

O NH dRib–N O CH$_3$ P O NH dRib–N O CH$_3$ hν O NH dRib–N O CH$_3$ P O NH dRib–N O CH$_3$

Thymin-Dimer

g) Assoziation bzw. Addition

$$A^e + B \rightarrow C \tag{4-18}$$

Beispiele:

1) Exciplex-Bildung (**exci**ted com**plex**) aus angeregtem Fluorenon (Triplett-Zustand) und (trans-) Stilben

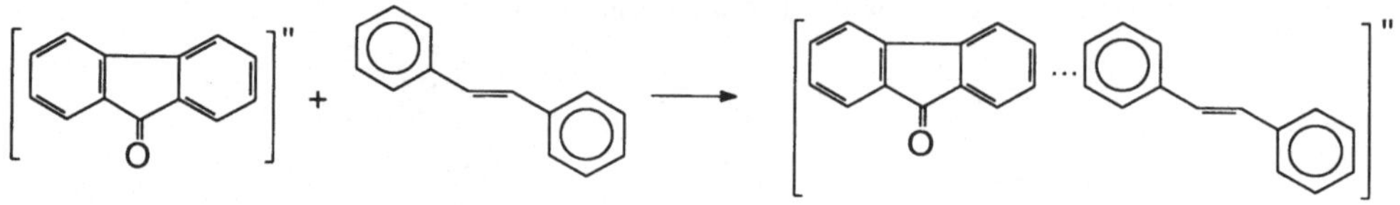

Fluorenon (A") Stilben

2) Photocyclisierung von Bicyclo [2.2.1] hepten mit Maleinsäuredimethylester

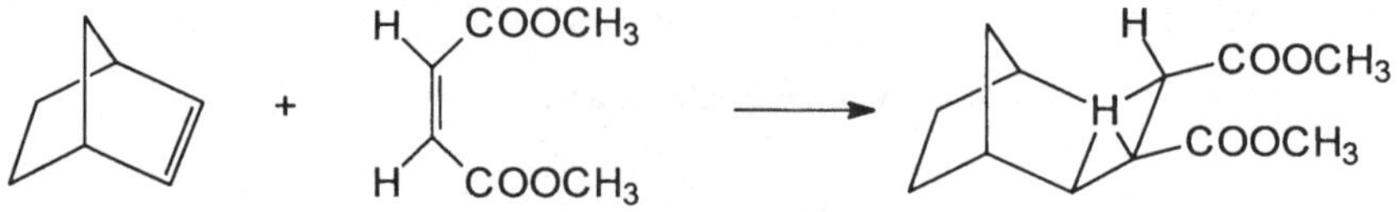

h) Wasserstoffabstraktion

$$A^e + RH \rightarrow \dot{A}H + R\cdot \tag{4-19}$$

Beispiel:

Umsetzung von Benzophenon mit Triphenylsilan

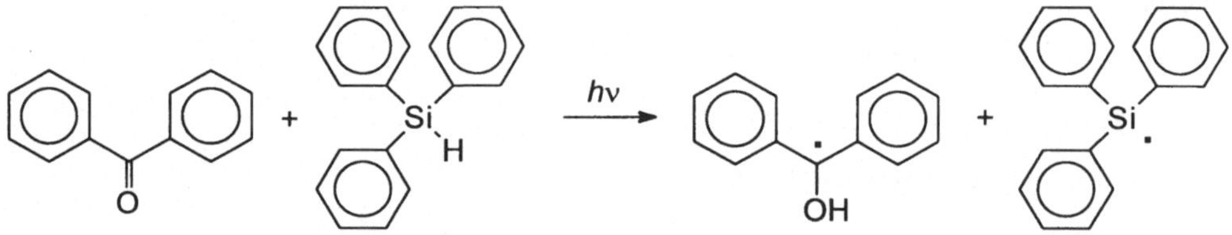

Wie im vorigen Kapitel (4.1) gezeigt wurde, kann die absorbierte Lichtenergie auch auf Akzeptormoleküle übertragen werden:

$$A' + B \rightarrow A + B' \tag{4-10}$$

bzw:

$$A'' + B \rightarrow A + B'' \tag{4-11}$$

Chemische Reaktionen können demnach auch von B' oder B" ausgehen. Dafür kommen grundsätzlich die gleichen Reaktionen in Betracht wie für A^e (s. Glgn. (4-12)-(4-19)). Wenn eine chemische Reaktion von B' oder B" ausgeht, spricht man von einer **sensibilisierten Photo-**

reaktion. A wird dann als **Sensibilisator** bezeichnet (s. auch Kap. 12.1). Wenn dagegen die chemische Reaktion von A^e ausgeht und der Prozeß (4-10) oder (4-11) zusätzlich stattfindet, löscht B die Photoreaktion von A. B wird dann als **Quencher** bezeichnet.

Beispiel einer sensibilisierten Photoreaktion: cis-trans-Isomerisierung von Stilben mit Hilfe von Fluorenon

H H hν Fluorenon als Sensibilisator H H

4.3 Die partielle Quantenausbeute

Für die quantitative Beschreibung von Photoreaktionen wurde der Begriff „**Quantenausbeute**" eingeführt. Wenn eine Lösung mit Photolicht (= die Photoreaktion auslösendes Licht) bestrahlt wird, absorbieren in der Lösung meistens mehrere Stoffe, von denen jedoch nicht unbedingt jeder eine Photoreaktion auslösen muß. Nehmen wir an, in einer Lösung laufe die Photoreaktion $A \xrightarrow{h\nu} B$ ab, so bedeutet dies im allgemeinen Fall, daß sowohl A als auch B Anteile des eingestrahlten Photolichtes absorbieren. Trotzdem wird die Photoreaktion nur durch den Stoff A über den angeregten Zustand A^e ausgelöst.

Die Reaktionsgeschwindigkeit der Dunkelreaktion A → B lautet nach Gl. (3-1b):

$$\dot{x} = k\,a$$

Wieviel Mol A pro Zeiteinheit umgesetzt werden, hängt demnach von der augenblicklichen Gesamtzahl der Moleküle A in der Lösung ab. Analog dazu hängt die Umsatzrate der Photoreaktion

$$A \xrightarrow{h\nu} B \tag{4-20}$$

davon ab, wieviel Moleküle A sich zur Zeit t im **angeregten Zustand** A^e befinden (denn nur über A^e läuft ja die Photoreaktion ab). Diese Zahl ist proportional zu der Lichtmenge (in Einheiten: mol Photonen), die die Moleküle A in der Reaktionslösung pro Zeiteinheit **insgesamt** absorbieren (man nimmt an, daß das Reaktionsvolumen vollständig bestrahlt wird). Die auf das Reaktionsvolumen und die Zeiteinheit bezogene, von A insgesamt absorbierte Lichtmenge soll nachfolgend mit I_A bezeichnet werden:

$$I_A = \frac{\text{von A absorbierte Lichtmenge}}{\text{Volumen} \cdot \text{Zeit}} \qquad \left[\frac{\text{mol} - \text{Photonen}}{\text{ml} \cdot \text{s}}\right] \tag{4.21}$$

Für die Reaktionsgeschwindigkeit $\dot{x}$ der Photoreaktion (4-20) gilt also allgemein die Beziehung

$$\dot{x} \propto I_A$$

oder

$$\dot{x} = \varphi^A I_A \ . \qquad (4\text{-}22)$$

Die Proportionalitätskonstante φ^A wird als **Quantenausbeute** bezeichnet. Der Index A gibt dabei an, daß φ^A jene Photoreaktion charakterisiert, die von A aus abläuft. Im Fall $A \xrightarrow{h\nu} B$ ist φ^A ausschließlich eine Funktion der Geschwindigkeitskonstanten, die die einzelnen physikalischen Primärprozesse beschreiben (s. dazu Kap. 4.4). Reagiert das angeregte Molekül A^e jedoch mit einem Stoff B, so kann φ^A auch eine Funktion von b sein (s. ebenfalls Kap. 4.4). - Bei komplizierten Photoreaktionen (z.B. bei photochemischen Kettenreaktionen) kann φ^A sogar noch von I_A selbst abhängen. Solche Reaktionen werden aber nachfolgend nicht betrachtet. Für diese Fälle sei auf die einschlägige Literatur verwiesen (Mauser 1974).

Laufen in der Reaktionslösung mehrere Photoreaktionen ab, kann jeder Photoreaktion eine „partielle Quantenausbeute" zugeordnet werden. Für die j-te Photoreaktion gilt dann analog zur Gl. (4-22):

$$\dot{x}_j = \varphi_j^{A_i} I_{A_i} \qquad (4\text{-}23)$$

$\varphi_j^{A_i}$ wird allgemein als **partielle Quantenausbeute** bezeichnet.

Wie aus $\varphi_j^{A_i} = \dot{x}_j / I_{Ai}$ folgt, ist $\varphi_j^{A_i}$ über die **Reaktionslaufzahl** definiert. Der Nutzen der Reaktionslaufzahl für die Kinetik wird auch hieraus ersichtlich. Da $\dot{x}_j$ immer positiv ist, trifft das auch für $\varphi_j^{A_i}$ zu. $\varphi_j^{A_i}$ wird nachfolgend kurz als „**Quantenausbeute**" der j-ten Teilreaktion bezeichnet.

Für die Beschreibung von Photoreaktionen wurden mehrere Quantenausbeuten in der Literatur definiert (so z.B. die „scheinbare integrale Quantenausbeute"). Ihre Definitionen und Anwendungen sind in [Mauser 1974; Mauser 1967a-c; Mauser 1964] zusammenfassend dargestellt. Da hier aber nahezu ausschließlich partielle Quantenausbeuten verwendet werden, wird auf die Darstellung der verschiedenen Quantenausbeuten verzichtet.

Im nachfolgenden sollen per definitionem solche Reaktionen als **einfache Photoreaktionen** bezeichnet werden, bei denen 1.) nur **ein** Stoff die Photoreaktion einleitet und 2.) die Dunkelreaktionen so schnell ablaufen, daß für diese die Bodenstein-Hypothese gültig ist. Ist eine dieser beiden Bedingung nicht erfüllt, liegen (per definitionem) **komplizierte Photoreaktionen** vor (vgl. Kap. 4.4, Beispiele 5-8).

Nachfolgend werden vier wichtige Reaktionssysteme behandelt, die durch Gl. (4-23) in einfacher Weise beschrieben werden können.

1. Beispiel

In einer Lösung laufen die Photoreaktionen (Gleichgewichtsreaktionen) ab:

$$A \underset{h\nu}{\overset{h\nu}{\rightleftarrows}} B \qquad (4\text{-}24)$$

Das zugehörige (erweiterte) Rechteckschema ergibt sich nach Kap. 3.1, wobei für $\dot{x}_j$ Gl. (4-23) anzuwenden ist:

	A	B	$\dot{x}_j$
x_1	-1	+1	$\varphi_1^A I_A$
x_2	+1	-1	$\varphi_2^B I_B$

φ_1^A gibt die partielle Quantenausbeute der 1.Teilreaktion an, die von A aus abläuft und φ_2^B die der 2. Teilreaktion, die von B aus startet. Für die Konzentrationsänderung Δa_i gelten nach Kap. 2.5 die Beziehungen:

$$\Delta a_i = \sum_{j=1}^{r} \nu_{ji} \, x_j \tag{2-26}$$

und

$$\dot{a}_i = \sum_{j=1}^{r} \nu_{ji} \, \dot{x}_j \quad . \tag{2-27}$$

Demnach gilt hier:

$$\Delta a = a - a_0 = -x_1 + x_2 \tag{4-25}$$

$$\Delta b = b - b_0 = b = x_1 - x_2$$

sowie

$$\dot{a} = -x_1 + x_2 = -\varphi_1^A I_A + \varphi_2^B I_B \tag{4-26}$$

$$\dot{b} = x_1 - x_2 = +\varphi_1^A I_A - \varphi_2^B I_B$$

2. Beispiel

Für die konkurrierenden Photoreaktionen

$$\begin{aligned} A &\xrightarrow{h\nu} B \\ A &\xrightarrow{h\nu} C \end{aligned} \tag{4-27}$$

gilt das Rechteckschema:

	A	B	C	$\dot{x}_j$
x_1	-1	+1	0	$\varphi_1^A I_A$
x_2	-1	0	+1	$\varphi_2^A I_A$

Hieraus folgt für Δa_i und $\dot{a}_i$ nach den Glgn. (2-26) und (2-27):

$$\Delta a = a - a_0 = -x_1 - x_2$$

$$\Delta b = b - b_0 = b = x_1 \tag{4-28}$$

$$\Delta c = c - c_0 = c = x_2$$

und

$$\dot{a} = -\dot{x}_1 - \dot{x}_2 = -\varphi_1^A I_A - \varphi_2^A I_A$$

$$\dot{b} = +\dot{x}_1 = \varphi_1^A I_A \qquad (4\text{-}29)$$

$$\dot{c} = +\dot{x}_2 = \varphi_2^A I_A$$

3. Beispiel

Für die Photoparallelreaktionen

$$\begin{aligned} A &\xrightarrow{h\nu} B \\ C &\xrightarrow{h\nu} D \end{aligned} \qquad (4\text{-}30)$$

lautet das Rechteckschema:

	A	B	C	D	$\dot{x}_j$
x_1	-1	+1	0	0	$\varphi_1^A I_A$
x_2	0	0	-1	+1	$\varphi_2^C I_C$

Es gilt:

$$\Delta a = a - a_0 = -x_1$$

$$\Delta b = b - b_0 = b = +x_1 \qquad (4\text{-}31)$$

$$\Delta c = c - c_0 = c = -x_2$$

$$\Delta d = d - d_0 = d = +x_2$$

und

$$\dot{a} = -\dot{x}_1 = -\varphi_1^A I_A$$

$$\dot{b} = +\dot{x}_1 = \varphi_1^A I_A \qquad (4\text{-}32)$$

$$\dot{c} = -\dot{x}_2 = -\varphi_2^C I_C$$

$$\dot{d} = +\dot{x}_2 = \varphi_2^C I_C$$

4. Beispiel

Für die Photofolgereaktion

$$A \xrightarrow{h\nu} B \xrightarrow{h\nu} C \qquad (4\text{-}33)$$

lautet das Rechteckschema:

	A	B	C	$\dot{x}_j$
x_1	-1	+1	0	$\varphi_1^A\ I_A$
x_2	0	-1	+1	$\varphi_2^B\ I_B$

Es gilt:

$$\begin{aligned} \Delta a &= a - a_0 = -x_1 \\ \Delta b &= b - b_0 = b = x_1 - x_2 \\ \Delta c &= c - c_0 = c = +x_2 \end{aligned} \tag{4-34}$$

sowie

$$\begin{aligned} \dot{a} &= -\dot{x}_1 = -\varphi_1^A\ I_A \\ \dot{b} &= \dot{x}_1 - \dot{x}_2 = \varphi_1^A\ I_A - \varphi_2^B\ I_B \\ \dot{c} &= +\dot{x}_2 = \varphi_2^B\ I_B \end{aligned} \tag{4-35}$$

4.4 Der Zusammenhang zwischen Quantenausbeute und Reaktionsmechanismus

In den Kap. 4.1 und 4.2 wurden die physikalischen und chemischen Primärprozesse, die bei Photoreaktionen ablaufen können, behandelt. Da die Interpretation der Quantenausbeute vom Reaktionsweg abhängt, wird in den nachfolgenden acht Beispielen gezeigt, wie die Quantenausbeute mit dem Mechanismus zusammenhängt. Dabei werden sensibilisierte Photoreaktionen in einem Kapitel gesondert behandelt (s. Kap. 12).

1. Beispiel

Wenn die Photoreaktion (z.B. Photoisomerisation)

$$\mathrm{A} \xrightarrow{h\nu} \mathrm{B} \tag{4-20}$$

nach dem folgenden Mechanismus abläuft (Bedeutung von A*, A′ etc.: s. Kap. 4.1)

$\mathrm{A} + h\nu \xrightarrow{I_A} \mathrm{A}^*$ (Absorptionsakt)

$\mathrm{A}^* \xrightarrow{k_2} \mathrm{A}'$ (strahlungslose Desaktivierung zu $S_1(v=0)$)

$\mathrm{A}' \xrightarrow{k_3} \mathrm{A} + h\nu_F$ (Fluoreszenz)

$\mathrm{A}' \xrightarrow{k_4} \mathrm{A}$ (strahlungslose Desaktivierung: $S_1 \rightarrow S_0$)

$\mathrm{A}' \xrightarrow{k_5} \mathrm{B}$ (chem. Umwandlung)

lautet das auf diesen Mechanismus angewendete Rechteckschema:

	A	A*	A'	B	$\dot{x}_j$
x_1	-1	+1	0	0	I_A
x_2	0	-1	+1	0	$k_2\, a^*$
x_3	+1	0	-1	0	$k_3\, a'$
x_4	+1	0	-1	0	$k_4\, a'$
x_5	0	0	-1	+1	$k_5\, a'$

Mit Hilfe der Gl. (2-27) folgt hieraus:

$$\dot{a} = -\dot{x}_1 + \dot{x}_3 + \dot{x}_4 = -I_A + k_3\, a' + k_4\, a' = -I_A + (k_3 + k_4) a'$$

$$\dot{a}^* = +\dot{x}_1 - \dot{x}_2 = I_A - k_2\, a'$$

$$\begin{aligned}\dot{a}' &= +\dot{x}_2 - \dot{x}_3 - \dot{x}_4 - \dot{x}_5 = k_2\, a^* - k_3\, a' - k_4\, a' - k_5\, a' \\ &= k_2\, a^* - (k_3 + k_4 + k_5) a'\end{aligned}$$

$$\dot{b} = \dot{x}_5 = k_5\, a'$$

Da I_A die Menge an Lichtquanten (in Moleinheiten) angibt, die von A pro Volumen- und Zeiteinheit absorbiert wird (s. Gl. (4-21)) und dadurch A in A* überführt, ist die Reaktionsgeschwindigkeit $\dot{x}_1$ mit I_A identisch $(\dot{x}_1 = I_A)$. Die Zwischenprodukte A* und A' kommen in verschwindend kleinen Konzentrationen vor, so daß für diese Stoffe die Bodenstein-Hypothese gültig ist. Daher gilt für $\dot{a}^*$ und $\dot{a}'$:

$$\dot{a}^* = 0 = I_A - k_2\, a^*$$

$$\dot{a}' = 0 = k_2\, a^* - (k_3 + k_4 + k_5)\, a'$$

Hieraus folgt:

$$a^* = \frac{I_A}{k_2} \quad \text{und} \quad a' = \frac{k_2 a^*}{k_3 + k_4 + k_5} = \frac{I_A}{k_3 + k_4 + k_5}$$

Für $\dot{a}$ und $\dot{b}$ gilt demnach:

$$\begin{aligned}\dot{a} &= -I_A + (k_3 + k_4) a' = -I_A + (k_3 + k_4) \frac{I_A}{k_3 + k_4 + k_5} \\ &= \frac{-k_5 I_A}{k_3 + k_4 + k_5}\end{aligned} \tag{4-36}$$

und

$$\dot{b} = k_5 a' = \frac{k_5\, I_A}{k_3 + k_4 + k_5} \quad . \tag{4-37}$$

Für die Reaktion A $\xrightarrow{h\nu}$ B gilt aber nach Gl. (4-22) auch

$$\dot{x} = \varphi^A I_A \quad .$$

Da nach Gl. (2-27)

$$\dot{a} = -\dot{x} = -\varphi^A I_A \tag{4-38}$$

ist, folgt durch Koeffizientenvergleich der Glgn. (4-36) und (4-38):

$$\varphi^A = \frac{k_5}{k_3 + k_4 + k_5} \tag{4-39}$$

Dieses Ergebnis zeigt, daß für die Photoreaktion A $\xrightarrow{h\nu}$ B nach dem oben dargestellten Reaktionsmechanismus die folgenden Aussagen zutreffen:

$\varphi^A \leq 1$,

φ^A ist unabhängig von der Konzentration der Reaktionspartner,

φ^A ist unabhängig von I_A und

φ^A ist unabhängig von der Bestrahlungswellenlänge (da nach Voraussetzung alle angeregten Moleküle A* den Zustand A′ erreichen).

Wenn A kein Fluoreszenzfarbstoff ist, ist $k_3 = 0$. Aus Gründen der Allgemeingültigkeit wird nachfolgend angenommen, daß die Stoffe, die eine Photoreaktion auslösen können, grundsätzlich zur Emission von Fluoreszenzlicht in der Lage sind.

2. Beispiel

Die Photoreaktion

$$\mathrm{A} \xrightarrow{h\nu} \mathrm{B} \tag{4-20}$$

laufe über den Triplettzustand nach dem Mechanismus ab:

$\mathrm{A} + h\nu \longrightarrow \mathrm{A}^*$	(Absorptionsakt)
$\mathrm{A}^* \xrightarrow{k_2} \mathrm{A}'$	(strahlungslose Desaktivierung zu S_1)
$\mathrm{A}' \xrightarrow{k_3} \mathrm{A}^* + h\nu_F$	(Fluoreszenz)
$\mathrm{A}' \xrightarrow{k_4} \mathrm{A}$	(strahlungslose Desaktivierung: $S_1 \rightarrow S_0$)
$\mathrm{A}' \xrightarrow{k_5} \mathrm{A}''$	(intersystem crossing: Spinumkehr)
$\mathrm{A}'' \xrightarrow{k_6} \mathrm{A}$	(strahlungslose Desaktivierung $T_1 \rightarrow S_0$)
$\mathrm{A}'' \xrightarrow{k_7} \mathrm{B}$	(chem. Umwandlung)

Das Rechteckschema hierfür lautet:

	A	A*	A′	A″	B	$\dot{x}_j$
x_1	-1	+1	0	0	0	I_A
x_2	0	-1	+1	0	0	$k_2 a^*$
x_3	+1	0	-1	0	0	$k_3 a'$
x_4	+1	0	-1	0	0	$k_4 a'$
x_5	0	0	-1	+1	0	$k_5 a'$
x_6	+1	0	0	-1	0	$k_6 a''$
x_7	0	0	0	-1	+1	$k_7 a''$

Hieraus folgt für $\dot{a}_i$ (s. Gl. (2-27)):

$$\dot{a} = -\dot{x}_1 + \dot{x}_3 + \dot{x}_4 + \dot{x}_6 = -I_A + (k_3 + k_4)a' + k_6 a''$$

$$\dot{a}^* = +\dot{x}_1 - \dot{x}_2 = I_A - k_2 a^*$$

$$\dot{a}' = +\dot{x}_2 - \dot{x}_3 - \dot{x}_4 - \dot{x}_5 = k_2 a^* - (k_3 + k_4 + k_5)a'$$

$$\dot{a}'' = +\dot{x}_5 - \dot{x}_6 - \dot{x}_7 = k_5 a' - (k_6 + k_7)a''$$

$$\dot{b} = \dot{x}_7 = k_7 a''$$

Wendet man die Bodenstein-Beziehung (3-24) auf A*, A′ und A″ an $(\dot{a}^* = \dot{a}' = \dot{a}'' = 0)$, erhält man hiernach:

$$a^* = \frac{I_A}{k_2}$$

$$a' = \frac{k_2 a^*}{k_3 + k_4 + k_5} = \frac{I_A}{k_3 + k_4 + k_5}$$

$$a'' = \frac{k_5 a'}{k_6 + k_7} = \frac{k_5 I_A}{(k_3 + k_4 + k_5)(k_6 + k_7)}$$

Für $\dot{a}$ und $\dot{b}$ gilt demnach:

$$\dot{a} = -I_A + (k_3 + k_4)a' + k_6 a''$$
$$= -I_A + \frac{(k_3 + k_4) I_A}{k_3 + k_4 + k_5} + \frac{k_5 k_6 I_A}{(k_3 + k_4 + k_5)(k_6 + k_7)}$$

$$\dot{a} = \frac{-k_5 k_7 I_A}{(k_3 + k_4 + k_5)(k_6 + k_7)} \qquad (4\text{-}40)$$

und

$$\dot{b} = k_7 a'' = \frac{+k_5 k_7 I_A}{(k_3 + k_4 + k_5)(k_6 + k_7)} = -\dot{a}. \qquad (4\text{-}41)$$

Da für A $\xrightarrow{h\nu}$ B auch gilt

$$\dot{x} = \varphi^A I_A = -\dot{a} \ , \tag{4-38}$$

folgt durch Koeffizientenvergleich mit Gl. (4-40):

$$\boxed{\varphi^A = \frac{k_5 k_7}{(k_3 + k_4 + k_5)(k_6 + k_7)} \leq 1} \tag{4-42}$$

Wie beim 1. Beispiel ist φ^A nur eine Funktion der k_i.

3. Beispiel

Die Photoreaktion

$$\mathrm{A} \xrightarrow{h\nu} \mathrm{B} \tag{4-20}$$

verlaufe wie im 2. Beispiel über einen Triplettzustand, jedoch kann A″ durch einen Quencher Q zusätzlich gelöscht werden:

$\mathrm{A} + h\nu \longrightarrow \mathrm{A^*}$	(Absorptionsakt)
$\mathrm{A^*} \xrightarrow{k_2} \mathrm{A'}$	(strahlungslose Desaktivierung zu S_1)
$\mathrm{A'} \xrightarrow{k_3} \mathrm{A} + h\nu_F$	(Fluoreszenz)
$\mathrm{A'} \xrightarrow{k_4} \mathrm{A}$	(strahlungslose Desaktivierung: $S_1 \rightarrow S_0$)
$\mathrm{A'} \xrightarrow{k_5} \mathrm{A''}$	(intersystem crossing: Spinumkehr)
$\mathrm{A''} \xrightarrow{k_6} \mathrm{A}$	(strahlungslose Desaktivierung $T_1 \rightarrow S_0$)
$\mathrm{A''} \xrightarrow{k_7} \mathrm{B}$	(chem. Umwandlung)
$\mathrm{A''} + \mathrm{Q} \xrightarrow{k_8} \mathrm{Q''} + \mathrm{A}$	(Desensibilisierungsreaktion)
$\mathrm{Q'} \xrightarrow{k_9} \mathrm{Q}$	(strahlungslose Desaktivierung von Q″)

Das Rechteckschema lautet hierfür:

	A	A*	A′	A″	B	Q	Q″	$\dot{x}_j$
x_1	-1	+1	0	0	0	0	0	I_A
x_2	0	-1	+1	0	0	0	0	$k_2 a^*$
x_3	+1	0	-1	0	0	0	0	$k_3 a'$
x_4	+1	0	-1	0	0	0	0	$k_4 a'$
x_5	0	0	-1	+1	0	0	0	$k_5 a'$
x_6	+1	0	0	-1	0	0	0	$k_6 a''$
x_7	0	0	0	-1	+1	0	0	$k_7 a''$
x_8	+1	0	0	-1	0	-1	+1	$k_8 a'' q$
x_9	0	0	0	0	0	+1	-1	$k_9 q''$

Das Schema führt demnach zu den Beziehungen:

$$\dot{a} = -\dot{x}_1 + \dot{x}_3 + \dot{x}_4 + \dot{x}_6 + \dot{x}_8 = -I_A + (k_3 + k_4)a' + (k_6 + k_8 q)a''$$

$$\dot{a}^* = +\dot{x}_1 - \dot{x}_2 = I_A - k_2 a^*$$

$$\dot{a}' = +\dot{x}_2 - \dot{x}_3 - \dot{x}_4 - \dot{x}_5 = k_2 a^* - (k_3 + k_4 + k_5)a'$$

$$\dot{a}'' = +\dot{x}_5 - \dot{x}_6 - \dot{x}_7 - \dot{x}_8 = k_5 a' - (k_6 + k_7 + k_8 q)\, a''$$

$$\dot{b} = +\dot{x}_7 = k_7 a''$$

$$\dot{q} = -\dot{x}_8 + \dot{x}_9 = -k_8 a'' q + k_9 q''$$

$$\dot{q}'' = +\dot{x}_8 - \dot{x}_9 = k_8 a'' q - k_9 q''$$

Hieraus folgt, wenn die Bodenstein-Beziehung (3-24) auf A*, A′ A″ und Q″ angewendet wird, analog zu den vorhergehenden Beispielen:

$$\dot{a} = -\varphi^A I_A = \frac{-k_5 k_7 I_A}{(k_3 + k_4 + k_5)\,(k_6 + k_7 + k_8 q)} \tag{4-43}$$

Damit ist

$$\boxed{\varphi^A = \frac{k_5 k_7}{(k_3 + k_4 + k_5)\,(k_6 + k_7 + k_8 q)}} \tag{4-44}$$

Wie man sieht, ist φ^A eine Funktion der Konzentration (q) des Quenchers. Bezeichnet man mit φ_0^A die Quantenausbeute bei $q = 0$, so gilt für φ^A / φ_0^A:

$$\varphi^A / \varphi_0^A = \frac{k_6 + k_7}{k_6 + k_7 + k_8 q} \tag{4-45}$$

Wenn man nun mit $q_{1/2}$ die Konzentration von Q definiert, bei der $\varphi^A / \varphi_0^A = \frac{1}{2}$ ist, folgt hieraus:

$$q_{1/2} = \frac{k_6 + k_7}{k_8} \tag{4-46}$$

Erfahrungsgemäß liegt $q_{1/2}$ in der Größenordnung von 10^{-6} mol/L, so daß zufällige Verunreinigungen die Photoreaktion stark beeinträchtigen können.

Es gibt auch Quencher, die A′ desaktivieren. Der Formalismus ist dann sinngemäß anzuwenden.

4. Beispiel

Eine Photoaddition

$$\mathrm{A + B} \xrightarrow{h\nu} \mathrm{C} \tag{4-47}$$

laufe nach dem Mechanismus ab:

$$\mathrm{A} + h\nu \longrightarrow \mathrm{A^*}$$

$$A^* \xrightarrow{k_2} A'$$

$$A' \xrightarrow{k_3} A + h\nu_F$$

$$A' \xrightarrow{k_4} A$$

$$A' \xrightarrow{k_5} A''$$

$$A'' \xrightarrow{k_6} A$$

$$A'' + B \xrightarrow{k_7} C$$

Das Rechteckschema lautet hierfür:

	A	A*	A′	A″	B	C	$\dot{x}_j$
x_1	-1	+1	0	0	0	0	I_A
x_2	0	-1	+1	0	0	0	$k_2\,a^*$
x_3	+1	0	-1	0	0	0	$k_3\,a'$
x_4	+1	0	-1	0	0	0	$k_4\,a'$
x_5	0	0	-1	+1	0	0	$k_5\,a'$
x_6	+1	0	0	-1	0	0	$k_6\,a''$
x_7	0	0	0	-1	-1	+1	$k_7\,a''\,b$

Man erhält hieraus die folgenden Beziehungen:

$$\dot{a} = -\dot{x}_1 + \dot{x}_3 + \dot{x}_4 + \dot{x}_6 = -I_A + (k_3 + k_4)a' + k_6\,a''$$

$$\dot{a}^* = +\dot{x}_1 - \dot{x}_2 = I_A - k_2\,a^*$$

$$\dot{a}' = +\dot{x}_2 - \dot{x}_3 - \dot{x}_4 - \dot{x}_5 = k_2\,a^* - (k_3 + k_4 + k_5)a'$$

$$\dot{a}'' = +\dot{x}_5 - \dot{x}_6 - \dot{x}_7 = k_5\,a' - (k_6 + k_7 b)\,a''$$

$$\dot{b} = -\dot{x}_7 = -k_7\,a''\,b$$

$$\dot{c} = +\dot{x}_7 = k_7\,a''\,b$$

Mit der Bodenstein-Beziehung (3-24) für A*, A′ und A″ folgt analog zu den Beispielen 1 und 2 für $\dot{a}$ und $\dot{b}$:

$$\dot{a} = -\varphi^A\,I_A = +\dot{b} = -\dot{c} = \frac{-k_5\,k_7\,b\,I_A}{(k_3 + k_4 + k_5)\,(k_6 + k_7 b)} \tag{4-48}$$

Damit gilt für φ^A:

$$\varphi^A = \frac{k_5\,k_7\,b}{(k_3 + k_4 + k_5)\,(k_6 + k_7 b)} \tag{4-49}$$

φ^A ist demnach von der Konzentration des Reaktionspartners B abhängig. Ein anderer Ausdruck wird für φ^A erhalten, wenn B nicht mit A″, sondern mit A′ reagiert.

5. Beispiel

Die Beispiele 1-4 stellen **einfache** Photoreaktionen dar. In den nachfolgenden Beispielen werden **komplizierte** Photoreaktionen behandelt.

In einer Lösung laufen die Photoreaktionen (cis-trans-Isomerisierung)

$$\mathrm{A} \underset{h\nu}{\overset{h\nu}{\rightleftarrows}} \mathrm{B} \tag{4-24}$$

nach einem Mechanismus ab, in dem angenommen wird, daß der angeregte Zwischenzustand der cis- (A") und trans-Form (B") gleich ist (A" = B") (dieser Zwischenzustand wird hier mit T (Triplettzustand) abgekürzt: A" = B" = T):

$$\mathrm{A} + h\nu \longrightarrow \mathrm{A}^*$$

$$\mathrm{A}^* \xrightarrow{k_2} \mathrm{A}'$$

$$\mathrm{A}' \xrightarrow{k_3} \mathrm{A} + h\nu_{F_1}$$

$$\mathrm{A}' \xrightarrow{k_4} \mathrm{A}$$

$$\mathrm{A}' \xrightarrow{k_5} \mathrm{T}$$

$$\mathrm{T} \xrightarrow{k_6} \mathrm{A}$$

$$\mathrm{B} + h\nu \longrightarrow \mathrm{B}^*$$

$$\mathrm{B}^* \xrightarrow{k_8} \mathrm{B}'$$

$$\mathrm{B}' \xrightarrow{k_9} \mathrm{B} + h\nu_{F_2}$$

$$\mathrm{B}' \xrightarrow{k_{10}} \mathrm{B}$$

$$\mathrm{B}' \xrightarrow{k_{11}} \mathrm{T}$$

$$\mathrm{T} \xrightarrow{k_{12}} \mathrm{B}'$$

Da das von A′ und B′ emittierte Fluoreszenzlicht sich in der Regel voneinander unterscheidet, wird zu derer Unterscheidung die Schreibweise $h\nu_{F_1}$ und $h\nu_{F_2}$ eingeführt. Das Rechteckschema für diesen Mechanismus lautet:

	A	A*	A′	T	B	B*	B′	$\dot{x}_j$
x_1	-1	+1	0	0	0	0	0	I_A
x_2	0	-1	+1	0	0	0	0	$k_2 a^*$
x_3	+1	0	-1	0	0	0	0	$k_3 a'$
x_4	+1	0	-1	0	0	0	0	$k_4 a'$
x_5	0	0	-1	+1	0	0	0	$k_5 a'$
x_6	+1	0	0	-1	0	0	0	$k_6 t$
x_7	0	0	0	0	-1	+1	0	I_B
x_8	0	0	0	0	0	-1	+1	$k_8 b^*$
x_9	0	0	0	0	+1	0	-1	$k_9 b'$
x_{10}	0	0	0	0	+1	0	-1	$k_{10} b'$
x_{11}	0	0	0	+1	0	0	-1	$k_{11} b'$
x_{12}	0	0	0	-1	+1	0	0	$k_{12} t$

Hiernach gelten die Beziehungen:

$$\dot{a} = -\dot{x}_1 + \dot{x}_3 + \dot{x}_4 + \dot{x}_6 = -I_A + (k_3 + k_4)a' + k_6 t$$

$$\dot{a}^* = +\dot{x}_1 - \dot{x}_2 = I_A - k_2 a^*$$

$$\dot{a}' = +\dot{x}_2 - \dot{x}_3 - \dot{x}_4 - \dot{x}_5 = k_2 a^* - (k_3 + k_4 + k_5)a'$$

$$\dot{t} = +\dot{x}_5 - \dot{x}_6 + \dot{x}_{11} - \dot{x}_{12} = k_5 a' - k_6 t + k_{11} b' - k_{12} t$$

$$\dot{b} = -\dot{x}_7 + \dot{x}_9 + \dot{x}_{10} + \dot{x}_{12} = -I_B + (k_9 + k_{10})b' + k_{12} t$$

$$\dot{b}^* = +\dot{x}_7 - \dot{x}_8 = I_B - k_8 b^*$$

$$\dot{b}' = +\dot{x}_8 - \dot{x}_9 - \dot{x}_{10} - \dot{x}_{11} = k_8 b^* - (k_9 + k_{10} + k_{11})b'$$

Wendet man die Bodenstein-Beziehung (3-24) auf A*, A′, B*, B′ und T an und berücksichtigt Gl. (4-26)

$$\dot{a} = -\dot{b} = -\varphi_1^A \, I_A + \varphi_2^B \, I_B \quad , \tag{4-48}$$

erhält man analog zu den Beispielen 1 und 2:

$$\begin{aligned} \dot{a} = -\dot{b} &= -\varphi_1^A \, I_A + \varphi_2^B \, I_B \\ &= \frac{-k_5 k_{12} I_A}{(k_3 + k_4 + k_5)(k_6 + k_{12})} + \frac{k_6 k_{11} I_B}{(k_9 + k_{10} + k_{11})(k_6 + k_{12})} \end{aligned} \tag{4-50}$$

Demnach gilt für die partiellen Quantenausbeuten:

$$\varphi_1^A = \frac{k_5\,k_{12}}{(k_3+k_4+k_5)\,(k_6+k_{12})} \tag{4-51}$$

und

$$\varphi_2^B = \frac{k_6\,k_{11}}{(k_9+k_{10}+k_{11})\,(k_6+k_{12})} \quad . \tag{4-52}$$

6. Beispiel

In einer Lösung laufen die Konkurrenzreaktionen

$$\begin{aligned} &A \xrightarrow{h\nu} B \\ &A \xrightarrow{h\nu} C \end{aligned} \tag{4-27}$$

nach dem Mechanismus ab:

$$A + h\nu \longrightarrow A^*$$

$$A^* \xrightarrow{k_2} A'$$

$$A' \xrightarrow{k_3} A + h\nu_F$$

$$A' \xrightarrow{k_4} A$$

$$A' \xrightarrow{k_5} B$$

$$A' \xrightarrow{k_6} C$$

Hieraus folgt für das Rechteckschema:

	A	A*	A′	B	C	$\dot{x}_j$
x_1	-1	+1	0	0	0	I_A
x_2	0	-1	+1	0	0	$k_2\,a^*$
x_3	+1	0	-1	0	0	$k_3\,a'$
x_4	+1	0	-1	0	0	$k_4\,a'$
x_5	0	0	-1	+1	0	$k_5\,a'$
x_6	0	0	-1	0	+1	$k_6\,a'$

Wendet man die Bodenstein-Beziehung (3-24) auf A* und A′ an und berücksichtigt Gl. (4-29)

$$\dot{a} = -\varphi_1^A\,I_A - \varphi_2^A\,I_A \quad ,$$

erhält man für $\dot{a}$:

$$\dot{a} = -I_A(\varphi_1^A + \varphi_2^A) = \frac{-(k_5 + k_6)\,I_A}{(k_3 + k_4 + k_5 + k_6)} \tag{4-53}$$

Die partiellen Quantenausbeuten ergeben sich demnach zu:

$$\varphi_1^A = \frac{k_5}{(k_3 + k_4 + k_5 + k_6)} \tag{4-54}$$

und

$$\varphi_2^A = \frac{k_6}{(k_3 + k_4 + k_5 + k_6)} \tag{4-55}$$

Wenn die Photoreaktionen über den Triplettzustand A″ ablaufen, ist die Ableitung entsprechend zu modifizieren.

7. Beispiel

Es laufen die unabhängigen Photoparallelreaktionen

$$\begin{aligned} &A \xrightarrow{h\nu} B \\ &C \xrightarrow{h\nu} D \end{aligned} \tag{7-30}$$

in einer Lösung nach dem Mechanismus ab:

$$A + h\nu \longrightarrow A^*$$

$$A^* \xrightarrow{k_2} A'$$

$$A' \xrightarrow{k_3} A + h\nu_{F_1}$$

$$A' \xrightarrow{k_4} A$$

$$A' \xrightarrow{k_5} B$$

$$C + h\nu \longrightarrow C^*$$

$$C^* \xrightarrow{k_7} C'$$

$$C' \xrightarrow{k_8} C + h\nu_{F_2}$$

$$C' \xrightarrow{k_9} C$$

$$C' \xrightarrow{k_{10}} D$$

Mit Hilfe des Rechteckschemas und der Bodenstein-Beziehung (3-24) für A*, A′, C* und C′ erhält man mit den Glgn. (4-32)

$$\dot{a} = -\varphi_1^A I_A \quad \text{und} \quad \dot{c} = -\varphi_2^C I_C$$

für die partiellen Quantenausbeuten:

$$\varphi_1^A = \frac{k_5}{k_3 + k_4 + k_5} \tag{4-56}$$

und

$$\varphi_2^C = \frac{k_{10}}{k_8 + k_9 + k_{10}} \quad . \tag{4-57}$$

Es ist damit

$$\dot{a} = -\varphi_1^A I_A = \frac{-k_5 I_A}{k_3 + k_4 + k_5} = -\dot{b} \tag{4-58}$$

und

$$\dot{c} = -\varphi_2^C I_C = \frac{-k_{10} I_C}{k_8 + k_9 + k_{10}} = -\dot{d} \quad . \tag{4-59}$$

(Die Parallelreaktionen können auch über Triplettzustände ablaufen. Die Herleitung ist dann entsprechend zu modifizieren).

8. Beispiel

Es läuft die Photofolgereaktion

$$\mathrm{A} \xrightarrow{h\nu} \mathrm{B} \xrightarrow{h\nu} \mathrm{C} \tag{4-33}$$

nach dem Mechanismus ab:

$$\mathrm{A} + h\nu \longrightarrow \mathrm{A}^*$$

$$\mathrm{A}^* \xrightarrow{k_2} \mathrm{A}'$$

$$\mathrm{A}' \xrightarrow{k_3} \mathrm{A} + h\nu_{F_1}$$

$$\mathrm{A}' \xrightarrow{k_4} \mathrm{A}$$

$$\mathrm{A}' \xrightarrow{k_5} \mathrm{B}$$

$$\mathrm{B} + h\nu \longrightarrow \mathrm{B}^*$$

$$\mathrm{B}^* \xrightarrow{k_7} \mathrm{B}'$$

$$\mathrm{B}' \xrightarrow{k_8} \mathrm{B} + h\nu_{F_2}$$

$$\mathrm{B}' \xrightarrow{k_9} \mathrm{B}$$

$$\mathrm{B}' \xrightarrow{k_{10}} \mathrm{C}$$

Nach Gl. (4-35) gilt für die Folgereaktion:

$$\dot{a} = -\varphi_1^A \, I_A \quad , \quad \dot{b} = \varphi_1^A \, I_A - \varphi_2^B \, I_B \quad \text{und} \quad \dot{c} = \varphi_2^B \, I_B \ .$$

Mit Hilfe des Rechteckschemas und der Bodenstein-Beziehung (3-24) für A*, A′, B* und B′ erhält man:

$$\dot{a} = \frac{-k_5 \, I_A}{k_3 + k_4 + k_5} \ ,$$

$$\dot{b} = \frac{k_5 \, I_A}{k_3 + k_4 + k_5} - \frac{k_{10} \, I_B}{k_8 + k_9 + k_{10}} \tag{4-60}$$

und

$$\dot{c} = \frac{k_{10} \, I_B}{k_8 + k_9 + k_{10}} \ .$$

Für die partiellen Quantenausbeuten gilt demnach:

$$\varphi_1^A = \frac{k_5}{k_3 + k_4 + k_5} \tag{4-61}$$

und

$$\varphi_2^B = \frac{k_{10}}{k_8 + k_9 + k_{10}} \ . \tag{4-62}$$

Es lassen sich eine Reihe weiterer Reaktionsmechanismen aufstellen. So können beispielsweise Teilreaktionen von Parallel- oder Folgereaktionen Photoadditionsreaktionen darstellen. Das Rechteckschema kann dann unschwer auch auf diese Systeme angewendet werden [Mauser 1974].

4.5 Berechnung der absorbierten Lichtmenge

Nach Gl. (4-23) gilt für die Reaktionsgeschwindigkeit der j-ten Phototeilreaktion

$$\dot{x}_j = \varphi_j^{A_i} \, I_{A_i}$$

Dabei ist A_i der Stoff, der die Photoreaktion auslöst. I_{A_i} ist die von A_i pro Zeit- und Volumeneinheit absorbierte Lichtmenge, für die analog zur Gl. (4-21) gilt:

$$\begin{aligned} I_{A_i} &= \frac{\text{von } A_i \text{ absorbierte Lichtmenge}}{\text{Volumen} \cdot \text{Zeit}} \\ &= \frac{N_{A_i}}{F \cdot \ell \cdot \Delta t} \qquad \left[\frac{\text{mol Photonen}}{\text{ml} \cdot \text{s}}\right] \end{aligned} \tag{4-63}$$

F ist die Querschnittsfläche der Küvette, die bestrahlt wird, und ℓ die Schichtdicke der Küvette. N_{A_i} ist die Molmenge an Photonen, die von A_i in der Zeit Δt absorbiert wird. Wenn in der Lösung der Küvette nur ein Stoff (A) absorbiert, nimmt die Intensität des Lichtes (I') bei der **Bestrahlungswellenlänge** λ' (diese Wellenlänge soll nachfolgend bei den verschiedenen Größen einfach nur durch einen Strich ' charakterisiert werden) innerhalb der Küvette exponentiell ab – analog zur Gl. (2-7):

$$I' = I_0 \, e^{-\varepsilon' \cdot a \cdot \ell} \tag{4-64}$$

Die Intensität des monochromatischen Bestrahlungslichtes (I_0') soll nachfolgend einfach mit I_0 bezeichnet werden, ohne dabei λ' explizit anzugeben. I_0 ist wie folgt definiert (s. Gl. (2-1)):

$$I_0 = \frac{\text{mol Photonen des Photolichtes}}{\text{Fläche} \cdot \text{Zeit}} = \frac{N_0}{F \cdot \Delta t} \left[\frac{\text{mol Photonen}}{\text{cm}^2 \cdot \text{s}}\right] \tag{4-65}$$

N_0 ist die Menge an Lichtquanten (in Moleinheiten) bei der Bestrahlungswellenlänge λ', die in der Zeit Δt durch die Querschnittsfläche F der Küvette fällt. Der Vergleich von Gl. (4-63) mit (4-65) zeigt, daß I_{A_i} und I_0 unterschiedlich definiert sind: I_{A_i} ist auf die Volumeneinheit und I_0 auf die Flächeneinheit bezogen.

I' ist die Intensität des (monochromatischen) Photolichtes nach Verlassen der Küvette. Wenn mehrere Stoffe in der Lösung bei λ' absorbieren, gilt nach den Glgn. (2-9) -(2-11):

$$E' = \log \frac{I_0}{I'} = \sum_{i=1}^{n} E_i' = \ell \sum_{i=1}^{n} \varepsilon_i' \, a_i \tag{4-66}$$

oder entlogarithmiert

$$I' = I_0 \cdot 10^{-E'} = I_0 \cdot 10^{-\sum E_i'} = I_0 \cdot 10^{-\ell \sum \varepsilon_i' \, a_i} \quad . \tag{4-67}$$

Im Fall $i = 1$ geht diese Beziehung in Gl. (4-64) über. Mit Gl. (4-67) kann die Lichtschwächung bei λ', die von den (n) absorbierenden Komponenten herrührt, berechnet werden. Die durch die Lösung insgesamt absorbierte Lichtmenge beträgt (I_0 - I'). Dieser Wert setzt sich aus den absorbierten Lichtmengen der einzelnen Komponenten (I'_{A_i}) wie folgt zusammen:

$$I_0 - I' = \sum_{i=0}^{n} I'_{A_i} \tag{4-68}$$

Mit Gl. (4-67) folgt hieraus:

$$I_0 - I' = \sum_{i=1}^{n} I'_{A_i} = I_0\left(1 - 10^{-E'}\right) \tag{4-69}$$

Um nun die Summe der Anteile, die jede einzelne Komponente bei λ' zur Lichtschwächung beiträgt, zu berechnen, wird von den Glgn. (4-66) und (4-68) ausgegangen:

$$
\begin{aligned}
I_0 - I' &= I_0(1-10^{-E'}) = \sum_{i=1}^{n} I'_{A_i} \\
&= \frac{I_0(1-10^{-E'})\cdot \ell \cdot (\varepsilon'_1 a_1 + \varepsilon'_2 a_2 + \ldots + \varepsilon'_n a_n)}{\ell \cdot (\varepsilon'_1 a_1 + \varepsilon'_2 a_2 + \ldots + \varepsilon'_n a_n)} \\
&= I_0\left(\frac{1-10^{-E'}}{E'}\right)\cdot \ell \cdot (\varepsilon'_1 a_1 + \ldots + \varepsilon'_n a_n)
\end{aligned}
\tag{4-70}
$$

Diese Beziehung gibt an, wie sich die Lichtschwächung bei λ' aus den Beträgen aller absorbierenden Komponenten explizit zusammensetzt. Der Anteil der Lichtschwächung (I'_{A_i}), der nur von der Komponente A_i herrührt, beträgt also:

$$
I'_{A_i} = I_0\left(\frac{1-10^{-E'}}{E'}\right)\cdot \ell \cdot \varepsilon'_i a_i \tag{4-71}
$$

I'_{A_i} ist dabei analog zur Gl. (4-65) definiert:

$$
\begin{aligned}
I'_{A_i} &= \frac{\text{von } A_i \text{ absorbierte Lichtmenge}}{\text{Fläche} \cdot \text{Zeit}} \\
&= \frac{N_{A_i}}{F \cdot \Delta t} \quad \left[\frac{\text{mol Photonen}}{\text{cm}^2 \cdot \text{s}}\right]
\end{aligned}
\tag{4-72}
$$

Da aber in der Beziehung $\dot{x}_j = \varphi_j^{A_i} I_{A_i}$ die pro **Volumen**- und Zeiteinheit von A_i absorbierte Lichtmenge benötigt wird, muß Gl. (4-72) noch durch ℓ dividiert werden, um I_{A_i} zu erhalten:

$$
\begin{aligned}
I_{A_i} &= \frac{I'_{A_i}}{\ell} = \frac{N_{A_i}}{F \cdot \ell \cdot \Delta t} \\
&= I_0\left(\frac{1-10^{-E'}}{E'}\right)\varepsilon'_i a_i \quad \left[\frac{\text{mol Photonen}}{\text{ml} \cdot \text{s}}\right]
\end{aligned}
\tag{4-73}
$$

I_{A_i} bezieht sich nach Gl. (4-63) auf die Volumeneinheit 1 ml. Wenn man sich dagegen auf die Volumeneinheit 1 L (= 1000 ml) – wie bei der Definition der Konzentration – bezieht, ist der Faktor 1000 zu berücksichtigen. Für Gl. (4-73) gilt dann:

$$
I_{A_i} = 1000\ I_0\left(\frac{1-10^{-E'}}{E'}\right)\varepsilon'_i a_i \quad \left[\frac{\text{mol Photonen}}{\text{L} \cdot \text{s}}\right] \tag{4-74}
$$

I_{A_i} soll nachfolgend immer auf 1 L Volumen bezogen sein. Mit Gl. (4-74) ist die Beziehung abgeleitet, mit der die Reaktionsgeschwindigkeit $\dot{x}_j$ der j-ten Teilreaktion berechnet werden kann. Führt man Gl. (4-74) in $\dot{x}_j = \varphi_j^{A_i} I_{A_i}$ (s. Gl. (4-23)) ein, folgt [Mauser 1967a; Mauser 1974]:

$$
\dot{x}_j = 1000\ I_0\, \varepsilon'_i a_i \varphi_j^{A_i}\left(\frac{1-10^{-E'}}{E'}\right) \tag{4-75}
$$

Diese Beziehung ist die **Grundgleichung der Photochemie** (eine Ableitung auf allgemeiner Basis ist in [Mauser 1974] angegeben). Für ihre Ableitung sind mehrere Annahmen vorausgesetzt:

- Die Quantenausbeute hängt nicht von I_0 ab,
- die Küvette ist rechteckförmig und besitzt planparallele Fenster (mit dem Querschnitt F),
- das Photolicht ist streng monochromatisch,
- die Intensität I_0 des Photolichtes bleibt während der Bestrahlung konstant,
- das Photolicht fällt senkrecht auf die Küvette,
- das Photolicht bestrahlt die **gesamte** Vorderfläche der Lösung,
- die Lösung streut kein Licht (sondern absorbiert nur Licht) und
- die Lösung wird so stark **gerührt**, daß jeder Stoff in der Küvette zu jedem Zeitpunkt homogen verteilt ist.

Die letzte Annahme ist besonders wichtig. Da das Photolicht innerhalb der Küvette exponentiell abfällt, führt das dazu, daß die Stoffe A_i, die an den Photoreaktionen beteiligt sind, inhomogen in der Lösung verteilt werden, wenn nicht gerührt wird. Im Fall einer inhomogenen Stoffverteilung ist die Konzentration a_i in Gl. (4-75) eine Funktion des Ortes innerhalb der Küvette und die Berechnung von $\dot{x}_j$ wird dann sehr kompliziert. Dieser Fall wird im nachfolgenden ausgeschlossen. Für die Auswertung von Photoreaktionen in zähen oder festen Phasen wird auf die Spezialliteratur verwiesen [Mauser 1967d; Mauser,1974].

Streng genommen ist in Gl. (4-74) noch der sog. **Reflexionsfaktor** r zu berücksichtigen, der eine Funktion von E' ist:

$$I_{A_i} = 1000\, I_0 \left(\frac{1 - 10^{-E'}}{E'} \right) r(E')\, \varepsilon_i'\, a_i$$

mit

$$r(E') = \frac{1}{1 - R \cdot 10^{-E'}} \quad .$$

Da das aus der Küvette austretende Licht teilweise am Austrittsfenster in die Lösung zurückreflektiert und wieder am Eintritts- und Austrittsfenster mehrfach reflektiert wird, ist I_{A_i} zu korrigieren. R ist der sog. Reflexionskoeffizient, der für die Grenzfläche Quarz / Luft den Wert R = 0,036 hat. Damit erhält man für $r(E')$ mit $E' = 1$: $r(E') = 1{,}0036$. Der Fehler, der hier gemacht wird, wenn $r(E')$ nicht berücksichtigt wird, liegt also in der Größenordnung < 0,5 % (bei $E' = 0{,}1$ ist allerdings $r(E') = 1{,}029$). Im nachfolgenden wird bei Absorptionsmessung der Reflexionsfaktor nicht berücksichtigt.

4.6 Die „transformierte Zeit“

Nach den Ergebnissen des letzten Kapitels gilt für die Reaktionsgeschwindigkeit der j-ten Phototeilreaktion:

$$\dot{x}_j = \frac{dx_j}{dt} = 1000\, I_0\, \varepsilon'_i\, a_i\, \psi_j^{A_i} \left(\frac{1-10^{-E'}}{E'} \right) \tag{4-75}$$

a_i ist die Konzentration des Stoffes A_i, der die Photoreaktion auslöst, und E' ist die (gemessene) Extinktion bei der Bestrahlungswellenlänge λ'. E' und a' ändern sich i.a. zeitabhängig. Durch Einführung der sog. „transformierten Zeit Θ“ läßt sich Gl. (4-75) in eine lineare Differentialgleichung überführen. Die „**transformierte Zeit** Θ“ ist über die folgende Differentialgleichung definiert [Mauser, 1979]:

$$d\Theta = 1000 \left(\frac{1-10^{-E'}}{E'} \right) \cdot dt \tag{4-76}$$

Durch Integration erhält man hieraus:

$$\int_0^{\Theta} d\Theta = \Theta = 1000 \int_0^{\Theta} \left(\frac{1-10^{-E'}}{E'} \right) \cdot dt \tag{4-77}$$

Ursprünglich wurde in die Definitionsgleichung für Θ die konstante Größe I_0 mitaufgenommen [Mauser, 1979], worauf aber hier verzichtet wird. Dadurch haben t und Θ die gleiche Dimension.

In der Literatur existieren die Begriffe „natürliche“ und „dekadische“ Extinktion. Im ersten Fall ist die Extinktion über den natürlichen Logarithmus von I_0/I definiert und im 2. Fall über den dekadischen Logarithmus. Dies führt dazu, daß im Fall der „natürlichen“ Extinktion die „transformierte Zeit Θ“ wie folgt definiert wird:

$$d\Theta = 1000 \left(\frac{1-e^{-E'}}{E'} \right) \cdot dt$$

(wobei also gilt: $E' = ln\,(I_0/I')$). Da aber bei den Spektralphotometern nur dekadische Extinktionen registriert werden, werden hier ausschließlich die Definitionsgleichung (4-76) und die dekadische Extinktion ($E' = lg\,(I_0/I')$) verwendet.

Durch Einführung der Gl. (4-76) in Gl. (4-75) erhält man:

$$\frac{dx_j}{d\Theta} = I_0\, \varepsilon'_i\, \psi_j^{A_i}\, a_i \qquad (j\text{-te Photoreaktion}) \tag{4-78}$$

Demnach ist $dx_j/d\Theta$ von a_i **linear abhängig**, wenn $\varphi_j^{A_i}$ unabhängig von der Konzentration ist. Können nun alle Teilreaktionen des Photosystems durch Gl. (4-78) beschrieben werden und sind sämtliche partiellen Quantenausbeuten von den Konzentrationen unabhängig, so kann das Reaktionssystem durch ausschließlich lineare Differentialgleichungen (mit konstanten Koeffizienten) beschrieben werden. Photoreaktionen, die sich durch die Transformation (4-76) auf ein solches lineares Differentialgleichungssystem zurückführen lassen, sollen nachfolgend als „**quasilineare Photoreaktionen**“ bezeichnet werden. Sie lassen sich mathematisch wie das entsprechende **System von Dunkelreaktionen 1. Ordnung**, die nachfolgend als „**lineare Dunkelreaktionen**“ bezeichnet werden, behandeln (s. Kap. 5).

5 Gemeinsamer Formalismus

Durch die Einführung der „transformierten Zeit Θ" im Kap. 4.6 ist es möglich, quasilineare Photoreaktionen (zum Begriff: s. Kap. 4.6) formal wie Dunkelreaktionen 1. Ordnung (**lineare Dunkelreaktionen**) auszuwerten. Um dafür eine einheitliche Schreibweise zu entwickeln, wird nachfolgend zunächst angenommen, daß in einer Lösung ausschließlich quasilineare Photoreaktionen ablaufen. Für die j-te Teilreaktion

$$A_i \xrightarrow{h\nu} \text{Produkte} \qquad (j\text{-te Phototeilreaktion}) \qquad (5\text{-}1)$$

gilt dann nach Gl. (4-75):

$$\frac{\mathrm{d}x_j}{\mathrm{d}t} = 1000\, I_0 \varepsilon_i' \varphi_j^{A_i} \left(\frac{1-10^{-E'}}{E'} \right) a_i$$

Unter Einführung der „transformierten Zeit" kann dafür auch geschrieben werden:

$$\frac{\mathrm{d}x_j}{\mathrm{d}\Theta} = I_0 \varepsilon_i' \varphi_j^{A_i}\, a_i \qquad (j\text{-te Phototeilreaktion}) \qquad (4\text{-}78)$$

Unter der Voraussetzung, daß die partiellen Quantenausbeuten $\varphi_j^{A_i}$ weder von der Konzentration noch von der Bestrahlungsintensität abhängig sind (s. dazu Kap. 4.4), können in Gl. (4-78) die Größen I_0, ε_i' und $\varphi_j^{A_i}$ zu einer Konstanten k_j zusammengefaßt werden:

$$\boxed{k_j = I_0 \varepsilon_i' \varphi_j^{A_i} \qquad (j\text{-te Phototeilreaktion}) \qquad (5\text{-}2)}$$

Für die Gl. (5-2) gilt damit:

$$\frac{\mathrm{d}x_j}{\mathrm{d}\Theta} = k_j a_i \qquad (j\text{-te Phototeilreaktion}) \qquad (5\text{-}3)$$

Nach der Definition

$$\frac{\mathrm{d}x_j}{\mathrm{d}\Theta} = \dot{x}_j \qquad (5\text{-}4)$$

kann demnach für die j-te Phototeilreaktion $A_i \xrightarrow{h\nu}$ Produkte in kompakter Weise geschrieben werden:

$$\dot{x}_j = k_j a_i \qquad (j\text{-te Phototeilreaktion}) \qquad (5\text{-}5)$$

Nimmt man an, daß in der Lösung ausschließlich **Dunkelreaktionen 1. Ordnung** ablaufen, so gilt für die j-te Teilreaktion

$$A_j \xrightarrow{\Delta} \text{Produkte} \qquad (5\text{-}6)$$

entsprechend Gl. (3-1b):

$$\frac{\mathrm{d}x_j}{\mathrm{d}t} = k_j\, a_i \qquad (j\text{-te Dunkelreaktion}) \qquad (5\text{-}7)$$

k_j ist hier die Geschwindigkeitskonstante 1. Ordnung der j-ten Teilreaktion. Mit der Definition

$$\frac{\mathrm{d}x_j}{\mathrm{d}t} = \dot{x}_j \qquad (5\text{-}8)$$

kann für Gl. (5-8) kompakt geschrieben werden:

$$\dot{x}_j = k_j\, a_i \qquad (j\text{-te Dunkelreaktion}) \qquad (5\text{-}9)$$

Der Vergleich der Glgn. (5-5) und (5-9) zeigt, daß quasilineare Photoreaktionen formal wie lineare Dunkelreaktionen behandelt werden können. Setzt sich demnach ein Reaktionssystem aus r qasilineraren Photoreaktionen bzw. r linearen Dunkelreaktionen zusammen, gilt allgemein:

$$\boxed{\dot{x}_j = k_j\, a_i \;,\quad j = 1,2\ldots r \qquad (j\text{-te Photo- oder Dunkelreaktion}) \qquad (5\text{-}10)}$$

In analoger Weise können auch die Konzentrations-Differentialgleichungen aufgestellt werden. Nach Gl. (2-27) herrscht zwischen $\dot{a}_i$ und $\dot{x}_j$ der folgende Zusammenhang:

$$\dot{a}_i = \sum_{j=1}^{r} \nu_{ji}\, \dot{x}_j$$

Wenn das lineare Reaktionssystem aus quasilinearen Photoreaktionen besteht, gilt allgemein:

$$\boxed{\dot{a}_i = \frac{\mathrm{d}a_i}{\mathrm{d}\Theta} = \sum_{j=1}^{r} \nu_{ji}\, \frac{\mathrm{d}x_j}{\mathrm{d}\Theta} \qquad (5\text{-}11)}$$

Im Fall von linearen Dunkelreaktionen gilt die folgende Beziehung:

$$\boxed{\dot{a}_i = \frac{\mathrm{d}a_i}{\mathrm{d}t} = \sum_{j=1}^{r} \nu_{ji}\, \frac{\mathrm{d}x_j}{\mathrm{d}t} \qquad (5\text{-}12)}$$

In den Kapiteln 7 und 8 des Teils II werden schwerpunktsmäßig die folgenden Reaktionssysteme behandelt:

$$\mathrm{A} \longrightarrow \mathrm{B}\;,$$

$$\mathrm{A} \rightleftarrows \mathrm{B}\;,$$

$$\mathrm{A} \longrightarrow \mathrm{B}\;,\; \mathrm{A} \longrightarrow \mathrm{C}\;,$$

$$\mathrm{A} \longrightarrow \mathrm{B}\;,\; \mathrm{C} \longrightarrow \mathrm{D}\;,$$

und

$$\mathrm{A} \longrightarrow \mathrm{B} \longrightarrow \mathrm{C}\;.$$

Diese Reaktionen können entweder Dunkel- oder Photoreaktionen darstellen. Da diese Reaktionen gemeinsam durch die Gl. (5-10) beschrieben werden können, erübrigt sich eine gesonderte Behandlung von linearen Dunkel- und quasilinearen Photoreaktionen. In den Kapiteln 7 und 8 werden daher sowohl Meßbeispiele von Dunkel- als auch von Photoreaktionen dargestellt.

Die nachfolgenden Beispiele liefern die Basisgleichungen für die in den Kapiteln 7 und 8 behandelten Reaktionssysteme.

1. Beispiel

Für die Reaktion

$$\mathrm{A} \xrightarrow{k_1} \mathrm{B}$$

gilt im Fall einer **Photoreaktion** nach den Glgn. (5-5), (5-2) und (5-11):

$$\dot{x} = \frac{\mathrm{d}x}{\mathrm{d}\Theta} = k_1 \cdot a = I_0\, \varepsilon'_A\, \varphi^A \cdot a = -\dot{a} = -\frac{\mathrm{d}a}{\mathrm{d}\Theta} = +\dot{b} = \frac{\mathrm{d}b}{\mathrm{d}\Theta} \tag{5-13}$$

Für φ^A gilt z. B. nach Gl. (4-42):

$$\varphi^A = \frac{k_5\, k_7}{(k_3 + k_4 + k_5)\,(k_6 + k_7)}$$

Wenn die Reaktion eine **Dunkelreaktion** darstellt, ist:

$$\dot{x} = \frac{\mathrm{d}x}{\mathrm{d}t} = k_1 \cdot a = -\dot{a} = -\frac{\mathrm{d}a}{\mathrm{d}t} = +b = \frac{\mathrm{d}b}{\mathrm{d}t} \tag{5-14}$$

2. Beispiel

Für die Gleichgewichtsreaktion

$$\mathrm{A} \underset{\mathrm{k}_2}{\overset{\mathrm{k}_1}{\rightleftarrows}} \mathrm{B}$$

gelten im Fall einer **Photoreaktion** nach den Glgn. (5-5) und (5-2) die Beziehungen:

$$\dot{x}_1 = \frac{\mathrm{d}x_1}{\mathrm{d}\Theta} = k_1\, a = I_0\, \varepsilon'_A\, \varphi_1^A \cdot a \tag{5-15a}$$

und

$$\dot{x}_2 = \frac{\mathrm{d}x_2}{\mathrm{d}\Theta} = k_2\, b = I_0\, \varepsilon'_B\, \varphi_2^B \cdot b \quad . \tag{5-15b}$$

Es gelten demnach (s.Gl. (5-11)):

$$\dot{a} = \frac{\mathrm{d}a}{\mathrm{d}\Theta} = -\dot{x}_1 + \dot{x}_2 = -I_0\, \varepsilon'_A\, \varphi_1^A \cdot a + I_0\, \varepsilon'_B\, \varphi_2^B \cdot b \tag{5-15c}$$

und

$$\dot{b} = \frac{\mathrm{d}b}{\mathrm{d}\Theta} = +\dot{x}_1 - \dot{x}_2 = +I_0\, \varepsilon'_A\, \varphi_1^A \cdot a - I_0\, \varepsilon'_B\, \varphi_2^B \cdot b \quad . \tag{5-15d}$$

Für die (partiellen) Quantenausbeuten gelten z.B. nach den Glgn. (4-51) und (4-52) die Beziehungen:

$$\varphi_1^A = \frac{k_5\, k_{12}}{(k_3 + k_4 + k_5)(k_6 + k_{12})}$$

und

$$\varphi_2^B = \frac{k_6\, k_{11}}{(k_9 + k_{10} + k_{11})\,(k_6 + k_{12})} \quad .$$

Wenn in der Lösung nur **Dunkelreaktionen** ablaufen, gilt entsprechend nach Gl. (5-7):

$$\dot{x}_1 = \frac{\mathrm{d}\,x_1}{\mathrm{d}\,t} = k_1\, a \tag{5-16a}$$

und

$$\dot{x}_2 = \frac{\mathrm{d}\,x_2}{\mathrm{d}\,t} = k_2\, b \quad . \tag{5-16b}$$

Es gilt demnach unter Berücksichtigung von Gl. (5-12):

$$\dot{a} = \frac{\mathrm{d}\,a}{\mathrm{d}\,t} = -\dot{x}_1 + \dot{x}_2 = -k_1\, a + k_2\, b \tag{5-16c}$$

und

$$\dot{b} = \frac{\mathrm{d}\,b}{\mathrm{d}\,t} = +\dot{x}_1 - \dot{x}_2 = +k_1\, a - k_2\, b \quad . \tag{5-16d}$$

3. Beispiel

Für die Konkurrenzreaktionen

$$\mathrm{A} \xrightarrow{k_1} \mathrm{B}$$

$$\mathrm{A} \xrightarrow{k_2} \mathrm{C}$$

gelten im Fall von **Photoreaktionen** nach den Glgn. (5-5) und (5-2) die Beziehungen:

$$\dot{x}_1 = \frac{\mathrm{d}\,x_1}{\mathrm{d}\Theta} = k_1\, a = I_0\; \varepsilon'_A\; \varphi_1^A \cdot a \tag{5-17a}$$

und

$$\dot{x}_2 = \frac{\mathrm{d}\,x_2}{\mathrm{d}\Theta} = k_2\, a = I_0\; \varepsilon'_A\; \varphi_2^A \cdot a \quad . \tag{5-17b}$$

Es folgt damit nach Gl. (5-11):

$$\dot{a} = \frac{\mathrm{d}\,a}{\mathrm{d}\Theta} = -\dot{x}_1 - \dot{x}_2 = -I_0\; \varepsilon'_A\; ({\varphi_1}^A + {\varphi_2}^A) \cdot a \quad , \tag{5-17c}$$

$$\dot{b} = \frac{\mathrm{d}b}{\mathrm{d}\Theta} = +\dot{x}_1 = I_0\, \varepsilon'_A\, \varphi_1^A \cdot a \qquad (5\text{-}17\mathrm{d})$$

und

$$\dot{c} = \frac{\mathrm{d}c}{\mathrm{d}\Theta} = +\dot{x}_2 = I_0\, \varepsilon'_A\, \varphi_2^A \cdot a \quad . \qquad (5\text{-}17\mathrm{e})$$

Dabei gelten z.B. nach den Glgn. (4-54) und (4-55) für die (partiellen) Quantenausbeuten die Beziehungen:

$$\varphi_1^A = \frac{k_5}{k_3 + k_4 + k_5 + k_6}$$

und

$$\varphi_2^A = \frac{k_6}{k_3 + k_4 + k_5 + k_6} \quad .$$

Laufen nur **Dunkelreaktionen** ab, gilt entsprechend nach Gl. (5-7):

$$\dot{x}_1 = \frac{\mathrm{d}x_1}{\mathrm{d}t} = k_1\, a \qquad (5\text{-}18\mathrm{a})$$

und

$$\dot{x}_2 = \frac{\mathrm{d}x_2}{\mathrm{d}t} = k_2\, a \quad . \qquad (5\text{-}18\mathrm{b})$$

Aus Gl (5-12) folgt demnach:

$$\dot{a} = -\dot{x}_1 - \dot{x}_2 = -(k_1 + k_2)\, a \quad , \qquad (5\text{-}18\mathrm{c})$$

$$\dot{b} = +\dot{x}_1 = k_1\, a \quad , \qquad (5\text{-}18\mathrm{d})$$

$$\dot{c} = +\dot{x}_2 = k_2\, a \quad . \qquad (5\text{-}18\mathrm{e})$$

4. Beispiel

Für die Parallelreaktionen

$$\mathrm{A} \xrightarrow{k_1} \mathrm{B}$$

und

$$\mathrm{C} \xrightarrow{k_2} \mathrm{D}$$

gelten im Fall von **Photoreaktionen** nach den Glgn. (5-5) und (5-2) die Beziehungen:

$$\dot{x}_1 = \frac{\mathrm{d}x_1}{\mathrm{d}\Theta} = k_1\, a = I_0\, \varepsilon'_A\, \varphi_1^A \cdot a \qquad (5\text{-}19\mathrm{a})$$

und

$$\dot{x}_2 = \frac{\mathrm{d}x_2}{\mathrm{d}\Theta} = k_2\, c = I_0\, \varepsilon'_C\, \varphi_2^C \cdot c \quad . \qquad (5\text{-}19\mathrm{b})$$

Nach Gl. (5-11) erhält man demnach:

$$\dot{a} = \frac{\mathrm{d}a}{\mathrm{d}\Theta} = -\dot{x}_1 = -I_0\,\varepsilon'_A\,\varphi_1^A\cdot a = -\frac{\mathrm{d}b}{\mathrm{d}\Theta} \tag{5-19c}$$

und

$$\dot{c} = \frac{\mathrm{d}c}{\mathrm{d}\Theta} = -\dot{x}_2 = -I_0\,\varepsilon'_C\,\varphi_2^C\cdot c = -\frac{\mathrm{d}d}{\mathrm{d}\Theta} \ . \tag{5-19d}$$

Dabei gelten z.B. für die (partiellen) Quantenausbeuten nach den Glgn. (4-56) und (4-57) die Beziehungen:

$$\varphi_1^A = \frac{k_5}{k_3+k_4+k_5}$$

und

$$\varphi_2^C = \frac{k_{10}}{k_8+k_9+k_{10}} \ .$$

Im Fall von **Dunkelreaktionen** gilt entsprechend nach Gl. (5-7):

$$\dot{x}_1 = \frac{\mathrm{d}x_1}{\mathrm{d}t} = k_1\,a \tag{5-20a}$$

und

$$\dot{x}_2 = \frac{\mathrm{d}x_2}{\mathrm{d}t} = k_2\,c \ . \tag{5-20b}$$

Es gilt demnach (s. Gl. (5-12)):

$$\dot{a} = \frac{\mathrm{d}a}{\mathrm{d}t} = -\dot{x}_1 = -k_1\,a = -\frac{\mathrm{d}b}{\mathrm{d}t} \tag{5-20c}$$

und

$$\dot{c} = \frac{\mathrm{d}c}{\mathrm{d}t} = -\dot{x}_2 = -k_2\,c = -\frac{\mathrm{d}d}{\mathrm{d}t} \ . \tag{5-20d}$$

5. Beispiel

Für die Folgereaktion

$$\mathrm{A} \xrightarrow{k_1} \mathrm{B} \xrightarrow{k_2} \mathrm{C}$$

gelten im Fall von **Photoreaktionen** nach den Glgn. (5-5) und (5-2) die Beziehungen:

$$\dot{x}_1 = \frac{\mathrm{d}x_1}{\mathrm{d}\Theta} = k_1\,a = I_0\,\varepsilon'_A\,\varphi_1^A\cdot a \tag{5-21a}$$

und

$$\dot{x}_2 = \frac{\mathrm{d}x_2}{\mathrm{d}\Theta} = k_2\,b = I_0\,\varepsilon'_B\,\varphi_2^B\cdot b \ . \tag{5-21b}$$

Man erhält nach Gl. (5-11):

$$\dot{a} = \frac{\mathrm{d}a}{\mathrm{d}\Theta} = -\dot{x}_1 = -I_0\, \varepsilon'_A\, \varphi_1^A \cdot a \quad , \tag{5-21c}$$

$$\dot{b} = \frac{\mathrm{d}b}{\mathrm{d}\Theta} = +\dot{x}_1 - \dot{x}_2 = I_0 (\varepsilon'_A\, \varphi_1^A \cdot a - \varepsilon'_B\, \varphi_2^B \cdot b) \tag{5-21d}$$

und

$$\dot{c} = \frac{\mathrm{d}c}{\mathrm{d}\Theta} = +\dot{x}_2 = I_0\, \varepsilon'_B\, \varphi_2^B \cdot b \quad . \tag{5-21e}$$

Für die Quantenausbeute gelten hier z.B. die Beziehungen (s. Glgn. (4-61) und (4-62)):

$$\varphi_1^A = \frac{k_5}{k_3 + k_4 + k_5}$$

und

$$\varphi_2^B = \frac{k_{10}}{k_8 + k_9 + k_{10}} \quad .$$

Im Fall von **Dunkelreaktionen** ist entsprechend Gl. (5-7):

$$\dot{x}_1 = \frac{\mathrm{d}x_1}{\mathrm{d}t} = k_1\, a \tag{5-22a}$$

und

$$\dot{x}_2 = \frac{\mathrm{d}x_2}{\mathrm{d}t} = k_2\, b \quad . \tag{5-22b}$$

Nach Gl. (5-12) gilt:

$$\dot{a} = \frac{\mathrm{d}a}{\mathrm{d}t} = -\dot{x}_1 = -k_1\, a \quad , \tag{5-22c}$$

$$\dot{b} = \frac{\mathrm{d}b}{\mathrm{d}t} = +\dot{x}_1 - \dot{x}_2 = +k_1\, a - k_2\, b \tag{5-22d}$$

und

$$\dot{c} = \frac{\mathrm{d}c}{\mathrm{d}t} = +\dot{x}_2 = +k_2\, b \quad . \tag{5-22e}$$

Teil II

Spektroskopisch - kinetische Analyse

A) E-, ED- und EDQ-Diagramme

6 Bestimmung der Anzahl der linear unabhängigen Teilreaktionen

Wenn ein unbekanntes Reaktionssystem kinetisch analysiert werden soll, hat der erfahrene Chemiker oder Biochemiker häufig eine intuitive Vorstellung, welche Reaktionen in der Lösung ablaufen. Ziel der kinetischen Analyse ist es dann, einen möglichst einfachen Reaktionsmechanismus zu finden, der nicht im Widerspruch zu den experimentellen Daten steht, und die entsprechenden charakteristischen kinetischen Konstanten zu bestimmen.

Zu Beginn der kinetischen Analyse von spektroskopisch untersuchten Reaktionssystemen empfiehlt es sich, zunächst einen Überblick darüber zu schaffen, ob der Reaktionsmechanismus einfach oder kompliziert ist. Dies bedeutet, festzustellen, ob im System nur **eine** (linear unabhängige) Reaktion oder **mehrere** (linear unabhängige) Reaktionen ablaufen. Für die kinetische Analyse ist es sehr hilfreich zu wissen, ob im System eine einfache Reaktion (z.B. vom Typ A → B) oder zwei Reaktionen (z.B. vom Typ A → B → C) ablaufen. Eine Aussage darüber, ob nur eine oder zwei (linear unabhängige) Reaktionen beobachtet werden, liefern schnell die sogenannten Extinktions (E)-, Extinktionsdifferenzen (ED)- und Extinktionsdifferenzen-Quotienten (EDQ)-Diagramme, die alle von H. Mauser [Mauser, Nickel et al. 1967; Mauser 1968b; 1974] entwickelt wurden. Für ihre funktionale Darstellung wird der allgemeine Zusammenhang zwischen Extinktion und Reaktionslaufzahl benötigt.

6.1 Die allgemeine Beziehung zwischen Extinktion und Reaktionslaufzahl

Nach dem Lambert-Beer-Bouguerschen Gesetz gilt für die Extinktion (E_λ) bei n absorbierenden Stoffen:

$$E_\lambda = \ell \sum_{i=1}^{n} \varepsilon_{\lambda i}\, a_i \tag{2-11}$$

Diese Beziehung gilt zu jedem Zeitpunkt. Bezeichnet man zur Zeit $t = 0$ die Konzentrationen allgemein mit a_{i0}, so gilt für die Extinktion $E_{\lambda 0}$ zu diesem Zeitpunkt:

$$E_{\lambda 0} = \ell \sum_{i=1}^{n} \varepsilon_{\lambda i}\, a_{i0} \tag{6-1}$$

Durch Differenzenbildung folgt aus den beiden Gleichungen:

$$\Delta E_\lambda = E_\lambda - E_{\lambda 0} = \ell \sum_{i=1}^{n} \varepsilon_{\lambda i}(a_i - a_{i0}) = \ell \sum_{i=1}^{n} \varepsilon_{\lambda i}\, \Delta a_i \tag{6-2}$$

Wenn in der Lösung r Teilreaktionen ablaufen, setzt sich die Konzentrationsänderung Δa_i wie folgt zusammen:

$$\Delta a_i = a_i - a_{i0} = \sum_{j=1}^{r} \nu_{ji}\, x_j \tag{2-26}$$

Durch Einsetzen dieser Gleichung in Gl. (6-2) erhält man:

$$\Delta E_\lambda = E_\lambda - E_{\lambda 0} = \ell \sum_{i=1}^{n} \varepsilon_{\lambda i} \sum_{j=1}^{r} \nu_{ji}\, x_j \tag{6-3}$$

Um diesen Ausdruck zu zerlegen, wird zunächst $j = 1$ gesetzt und i von 1 bis n variiert. Dann wird $j = 2$ gesetzt und i erneut von 1 bis n variiert. Dies wird bis $j = r$ wiederholt. Man erhält so:

$$\begin{aligned} \Delta E_\lambda &= \ell(\varepsilon_{\lambda 1}\nu_{11}x_1 + \varepsilon_{\lambda 2}\nu_{12}x_1 + \ldots \varepsilon_{\lambda n}\nu_{1n}x_1) \\ &+ \ell(\varepsilon_{\lambda 1}\nu_{21}x_2 + \varepsilon_{\lambda 2}\nu_{22}x_2 + \ldots \varepsilon_{\lambda n}\nu_{2n}x_2) \\ &+ \ell(\varepsilon_{\lambda 1}\nu_{r1}x_r + \varepsilon_{\lambda 2}\nu_{r2}x_r + \ldots \varepsilon_{\lambda n}\nu_{rn}x_r) \end{aligned}$$

Hieraus folgt durch Zusammenfassung der einzelnen x_j -Terme:

$$\Delta E_\lambda = x_1 \cdot \ell \sum_{i=1}^{n} \nu_{1i}\varepsilon_{\lambda i} + x_2 \cdot \ell \sum_{i=1}^{n} \nu_{2i}\varepsilon_{\lambda i} + \ldots\, x_r \cdot \ell \sum_{i=1}^{n} \nu_{ri}\varepsilon_{\lambda i}$$

Mit den Definitionen

$$q_{\lambda 1} = \ell \sum_{i=1}^{n} \nu_{1i}\varepsilon_{\lambda i}\,, \qquad q_{\lambda 2} = \ell \sum_{i=1}^{n} \nu_{2i}\varepsilon_{\lambda i}\,, \ \ldots, \qquad q_{\lambda r} = \ell \sum_{i=1}^{n} \nu_{ri}\varepsilon_{\lambda i} \tag{6-4}$$

folgt hieraus:

$$\Delta E_\lambda = x_1\, q_{\lambda 1} + x_2\, q_{\lambda 2} + \ldots\, x_r\, q_{\lambda r} \tag{6-5}$$

Die Größen $q_{\lambda 1}$, $q_{\lambda 2}$ ... $q_{\lambda r}$ können mit Hilfe des Laufindexes j ($j = 1,2...r$) allgemein wie folgt dargestellt werden:

$$q_{\lambda j} = \ell \sum_{i=1}^{n} \nu_{ji}\varepsilon_{\lambda i} \tag{6-6}$$

Mit Hilfe dieser Beziehung folgt aus Gl. (6-5):

$$\Delta E_\lambda = E_\lambda - E_{\lambda 0} = \sum_{j=1}^{r} q_{\lambda j} \cdot x_j \tag{6-7}$$

bzw.

$$E_\lambda = E_{\lambda 0} + \sum_{j=1}^{r} q_{\lambda j} \cdot x_j \quad . \tag{6-8}$$

Wie im Kap. 6.2 gezeigt wird, können zwischen den Größen x_j Linearkombinationen bestehen, so daß Gl. (6-7) vereinfacht werden kann.

6.2 Spektroskopisch-einheitliche Reaktionen

Nach H. Mauser werden spektroskopisch untersuchte Reaktionen, die von **einer** „linear unabhängigen“ Reaktionslaufzahl beschrieben werden, als **„spektroskopisch-einheitliche“** Reaktionen bezeichnet [Mauser 1974] (wie im Kap. 6.4 gezeigt wird, liegen die Extinktionen von solchen Reaktionen in den E- und ED-Diagrammen auf Geraden). Als Beispiele dafür werden nachfolgend vier Reaktionsmechanismen behandelt.

1. Beispiel:

$$A \rightarrow B$$

Nach den Gl. (6-7) und (6-6) gilt für diese Reaktion:

$$\Delta E_\lambda = q_{\lambda 1} x_1 = \ell(\varepsilon_{\lambda B} - \varepsilon_{\lambda A}) x_1 \tag{6-9a}$$

Vereinbarungsgemäß sollten nachfolgend immer dann für q_λ und x_j große Buchstaben $(Q_{\lambda i}, X_j)$ verwendet werden, wenn entsprechend Gl. (6-7) ΔE_λ ausschließlich nach linear unabhängigen Reaktionslaufzahlen (X_j) entwickelt ist. Da im Fall von A → B nur eine Reaktion existiert, gilt hier (mit $Q_{\lambda 1} = q_{\lambda 1}$ und $X_1 = x_1$):

$$\Delta E_\lambda = Q_{\lambda 1} X_1 = \ell(\varepsilon_{\lambda B} - \varepsilon_{\lambda A}) X_1 \tag{6-9b}$$

2. Beispiel:

$$A \rightleftarrows B$$

Nach Kap. 3.1 (1. Beispiel) lautet hierfür das Rechteckschema:

	A	B	$\dot{x}_i$
x_1	- 1	+1	$k_1 a$
x_2	+1	- 1	$k_2 b$

Die stöchiometrischen Koeffizienten ν_{ij} dieses Rechteckschemas können in einer Matrix, der sog. **Koeffizientenmatrix** ν, zusammengefaßt werden:

$$\nu = \begin{pmatrix} \nu_{11} & \nu_{12} \\ \nu_{21} & \nu_{22} \end{pmatrix} = \begin{pmatrix} -1 & +1 \\ +1 & -1 \end{pmatrix} \tag{6-10}$$

Wie man sieht, sind die beiden Zeilen dieser Matrix zueinander proportional. Der Rang von ν beträgt demnach eins. Hieraus folgt, daß x_1 und x_2 voneinander linear abhängen. Damit ist es möglich, **eine** linear unabhängige Reaktionslaufzahl (X_1) einzuführen, die sich aus x_1 und x_2 wie folgt zusammensetzt:

$$X_1 = x_1 - x_2 \tag{6-11}$$

Durch Differentiation folgt hieraus (mit Gl. (5-10)):

$$\dot{X}_1 = \dot{x}_1 - \dot{x}_2 = k_1 a - k_2 b \tag{6-12}$$

Mit den letzten beiden Gleichungen kann das Reaktionsschema **ohne Verlust an Informationen** reduziert werden. Man erhält so das **reduzierte Rechteckschema**:

	A	B	$\dot{X}$
X_1	-1	+1	$k_1 a - k_2 b$

Hieraus folgt für Δa und Δb analog zur Gl. (2-26):

$$\Delta a = a - a_0 = -X_1 = -x_1 + x_2 \tag{6-13a}$$

und

$$\Delta b = b - b_0 = b = +X_1 = x_1 - x_2 \ . \tag{6-13b}$$

Diese Beziehungen stimmen mit Gl. (3-9) überein.

Für $\dot{a}$ und $\dot{b}$ erhält man analog zur Gl. (2-27):

$$\dot{a} = -\dot{X}_1 = -k_1 a + k_2 b \tag{6-14a}$$

und

$$\dot{b} = +\dot{X}_1 = +k_1 a - k_2 b \ .$$

Dies sind die Beziehungen von Gl. (3-10) bzw. (5-16c) und (5-16d). Wie man sieht, kann das Rechteckschema reduziert werden, wenn zwischen den Zeilen der Koeffizientenmatrix ν Linearkombination besteht. Man löscht dann aus dem erweiterten Reaktionsschema die Zeilen, die sich aus der Linearkombination der übriggebliebenen Zeilen zusammensetzen; danach werden die $\dot{X}_j$, die sich linear aus $\dot{x}_j$ zusammensetzen, in die letzte Spalte des reduzierten Rechteckschemata eingefügt.

Wenn Gl. (6-7) sinngemäß auf das reduzierte Rechteckschema von oben angewendet wird, kann die Beziehung zwischen ΔE_λ und X_1 sofort hergestellt werden:

$$\Delta E_\lambda = Q_{\lambda 1} X_1 = \ell (\varepsilon_{\lambda B} - \varepsilon_{\lambda A}) X_1 \tag{6-15}$$

Durch die Einführung der Größe $X_1 = x_1 - x_2$ wird deutlich, daß ΔE_λ (oder E_λ) auch im Fall von A $\rightleftarrows$ B nur von **einer** Reaktionslaufzahl abhängig ist. **Vereinbarungsgemäß** *sollen nachfolgend immer dann die Größen $Q_{\lambda i}$ und X_j verwendet werden, wenn das Rechteckschema maximal reduziert ist*, so daß analog zur Gl. (6-7) gilt:

$$\Delta E_\lambda = \sum_{j=1}^{s} Q_{\lambda j} X_j \tag{6-16}$$

Dabei gibt s die Zahl der linear unabhängigen Teilreaktionen (des reduzierten Rechteckschemas) an.

3. Beispiel:

A → B, A → C

Das erweiterte Rechteckschema für diese Konkurrenzreaktionen lautet:

	A	B	C	$\dot{x}_j$
x_1	-1	+1	0	$k_1\, a$
x_2	-1	0	+1	$k_2\, a$

Für $\dot{x}_1$ und $\dot{x}_2$ gilt:

$$\dot{x}_1 = k_1\, a \tag{6-17a}$$

und

$$\dot{x}_2 = k_2\, a \quad . \tag{6-17b}$$

Mit

$$\kappa = \frac{k_2}{k_1} \tag{6-18}$$

folgt für $\dot{x}_2$

$$\dot{x}_2 = k_2\, a = \kappa \cdot k_1\, a = \kappa\, \dot{x}_1 \quad . \tag{6-19}$$

$\dot{x}_1$ und $\dot{x}_2$ sind also proportional zueinander. Das gleiche gilt auch für x_1 und x_2, da durch Integration von Gl. (6-19) folgt:

$$\int_0^{x_2} \mathrm{d}\, x_2 = \kappa \int_0^{x_1} \mathrm{d}\, x_1$$

bzw.

$$x_2 = \kappa\, x_1 \quad . \tag{6-20}$$

Mit dieser Beziehung ist es möglich, und zwar anders als es im Beispiel 2 gezeigt ist, das (erweiterte) Rechteckschema zu reduzieren, ohne daß dabei Information verloren geht. Um das zu zeigen, wird X_1 wie folgt eingeführt:

$$X_1 = x_1 = \frac{x_2}{\kappa} \tag{6-21}$$

Hieraus folgt:

$$\dot{X}_1 = \dot{x}_1 = \frac{\dot{x}_2}{\kappa} \tag{6-22}$$

Indem nun die zweite Koeffizientenzeile des Rechteckschemas mit κ durchmultipliziert wird, erhält man:

A	B	C	$\dot{x}_j$
-1	+1	0	$k_1\, a$
$-\kappa$	0	$+\kappa$	$k_2\, a$

Addidiert man die zweite Koeffizientenzeile zur ersten Zeile, streicht die zweite Zeile und berücksichtigt dabei, daß nach Gl. (6-22) $\dot{X}_1 = \dot{x}_1$ ist, folgt hieraus:

A	B	C	$\dot{X}_1$
- (1+κ)	1	κ	$k_1\, a$

Offenbar führt dieses reduzierte Reaktionsschema zu den gleichen Beziehungen wie das erweiterte Rechteckschema, wenn in der ersten Spalte noch $\dot{X}_1$ eingeführt wird:

	A	B	C	$\dot{X}_1$
X_1	- (1+κ)	1	κ	$k_1\, a$

(6-23)

Hieraus folgt unter Berücksichtigung der Glgn. (6-21) und (6-22):

$$\Delta a = a - a_0 = -(1+\kappa)\, X_1 = -(1+\kappa) x_1$$

$$= -x_1 - \kappa\, x_1 = -x_1 - x_2 \;, \tag{6-24}$$

$$\Delta b = b - b_0 = b = +X_1 = x_1$$

und

$$\Delta c = c - c_0 = c = \kappa\, X_1 = \kappa\, x_1 = x_2 \;.$$

Diese Beziehungen stimmen mit den von Gl. (3-12) überein. Aus dem reduzierten Reaktionsschema folgt weiter unter Berücksichtigung der Glgn. (6-17a) und (6-22)):

$$\dot{a} = -(1+\kappa)\, \dot{X}_1 = -(1+\kappa)\, k_1 a = -k_1 a - \kappa\, k_1 a \tag{6-25}$$

$$= -k_1 a - k_2 a = -(1+\kappa)\dot{x}_1 = -\dot{x}_1 - \kappa\, \dot{x}_1 = -\dot{x}_1 - \dot{x}_2 \;,$$

$$\dot{b} = \dot{X}_1 = \dot{x}_1 = k_1 a$$

und

$$\dot{c} = \kappa\, \dot{X}_1 = \kappa\, \dot{x}_1 = \dot{x}_2 = \frac{k_2}{k_1} \cdot \dot{X}_1 = \frac{k_2}{k_1} \cdot k_1 a = k_2 a \;.$$

Dies sind die Beziehungen der Glgn. (3-13) bzw. (5-18c) - (5-18e).

Die Beispiele 2 und 3 zeigen, daß das aus dem Reaktionsmechanismus direkt abgeleitete Rechteckschema ohne Informationsverlust reduziert werden kann, wenn Linearkombinationen sowohl zwischen den Zeilen der stöchiometrischen Matrix ν als auch den Reaktionsgeschwindigkeiten $\dot{x}_j$ bestehen. Obwohl in den Beispielen 2 und 3 zwei Teilreaktionen vorkommen, wird das Reaktionssystem von nur **„einer linear unabhängigen Reaktionslaufzahl (X_1)"** beschrieben.

Mit dem (vollständig) reduzierten Rechteckschema (6-23) kann nach Gl. (6-16) die Beziehung zwischen ΔE_λ und X_1 sofort hergestellt werden:

$$\Delta E_\lambda = Q_{\lambda 1}\, X_1 = \ell \Big(\kappa \varepsilon_{\lambda C} + \varepsilon_{\lambda B} - (1+\kappa)\, \varepsilon_{\lambda A} \Big) X_1 \tag{6-26}$$

Wie man sieht, setzt sich $Q_{\lambda j}$ additiv aus den Produkten von $\ell \varepsilon_{\lambda i}$ und den Koeffizienten der Komponenten A_i der j-ten Zeile (hier j = 1) des reduzierten Rechteckschemas zusammen.

4. Beispiel:

$$A + B \rightarrow C + D$$

Aus dem (reduzierten) Rechteckschema von Kap. 3.1 (5. Beispiel) folgt unmittelbar nach Gl. (6-16) für ΔE_λ (mit $X_1 = x_1$):

$$\Delta E_\lambda = Q_{\lambda 1} X_1 = \ell(\varepsilon_{\lambda C} + \varepsilon_{\lambda D} - \varepsilon_{\lambda A} - \varepsilon_{\lambda B}) X_1 \tag{6-27}$$

Der Vergleich der Glgn. (6-9b), (6-15), (6-26) und (6-27) zeigt, daß die Beziehung

$$\Delta E_\lambda = Q_{\lambda 1} X_1 \tag{6-28}$$

für die Reaktionen

$$A \rightarrow B\ ,$$

$$A \rightleftarrows B\ ,$$

$$A \rightarrow B\ ,\ A \rightarrow C$$

und

$$A + B \rightarrow C + D$$

gilt. Damit stellen alle diese Systeme **spektroskopisch-einheitliche Reaktionen** dar. (Weitere Reaktionen gehören hierzu, so z.B. die Reaktionen $A + B \rightleftarrows C$, $A + B \rightleftarrows C + D$ oder $3A \rightarrow B$). Demnach sind spektroskopisch-einheitliche Reaktionen nicht von der Ordnung der Reaktionen des betrachteten Systems abhängig. Maßgeblich ist lediglich, daß sie nur von **einer** linear unabhängigen Reaktionslaufzahl beschrieben werden.

6.3 Allgemeine Regeln zur Reduzierung des Rechteckschemas

Die im Kap. 6.3 dargestellte Vorgehensweise kann auch auf kompliziertere Reaktionsmechanismen übertragen werden, wie am Beispiel der Reaktionen

$$A + B \underset{k_2}{\overset{k_1}{\rightleftarrows}} C \xrightarrow{k_3} D \begin{array}{l} \xrightarrow{k_4} E \\ \xrightarrow{k_5} F \end{array} \tag{6-29}$$

nachfolgend gezeigt wird. Das Rechteckschema hierfür lautet:

	A	B	C	D	E	F	$\dot{x}_j$
x_1	-1	-1	+1	0	0	0	$k_1 a\, b$
x_2	+1	+1	-1	0	0	0	$k_2\, c$
x_3	0	0	-1	+1	0	0	$k_3\, c$
x_4	0	0	0	-1	+1	0	$k_4\, d$
x_5	0	0	0	-1	0	+1	$k_5\, d$

Nach den Glgn. (2-26), (2-27) und (3-7) gelten die Beziehungen:

$$\Delta a = -x_1 + x_2 \qquad \dot{a} = -\dot{x}_1 + \dot{x}_2 = -k_1 a \cdot b + k_2 c$$

$$\Delta b = -x_1 + x_2 \qquad \dot{b} = -\dot{x}_1 + \dot{x}_2 = -k_1 a \cdot b + k_2 c$$

$$\Delta c = +x_1 - x_2 - x_3 \qquad \dot{c} = \dot{x}_1 - \dot{x}_2 - \dot{x}_3 = k_1 a \cdot b - (k_2 + k_3) c$$

$$\Delta d = +x_3 - x_4 - x_5 \qquad \dot{d} = \dot{x}_3 - \dot{x}_4 - \dot{x}_5 = k_3 c - (k_4 + k_5) d$$

$$\Delta e = +x_4 \qquad \dot{e} = \dot{x}_4 = k_4 d$$

$$\Delta f = x_5 \qquad \dot{f} = \dot{x}_5 = k_5 d$$

Um die Zahl der „linear unabhängigen Reaktionen" und deren Reaktionslaufzahlen (X_j) zu bestimmen, wird das Rechteckschema so weit wie möglich reduziert. Hierbei geht man in zwei Schritten vor:

1) Man untersucht zunächst die Zeilen des Rechteckschemas, die die stöchiometrischen Koeffizienten ν_{ji} enthalten, auf Linearkombination. Man löscht dann alle Zeilen, die sich durch Linearkombination der übriggebliebenen Zeilen darstellen lassen. Danach werden die linear unabhängigen Reaktionslaufzahlen (X_j) eingeführt, die sich aus der Linearkombination der x_j ergeben. Die Differentiale $\dot{X}_j$, die man aus den $\dot{x}_j$ erhält, werden dann in die letzte Spalte des reduzierten Schemas eingeführt.

Da im behandelten Beispiel die stöchiometrischen Koeffizienten der 1. und der 2. Zeile im Zahlenwert gleich sind, aber entgegengesetzte Vorzeichen haben, gilt hier: $\nu_{1i} = - \nu_{2i}$. Mit den Definitionen

$$X_1 = x_1 - x_2 \quad \text{bzw.} \quad \dot{X}_1 = \dot{x}_1 - \dot{x}_2$$

kann demnach das Rechteckschema ohne Informationsverlust reduziert werden:

	A	B	C	D	E	F	$\dot{X}_k$
X_1	-1	-1	+1	0	0	0	$k_1 a \cdot b - k_2 c$
x_3	0	0	-1	+1	0	0	$k_3 c$
x_4	0	0	0	-1	+1	0	$k_4 d$
x_5	0	0	0	-1	0	+1	$k_5 d$

Zum Beispiel für $\Delta a, \Delta b$ und Δc sowie $\dot{a}, \dot{b}$ und $\dot{c}$ gilt also weiterhin:

$$\Delta a = \Delta b = -X_1 = -x_1 + x_2 \qquad \dot{a} = \dot{b} = \dot{X}_1 = -k_1 a \cdot b + k_2 c$$

$$\Delta c = X_1 - x_3 \qquad \dot{c} = \dot{X}_1 - \dot{x}_3 = k_1 a \cdot b - (k_2 + k_3) c$$

Wenn keine weiteren Linearkombinationen mehr zwischen den ν_{ji} bestehen, wird der 2. Schritt durchgeführt:

2) Im soweit reduzierten Rechteckschema wird in der letzten Spalte untersucht, ob zwischen den Reaktionsgeschwindigkeiten der Teilreaktionen lineare Zusammenhänge bestehen. Wenn ja, wird die (j+1)-te Zeile im Rechteckschema mit der betreffenden Proportionalitätskonstante (κ), die sich aus dem Quotienten der (j+1)- und j-ten Reaktionsgeschwindigkeiten ergeben, multi-

pliziert und zur j-ten Zeile addiert. Die (j+1)-te Zeile wird dann gestrichen. Die Reaktionsgeschwindigkeit der j-ten Teilreaktion bleibt dabei unverändert. Bestehen zwischen den Reaktionsgeschwindigkeiten des so reduzierten Rechteckschemas immer noch lineare Zusammenhänge, wird die Prozedur analog wiederholt (s. dazu das unten weiterbehandelte Beispiel).

Wenn alle Linearkombinationen zwischen den ν_{ji}-Zeilen und alle linearen Zusammenhänge zwischen den Reaktionsgeschwindigkeiten berücksichtigt sind, ist das Rechteckschema maximal reduziert. Die Anzahl der verbleibenden Zeilen gibt dann die Anzahl (s) der **„linear unabhängigen Teilreaktionen“** an. Da bei der Reduzierung des Rechteckschemas die Anzahl der Zeilen verringert wird, ist es in der Regel sinnvoll, die Indices der Reaktionslaufzahlen umzunummerieren und ihnen die Nummern der betreffenden Zeile zu geben.

Im Beispiel besteht bei den Reaktionsgeschwindigkeiten der 3. und 4. Zeile der letzten Spalte des bisher reduzierten Rechteckschema ein linearer Zusammenhang:

$$\dot{x}_5 = \frac{k_5}{k_4}\,\dot{x}_4 = \kappa\,\dot{x}_4$$

Durch Integration folgt hieraus

$$\int_0^{x_5} dx_5 = \kappa \int_0^{x_4} d\,x_4 \quad \text{bzw.} \quad x_5 = \kappa\,x_4 \quad .$$

Mit Hilfe der Definitionen

$$X_2 = x_3 \quad \text{und} \quad X_3 = x_4 = \frac{1}{\kappa} x_5$$

erhält man:

$$\dot{X}_2 = \dot{x}_3 \quad , \quad \dot{X}_3 = \dot{x}_4 \quad \text{und} \quad \dot{x}_5 = \kappa\,\dot{X}_3$$

Multipliziert man die 4. Zeile des reduzierten Rechteckschemas mit κ und addiert diese zur 3. Zeile (die letzte Spalte wird dabei nicht verändert), so erhält man nach Streichen der letzten Zeile:

	A	B	C	D	E	F	$\dot{X}_k$
X_1	-1	-1	+1	0	0	0	$k_1\,ab - k_2\,c$
X_2	0	0	-1	+1	0	0	$k_3\,c$
X_3	0	0	0	$-(1+\kappa)$	+1	κ	$k_4\,d$

(6-30)

Wie man sich überzeugen kann, enthält dieses nun maximal reduzierte, von drei linear unabhängigen Reaktionen beschriebene Rechteckschema noch alle ursprünglichen Infomationen bezüglich $\Delta\,a_i$ und $\dot{a}_i$. Dieses Beispiel zeigt, daß allgemein Gleichgewichts- und Verzweigungsreaktionen durch nur eine linear unabhängige Reaktionslaufzahl charakterisiert werden.

Die hier dargestellte Methode ist entsprechend zu modifizieren, wenn auf einzelne Komponenten die Bodenstein-Hypothese zutrifft oder einzelne Komponenten in so großem Überschuß zu anderen Komponenten vorliegen, wie das bei „Reaktionen pseudo 1. Ordnung“ der Fall ist.

Nachfolgend soll die maximale Anzahl der linear unabhängigen Reaktionslaufzahlen bzw. Teilreaktionen allgemein mit dem **Symbol** s bezeichnet werden. Für das obige Beispiel ist also $s = 3$.

Für ΔE_λ folgt nach Gl. (6-16) aus dem reduzierten Rechteckschema (6-30):

$$\Delta E_\lambda = Q_{\lambda 1} X_1 + Q_{\lambda 2} X_2 + Q_{\lambda 3} X_3 \tag{6-31a}$$

Da sich $Q_{\lambda j}$ additiv aus den Produkten von $\ell \varepsilon_{\lambda i}$ und den Koeffizienten der Komponenten A_i der j-ten Zeile zusammensetzt, gilt schließlich:

$$Q_{\lambda 1} = \ell\,(\varepsilon_{\lambda C} - \varepsilon_{\lambda A} - \varepsilon_{\lambda B}) \quad , \quad Q_{\lambda 2} = \ell\,(\varepsilon_{\lambda D} - \varepsilon_{\lambda C})$$

und

$$Q_{\lambda 3} = \ell\,[\varepsilon_{\lambda E} - (1+\kappa)\,\varepsilon_{\mathrm{ID}} + \kappa\varepsilon_{\lambda F}] \tag{6-31b}$$

6.4 Das Extinktions (E)- und Extinktionsdifferenzen (ED)-Diagramm

Wie im Kap. 6.2 gezeigt wurde, gilt allgemein für spektroskopisch-einheitliche Dunkel- und Photoreaktionen:

$$\Delta E_\lambda = Q_{\lambda 1} X_1 \tag{6-28}$$

Stellt man diese Beziehung für die beiden Wellenlängen λ_1 und λ_2 auf (wobei nachfolgend $\lambda_1 = 1$ und $\lambda_2 = 2$ gesetzt wird), erhält man:

$$\Delta E_{\lambda_1} = \Delta E_1 = Q_{\lambda_1 1} X_1 = Q_{11} X_1 \tag{6-32a}$$

$$\Delta E_{\lambda_2} = \Delta E_2 = Q_{\lambda_2 1} X_1 = Q_{21} X_1 \tag{6-32b}$$

Bildet man hieraus den Quotienten, folgt:

$$\frac{\Delta E_1}{\Delta E_2} = \frac{Q_{11}}{Q_{21}} = \mathrm{const} \tag{6-33a}$$

bzw.

$$\boxed{\Delta E_1 = \frac{Q_{11}}{Q_{21}} \Delta E_2 \quad .} \tag{6-33b}$$

Da $Q_{\lambda j}$ nach Kap. 6.3 (vgl. Gl. (6-31b) von ℓ, ν_{ji}, $\varepsilon_{\lambda i}$ und κ_j abhängt und demnach für jede Wellenlänge eine Konstante ist, stellt auch der Quotient Q_{11}/Q_{21} eine Konstante dar. Da nach Gl. (6-3) $\Delta E_\lambda = E_\lambda - E_{\lambda 0}$ ist, kann Gl. (6-33b) auch umgeformt werden zu:

$$\boxed{E_1 = \left(E_{10} - E_{20} \frac{Q_{11}}{Q_{21}}\right) + \frac{Q_{11}}{Q_{21}} E_2} \tag{6-34}$$

Die Glgn. (6-33b) und (6-34) führen direkt zu den Extinktionsdifferenzen (ED)- und Extinktions (E)-Diagrammen. Trägt man in einem Diagramm die Extinktionsdifferenzen ΔE_1 gegen ΔE_2 auf, spricht man von einem **Extinktionsdifferenzen-** oder kurz **ED-Diagramm.** Im Fall des Diagramms E_1 vs. E_2 spricht man von einem **Extinktions-** oder kurz **E-Diagramm.** Dabei hat man die Größen ΔE_1 und ΔE_2 bzw. E_1 und E_2 gegeneinander aufzutragen, die jeweils zu **gleichen Reaktionszeiten** gehören. Wenn im System nur **eine** (linear unabhängige) Reaktion abläuft (das System wird also nur von **einer** Reaktionslaufzahl beschrieben), liegen die Meßpunkte nach den Glgn. (6-33b) und (6-34) in den betreffenden Diagrammen jeweils auf einer Geraden.

In der Abb. 6-1 ist im Fall der Spontanhydrolyse von Dinosebacetat (s. Abb. 2-2) das E-Diagramm für zwei Wellenlängenkombinationen ($E_{380\ nm}$ vs. $E_{420\ nm}$ bzw. $E_{390\ nm}$ vs. $E_{420\ nm}$) dargestellt. Wie man sieht, werden in beiden Fällen Geraden erhalten. Dies weist darauf hin, daß eine spektroskopisch-einheitliche Reaktion vorliegt (s. Kap. (6.3)).

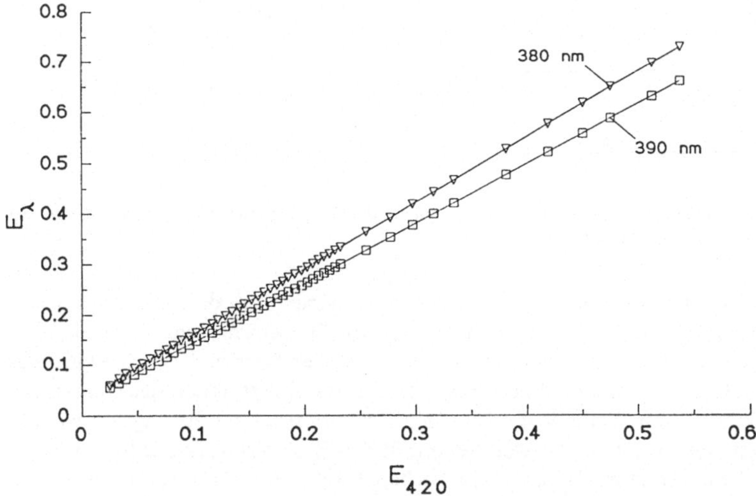

Abb. 6-1 E-Diagramm der Spontanhydrolyse von Dinosebacetat (s. Abb. 2-2); in der Achsenbeschriftung fehlt üblicherweise die Angabe „nm".

Die E- und ED-Diagramme, erstmals von H. Mauser für die spektroskopisch-kinetische Analyse von Dunkel- und Photoreaktionen entwickelt und systematisch angewendet [Mauser 1968b, 1974], haben weitreichende Bedeutung. Sie können vorteilhaft auch für die spektroskopische Analyse von Titrationssystemen herangezogen werden [Blume 1975; Polster, Lachmann, 1989]. Im Rahmen der „complementary tristimulus colorimetry-Methode" [Reilley, Smith, 1960; Reilley et al. 1960; Flaschka 1960] wurde das zum E-Diagramm analoge „chromaticity-Diagramm" zur Analyse von spektroskopisch untersuchten Protolysegleichgewichten aufgestellt. In den Jahren 1970-1971 wurde das Konzept der E-Diagramme durch andere Arbeitskreise erneut unabhängig voneinander entwickelt [Coleman et al. 1970; Chylewski, 1971].

Die korrespondierenden E- und ED-Diagramme stehen in einfacher geometrischer Relation zueinander: Das ED-Diagramm entsteht aus dem E-Diagramm durch Verschieben des Achsenkreuzes in den Anfangspunkt, wenn für die Bildung von $\Delta E_\lambda = (E_\lambda - E_{\lambda 0})$ der Anfangspunkt $E_{\lambda 0}$ herangezogen wird. Wie in der Abb. 6-2 am Beispiel der einfachen Reaktion A $\rightarrow$ B gezeigt ist, gibt der Punkt A (mit den Koordinaten $E_{\lambda 0} = \ell \varepsilon_{\lambda A}\, a_0$) den Startpunkt der Reaktion an. Wenn die Reaktion (zur Zeit $t \rightarrow \infty$) vollständig abgelaufen ist, wird im E-Diagramm der Punkt B (mit den Koordinaten $E_{\lambda\infty} = \ell \varepsilon_{\lambda B}\, a_0$) erreicht. Alle Punkte, die während der Reaktion gemessen werden, müssen auf der Geraden liegen, die durch die Punkte A und B läuft. Verschiebt man nun die Koordinatenachsen des E-Diagramms in den Punkt A, resultiert das korrespondierende ED-Diagramm (s. Abb. 6-2). Demnach liefern die E- und ED-Diagramme dieselben geometrischen Informationen. Die Geradensteigungen, die in den E- und ED-Diagrammen zu derselben Wellenlängenkombination (λ_1/λ_2) gehören, sind nach den Glgn. (6-33b) und (6-34) identisch.

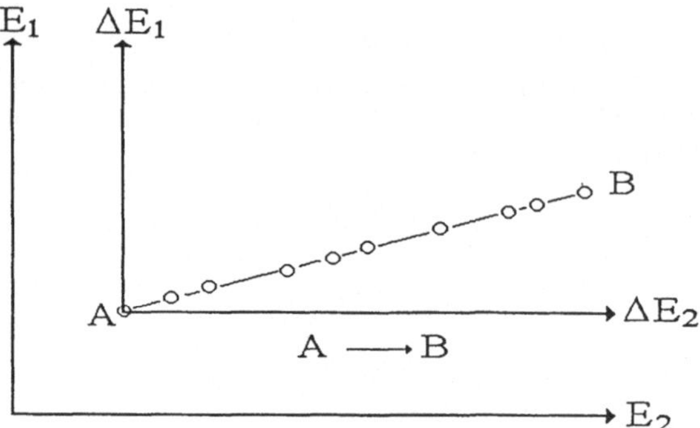

Abb. 6-2 Überführung eines E-Diagramms in das korrespondierende ED-Diagramm durch Verschieben des Achsenkreuzes in den Anfangspunkt (A) der Reaktion.

An Hand der E- bzw. ED-Diagramme kann leicht bestimmt werden, ob das Reaktionssystem kompliziert oder einfach ist. Wenn das E- oder ED-Diagramm für verschiedene Wellenlängenkombinationen konstruiert wird und ausschließlich Geraden erhalten werden, liegt eine **einfache Reaktion** vor (s. Kap 6.3). Dabei ist darauf zu achten, daß für die Konstruktion der Diagramme möglichst viele, charakteristische Wellenlängen aus den Reaktionsspektren herangezogen werden. Diese Wellenlängen sollten möglichst weit verteilt in den Reaktionsspektren liegen (s. als Beispiel dazu Abb. 7-8). Andernfalls ist nicht sichergestellt, daß tatsächlich auch alle Reaktionen spektroskopisch erfaßt wurden. (In der Abb. 6-1 wurden zur besseren Übersicht nur zwei Geraden dargestellt).

6.5 EDQ- und EDQ3-Diagramme

Die Meßpunkte von spektroskopisch-einheitlichen Reaktionen ($s = 1$) liegen in den E- und ED-Diagrammen auf Geraden. Wenn jedoch das Reaktionssystem von zwei linear unabhängigen Reaktionslaufzahlen beschrieben wird ($s = 2$), resultieren im E- und ED-Diagramm i.a. mehr oder weniger stark gekrümmte Kurven. Um nun testen zu können, ob das System aus **zwei** linear unabhängigen Reaktionslaufzahlen (Konzentrationsvariablen) besteht, können die ebenfalls von H. Mauser entwickelten Extinktionsdifferenzen-Quotienten (EDQ)-Diagramme herangezogen werden [Mauser 1968 b, Mauser 1974].

Nach Gl. (6-16) gilt für die Extinktionsdifferenz ΔE_λ, die von zwei linear unabhängigen Reaktionslaufzahlen (X_1, X_2) abhängt:

$$\Delta E_\lambda = E_\lambda - E_{\lambda 0} = Q_{\lambda 1} X_1 + Q_{\lambda 2} X_2 \tag{6-35}$$

Wird diese Beziehung für die Wellenlängen $\lambda = 1,2,3$ aufgestellt, erhält man:

$$\Delta E_1 = Q_{11} X_1 + Q_{12} X_2 \ ,$$

$$\Delta E_2 = Q_{21} X_1 + Q_{22} X_2 \ , \tag{6-36}$$

$$\Delta E_3 = Q_{31} X_1 + Q_{32} X_2 \, .$$

Aus den letzten beiden Beziehungen können X_1 und X_2 als Funktion von ΔE_2, ΔE_3 und $Q_{\lambda j}$ berechnet werden. Führt man diese Funktionen in die 1. Beziehung von Gl. (6-36) ein, erhält man nach Umstellung:

$$\Delta E_1 = \alpha_1 \Delta E_2 + \alpha_2 \Delta E_3 \tag{6-37}$$

mit

$$\alpha_1 = \frac{Q_{11}Q_{32} - Q_{12}Q_{31}}{Q_{21}Q_{32} - Q_{22}Q_{31}} = \frac{\begin{vmatrix} Q_{11} & Q_{12} \\ Q_{31} & Q_{32} \end{vmatrix}}{|\mathbf{Q}|}$$

und

$$\alpha_2 = -\frac{Q_{11}Q_{22} - Q_{12}Q_{21}}{Q_{21}Q_{32} - Q_{22}Q_{31}} = -\frac{\begin{vmatrix} Q_{11} & Q_{12} \\ Q_{21} & Q_{22} \end{vmatrix}}{|\mathrm{Q}|} \, .$$

Dabei wird vorausgesetzt, daß gilt:

$$|\mathbf{Q}| = \begin{vmatrix} Q_{21} & Q_{22} \\ Q_{31} & Q_{32} \end{vmatrix} \neq 0$$

Hieraus folgt weiter:

$$\frac{\Delta E_1}{\Delta E_2} = \alpha_1 + \alpha_2 \frac{\Delta E_3}{\Delta E_2} \tag{6-38}$$

Im **Extinktionsdifferenzen-Quotienten (EDQ)-Diagramm** werden die Quotienten $\Delta E_1 / \Delta E_2$ und $\Delta E_3 / \Delta E_2$ (bei jeweils gleichen Reaktionszeiten) in einem Diagramm gegeneinander aufgetragen (vgl. dazu Abb. 8-3, 8-20 oder 9-3). Resultiert eine Gerade, kann daraus gefolgert werden, daß bei den drei ausgewerteten Wellenlängen nur zwei linear unabhängige Teilreaktionen erfaßt worden sind. Um sicher zu gehen, daß dieses für alle Wellenlängen im registrierten Wellenlängenbereich zutrifft, müssen EDQ-Diagramme für verschiedene Wellenlängenkombinationen konstruiert werden, wobei die ausgewerteten Wellenlängen möglichst weit verteilt im Spektrum liegen sollten. Erst wenn alle Wellenlängenkombinationen zu Geraden führen, steht fest, daß das Reaktionsspektrum und damit das untersuchte System von zwei linear unabhängigen Reaktionslaufzahlen (X_1, X_2) beschrieben wird.

Mit Hilfe von E-, ED- und EDQ-Diagrammen kann eine „**graphische Matrix-Rang-Analyse**" durchgeführt werden. Darunter versteht man, daß auf graphischem Weg eine Aussage über den Rang der **Extinktionsmatrix E** möglich ist. Dabei geben die Elemente von **E** die bei den Wellenlängen λ_u (u = 1,2... m) und den Reaktionszeiten tv (v = 1,2... n) gemessenen Extinktionen $E_{u\text{v}}$ an:

$$\mathbf{E} = \begin{pmatrix} E_{11} & \cdots & E_{1n} \\ \vdots & & \vdots \\ E_{m1} & \cdots & E_{mn} \end{pmatrix} \tag{6-39}$$

Wenn der **Rang** (s) von **E** den Wert eins hat (s = 1), drückt sich dies bei den E- und ED-Diagrammen darin aus, daß für die verschiedenen Wellenlängenkombinationen nur Geraden resultieren. Erhält man analog in den EDQ-Diagrammen nur Geraden, beträgt der Rang von **E** zwei (s = 2). Diese graphische Ranganalyse hat sich in der Praxis bestens bewährt.

Im Fall der EDQ-Diagramme sind jedoch **Ausnahmen** zu berücksichtigen. So geben Geraden, die parallel zu den Koordinatenachsen verlaufen oder durch den Nullpunkt des Achsenkreuzes gehen, keineswegs an, daß bei den betreffenden Wellenlängen ausschließlich zwei linear unabhängige Teilreaktionen spektroskopisch erfaßt werden. Vielmehr wird bei diesen Wellenlängen nur **eine** linear unabhängige Teilreaktion beobachtet. Wenn z.B. in der Gl. (6-38) der Koeffizient α_1 den Wert null einnimmt (da $Q_{11}Q_{32} - Q_{12}Q_{31} = 0$ ist), resultiert im EDQ-Diagramm eine Nullpunktsgerade. Dies bedeutet, daß auch im Diagramm ΔE_1 vs. ΔE_3 eine Nullpunktsgerade angetroffen wird, bei diesen Wellenlängen also nur eine linear unabhängige Teilreaktion beobachtet wird. Analog dazu dürfen auch die Geraden nicht parallel zu den EDQ-Achsen verlaufen [Mauser 1974; Polster, Lachmann 1989].

Für den Fall, daß der Rang s der Absorptionsmatrix **E** größer als 2 ist (s>2), können entsprechende „**EDQs-Diagramme**" konstruiert werden. So können zur Überprüfung der Beziehung

$$\Delta E_\lambda = Q_{\lambda 1} X_1 + Q_{\lambda 2} X_2 + Q_{\lambda 3} X_3 \qquad (6\text{-}40)$$

EDQ3-Diagramme konstruiert werden. Analog zur Gl. (6-37) gilt hier:

$$\Delta E_1 = \beta_1 \Delta E_2 + \beta_2 \Delta E_3 + \beta_3 \Delta E_4 \qquad (6\text{-}41)$$

wobei β_1, β_2 und β_3 Konstanten sind, die nur von $Q_{\lambda i}$ abhängen. Zur Konstruktion eines zweidimensionalen Diagrammes muß ein Koeffizient β_i eliminiert werden. Dies wird erreicht, wenn ein einzelner Meßpunkt (zusätzlicher Index 1: $E_{\lambda 1}$), der die Beziehung

$$\Delta E_{11} = \beta_1 \Delta E_{21} + \beta_2 \Delta E_{31} + \beta_3 \Delta E_{41} \qquad (6\text{-}42)$$

erfüllt, in die Auswertung miteinbezogen wird. Indem diese Gleichung nach β_1 aufgelöst und in Gl. (6-41) eingeführt wird, erhält man nach Umstellungen:

$$\boxed{\frac{\Delta E_1 \Delta E_{21} - \Delta E_2 \Delta E_{11}}{\Delta E_3 \Delta E_{21} - \Delta E_2 \Delta E_{31}} = \beta_2 + \beta_3 \frac{\Delta E_4 \Delta E_{21} - \Delta E_2 \Delta E_{41}}{\Delta E_3 \Delta E_{21} - \Delta E_2 \Delta E_{31}} \qquad (6\text{-}43a)}$$

Durch die kompaktere Determinantendarstellung kann man unter Umbenennung von β_2 und β_3 in β_1 und β_2 auch schreiben:

$$\frac{\begin{vmatrix} \Delta E_1 & \Delta E_{11} \\ \Delta E_2 & \Delta E_{21} \end{vmatrix}}{\begin{vmatrix} \Delta E_3 & \Delta E_{31} \\ \Delta E_2 & \Delta E_{21} \end{vmatrix}} = \beta_1 + \beta_2 \frac{\begin{vmatrix} \Delta E_4 & \Delta E_{41} \\ \Delta E_2 & \Delta E_{21} \end{vmatrix}}{\begin{vmatrix} \Delta E_3 & \Delta E_{31} \\ \Delta E_2 & \Delta E_{21} \end{vmatrix}} \qquad (6\text{-}43b)$$

Im **EDQ3-Diagramm** werden die beiden Quotienten von Gl. (6-43a) bzw. (6-43b) gegeneinander aufgetragen. Werden für verschiedene Wellenlängenkombinationen Geraden erhalten, ist Gl. (6-40) erfüllt. Im Gegensatz zu den ED- und EDQ-Diagrammen führen jedoch relativ kleine Meßfehler zu großen Streuungen in den EDQ3-Diagrammen. Trotzdem können EDQ3-Diagramme noch sinnvoll eingesetzt werden, besonders dann, wenn die Meßkurven (E_λ vs. t) zuvor „geglättet" werden.

Für die Konstruktion der E-, ED-, EDQ2- (früher: EDQ-) und EDQ3-Diagramme ist darauf zu achten, daß nur **synchronisierte Extinktionsdaten** verwendet werden (die beim Einsatz von Diodenarray-Spektrometern „automatisch" geliefert werden).

Die E (ED)-, EDQ- und EDQ3-Diagramme stehen untereinander in geometrischer Beziehung. Geraden in den E- bzw. ED-Diagrammen führen in den betreffenden EDQ-Diagrammen zu Punkten (bzw. Punkthaufen bei Meßfehlern). Ebenso entsprechen Geraden in den EDQ-Diagrammen Punkten in den EDQ3-Geraden. Weitere Zusammenhänge ergeben sich, wenn EDQ-Diagramme mit den entsprechenden dreidimensionalen E- bzw. ED-Diagrammen (E_1 vs. E_2 vs. E_1 bzw. ΔE_1 vs. ΔE_2 vs. ΔE_3) in Relation gebracht werden. So bedeutet eine Gerade im EDQ-Diagramm, daß im betreffenden dreidimensionalen E- bzw. ED-Diagramm alle Punkte auf einer Ebene liegen (da Gl. (6-37) die Gleichung einer Ebene darstellt). Solche Beziehungen können sich bei der spektrometrischen Analyse von Titrationsgleichgewichten als vorteilhaft erweisen [Polster, Lachmann 1989].

Wenn Extinktionen verschiedener Wellenlängen in Diagrammen gegeneinander aufgetragen werden, können nicht nur Aussagen über den Rang der Absorptionsmatrix **E** und damit über die Anzahl der linear unabhängigen Reaktionslaufzahlen gemacht werden, sondern es lassen sich weitere Informationen über das Reaktionssystem gewinnen werden. So können beispielsweise in den E-Diagrammen mit Hilfe von Tangenten die Extinktionskoeffizienten von intermediären Komponenten auf rein spektrometrischem Weg bestimmt oder die Quotienten von Geschwindigkeitskonstanten bzw. Eigenwerten über ausgezeichnete Flächenverhältnisse ermittelt werden. Dies zeigt bereits, daß es möglich ist, geometrische Beziehungen zwischen dem Extinktionsraum und den charakteristischen Größen des Reaktionssystems herzustellen.

B) Linear unabhängige Dunkel- und quasilineare Photoreaktionen

7 Auswertung von einfachen Reaktionen 1. Ordnung ($s = 1$)

Am häufigsten werden spektroskopisch-einheitliche Reaktionen ausgewertet. Der Rang s der betreffenden Extinktionsmatrix **E** beträgt eins (s. Kap. 6.5 und Gl. (6-39)). Im nachfolgenden werden die drei besonders wichtigen Reaktionen (pseudo) 1. Ordnung vom Typ **A → Produkte, A+ [B] → Produkte** (wobei B im großen Überschuß gegenüber A vorliegt) und **A ⇄ B** detailliert behandelt. Dabei werden in den einzelnen Kapiteln sowohl Dunkel- als auch (quasilineare) Photoreaktionen betrachtet.

7.1 Reaktionen vom Typ: A → Produkte

Viele Reaktionen können nach dem folgenden Mechanismus ausgewertet werden:

$$A \rightarrow B \qquad (7\text{-}1a)$$

bzw.

$$A \rightarrow B + C \qquad (7\text{-}1b)$$

oder kurz

$$A \rightarrow \text{Produkte} \quad . \qquad (7\text{-}1c)$$

Für die kinetische Analyse stehen drei bewährte Verfahren zur Verfügung, die von Guggenheim, Kézdy und Swinbourne sowie Mauser entwickelt wurden und die nachfolgend dargestellt werden. Die Methoden sind unabhängig davon anwendbar, wieviel verschiedene Reaktionsprodukte gebildet werden, so daß nachfolgend von der einfachst möglichen Reaktion (7-1a) ausgegangen werden kann.

Nach Gl.(6-28) gilt für die Extinktionsdifferenz ΔE_λ:

$$\Delta E_\lambda = E_\lambda - E_{\lambda 0} = Q_\lambda X_1 \qquad (7\text{-}2)$$

mit

$$E_{\lambda 0} = \ell \varepsilon_{\lambda A} a_0 \quad \text{und} \quad Q_\lambda = \ell(\varepsilon_{\lambda B} - \varepsilon_{\lambda A}) \quad .$$

Durch Differentiation nach der Zeit t bzw. der transformierten Zeit Θ folgt hieraus:

$$\dot{E}_\lambda = \ell(\varepsilon_{\lambda B} - \varepsilon_{\lambda A})\dot{X}_1 \qquad (7\text{-}3)$$

Für $\dot{X}_1$ gilt nach Gl. (5-13) bzw. (5-14) (mit $\dot{X}_1 = \dot{x}$):

$$\dot{X}_1 = k_1 \cdot a \qquad (7\text{-}4)$$

Wenn die Reaktion A $\xrightarrow{k_1}$ B eine Dunkelreaktion ist, wird k_1 als die Reaktionsgeschwindigkeitskonstante (1. Ordnung) bezeichnet und es gilt für $\dot{E}_\lambda$:

$$\dot{E}_\lambda = \frac{\mathrm{d}E_\lambda}{\mathrm{d}t} \quad . \tag{7-5}$$

Läuft dagegen die Reaktion photochemisch ab (A $\xrightarrow{h\nu}$ B), gilt nach Gl. (5-13) für k_1

$$k_1 = I_0 \varepsilon'_A \varphi^A \tag{7-6}$$

und für $\dot{E}_\lambda$:

$$\dot{E}_\lambda = \frac{\mathrm{d}E_\lambda}{\mathrm{d}\Theta} \tag{7-7}$$

Dabei ist Θ die „transformierte Zeit", deren Differential nach Gl. (4-76) wie folgt definiert ist:

$$\mathrm{d}\Theta = 1000 \left(\frac{1 - 10^{-E'}}{E'} \right) \mathrm{d}t$$

φ^A ist die Quantenausbeute der Reaktion, die sich aus den Geschwindigkeitskonstanten der im elektronisch angeregten Zustand ablaufenden Prozesse zusammensetzt. Zum Beispiel ergibt sich φ^A für den Mechanismus im 1. Beispiel des Kap. 4.4 nach Gl. (4-39):

$$\varphi^A = \frac{k_5}{k_3 + k_4 + k_5}$$

Demnach ist auch bei Photoreaktionen die Größe k_1 bei gleichbleibender Bestrahlungsintensität I_0 eine Konstante, so daß Gl. (7-4) sowohl für Dunkel- als auch Photoreaktionen vom Typ A → B gilt.

Nach Gl. (2-26) gilt für den Zusammenhang zwischen a und X_1:

$$X_1 = a_0 - a \tag{7-8}$$

(wobei a_0 die Einwaagekonzentration von A ist).

Führt man diese Beziehung in Gl. (7-2) ein, folgt:

$$E_\lambda - E_{\lambda 0} = E_\lambda - \ell \varepsilon_{\lambda A} a_0 = \ell (\varepsilon_{\lambda B} - \varepsilon_{\lambda A})(a_0 - a)$$

Durch Umstellung erhält man hieraus:

$$E_\lambda = \ell \varepsilon_{\lambda B} a_0 - \ell (\varepsilon_{\lambda B} - \varepsilon_{\lambda A}) a \tag{7-9}$$

Zur Zeit $t \to \infty$ ist die Reaktion beendet. Es ist dann $a = 0$. Für die Extinktion E_λ zur Zeit $t \to \infty$ gilt also nach Gl. (7-9):

$$E_\lambda (t \to \infty) = E_{\lambda\infty} = \ell \varepsilon_{\lambda B} a_0 \tag{7-10}$$

Damit kann für Gl. (7-9) auch geschrieben werden:

$$E_\lambda = E_{\lambda\infty} - \ell (\varepsilon_{\lambda B} - \varepsilon_{\lambda A}) a \tag{7-11}$$

Hieraus erhält man:

$$a = \frac{E_{\lambda\infty} - E_\lambda}{\ell(\varepsilon_{\lambda B} - \varepsilon_{\lambda A})} \tag{7-12}$$

Aus den Gln. (7-3) und (7-4) folgt:

$$\dot{E}_\lambda = \ell(\varepsilon_{\lambda B} - \varepsilon_{\lambda A})\, k_1\, a \tag{7-13}$$

Durch Einsetzen von Gl. (7-12) erhält man hieraus

$$\dot{E}_\lambda = k_1 (E_{\lambda\infty} - E_\lambda) = z_{\lambda 0} + z_{\lambda 1} E_\lambda \tag{7-14}$$

mit

$$z_{\lambda 0} = k_1 E_{\lambda\infty} \quad \text{und} \quad z_{\lambda 1} = -k_1$$

Dies ist die Ausgangsgleichung für die Auswertung nach den drei folgenden Verfahren. Sie gilt, wie man sich unschwer überzeugen kann, allgemein für Dunkel- und Photoreaktionen vom Typ **A → Produkte** (z.B. A → B + C). – *Die nachfolgenden Methoden werden für lineare Dunkelreaktionen abgeleitet; durch die transformierte Zeit sind sie sinngemäß auf (quasilineare) Photoreaktionen übertragbar.*

7.1.1 Auswertung nach Guggenheim

Zur Auswertung der Reaktion A → B + C nach Guggenheim und Kézdy bzw. Swinebourne werden **äquidistante Meßwerte** benötigt. Darunter versteht man, daß für die Auswertung Extinktionspaare herangezogen werden, die einen äquidistanten Zeitabstand Δ zueinander haben (s. Abb. 7-1).

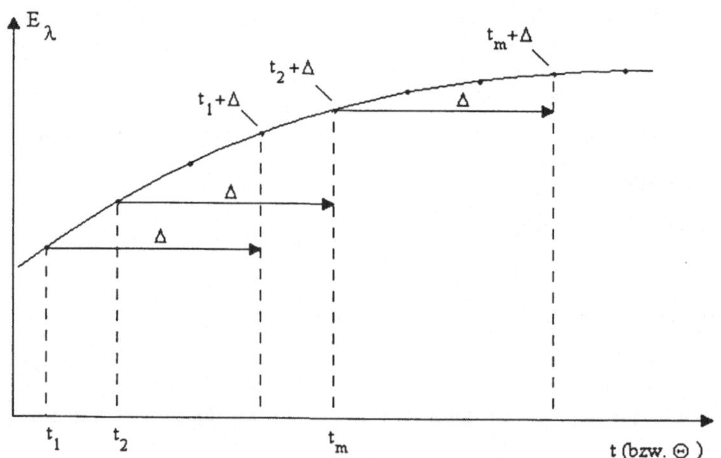

Abb. 7-1 Bestimmung der Extinktionspaare, die eine konstante Zeitdifferenz Δ auseinander liegen. Im Fall einer Photoreaktion ist t durch Θ zu ersetzen.

Wenn die Reaktion in konstanten Zeitintervallen spektroskopisch verfolgt wird und der Zeitabstand Δ ein Vielfaches der Meßintervalle beträgt, können die für die Auswertung korrespondierenden Extinktionen direkt ermittelt werden. Ein größerer Aufwand ist jedoch erforderlich, wenn nichtäquidistante Meßwerte vorliegen. Es empfiehlt sich dann, ein Polynom 2. Grades durch fünf oder sieben Meßwerte zu legen, die in der Nähe des Zeitpunktes ($t + \Delta$) liegen (s. Abb. 7-2), und die Koeffizienten α_i durch Regressionsanalyse zu berechnen:

$$E_\lambda(t) = \alpha_1 + \alpha_2 t + \alpha_3 t^2 \tag{7-15}$$

Der gesuchte Wert $E_\lambda(t+\Delta)$ kann dann aus den so bestimmten Werten α_i berechnet werden nach:

$$E_\lambda(t+\Delta) = \alpha_1 + \alpha_2(t+\Delta) + \alpha_3(t+\Delta)^2 \tag{7-16}$$

Dieses Verfahren hat sich bewährt.

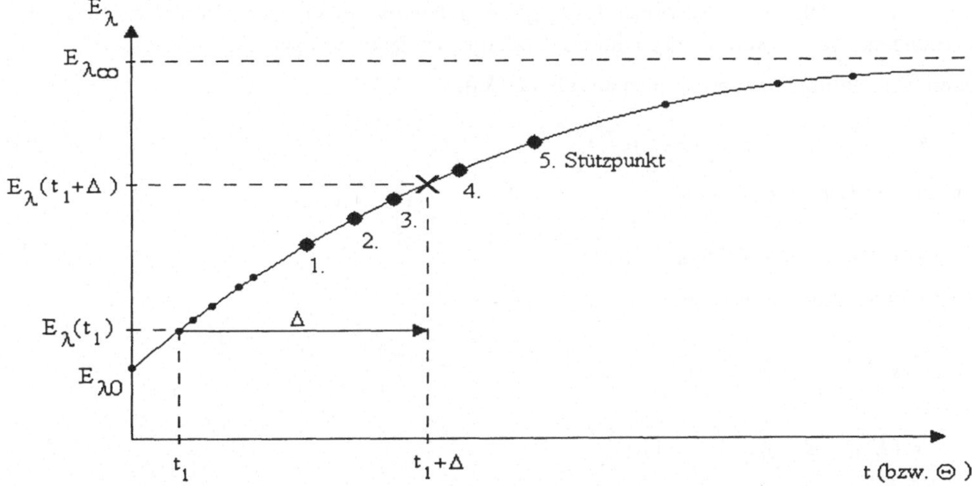

Abb. 7-2 Bestimmung von $E_\lambda(t + \Delta)$ mit Hilfe eines Polynom 2. Grades aus fünf Meßwerten (●) bei nicht äquidistanten Meßwerten (sowohl • als auch ●; **X** = interpolierter Wert). Im Fall einer Photoreaktion ist t durch Θ zu ersetzen.

Um nach Guggenheim die korrespondierenden Wertepaare $E_\lambda(t)$ und $E_\lambda(t+\Delta)$ für die Bestimmung von k_1 heranziehen zu können, wird die integrierte Form der umgestellten Gl. (7-14) benötigt:

$$\int_{E_{\lambda 0}}^{E_\lambda} \frac{\mathrm{d}E_\lambda}{E_{\lambda\infty} - E_\lambda} = k_1 \int_0^t \mathrm{d}t \tag{7-17}$$

bzw.

$$ln \frac{E_{\lambda\infty} - E_\lambda(t)}{E_{\lambda\infty} - E_{\lambda 0}} = -k_1 t \tag{7-18a}$$

oder

$$\ln\left(E_{\lambda\infty} - E_\lambda(t)\right) = -k_1 t + \ln(E_{\lambda\infty} - E_{\lambda 0}) \ . \tag{7-18b}$$

$E_{\lambda\infty}$ und $E_{\lambda 0}$ sind die gemessenen Extinktionen zur Zeit $t \to \infty$ und $t = 0$ mit den Beziehungen

$$E_\lambda(t \to \infty) = E_\lambda(\Theta \to \infty) = E_{\lambda\infty} \tag{7-19a}$$

und

$$E_\lambda(t \to 0) = E_\lambda(\Theta \to 0) = E_{\lambda 0} \ . \tag{7-19b}$$

Die Auswertung der Meßdaten nach Gl. (7-18b) setzt voraus, daß $E_{\lambda\infty}$ sehr genau bekannt ist, was oft auf experimentelle Schwierigkeiten stößt. Meßpunkte im Endbereich der Reaktion ($E_\lambda \to E_{\lambda\infty}$) führen im Ausdruck $ln(E_{\lambda\infty} - E_\lambda)$ bereits bei kleinen Meßfehlern zu großen Streuungen. Die Auswertung nach diesem Verfahren ist daher weniger zu empfehlen.

Durch Delogarithmieren erhält man aus Gl. (7-18a):

$$E_\lambda(t) - E_{\lambda\infty} = (E_{\lambda 0} - E_{\lambda\infty})e^{-k_1 t} \tag{7-20a}$$

Für die Zeit $(t + \Delta)$ gilt analog:

$$E_\lambda(t+\Delta) - E_{\lambda\infty} = (E_{\lambda 0} - E_{\lambda\infty})e^{-k_1(t+\Delta)} \tag{7-20b}$$

Durch Substraktion folgt hieraus:

$$E_\lambda(t+\Delta) - E_\lambda(t) = (E_{\lambda 0} - E_{\lambda\infty})\left(e^{-k_1(t+\Delta)} - e^{-k_1 t}\right)$$

$$= (E_{\lambda 0} - E_{\lambda\infty})\left(e^{-k_1\Delta} - 1\right)e^{-k_1 t} \tag{7-21}$$

Durch Logarithmieren erhält man schließlich für Dunkelreaktionen nach Guggenheim [Guggenheim 1926]:

$$\ln\left[E_\lambda(t+\Delta) - E_\lambda(t)\right] = -k_1 t + \ln\left[(E_{\lambda 0} - E_{\lambda\infty})\left(e^{-k_1\Delta} - 1\right)\right] \tag{7 -22}$$

Im Gegensatz zur Gl. (18b) wird bei diesen Beziehungen $E_{\lambda\infty}$ für die Auswertung nicht benötigt.

Die Größe Δ sollte in der Größenordnung der **Halbwertszeit** $t_{1/2}$ bzw. $\Theta_{1/2}$ der Reaktion liegen. Darunter versteht man die Zeit, die zum halben Reaktionsumsatz benötigt wird. In dieser Zeit wird z.B. die Konzentration $a = a_0$ auf $a_0/2$ abgesenkt. Die Extinktion $E_\lambda(t_{1/2})$ zur Zeit $t_{1/2}$ (bzw. $\Theta_{1/2}$) beträgt dann (s. $E_{\lambda\infty}$ und $E_{\lambda 0}$ in Abb. 7-2):

$$E_\lambda(t_{1/2}) = \frac{E_{\lambda\infty} + E_{\lambda 0}}{2} \tag{7-23}$$

Führt man diese Beziehung in Gl. (7-18a) ein, folgt

$$\ln\frac{1}{2} = -k_1 t_{1/2}$$

bzw.

$$t_{1/2} = \frac{\ln 2}{k_1} \quad . \tag{7-24}$$

1.Meßbeispiel (Dunkelreaktion A + [B] → Produkte)

Viele Hydrolysereaktionen verlaufen in gepufferten Medien nach Zeitgesetzen 1. Ordnung. Beispiele hierfür sind die Spontanhydrolysen von Phenyl-phosphorsäure-diamid (PPDA) und p-Nitrophenyl-phosphorsäure-diamid (PPDA-NO_2), die beide Inhibitoren des Enzyms Urease sind:

$$H_2N{-}C({=}O){-}NH_2 + 2\,H_3O^+ \xrightarrow{\text{Urease}} 2\,NH_4^+ + H_2CO_3 \tag{7-25}$$

Harnstoff wird in den nicht-industriellen Staaten in großen Mengen als Stickstoffdünger in der Landwirtschaft eingesetzt. Da Urease ubiquitär im Boden vorkommt, können durch die Urease-Reaktion erhebliche Stickstoffverluste auftreten. Deswegen ist man an spezifischen, billigen Urease-Inhibitoren interessiert, deren Abbauprodukte die Umwelt nur wenig belasten. Eine solche Stoffklasse stellen Phosphorsäureamid-Verbindungen dar, die langsam im Boden hydrolisieren und den Boden düngen. Die spektroskopisch verfolgbare PPDA-NO_2-Spontanhydrolyse läuft ab zu p-Nitrophenolat und Phosphorsäure-diamid:

$$(O_2N{-})C_6H_4{-}O{-}P({=}O)(NH_2){-}NH_2 + OH^- \longrightarrow (O_2N{-})C_6H_4{-}O^- + HO{-}P({=}O)(NH_2){-}NH_2$$

$$\text{PPDA } (\text{-}NO_2) \qquad A + [B] \xrightarrow{(H_2O)} \text{Produkte} \tag{7-26}$$

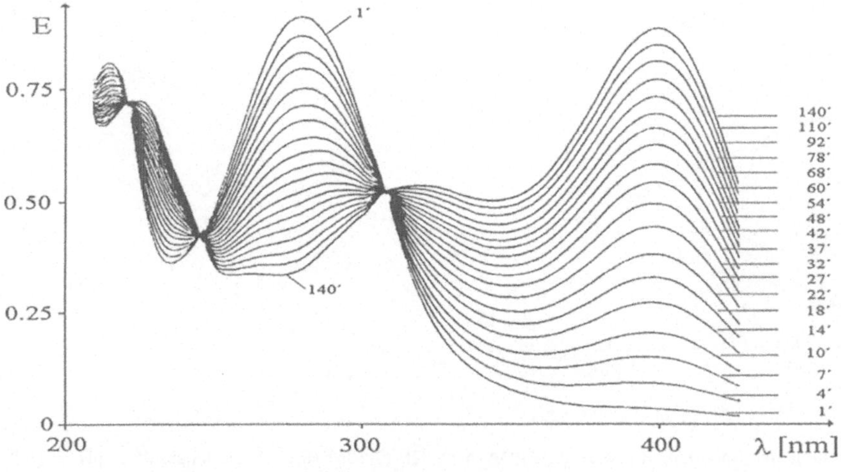

Abb. 7-3 Reaktionsspektren der PPDA - NO_2 - Spontanhydrolyse (0,01 M Phosphatpuffer; pH = 7,0; 30°C).

Die Reaktionsspektren von PPDA-NO_2 bei pH = 7,00 sind in Abb. 7-3 dargestellt. Sie zeigen drei isosbestische Punkte. Ein ähnlicher Habitus wird auch bei den pH-Werten 8,0, 9,0 und 10,0 gefunden. Die relativ hohe Anzahl an isosbestischen Punkten ist ein Hinweis darauf, daß die Reaktion spektroskopisch einheitlich verläuft. Die Reaktionsspektren der Spontanhydrolyse von PPDA verhalten sich ähnlich. Im Gegensatz zu PPDA-NO_2 liegen diese aber ausschließlich im UV-Bereich. Die PPDA-Spontanhydrolyse verläuft spektroskopisch einheitlich, wie die streng linearen Kurven im E-Diagramm in Abb. 7-4 belegen. Dies steht nicht im Widerspruch zum angenommenen Reaktionsmechanismus (7-26).

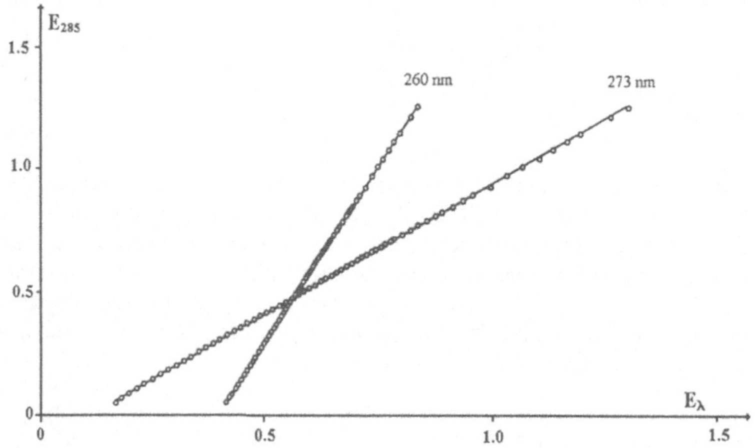

Abb. 7-4 E-Diagramm der Spontanhydrolyse von PPDA (0,1 M Carbonatpuffer, pH = 10,0; 30°C).

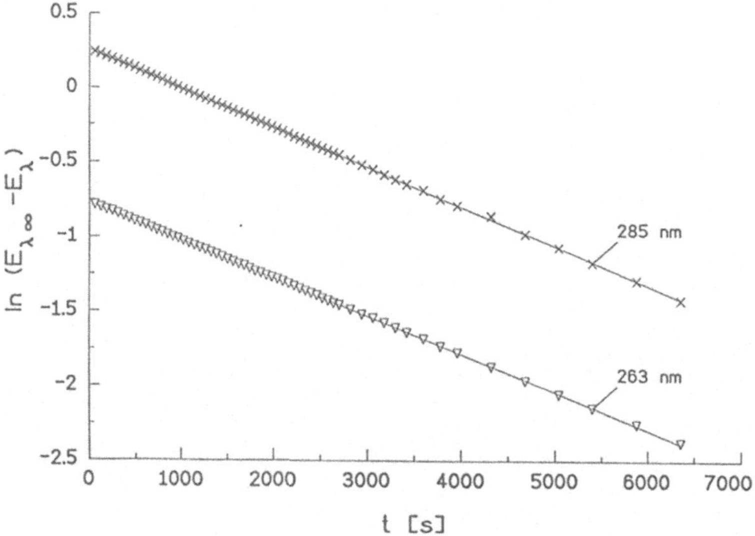

Abb. 7-5 Auswertung der Spontanhydrolyse von PPDA nach Gl. (7-18b) (0,1 M Carbonatpuffer, pH = 10,0; 30°C).

Die Auswertung der PPDA-Spontanhydrolyse nach Gl. (7-18b) ist in Abb. 7-5 für 2 Wellenlängen bei pH = 10,0 dargestellt. Wie man sieht, sind die Geraden parallel. Ihre Steigung ist wellenlängenunabhängig; sie liefert direkt die gesuchte Geschwindigkeitskonstante k_1 (s. Tabelle 7-1).

Tabelle 7-1 Auswertung der Spontanhydrolyse von PPDA (0,1 M Carbonatpuffer, pH = 10,0; 30 °C) nach Gl. (7-18b).

λ [nm]	285	273	263
$k_1 \cdot 10^{+4}$ [s^{-1}]	2,64	2,55	2,55

Die Auswertung nach Guggenheim ist in Abb. 7-6 dargestellt. Nach Gl. (7-22) erhält man auch hier parallele Geraden mit der Steigung ($-k_1$). In der Tabelle 7-2 sind die bei verschiedenen Wellenlängen ermittelten k_1-Werte in Abhängigkeit von 3 verschiedenen Δ-Werten dargestellt.

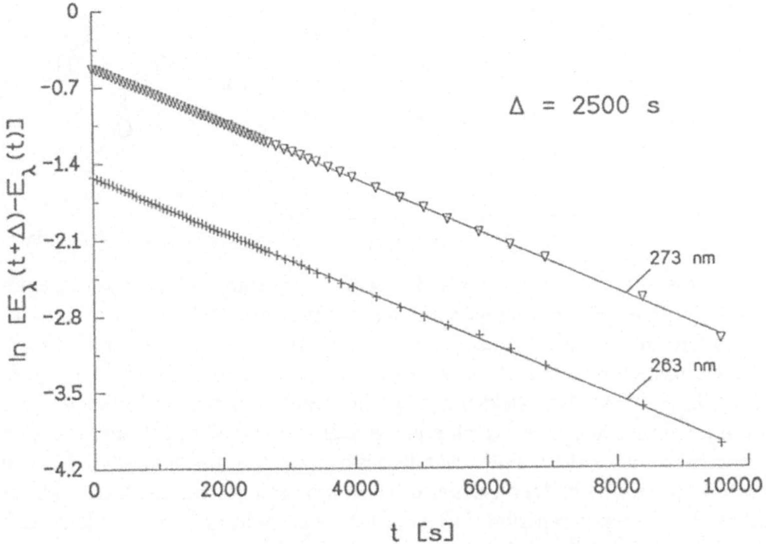

Abb. 7-6 Auswertung der Spontanhydrolyse von PPDA nach Guggenheim (s. Gl. (7-22)). Reaktionsbedingungen: 0,1 M Carbonatpuffer, pH = 10,0; 30°C. Zur besseren Übersicht wurde λ = 285 nm nicht berücksichtigt.

Tabelle 7-2 Auswertung der Spontanhydrolyse von PPDA (0,1 M Carbonatpuffer, pH = 10,0; 30 °C) nach Guggenheim (s. Gl. (7-22)).

λ [nm]	285	273	263
$k_1 \cdot 10^{+4}$ [s^{-1}] (Δ = 3500 s)	2,64	2,55	2,55
$k_1 \cdot 10^{+4}$ [s^{-1}] (Δ = 2500 s)	2,61	2,55	2,55
$k_1 \cdot 10^{+4}$ [s^{-1}] (Δ = 1500 s)	2,65	2,54	2,54

Die Halbwertszeit der Reaktion kann nach Gl. (7-24) berechnet werden. Sie liegt bei 45 Minuten (2700 s). Deswegen wurde zur Auswertung für die Zeitdifferenz die Δ-Werte 3500, 2500 und 1500 s gewählt (s. Tabelle 7-2).

2. Meßbeispiel (Dunkelreaktion A + [B] → Produkte)

Die Kontaktherbizide Dinoseb (6-(2′-Butyl)-2,4-dinitrophenol) und Dinosebacetat 6-(2′-Butyl)-2,4-dinitrophenyl-essigsäureester) zählen zu den ältesten organisch-präparativen Pflanzenbehandlungsmitteln. Sie gehören zur Klasse der „hemmenden Entkoppler", die einerseits den Elektronentransport in der Photosynthese, andererseits die Photophosphorylierung in den Chloroplasten entkoppeln. Der Wirkungsmechnismus dieser Photosystem (II)-Inhibitoren ist weitgehend aufgeklärt. Er wird in Kap. 15 näher behandelt.

Das freie Dinoseb, in der Landwirtschaft als „Gelbspritzmittel" benutzt, darf seit einigen Jahren in der Bundesrepublik Deutschland nicht mehr eingesetzt werden. Sein Ester Dinosebacetat kann durch Spontanhydrolyse zersetzt werden:

Dinosebacetat $\xrightarrow{OH^-}$ Dinoseb (O^- H^+) + ^-O–CO–CH_3 (2-13)

Da die pK-Werte sowohl von Dinoseb als auch von Essigsäure ungefähr 4,9 betragen, liegen diese Stoffe unter physiologischen pH-Bedingungen weitgehend in Form ihrer Anionen vor. Um die Spontanhydrolyse von Dinosebacetat kinetisch zu analysieren [Polster, Sonntag et al. 1987], wurde zunächst das Reaktionsspektrum bei pH = 9,50 (0,1 M Carbonatpuffer, 25 °C) aufgenommen (s. Abb. 2-2 im Kap. 2.2). Das Spektrum zeigt im registrierten Spektralbereich nur einen isosbestischen Punkt. Hieraus allein darf noch nicht geschlossen werden, daß die Reaktion spektroskopisch einheitlich verläuft. Jedoch sind zusätzlich die aus den Extinktions-Zeit-Kurven (s. Abb. 2-3) im sichtbaren Spektralbereich konstruierten E-Diagramme streng linear (s. Abb. 6-1, nur wenige Wellenlängenkombinationen sind dort gezeigt). Dies steht nicht im Widerspruch zum angenommenen Reaktionsmechanismus (2-13).

Die kinetische Analyse nach Guggenheim führt zu parallelen Geraden (analog zur Abb. 7-6). Die aus den Steigungen für verschiedene Δ-Werte ermittelten k_1-Werte sind in der Tabelle 7-3 zusammengefaßt. Die Halbwertszeit der Reaktion liegt bei 23 Minuten (1380 s).

Tabelle 7-3 Auswertung der Spontanhydrolyse von Dinosebacetat (0,1 M Carbonatpuffer, pH = 9,50; 25 °C) nach Guggenheim (s. Gl. (7-22))

λ [nm]	420	390	380	370
$k_1 \cdot 10^{+4}$ [s^{-1}] (Δ=1000 s)	5,13	5,02	5,04	5,04
$k_1 \cdot 10^{+4}$ [s^{-1}] (Δ=1500 s)	5,12	5,00	5,00	5.02
$k_1 \cdot 10^{+4}$ [s^{-1}] (Δ=2000 s)	5,10	5,01	5,00	5,00

Die Auswertung wurde auch nach Gl.(7-18b) durchgeführt. Dies setzt allerdings voraus, daß $E_{\lambda\infty}$ genau bekannt ist, da sonst der Fehler bei k_1 erfahrungsgemäß groß ist. Die aus den Steigungen ermittelten k_1-Werte sind in der Tabelle 7-4 angegeben.

Tabelle 7-4 Auswertung der Spontanhydrolyse von Dinosebacetat nach Gl. (7-18b). Reaktionsbedingungen: 0,1 M Carbonatpuffer, pH = 9,50; 25 °C.

λ [nm]	420	390	380	370
$k_1 \cdot 10^{+4}$ [s^{-1}]	5,10	5,00	4,98	5,00

3. Meßbeispiel (Photoreaktion $A \xrightarrow{h\nu} B$)

Wenn Anthrachinonderivate (AQ) wie z.B. 1,5-Dichlor-, 2-Methyl-, 2,3-Dimethyl-, 1-Chlor-, 2-Chloranthrachinon in sauerstofffreiem Methanol mit Licht der Wellenlänge 313 nm unter Rühren bestrahlt werden, werden die ursprünglich farblosen Lösungen mit Einsetzen der Photoreaktion grün bis gelbgrün. Zusätzlich kann dabei eine intensiv grüne Fluoreszenz beobachtet werden. Bei weiterer Bestrahlung nehmen die Farbe und die Fluoreszenz an Intensität zu. Folgende Bruttoreaktion läuft hier ab:

$$AQ + R_2CHOH \xrightarrow{h\nu} AQH_2 + R_2CO$$

$$(AQH_2 = \text{Hydrochinon}, \; R_2CHOH = \text{Alkohol})$$

Das Photoreaktionsspektrum von 1,5-Dichloranthrachinon ist in Abb. 7-7 dargestellt [Starrock 1974]. Das Spektrum zeigt zwei isosbestische Punkte. Offenbar verläuft die Photoreaktion spektroskopisch einheitlich. Dies ist tatsächlich der Fall, wie die Geraden des konstruierten ED-Diagrammes zeigen (s. Abb. 7-8).

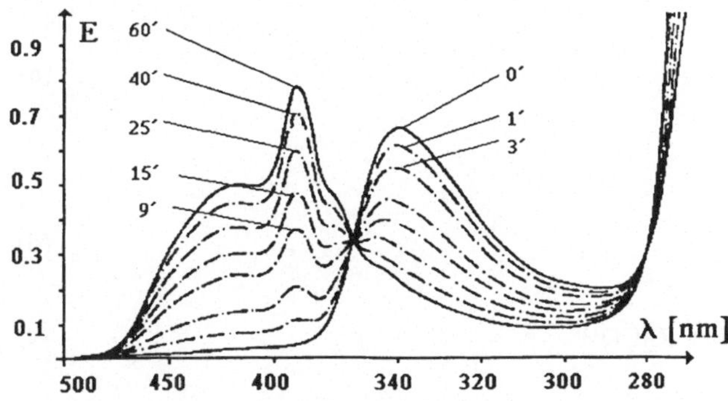

Abb. 7-7 Reaktionsspektren der Photoreduktion von 1,5-Dichloranthrachinon in sauerstofffreiem Methanol (Bestrahlungswellenlänge λ' = 313 nm; I_0 = 1,23 ·10^{-9} Einstein /(s · cm^2); a_0 = 8,51 ·10^{-5} M) (Original aus [Starrock 1974]).

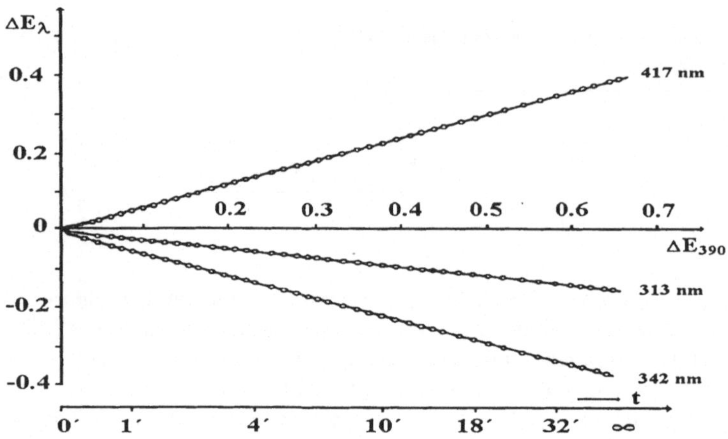

Abb. 7-8 ED-Diagramm der Photoreduktion von 1,5 Dichloranthrachinon in sauerstofffreiem Methanol (Bestrahlungswellenlänge $\lambda' = 313$ nm; $I_0 = 1{,}23 \cdot 10^{-9}$ Einstein /(s · cm^2); $a_0 = 8{,}51 \cdot 10^{-5}$ M) (Original aus [Starrock 1974]).

Die Farbe und Fluoreszenz der methanolischen Lösungen verschwinden sofort, wenn diese in Gegenwart von Luftsauerstoff geschüttelt werden, da die photochemisch reduzierten Anthrachinone reoxidiert werden. Folgender vereinfachter Reaktionsmechnismus kann hier angenommen werden:

$$AQ + h\nu \longrightarrow AQ^* \qquad \text{(a)}$$

$$AQ^* \xrightarrow{k_2} AQ' \qquad \text{(b)}$$

$$AQ' \xrightarrow{k_3} AQ + h\nu_F \qquad \text{(c)}$$

$$AQ' \xrightarrow{k_4} AQ \qquad \text{(d)}$$

$$AQ' + R_2CHOH \xrightarrow{k_5} AQH^{\cdot} + R_2\dot{C}OH \qquad \text{(e)}$$

$$AQ + R_2\dot{C}OH \xrightarrow{k_6} AQH^{\cdot} + R_2CO \qquad \text{(f)}$$

$$2AQH^{\cdot} \xrightarrow{k_7} AQ + AQH_2 \qquad \text{(g)}$$

Das Mauser-Rechteckschema lautet für diesen Photoreduktionsmechanismus:

	A AQ	A* AQ*	A' AQ'	AH˙ AQH˙	R_1 R_2CHOH	R_2 $R_2\dot{C}OH$	R_3 R_2CO	AH_2 AQH_2	$\dot{x}_j$
x_1	-1	+1	0	0	0	0	0	0	I_A
x_2	0	-1	+1	0	0	0	0	0	$k_2\,a^*$
x_3	+1	0	-1	0	0	0	0	0	$k_3\,a'$
x_4	+1	0	-1	0	0	0	0	0	$k_4\,a'$
x_5	0	0	-1	+1	-1	+1	0	0	$k_5\,r_1\,a'$
x_6	-1	0	0	+1	0	-1	+1	0	$k_6\,r_2\,a$
x_7	+1	0	0	-2	0	0	0	+1	$k_7\,ah^2$

Aus diesem Schema können die Differentialgleichungen für jede Komponente – wie im Kap. 4.4 beschrieben – aufgestellt werden. Wendet man auf die Gleichungen für $\dot{a}^*$, $\dot{a}'$, $\dot{a}h$ und $\dot{r}_2$ die Bodenstein-Beziehung (3-24) an, so erhält man nach Umstellungen für $\dot{a}$:

$$\dot{a} = -\varphi^A I_A \quad \text{mit} \quad \varphi^A = \frac{k_5 r_1}{k_3 + k_4 + k_5 r_1} \tag{7-27}$$

(wobei r_1 die Konzentration des Lösungsmittels und Reaktanten Methanol in mol/L-Einheiten angibt, die sich während der Reaktion praktisch nicht ändert).

Die Photoreduktion von Anthrachinonen in Methanol verhält sich also formal wie eine Reaktion $A \xrightarrow{h\nu} B$ (s. Kap. 4.4), was nicht im Widerspruch zur Abb. 7-8 steht. Durch Abstraktion von Wasserstoff aus dem Lösungsmittel entsteht aus 1,5-Dichloranthrachinon das entsprechende Hydrochinon:

+ CH_3OH $\xrightarrow[313\text{ nm}]{h\nu}$ + H_2CO

1,5 - Dichloranthrachinon 1,5 - Dichlorhydrochinon

$$A \xrightarrow{h\nu} B \tag{7-28}$$

Der postulierte Reaktionsmechanismus ist nicht vollständig, denn er enthält z.B. nicht die folgende, grundsätzlich mögliche Disproportionierungsreaktion:

$$2\,R_2\dot{C}OH \xrightarrow{k_8} R_2CO + R_2CHOH \tag{h}$$

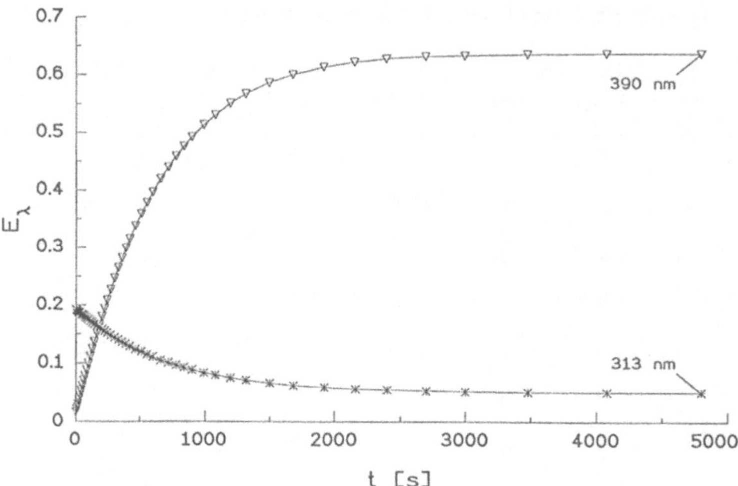

Abb. 7-9 Extinktions-Zeit-Kurven E_λ vs. t der Photoreduktion von 1,5 Dichloranthrachinon in neutralem Methanol (vgl. Abb. 7-7) [Starrock 1974].

Für die Bestimmung der Quantenausbeute φ^A aus UV-VIS spektroskopischen Meßdaten kann das Guggenheim-Verfahren herangezogen werden, wenn zuvor die Zeitskala t in die „transformierte Zeitskala" Θ überführt wird. In der Abb. 7-9 sind die gemessenen Extinktionen für die Wellenlängen 390 und 313 nm in Abhängigkeit von der Zeit t dargestellt. Mit Hilfe der Gl. (4-76) wird die Zeitachse t durch Integration in die „transformierte Zeitachse" Θ überführt:

$$\int_0^{\Theta} \mathrm{d}\Theta = \Theta = 1000 \int_0^{t} \left(\frac{1-10^{-E'}}{E'} \right) \mathrm{d}t \qquad (7\text{-}29)$$

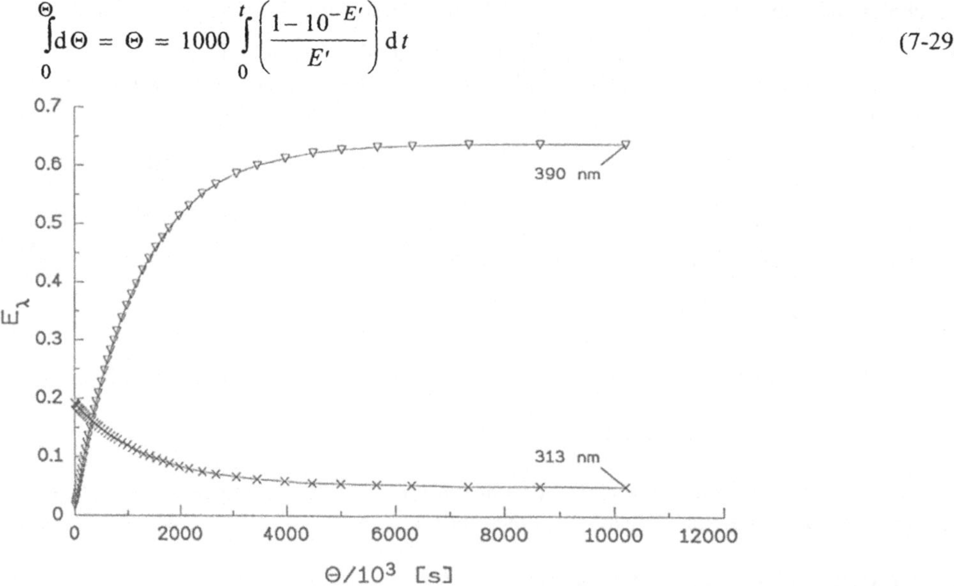

Abb. 7-10 Transformierte Extinktions-Zeit-Kurven E_λ vs. Θ der Photoreduktion von 1,5 Dichloranthrachinon in neutralem Methanol. (vgl. Abb. 7-9).

Das Ergebnis dieser Transformation ist in Abb. 7-10 dargestellt, wobei E' die Extinktion bei der Bestrahlungswellenlänge ($\lambda' = 313$ nm) ist. Die Extinktions-Θ-Werte können nun nach den folgenden Gleichungen ausgewertet werden, die für den Mechanismus $A \xrightarrow{h\nu} B$ gelten (vgl. Gl. (7-18b)):

$$\ln\left(E_{\lambda\infty} - E_{\lambda}(\Theta)\right) = -k_1\Theta + \ln(E_{\lambda\infty} - E_{\lambda 0})$$

und (vgl. Gl. (7-22)):

$$\ln\left[E_{\lambda}(\Theta+\Delta) - E_{\lambda}(\Theta)\right] = -k_1\Theta + \ln\left[\left(E_{\lambda 0} - E_{\lambda\infty}\right)\left(e^{-k_1\Delta} - 1\right)\right]$$

mit

$$k_1 = I_0 \varepsilon'_A \varphi^A \quad .$$

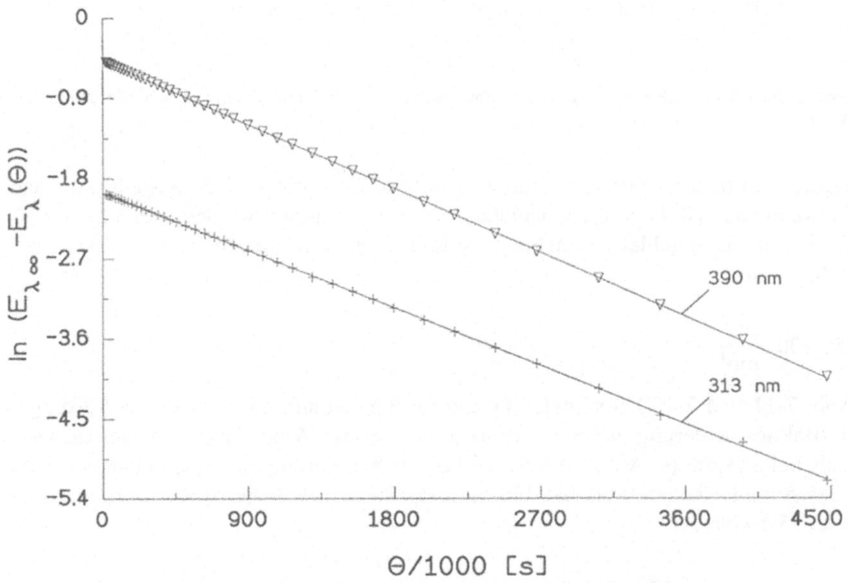

Abb. 7-11 Auswertung der Photoreduktion von 1,5 Dichloranthrachinon analog zur Gl. (7-18b).

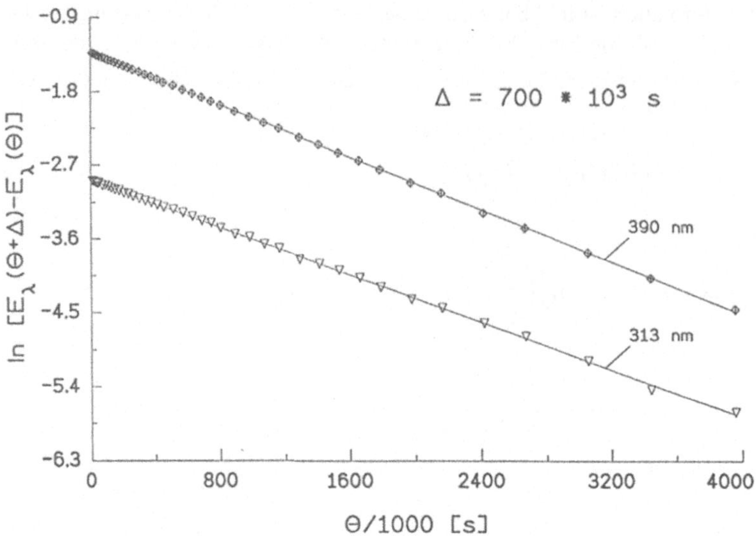

Abb. 7-12 Auswertung der Photoreduktion von 1,5 Dichloranthrachinon nach Guggenheim (vgl. Gl. (7-22) mit $\Delta = 700 \cdot 10^3$ s).

Die Auswertungen nach beiden Verfahren sind in den Abb. 7-11 und 7-12 dargestellt. Aus den Steigungen ($-k_1$) kann nach Gl. (7-6) die Quantenausbeute φ^A bestimmt werden, wenn I_0 und ε'_A bekannt sind. – Für 1,5-Dichloranthrachinon gilt bei der Wellenlänge $\lambda' = 313$ nm (Lösungsmittel Methanol):

$$\varepsilon'_A \approx 2\,256\,200 \; \frac{\text{cm}^2}{\text{mol}}$$

Die aus den Abb. 7-11 und 7-12 berechneten Quantenausbeuten sind in der Tabelle 7-5 dargestellt. Da die Extinktionsänderung während der Reaktion bei der Wellenlänge 390 nm ca. viermal größer ist als bei 313 nm (s. Abb. 7-9), ist φ^A bei der Auswertung der Wellenlänge 313nm mit einem größeren Fehler behaftet als bei 390 nm, was die ca. 10%-ige Abweichung der φ^A-Werte in Tabelle 7-5 erklärt.

Tabelle 7-5 Photoreaktionen von 1,5-Dichloranthrachinon in neutralem Methanol: Bestimmung der Quantenausbeute φ^A aus den Steigungen der Abb. 7-11 und 7-12 ($\varepsilon'_A = 2\,256\,200$ cm²/mol; $I_0 = 1{,}23 \cdot 10^{-9}$ Einstein/(s · cm²)).

	φ^A	
λ [nm]	Abb. 7-11	Abb. 7-12
313	0,26	0,26
390	0,29	0,29

7.1.2 Auswertung nach Kézdy und Swinbourne

Nach dem Verfahren von Kézdy et al. [Kézdy et al. 1958] und Swinbourne [Swinbourne 1960; Swinbourne 1975] werden wie bei dem von Guggenheim äquidistante Meßdaten benötigt. Für die lineare Dunkelreaktion **A → Produkte** gelten die Beziehungen:

$$E_\lambda(t) - E_{\lambda\infty} = \left(E_{\lambda 0} - E_{\lambda\infty}\right) e^{-k_1 t} \tag{7-20a}$$

und

$$E_\lambda(t+\Delta) - E_{\lambda\infty} = \left(E_{\lambda 0} - E_{\lambda\infty}\right) e^{-k_1 t} \cdot e^{-k_1 \Delta} \quad . \tag{7-20b}$$

Durch Einführung von Gl. (7-20a) in Gl. (7-20b) erhält man:

$$E_\lambda(t+\Delta) - E_{\lambda\infty} = \left[E_\lambda(t) - E_{\lambda\infty}\right] \cdot e^{-k_1 \Delta}$$

und nach Umstellung

$$\boxed{E_\lambda(t+\Delta) = \left(1 - e^{-k_1 \Delta}\right) E_{\lambda\infty} + e^{-k_1 \Delta} E_\lambda(t)} \tag{7-30}$$

In Abb. 7-13 ist die Auswertung von Gl. (7-30) für verschiedene Zeitdifferenzen (Δ, Δ', Δ'') dargestellt.

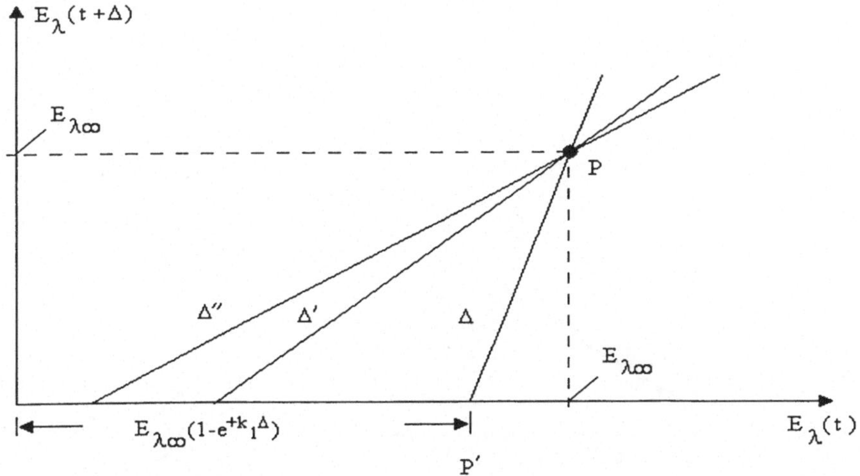

Abb. 7-13 Auswertung der Reaktion A → Produkte nach Kézdy und Swinbourne für verschiedene Zeitdifferenzen (Δ, Δ', Δ'').

Wie man sieht, ist die Steigung der Geraden vom gewählten Wert Δ abhängig, der in der Größenordnung der Halbwertszeit liegen sollte (s. Kap. 7.1.1). Die für verschiedene Δ-Werte konstruierten Geraden schneiden sich in einem Punkt *P*, dessen y,x-Koordinaten den Wert

$$P\left(E_{\lambda\infty} \ , \ E_{\lambda\infty}\right) \tag{7-31a}$$

haben. Für den Punkt P', wo die Gerade die Abszisse schneidet, gilt

$$P'\left(0 \quad , \quad E_{\lambda\infty}\left[1-e^{+k_1\Delta}\right]\right) \quad . \tag{7-31b}$$

Wenn die Reaktion nur bei einem Δ-Wert ausgewertet wird, kann k_1 über die Steigung der Geraden und $E_{\lambda\infty}$ über P' berechnet werden. Es empfiehlt sich, die Auswertung für verschiedene Δ -Werte durchzuführen. Damit kann geprüft werden, ob die so erhaltenen k_1- und $E_{\lambda\infty}$-Werte in sich konsistent sind. Wenn dann auch noch die bei den verschiedenen Wellenlängen ermittelten k_1-Werte übereinstimmen, ist dies eine Bestätigung für den angenommenen Mechanismus A → Produkte, denn Hypothese und Experiment stehen dann nicht im Widerspruch. Als Beispiele der Auswertung dienen die im Kap. 7.1.1 behandelten Reaktionen.

1. Meßbeispiel (Dunkelreaktion)

Die Auswertung der PPDA-Spontanhydrolyse (7-26) nach der Methode von Kézdy et al. und Swinbourne ist in Abb. 7-14 dargestellt. Die für verschiedene Wellenlängen konstruierten Geraden sind streng linear. In Tabelle 7-6 sind die für verschiedene Δ-Werte ermittelten k_1- und $E_{\lambda\infty}$-Werte dargestellt. Die k_1-Werte stimmen gut überein, ebenso trifft dies für die berechneten und experimentell ermittelten $E_{\lambda\infty}$-Werte zu.

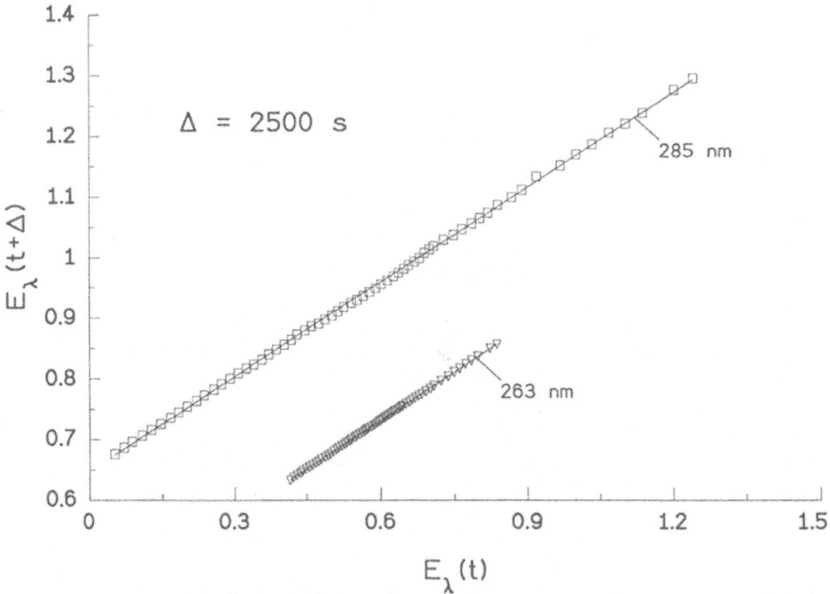

Abb. 7-14 Auswertung der PPDA-Spontanhydrolyse (0,1 M Carbonat-Puffer pH = 10,0; 30°C) nach Kézdy et al. und Swinbourne (Δ = 2500 s).

Tabelle 7-6 Auswertung der Spontanhydrolyse von PPDA (a_o = 9,92 · 10^{-4}M; 0,1 M Carbonat-Puffer pH = 10,0; 30 °C) nach Kézdy et al. und Swinbourne (s. Gl. (7-30)).

λ [nm]	Δ [s]	$k_1 \cdot 10^{+4}$ [s^{-1}]	$E_{\lambda\infty}$ (berechnet)	$E_{\lambda\infty}$ (experim.)
	2500	2,62	1,346	
285	3500	2,59	1,353	1,347
	4500	2,62	1,350	
	2500	2,55	1,416	
273	3500	2,55	1,416	1,407
	4500	2,56	1,414	
	2500	2,54	0,878	
263	3500	2,56	0,877	0,876
	4500	2,55	0,878	

2. Meßbeispiel (Dunkelreaktion)

Die Auswertung der Spontanhydrolyse des Herbizids Dinosebacetat (s. Gl. (2-13)) bei pH = 9,50 ist in der Tabelle 7-7 für verschiedene Δ-Werte dargestellt. Wie man sieht, schwanken die k_1-Werte ähnlich wie in Tabelle 7-3 um 2-3 %.

Tabelle 7-7 Auswertung der Spontanhydrolyse von Dinosebacetat (0,1 M Carbonatpuffer pH = 9,50, 25 °C) nach Kézdy et al. und Swinbourne (s. Gl. (7-30)).

λ [nm]	Δ [s]	$k_1 \cdot 10^{+4}$ [s^{-1}]	$E_{\lambda\infty}$ (berechnet)	$E_{\lambda\infty}$ (experim.)
	1000	5,13	1,333	
420	1500	5,13	1,333	1,345
	2000	5,08	1,336	
	1000	5,01	1,577	
390	1500	5,02	1,577	1,588
	2000	4,99	1,579	
	1000	5,03	1,735	
380	1500	5,01	1,738	1,752
	2000	4,96	1,742	
	1000	5,04	1,704	
370	1500	5,02	1,706	1,723
	2000	4,97	1,711	

3. Meßbeispiel (Photoreaktion)

Die Auswertung der Photoreaktion von 1,5-Dichloranthrachinon (s. Gl. (7-28)) im neutralem Methanol kann nach Kézdy et al. und Swinbourne mit Hilfe der folgenden Gleichung durchgeführt werden (vgl. Gl. (7-30)):

$$E_\lambda(\Theta+\Delta) = \left(1 - e^{-k_1\Delta}\right) E_{\lambda\infty} + e^{-k_1\Delta} E_\lambda(\Theta) \quad \text{mit} \quad k_1 = I_0 \varepsilon'_A \varphi^A$$

Die Auswertung nach dieser Gleichung ist in Abb. 7-15 dargestellt. Aus der Steigung der Geraden kann k_1 bestimmt werden und über Gl. (7-6) die Quantenausbeute φ^A. Geht man so vor, erhält man für φ^A (mit $I_0 = 1{,}23 \cdot 10^{-9}$ Einheiten/(s $\cdot$cm^2); $\varepsilon'_A = 2\,256\,200$ cm^2/mol bei $\lambda' = 313$ nm und $\Delta = 700 \cdot 10^3$ s):

$\varphi^A =$ 0,26 (313 nm)

$\varphi^A =$ 0,29 (390 nm)

Diese Werte stimmen mit denen in der Tabelle 7-5 angegebenen überein.

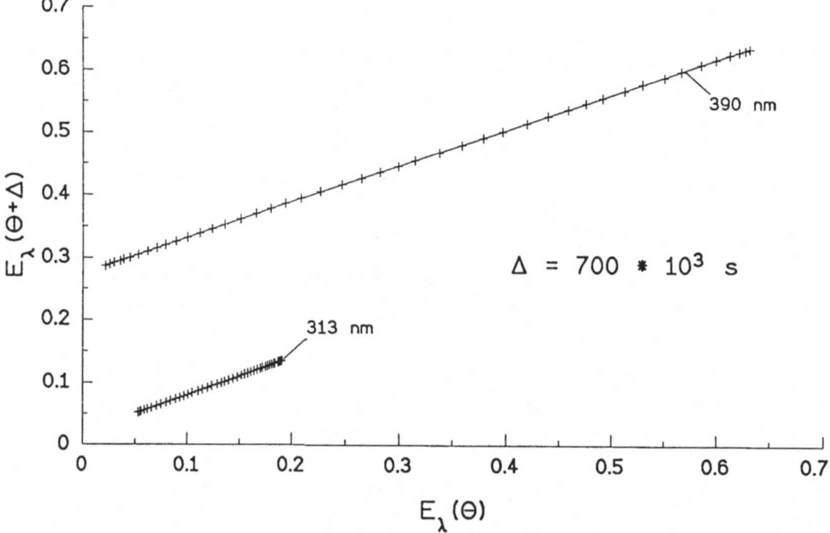

Abb. 7-15 Auswertung der Photoreduktion von 1,5-Dichloranthrachinon in neutralem Methanol ($\lambda' = 313$ nm; $I_0 = 1{,}23 \cdot 10^{-9}$ Einstein /(s $\cdot$ cm^2); $a_0 = 8{,}51 \cdot 10^{-5}$ M) nach Kézdy und Swinbourne (vgl. Gl. (7-30); $\Delta = 700 \cdot 10^3$ s).

7.1.3 Die Methode der „Formalen Integration“: Auswertung nach Mauser

Eine dritte Möglichkeit, die Reaktion **A → Produkte** auszuwerten, stellt die von Mauser entwickelte Methode der „**Formalen Integration**“ dar [Mauser 1964; Mauser 1974; Mauser, Hezel 1971]. Um diese in der Praxis besonders bewährte Methode darzustellen, wird von der Extinktions-Differentialgleichung ausgegangen:

$$\dot{E}_\lambda = k_1 (E_{\lambda\infty} - E_\lambda) \tag{7-14}$$

Durch Multiplikation mit dt erhält man hieraus:

$$\mathrm{d}E_\lambda = k_1 E_{\lambda\infty} \cdot \mathrm{d}t - k_1 E_\lambda \cdot \mathrm{d}t$$

Integriert man diese Gleichung „formal" zwischen den Grenzen $t = 0$ und t, folgt hieraus:

$$\int_0^t \mathrm{d}E_\lambda = k_1 E_{\lambda\infty} \int_0^t \mathrm{d}t - k_1 \int_0^t E_\lambda \cdot \mathrm{d}t$$

oder

$$\Delta E_\lambda := E_\lambda(t) - E_\lambda(t=0) = k_1 E_{\lambda\infty} \cdot t - k_1 \int_0^t E_\lambda \,\mathrm{d}t \quad .$$

Die Division durch die Zeit t führt zu:

$$\frac{\Delta E_\lambda}{t} = k_1 E_{\lambda\infty} - k_1 \frac{\int_0^t E_\lambda \,\mathrm{d}t}{t} \qquad \text{(7-32a)}$$

Zu einem ähnlichen Ergebnis kommt man, wenn man die Integrationsgrenzen t und $(t + \Delta t)$ einführt:

$$\frac{\Delta E_\lambda}{\Delta t} = \frac{E_\lambda(t+\Delta t) - E_\lambda(t)}{\Delta t} = k_1 E_{\lambda\infty} - k_1 \frac{\int_t^{t+\Delta t} E_\lambda \,\mathrm{d}t}{\Delta t} \qquad \text{(7-32b)}$$

$$\mathrm{y} = \mathrm{a} \quad + \quad \mathrm{b} \cdot \mathrm{x}$$

Das Verfahren, das zu den Glgn. (7-32a)- (7-33b) führt, wird als „Methode der formalen Integration" bezeichnet. Bei diesem Verfahren werden weder äquidistante Extinktionen noch $E_{\lambda\infty}$ benötigt. Die wellenlängenunabhängigen Steigungen der Geraden, die zu den x,y- Diagrammen der Glgn. (7-32a) - (7-33b) gehören, liefern direkt k_1. Über die Ordinatenabschnitte kann $E_{\lambda\infty}$ ebenfalls sehr genau bestimmt werden. Diesen Vorteilen steht der größere numerische Aufwand bei der Auswertung gegenüber.

Das Integral

$$\int_t^{t+\Delta t} E_\lambda \,\mathrm{d}t$$

muß numerisch bestimmt werden. Dazu stehen zahlreiche mathematische Routineverfahren zur Verfügung. – Das Integral gibt die entsprechende Fläche unter der Extinktions-Zeit-Kurve im betrachteten Zeitintervall an. Für die Auswertung können verschiedene Einzelintegrale in Abhängigkeit vom gewählten Zeitintervall Δt aufgestellt und nach Gl. (7-32b) ausgewertet werden (s. Abb. 7-16). Die Bestimmung der Einzelintegrale zwischen je zwei aufeinanderfolgenden Meßpunkten ist wenig sinnvoll, wenn die Meßpunkte relativ eng beieinanderliegen, da sonst die Punkte im x,y-Diagramm der Gl. (7-32b) zu stark streuen. Sehr gut hat sich das Aufsummieren der Einzelintegrale, ausgehend vom 1. Meßpunkt mit größer werdendem Zeitintervall Δt bewährt (s. Abb. 7-16: a)).

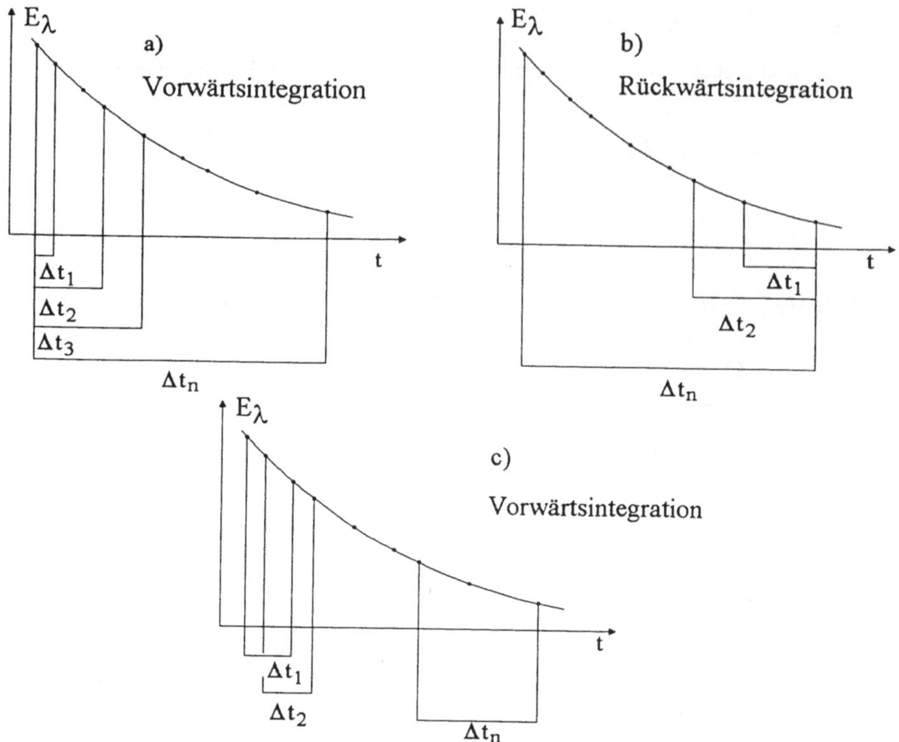

Abb. 7-16: Verschiedene Möglichkeiten der Aufsummierung von Einzelintegralen [Lachmann 1982].

Analog zu dieser **„Vorwärtsintegration"** kann auch die **„Rückwärtsintegration"** durchgeführt werden, wenn nicht vom ersten, sondern vom letzten Meßpunkt vorgegangen wird (s. Abb. 7-16: b)).

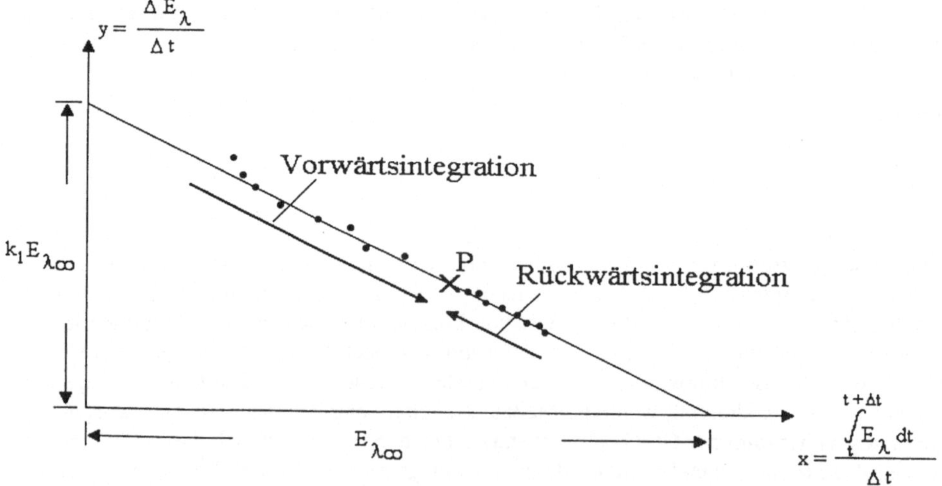

Abb. 7-17 Formale Integration: x,y-Diagramm der Gl. (7-32b) (Vorwärts- und Rückwärtsintegration).

Beide Auswertungsvarianten führen im x,y-Diagramm der Gl. (7-32b) zu zwei Teilstücken derselben Geraden (s. Abb. 7-17). Da die Gesamtsumme bei der Vorwärts- und Rückwärtsintegration gleich ist, gehört der Punkt P beiden Teilstrecken an. Beide Auswertungsvarianten sollten dann gemeinsam durchgeführt werden, wenn die Auswertungspunkte im x,y-Diagramm nur auf einem kleinen Streckenabschnitt liegen und die Richtung der Ausgleichsgeraden (und damit k_1) nicht sehr genau bestimmt werden kann [Lachmann 1973].

Bei einer weiteren, ebenfalls bewährten Methode integriert man z.B. zwischen drei oder mehreren Meßpunkten (s. Abb. 7-16: c)):

Integration von t_i bis t_{i+3} mit $i = 1,2...(m\text{-}3)$,

wobei m die gesamte Anzahl der Meßpunkte bedeutet. Ebenso kann vorteilhaft die Integration zwischen 5, 7 und 9 Meßpunkten durchgeführt werden. Die optimale Anzahl hängt von der 'Dichte' der Meßpunkte ab. Je kleiner diese Dichte ist, umso größer sollte die Anzahl der Meßpunkte sein, um nicht zu kleine Flächen zu erhalten. Um sicher zu gehen, daß das Ergebnis von der gewählten 'Schrittweite' unabhängig ist, werden am besten verschiedene Intervalle Δt_i getestet. Oft ist jedoch das Ergebnis von dieser Vorgehensweise unabhängig, wie sich gezeigt hat. Dies trifft auch für die Ergebnisse zu, die durch Vorwärts- und Rückwärtsintegration erzielt werden [Lachmann 1973, Lachmann 1982].

Für die **numerische Flächenbestimmung** sind verschiedene Verfahren entwickelt worden. Wenn die (nicht-äquidistanten) Meßpunkte dicht genug liegen, kann die Integration mit Hilfe der „**Trapezregel**" [Zurmühl 1965; Niemann 1972] einfach durchgeführt werden. Die Fläche I_n zwischen den Meßpunkten P_n und P_{n+1} kann dann wie folgt berechnet werden:

$$I_n = (E_{\lambda,n+1} + E_{\lambda n})\,(t_{n+1} - t_n)/2 \qquad (7\text{-}33)$$

wobei $E_{\lambda n}$ und $E_{\lambda,n+1}$ die Extinktionen der Punkte P_n und P_{n+1} bedeuten und t_n und t_{n+1} die dazugehörigen Meßzeiten. I_n weicht umso mehr vom wahren Integral $\int_n^{n+1} E_\lambda \mathrm{d}t$ ab, je geringer die Dichte der Meßwerte ist und je stärker die E_λ,t-Kurve gekrümmt ist. Um den durch die Trapezintegration entstandenen Fehler zu kompensieren, wird die Krümmung der Kurve mit Hilfe einer Ausgleichsparabel berücksichtigt. Dazu werden am besten durch 7 Stützpunkte P_{n-2}, ..., P_{n+4} (in der Abb. 7-18: $P_5, P_6 ... P_{11}$) eine Parabel gelegt und die Koeffizienten α_1, α_2 und α_3, die diese Parabel entsprechend der Funktion

$$E_\lambda = \alpha_1 + \alpha_2 \cdot t + \alpha_3 \cdot t^2 \qquad (7\text{-}34)$$

beschrieben, mit der 'Methode der kleinsten Fehlerquadrate' berechnet. Mit Hilfe von α_3 kann dann die **Sehnenbogenfläche** (C_n) berechnet werden, die in der Abb. 7-18 als schraffierte Fläche (C_7) dargestellt ist (C_7 wird hier von der Strecke $\overline{Q_7\,Q_8}$ und der Ausgleichsparabel begrenzt; dabei sind Q_7 und Q_8 die „korrigierten" Meßpunkte P_7 und P_8, die auf der Ausgleichsparabel liegen). Für C_n gilt [Niemann, Mauser 1972]:

$$C_n = \frac{\alpha_3}{2}\left(\frac{t_n^3 - t_{n+1}^3}{3} + t_n \cdot t_{n+2}^2 - t_n^2 \cdot t_{n+1}\right) \qquad (7\text{-}35)$$

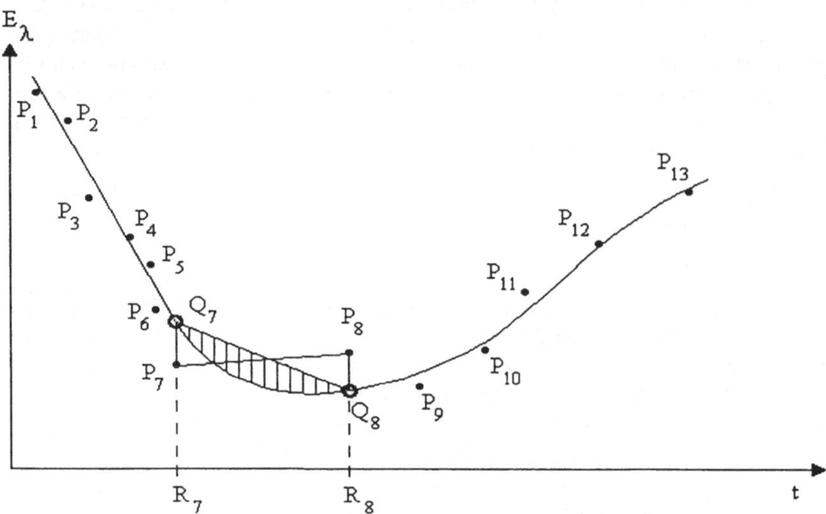

Abb. 7-18 Korrigierte Trapezintegration. Zur Korrektur der Kurvenfläche zwischen P_7 und P_8 wird die Korrekturfläche C_7 (Sehnenbogenfläche) entweder zur Trapezfläche (Q_7 R_7 Q_8 R_8) addiert oder von ihr subtrahiert [Mauser 1974; Niemann 1972].

Je nach dem Vorzeichen von α_3 ist C_n positiv oder negativ. Durch Addition von I_n und C_n kann die gesuchte Fläche bestimmt werden:

$$\int_n^{n+1} E_\lambda \cdot \mathrm{d}t \approx I_n + C_n \qquad (7\text{-}36a)$$

Mit Gleichung (7-34) kann die Kurvenfläche auch direkt oder nach der bekannten ′Methode von Simpson-Lagrange′ berechnet werden. Jedoch liefern diese Verfahren schlechtere Ergebnisse, so daß die hier beschriebene Methode besonders zu empfehlen ist.

Wenn anstelle von Dunkelreaktionen quasilineare Photoreaktionen analysiert werden sollen, ist die Zeit t durch die ′transformierte Zeit Θ′ zu ersetzen, so daß anstelle von Gl. (7-36a) gilt:

$$\int_n^{n+1} E_\lambda \cdot \mathrm{d}\Theta \approx I_n + C_n \qquad (7\text{-}36b)$$

Auch wenn die beschriebene Methode der formalen Integration kompliziert und auf den ersten Blick sehr aufwendig erscheinen mag, hat sie sich doch bestens bewährt. Ihr großer Vorteil wird spätestens dann ersichtlich, wenn kompliziertere Reaktionsmechanismen kinetisch analysiert werden. Für die Berechnung von Kurvenintegralen existieren heute zahlreiche Routineprogramme, die auf jedem modernen Computer laufen. Besonders zu empfehlen ist hier das Programm KINALYSE, das bereits 1972 von H. J. Niemann im Rahmen seiner Dissertation entwickelt wurde und dessen Quellencode dort vollständig abgedruckt ist. Mit diesem Programm können auch komplizierte Reaktionssysteme spektroskopisch-kinetisch analysiert werden [Niemann 1972; Niemann, Mauser 1972]. Weitere Programme wurden von Perkampus und Kaufmann entwickelt, die auf Diskette erhältlich sind [Perkampus, Kaufmann 1991].

1. Meßbeispiel (Dunkelreaktion)

Die graphische Auswertung der Spontanhydrolyse von PPDA (s. Gl. (7-26)) nach Gl. (7-32a) ist in Abb. 7-19 dargestellt. Da die Steigung der Geraden wellenlängenunabhängig ist, wird eine Schar von Parallelen erhalten. Die ermittelten k_1- und $E_{\lambda\infty}$-Werte sind in Tabelle 7-8 zusammengefaßt, deren Ergebnisse mit denen von den Tabellen 7-2 und 7-6 gut übereinstimmen.

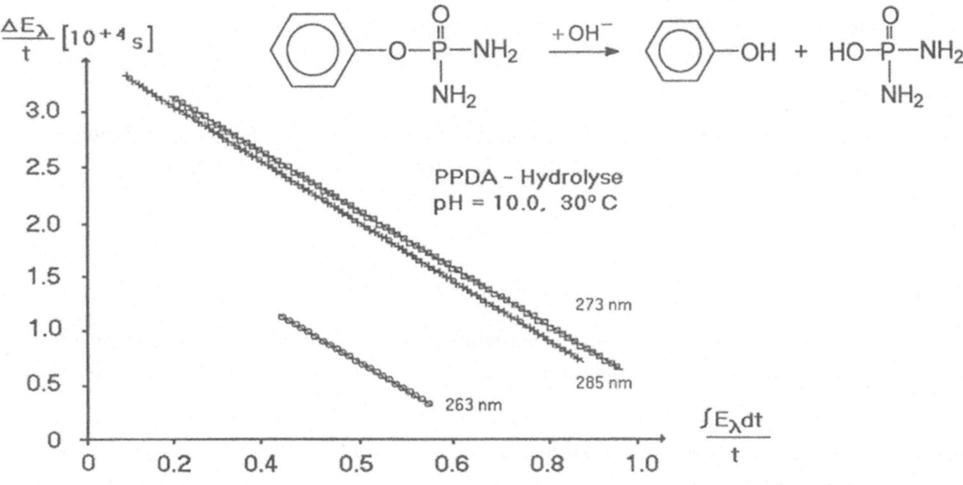

Abb. 7-19 Auswertung der PPDA-Spontanhydrolyse durch formale Integration (0,1 M Carbonatpuffer pH = 10,0; 30°C) nach Mauser (s. Gl. (7-32a)).

Tabelle 7-8 PPDA-Spontanhydrolyse (0,1 M Carbonat-Puffer pH = 10,0; 30 °C): Bestimmung von k_1 und $E_{\lambda\infty}$ durch formale Integration nach Mauser, s. Gl. (7-32a).

λ [nm]	$k_1 \cdot 10^{+4}$ [s^{-1}]	$E_{\lambda\infty}$ (berechnet)	$E_{\lambda\infty}$ (experim.)
285	2,59	1,352	1,347
273	2,55	1,415	1,407
263	2,55	0,877	0,876

2. Meßbeispiel (Dunkelreaktion)

Die Ergebnisse der Auswertung der Spontanhydrolyse von Dinosebacetat (s. Gl. (2-13)) durch formale Integration nach Gl. (7-32a) sind in der Tabelle 7-9 zusammengefaßt. Im Vergleich zu den Tabelle 7-3 und 7-7 sind die Ergebnisse hier konsistenter und die Schwankungen kleiner. Man erkennt nun deutlich den Vorteil der Methode der formalen Integration: Sie benötigt keine äquidistanten Meßdaten und ist unabhängig von der Größe Δ.

Tabelle 7-9 Spontanhydrolyse von Dinosebacetat (0,1 M Carbonat-Puffer pH = 9,50; 25 °C): Bestimmung von k_1 und $E_{\lambda\infty}$ durch formale Integration nach H. Mauser (s. Gl. (7-32a)).

λ [nm]	$k_1 \cdot 10^{+4}[s^{-1}]$	$E_{\lambda\infty}$ (berechnet)	$E_{\lambda\infty}$ (experim.)
420	4,90	1,345	1,345
390	4,82	1,589	1,588
380	4,81	1,752	1,752
370	4,80	1,724	1,723

3. Meßbeispiel (Photoreaktion)

Die Ausgangsgleichung für die Auswertung der Photoreduktion von 1,5-Dichloranthrachinon in neutralem Methanol (s. Gl. (7-28)) stellt die zur Gl. (7-32a) analoge Beziehung dar:

$$\frac{\Delta E_\lambda}{\Theta} = k_1 E_{\lambda\infty} - k_1 \frac{\int_0^\Theta E_\lambda \cdot d\Theta}{\Theta} \qquad \text{mit} \qquad k_1 = I_0 \varepsilon'_A \varphi^A$$

Die durch formale Integration erhaltenen Diagramme sind in der Abb. 7-20 dargestellt. Die aus den Parallelen berechneten Quantenausbeuten und $E_{\lambda\infty}$-Werte sind in der Tabelle 7-10 angegeben.

Tabelle 7-10 Photoreduktion von 1,5-Dichloranthrachinon: Bestimmung von φ^A und $E_{\lambda\infty}$ durch formale Integration nach Mauser.

λ [nm]	φ^A	$E_{\lambda\infty}$ (berechnet)	$E_{\lambda\infty}$ (experim.)
313	0,26	0,051	0,051
390	0,29	0,639	0,638

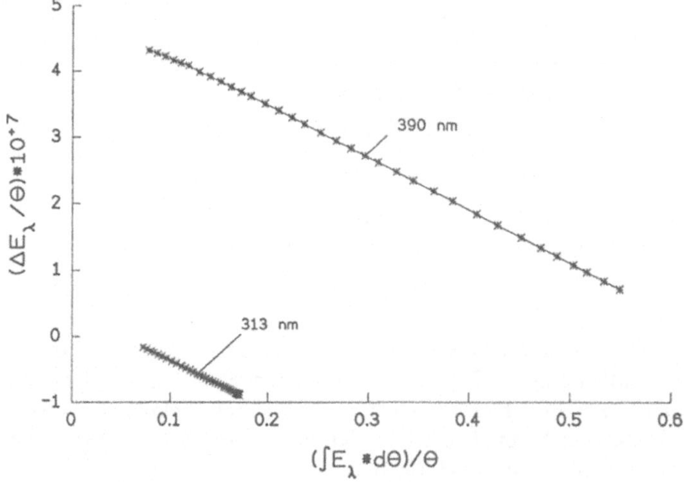

Abb. 7-20 Auswertung der Photoreduktion von 1,5-Dichloranthrachinon in neutralem Methanol durch formale Integration (vgl. Gl. (7-32a)).

Die Photoreduktion einer Reihe weiterer substituierter Anthrachinone wurde in neutralem Methanol untersucht. Die durch formale Integration erhaltenen partiellen Quantenausbeuten sind in der Tabelle 7-11 dargestellt.

Tabelle 7-11 Partielle Quantenausbeuten substituierter Anthrachinone (Photoreduktion in neutralem Methanol) [Starrock 1974].

Anthrachinon-Derivat	1 - Chlor - anthrachinon	2 - Chlor - anthrachinon	2 - Methyl anthrachinon	2,3 - Dimethyl - anthrachinon	2 - Carbonsäure - anthrachinon
φ^A	0,22	0,72	0,66	0,53	0,50

7.1.4 Vergleich der verschiedenen Auswertungsverfahren

Die Erfahrung zeigt, daß die Methode der **formalen Integration** nach Mauser besonders empfindlich ist und Abweichungen vom postulierten Reaktionsmechanismus mit hoher Signifikanz erkannt werden können. Dabei sollten in besonders kritischen Fällen sowohl die Methode der Vorwärts- als auch der Rückwärtsintegration herangezogen werden: Der postulierte Reaktionsmechanismus steht nur dann nicht im Widerspruch zu den Meßdaten, wenn beide Methoden im x,y-Diagramm zu Punkten führen, die „exakt" auf derselben Geraden liegen. Äquidistante Meßdaten sind hier nicht nötig. Durch Vergleich der berechneten und experimentell ermittelten $E_{\lambda\infty}$-Werten ist eine zusätzliche Konsistenzprüfung möglich. – Da das Verfahren eine Integralmethode darstellt, werden „verrauschte" Meßdaten geglättet, was von Vorteil bei Meßdaten mit weniger guten Signal-Rausch-Verhältnissen ist. Die Fehlerfortpflanzung ist bei dieser Methode zwar schwer abzuschätzen, trotzdem kann die Methode besonders empfohlen werden.

Das Auswertungsverfahren nach Kézdy et al. und Swinbourne ist ebenfalls empfehlenswert, auch wenn 'falsche Mechanismen' mit geringerer Signifikanz als bei der formalen Integration erkannt werden. Die konstante (transformierte) Zeitdifferenz Δ sollte zwischen der halben und doppelten Halbwertszeit liegen. Die Endphase der Reaktion (ab 90-95% Umsatz) sollte für die Auswertung nicht herangezogen werden. Wie bei der formalen Integration kann $E_{\lambda\infty}$ berechnet werden. Für eine optimale Auswertung ist es notwendig, die Zeitdifferenz Δ zu variieren. Der Rechenaufwand wird dadurch vergleichbar mit dem der Methode der formalen Integration.

Die Auswertung nach Guggenheim zeigt gegenüber 'falschen' Mechanismen die geringste Signifikanz. – Die Auswertung nach Gl. (7-18b) ist besonders kritisch und setzt die genaue Kenntnis von $E_{\lambda\infty}$ voraus: Ist $E_{\lambda\infty}$ um ca. ±5-10% falsch, wird zwar noch ein guter linearer Graph erhalten, aber die Geschwindigkeitskonstanten sind völlig falsch. Durch die logarithmische Darstellung wird eine nicht vorhandene Genauigkeit und Signifikanz vorgetäuscht [Lachmann 1982].

Generell ist zu empfehlen, die Auswertung bei möglichst vielen Wellenlängen auszuführen („**Mehrwellenlängenanalyse**"), auch wenn in der Literatur meistens nur **eine** Wellenlänge ausgewertet wird. Dadurch ist eine weitere Überprüfung der Konsistenz zwischen Hypothese und Experiment möglich. Stör- und Nebenreaktionen können so mit großer Sicherheit erkannt werden. Durch die Konstruktion von E-Diagrammen kann zusätzlich geprüft werden, ob der Rang der Extinktionsmatrix eins ist.

7.2 Reaktionen pseudo 1. Ordnung (Dunkelreaktionen)

Nach Kap. 6.3 werden Reaktionen, die in den E- oder ED-Diagrammen für alle untersuchten Wellenlängenkombinationen zu Geraden führen, als **spektroskopisch-einheitliche Reaktionen** bezeichnet. Beispiele dafür sind die im Kap. 7.1 behandelten Reaktionen 1. Ordnung vom Typ

$$A \rightarrow \text{Produkte} \tag{7-1c}$$

Die Extinktionsdifferentialgleichung für diese Reaktion lautet

$$\dot{E}_\lambda = k_1 (E_{\lambda\infty} - E_\lambda) \tag{7-14}$$

In den nachfolgenden Kapiteln wird gezeigt, daß diese Beziehung auch für die spektroskopisch-einheitlichen Reaktionen vom Typ $A + [C] \xrightarrow{\Delta} \text{Produkte}$, $A \rightleftarrows B$ oder $A \rightarrow B$, $A \rightarrow C$ gilt.

Bei **Dunkelreaktionen** findet man oft, daß ein Stoff A mit einem Stoff C reagiert, der im Vergleich zu A in sehr viel höherer Konzentration im Reaktionsgemisch vorliegt. Demnach ändert sich zwar die Konzentration von A in Abhängigkeit von der Zeit, jedoch praktisch nicht die von C, auch wenn die Reaktion bimolekular abläuft (s. Kap. 3.1). Solche Reaktionen lassen sich formal wie Reaktionen 1. Ordnung beschreiben. Da jedoch ein zweiter Stoff für die Reaktion notwendig ist, werden solche Reaktionen als **Reaktionen pseudo erster Ordnung** bezeichnet und wie folgt dargestellt:

$$A + [C] \xrightarrow{\Delta} B \tag{7-37}$$

Dabei soll [C] angeben, daß die Einwaagekonzentration von C sehr viel größer ist als die von A ($c_0 >> a_0$).

Für die Reaktion $A \xrightarrow{k_1} B$ gilt

$$\dot{X}_1 = k_1 a$$

und für die Reaktion $A + C \xrightarrow{k_1} \text{Produkte}$

$$\dot{X}_1 = k_1 a \cdot c$$

Da hier aber $c_0 >> a_0$ ist, gilt in guter Näherung

$$c \approx c_0, \tag{7-38}$$

so daß aus Gl. (3-3b) folgt:

$$\dot{X}_1 = (k_1 c_0) a = k_1' a \tag{7-39}$$

k_1' hat die Dimension [s^{-1}] und k_1 die Dimension $\left[M^{-1} s^{-1}\right]$. k_1' wird als **Geschwindigkeitskonstante pseudo 1. Ordnung** bezeichnet, sie ist eine Funktion von c_0. Für spektroskopisch-einheitliche Reaktionen gilt nach Gl. (6-28):

$$\Delta E_\lambda = E_\lambda - E_{\lambda 0} = Q_{\lambda 1} X_1$$

Zur Zeit $t = 0$ ist $E_\lambda = E_{\lambda 0}$. Nach dem Lambert-Beer-Bouguerschen Gesetz gilt für $E_{\lambda 0}$:

$$E_{\lambda 0} = \ell(\varepsilon_{\lambda A} a_0 + \varepsilon_{\lambda C} c_0)$$

Zur Zeit $t \rightarrow \infty$ ist $X_1 (t \rightarrow \infty) = X_{1\infty} = a_0$. Damit folgt für $E_{\lambda\infty}$:

$$\begin{aligned} E_{\lambda\infty} &= E_{\lambda 0} + Q_{\lambda 1} X_{1\infty} = \\ &\ell(\varepsilon_{\lambda A} a_0 + \varepsilon_{\lambda C} c_0) + \ell(\varepsilon_{\lambda B} - \varepsilon_{\lambda A}) a_0 = \\ &\ell(\varepsilon_{\lambda B} a_0 + \varepsilon_{\lambda C} c_0) \end{aligned}$$

Da $\dot{E}_\lambda = Q_{\lambda 1} \dot{X}_1$ ist, folgt mit Gl. (7-39):

$$\dot{E}_\lambda = k_1' Q_{\lambda 1} a \tag{7-40}$$

Diese Beziehung ist formal mit Gl. (7-13) identisch, so daß hier anstelle von Gl. (7-14) gilt:

$$\dot{E}_\lambda = k_1' (E_{\lambda\infty} - E_\lambda) \tag{7-41}$$

Die Dunkelreaktion $A + [C] \xrightarrow{k_1} B$ kann also formal in dergleichen Weise ausgewertet werden wie die Reaktion $A \xrightarrow{k_1} B$ oder $A \xrightarrow{k_1}$ Produkte. So gilt z.B. analog zur Gl. (7-32a) die Beziehung:

$$\frac{\Delta E_\lambda}{t} = k_1' E_{\lambda\infty} - k_1' \frac{\int_0^t E_\lambda \, \mathrm{d}t}{t} \tag{7-42}$$

1. Meßbeispiel

Der Mechanismus der Acylübertragung von Thioestern auf Amino- und Imidazolgruppen ist von biochemischem Interesse. So können z.B. bei Acyltransferasen (E.C. 2.3., E.C. = Enzym-Code) wie der Acetyl-CoA: Glycin-N-acyltransferase (E.C. 2.3.1.13) Acylgruppen auf Aminogruppen transferiert werden. Bei Hydrolasen wie Papain, die im aktiven Zentrum SH- und Imidazolgruppen haben, wird eine „kooperative Cys-His-Katalyse“ angenommen, die sich auf biochemische Modellreaktionen stützt:

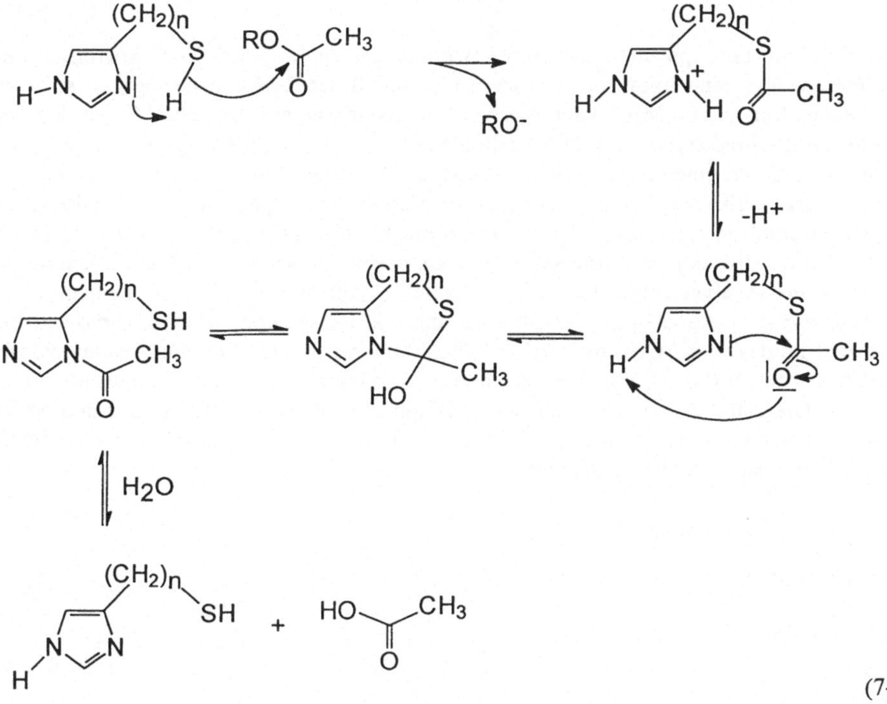

(7-43)

Teilreaktionen dieses Mechanismus können separat spektroskopisch analysiert werden, wenn geeignete Stoffe eingesetzt werden, die im VIS- oder UV-Bereich absorbieren. So kann z.B. die imidazolkatalysierte Thioesterspaltung durch Imidazolyse von 4'-Mercapto-acetanilid-acetat (**MAA**) im UV-Bereich kinetisch studiert werden [Wenck, Polster 1973; Polster 1971]:

MAA

N-Acetyl-imidazol

H_2O

CH_3-COOH

Imidazol

(7-44)

Die Reaktion läuft unter physiologischen pH-Bedingungen (pH = 7,5; 0,13 M Soerensen-Phosphatpuffer) nur ab, wenn Imidazol in großem Überschuß der Reaktionslösung zugesetzt wird (die Spontanhydrolyse von MAA kann hier vernachlässigt werden). In Abb. 7-21 ist das Reaktionsspektrum der Imidazolyse von MAA ([Imidazol] = $2 \cdot 10^{-3}$M; [MAA] = $6 \cdot 10^{-5}$M) dargestellt, das bei 268 nm einen isosbestischen Punkt zeigt. Ausgewählte E-Diagramme sind in der Abb. 7-22 dargestellt. Die beiden ansteigenden Kurven sind linear, die abfallenden jedoch schwach gekrümmt. Hieraus folgt, daß die Gesamtreaktion nicht durch den Mechanismus A + [C] $\rightarrow$ Produkte vollständig beschrieben werden kann, sondern grundsätzlich komplizierter sein muß. Die nähere Analyse zeigt, daß im UV-Bereich > 270 nm nur die erste Teilreaktion der MAA-Imidazolyse spektroskopisch erfaßt wird, d.h. die Umsetzung zu 4'-Mercapto-acetanilid und N-acetyl-imidazol (NACI). Im Bereich 230-270 nm wird zusätzlich die Spontanhydrolyse von NACI beobachtet (NACI besitzt ein Absorptionsmaximum bei 245 nm). Daraus erklärt sich, daß in den E-Diagrammen bei Wellenlängen > 270 nm Geraden beobachtet werden und bei kleineren Wellenlängen gekrümmte Kurven. Demnach dürfen hier nur die Extinktionen bei Wellenlängen > 270 nm nach dem Mechanismus

$$A + [C] \xrightarrow{k_1} \text{Produkte}$$

ausgewertet werden.

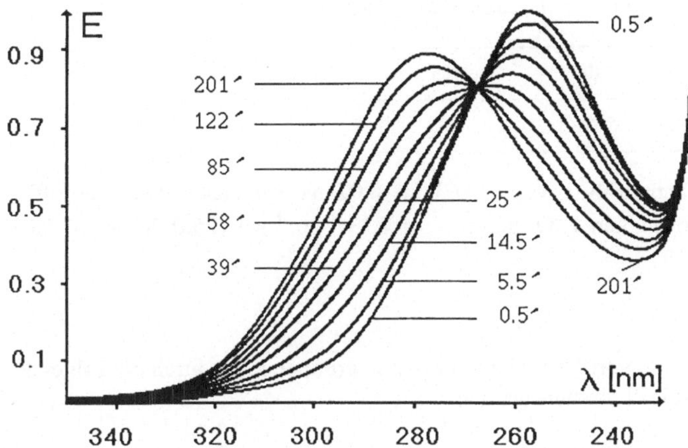

Abb. 7-21 Reaktionsspektren der Imidazol-katalysierten MAA-Hydrolyse (0,13 M Soerensen-Phosphatpuffer pH = 7,50; [MAA] = 6 · 10^{-5} M; [Imidazol] = 2 · 10^{-3} M; 25,0°C).

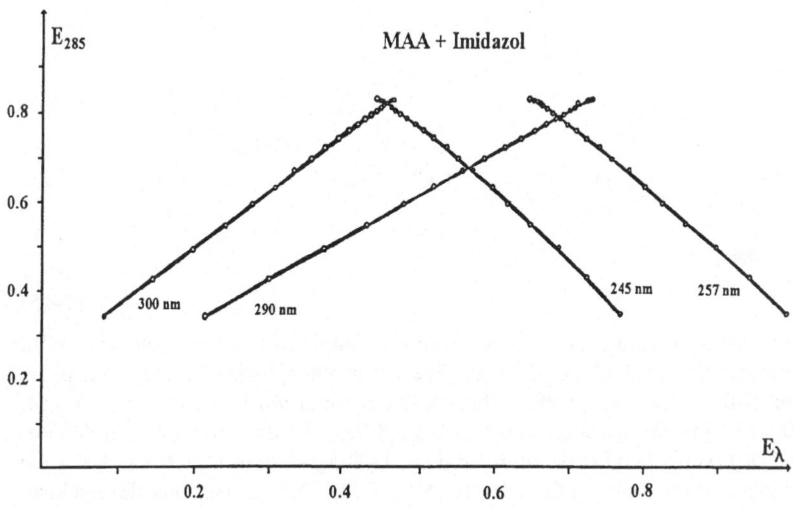

Abb. 7-22 E-Diagramm der Imidazolyse von MAA (s. Abb. (7-21)).

Die Auswertung der Extinktionen bei diesen Wellenlängen nach Gl. (7-42) führt zu den in der Tabelle 7-12 angegebenen Werten. Die Werte weichen nur geringfügig, aber trotzdem signifikant voneinander ab. Offenbar läuft eine weitere Reaktion ab, die sich nur schwach bemerkbar macht. Im Kap. 11 wird gezeigt, daß eine langsame Oxidation des gebildeten Mercaptans zum Disulfid stattfindet, die hier als Störreaktion miterfaßt wird.

Tabelle 7-12 Geschwindigkeitskonstante pseudo 1. Ordnung (k_1') der Imidazolyse von MAA bei pH = 7,50 (0,13 M Soerensen-Phosphatpuffer; 25,0 °C ; [Imidazol] = $2 \cdot 10^{-3}$ M)

λ [nm]	300	290	285
$k_1' \cdot 10^{+4}$ [s^{-1}]	5,56	5,70	5,79

Die getrennt analysierte Spontanhydrolyse von NACI im 0,07 M Soerensen-Phosphatpuffer führt zu der Geschwindigkeitskonstanten 1. Ordnung: $k_1' = 7{,}33 \quad 10^{-4}\ s^{-1}$ (25,0 °C, pH = 8,0) [Lachmann et al. 1971].

2. Meßbeispiel

Die direkte Acylgruppenübertragung von Thioestern auf Aminogruppen kann durch die folgende Modellreaktion analog zum Beispiel 1 studiert werden:

$H_3C-CO-NH-C_6H_4-S-CO-CH_3$ + $H_2N-(CH_2)_3-CH_3$

MAA n-Butylamin

↓

$H_3C-CO-NH-C_6H_4-S^-$ H^+ + $H_3C-CO-NH-(CH_2)_3-CH_3$

MA

(7-45)

Die Reaktion von MAA (4'-Mercapto-acetanilid-acetat) mit n-Butylamin zu Mercapto-acetanilid (MA) und Essigsäure-n-butylamid läuft nur dann im Soerensen-Phosphatpuffer (0,07 M; pH = 7,50; 25 °C) ab, wenn n-Butylamin im großen Überschuß zugesetzt wird ([MAA] = $6 \cdot 10^{-5}$ M; [n-Butylamin] = $2 \cdot 10^{-2}$ M). Da der pK-Wert von MA bei 6,3 liegt, ist das Mercaptan in der Reaktionslösung (pH = 7,50) weitgehend dissoziiert. In den ED-Diagrammen findet man bei allen untersuchten Wellenlängenkombinationen Geraden (s. Abb. 7-23). Die Auswertung der spektroskopisch-einheitlichen Reaktion nach Gl. (7-42) liefert die in der Tabelle 7-13 dargestellten Werte [Wenck, Polster 1973; Polster 1971]. Die mögliche Spontanhydrolyse von MAA ist unter den gewählten Reaktionsbedingungen vernachlässigbar.

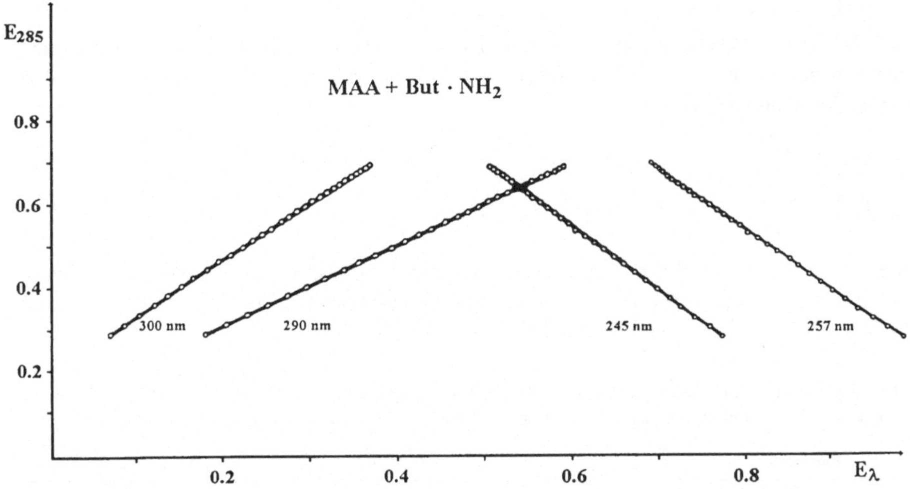

Abb. 7-23 E-Diagramme der Aminolyse von MAA und n-Butylamin (0,07 M Soerensen-Phosphatpuffer pH = 7,50; [MAA] = $6 \cdot 10^{-5}$ M; [n-Butylamin] = $2 \cdot 10^{-2}$ M; 25,0°C).

Tabelle 7-13 Geschwindigkeitskonstante pseudo erster Ordnung (k_1') der Aminolyse von MAA mit n-Butylamin (0,07 M Soerensen-Puffer; pH = 7,50; 25,0 °C; [n-Butylamin] = $2 \cdot 10^{-2}$M)

λ [nm]	300	290	285	257	245
$k_1' \cdot 10^{+4}$ [s^{-1}]	1,56	1,61	1,61	1,57	1,61

Es ist interessant, die Beispiele 1 und 2 miteinander zu vergleichen. Wenn man annimmt, daß nur das deprotonierte Imidazol bzw. n-Butylamin mit dem Thioester reagieren, folgt aus den Säureexponenten der beiden Substanzen

$$pK_{Imidazol} = 7{,}0 \quad \text{und} \quad pK_{n\text{-}Butylamin} = 10{,}59 \ ,$$

daß n-Butylamin eine stärkere Base ist als Imidazol. Aus diesen Werten kann nach der Henderson-Hasselbalchschen Beziehung (A^- = deprotonierte Säure, HA = protonierte Form)

$$pH = pK + \log \frac{[A^-]}{[HA]}$$

und der Beziehung (α = Dissoziationsgrad)

$$\frac{[A^-]}{[HA]} = \frac{\alpha}{1-\alpha}$$

der Dissoziationsgrad des betreffenden Protolyten (Imidazol, n-Butylamin) bei pH = 7,50 berechnet werden. Man erhält so die Werte

$$\alpha_{Imidazol} = 0{,}76 \quad \text{und} \quad \alpha_{n\text{-}Butylamin} = 8{,}1 \cdot 10^{-4} \ .$$

Da nach Gl. (7-39) die Beziehung gilt

$$k_1' = k_1 c_0 \quad ,$$

kann k_1 aus k_1' und c_0 berechnet werden, wobei c_0 allerdings die Summe der Konzentrationen von A^- und HA angibt. Wenn jedoch k_1 auf die Konzentration von A^- bezogen werden soll, ist folgende Beziehung anzuwenden:

$$k_1 = \frac{k_1'}{\left[A^-\right]} = \frac{k_1'}{\alpha \cdot c_0}$$

Die für die Imidazolyse und Aminolyse berechneten Werte k_1 sind in der Tabelle 7-14 angegeben. Aus den Werten folgt, daß n-Butylamin wesentlich reaktiver als Imidazol ist und zwar um den Faktor 9,8 / 0,37 = 26 [Wenck, Polster 1973].

Tabelle 7-14 Vergleich der Geschwindigkeitskonstanten der Imidazolyse und Aminolyse von MAA bei pH = 7,50 (α = Dissoziationsgrad von Imidazol bzw. n-Butylamin; $c_{0\ \text{Imidazol}} = 2 \cdot 10^{-3}$ M; $c_{0\ \text{n-Butylamin}} = 2 \cdot 10^{-2}$ M)

	$k_1'\left[s^{-1}\right]$	$k_1 = \frac{k_1'}{c_0}\left[M^{-1}s^{-1}\right]$	$k_1 = \frac{k_1'}{\alpha \cdot c_0}\left[M^{-1}\,s^{-1}\right]$	pK
Imidazolyse	$5{,}68 \cdot 10^{-4}$	$2{,}84 \cdot 10^{-1}$	0,37	7,0
Aminolyse	$1{,}59 \cdot 10^{-4}$	$7{,}95 \cdot 10^{-3}$	9,8	10,59

3. Meßbeispiel

Die Spontanhydrolyse von PPDA-NO_2 (s. Gl. (7-26)) läuft schneller ab, wenn Phosphat im Überschuß zur Lösung zugegeben wird. Offenbar liegt ein katalytischer Prozeß vor. Dieser Prozeß kann nach einer Reaktion pseudo 1. Ordnung ausgewertet werden. In Abb. 7-24 sind die bei pH = 7,0 ermittelten Geschwindigkeitskonstanten 1. Ordnung als Funktion der Phosphatkonzentration aufgetragen. Wie man sieht, besteht eine strenge lineare Abhängigkeit bis zu einer Konzentration von etwa 0,1 M Phosphat. Aus dem Diagramm folgt weiter, daß die Spontanhydrolyse in einer 0,1 M Phosphatlösung 9,1-mal schneller abläuft als in einer 0,01 M Lösung. Der Vergleich zwischen einer 0,001 M und 0,1 M Phosphatlösung fällt noch deutlicher aus: Hier beträgt der Faktor 111 [Polster, unveröffentlichte Ergebnisse: Die Substanzen PPDA und PPDA-NO_2 wurden freundlicherweise von Herrn Dr. R. Medina vom Lehrstuhl für Allgemeine Chemie und Biochemie der TU München zur Verfügung gestellt].

Dieser Befund sollte bei dem Einsatz von Phosphorsäurediamiden in der Landwirtschaft berücksichtigt werden. Durch die in der Bodenlösung enthaltenen Salze kann es zu einem beschleunigten Abbau dieser Verbindungen und so zu einer verminderten Inhibierung der im Boden ubiqitär angetroffenen Urease kommen (s. Kap. 7.1.1).

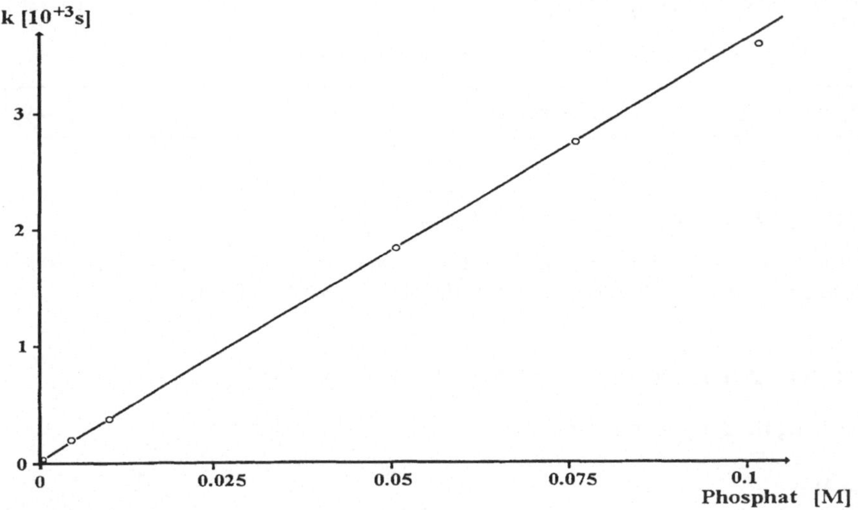

Abb. 7-24 Phosphat-katalysierte PPDA-NO_2- Spontanhydrolyse: Abhängigkeit der Geschwindigkeitskonstanten 1. Ordnung (k) von der eingesetzten Phosphatkonzentration (pH = 7,00; 30,0°C).

7.3 Gleichgewichtsreaktionen A ⇄ B

Für die Gleichgewichtsreaktionen

$$A \underset{k_2}{\overset{k_1}{\rightleftarrows}} B \tag{7-46}$$

gilt nach Gl. (6-28):

$$\Delta E_\lambda = E_\lambda - E_{\lambda 0} = Q_{\lambda 1} X_1$$

Hieraus folgt für $\dot{E}_\lambda$:

$$\dot{E}_\lambda = Q_{\lambda 1} \dot{X}_1 \tag{7-47}$$

Nach den Glgn. (6-14a), (6-13a) und (6-13b) ist

$$\dot{X}_1 = k_1 a - k_2 b = k_1 (a_0 - X_1) - k_2 X_1 = k_1 a_0 - (k_1 + k_2) X_1$$

Da $X_1 = \Delta E_\lambda / Q_{\lambda 1}$ ist, wird hieraus

$$\dot{X}_1 = k_1 a_0 - (k_1 + k_2) \frac{\Delta E_\lambda}{Q_{\lambda 1}}$$

Durch Einsetzen dieser Beziehung in Gl. (7-47) erhält man (mit $\Delta E_\lambda = E_\lambda - E_{\lambda 0}$):

$$\dot{E}_\lambda = k_1 a_0 Q_{\lambda 1} - (k_1 + k_2)(E_\lambda - E_{\lambda 0}) \tag{7-48a}$$

Da zur Zeit $t \to \infty$ $\dot{E}_\lambda = 0$ ist, folgt hieraus:

$$0 = k_1 a_0 Q_{\lambda 1} - (k_1 + k_2)(E_{\lambda\infty} - E_{\lambda 0}) \tag{7-48b}$$

Substrahiert man Gl. (7-48b) von Gl. (7-48a), erhält man schließlich:

$$\dot{E}_\lambda = (k_1 + k_2)(E_{\lambda\infty} - E_\lambda) = z_{\lambda 0} + z_{\lambda 1} E_\lambda \tag{7-49}$$

mit

$$z_{\lambda 0} = (k_1 + k_2) E_{\lambda\infty} \quad \text{und} \quad z_{\lambda 1} = -(k_1 + k_2) \ .$$

Der Vergleich mit Gl. (7-14) zeigt, daß das Reaktionssystem $A \rightleftarrows B$ formal durch dieselbe Extinktionsdifferentialgleichung beschrieben wird wie das System $A \rightarrow$ Produkte.

7.4 Konkurrenzreaktionen A → B , A → C

Die Grundgleichung für die Konkurrenzreaktionen

$$\begin{aligned} A &\xrightarrow{k_1} B \\ A &\xrightarrow{k_2} C \end{aligned} \tag{7-50}$$

ist wieder

$$\Delta E_\lambda = Q_{\lambda 1} X_1. \tag{6-28}$$

Mit den Glgn. (6-25) und (6-24) folgt hieraus:

$$\dot{E}_\lambda = Q_{\lambda 1} \dot{X}_1 = Q_{\lambda 1} k_1 a = Q_{\lambda 1} k_1 \left[a_0 - (1+\kappa) X_1 \right]$$

Da $\kappa = k_2/k_1$ ist (s. Gl. (6-18)), wird

$$\dot{E}_\lambda = Q_{\lambda 1} k_1 a_0 - (k_1 + k_2) Q_{\lambda 1} X_1$$

Mit $X_1 = \Delta E_\lambda / Q_{\lambda 1} = (E_\lambda - E_{\lambda 0}) / Q_{\lambda 1}$ erhält man

$$\dot{E}_\lambda = Q_{\lambda 1} k_1 a_0 - (k_1 + k_2)(E_\lambda - E_{\lambda 0}) \tag{7-51a}$$

Da zur Zeit $t \rightarrow \infty$ $\dot{E}_\lambda = 0$ ist, gilt:

$$0 = Q_{\lambda 1} k_1 a_0 - (k_1 + k_2)(E_{\lambda\infty} - E_{\lambda 0}) \tag{7-51b}$$

Substrahiert man Gl. (7-51b) von Gl. (7-51a), folgt schließlich

$$\dot{E}_\lambda = +(k_1 + k_2)(E_{\lambda\infty} - E_\lambda) = z_{\lambda 0} + z_{\lambda 1} E_\lambda \tag{7-52}$$

mit

$$z_{\lambda 0} = (k_1 + k_2) E_{\lambda\infty} \quad \text{und} \quad z_{\lambda 1} = -(k_1 + k_2) \ .$$

Diese Beziehung ist mit Gl. (7-49) formal identisch. Die Glgn. (7-14), (7-49) und (7-52) führen zu dem Schluß, daß die Reaktionssysteme

A → Produkte,

A ⇄ B

und

A → B, A → C

formal derselben Extinktions-Differentialgleichung gehorchen. Demnach ist es grundsätzlich nicht möglich, **allein** aus der kinetischen Analyse der experimentellen Extinktions-Zeit-Kurven zwischen diesen Mechanismen zu unterscheiden. Zu ihrer Unterscheidung sind Zusatzinformationen nötig. Beispielsweise kann mit Hilfe chromatographischer Verfahren festgestellt werden, wieviel Komponenten während der Reaktion insgesamt existieren. Wenn in dieser Weise z.B. zwei Stoffe festgestellt werden, ist immer noch die Frage offen, ob es sich um die Reaktion A → B oder A ⇄ B handelt (bei A → B ist aber $a_\infty = 0$ und bei A ⇄ B $a_\infty \neq 0$). Im Fall von drei Stoffen müssen dann noch die Systeme A → B + C und A → B, A → C voneinander unterschieden werden (bei A → B + C ist $b = c$ und bei A → B, A → C ist im allgemeinen $b \neq c$).

An Hand dieser einfachen Beispiele wird deutlich, daß man durch kinetische Analyse nur zeigen kann, ob ein angenommener Mechanismus im Widerspruch zu den Meßdaten (Experiment) steht oder nicht. Auf diesen Zusammenhang beziehen sich die drei Theoreme der Kinetik (s. Kap. 1, 9.2.5 und 11.7).

8 Auswertung von Systemen mit zwei unabhängigen Reaktionen 1. Ordnung ($s = 2$)

8.1 Parallelreaktionen A → B, C → D

Das Reaktionssystem

$$\begin{aligned} A &\xrightarrow{k_1} B \\ C &\xrightarrow{k_2} D \end{aligned} \tag{8-1}$$

ist dazu geeignet, allgemeine Zusammenhänge für die spektroskopisch-kinetische Analyse komplizierterer Reaktionen herzustellen. In den nachfolgenden Kapiteln wird gezeigt, wie dieses System mit Hilfe der formalen Integration und von Extinktionsdifferenzen-Gleichungen kinetisch analysiert werden kann, und welche besonderen geometrischen Zusammenhänge im E-Diagramm bestehen. Auch wenn die nachfolgenden Beziehungen in der Matrizendarstellung einfacher abzuleiten sind, wird hier zunächst absichtlich darauf verzichtet, jedoch wird bei der Verallgemeinerung der Methoden auf die Matrizendarstellung zurückgegriffen (s. Kap. 9).

8.1.1 Die Methode der formalen Integration

Für die Parallelreaktionen (8-1) gelten nach den Glgn. (5-20a) und (5-20b) (bzw. (5-19a) und (5-19b)) die Beziehungen (mit $X_1 = x_1$ und $X_2 = x_2$, s. Kap. 6.2, 2. Beispiel)

$$\dot{X}_1 = k_1 a \tag{8-2a}$$

und

$$\dot{X}_2 = k_2 c \quad . \tag{8-2b}$$

Dabei ist bei (linearen) Dunkelreaktionen nach Kap. 5

$$\dot{X}_j = \frac{\mathrm{d}X_j}{\mathrm{d}t} \tag{8-3a}$$

und bei (quasilinearen) Photoreaktionen

$$\dot{X}_j = \frac{\mathrm{d}X_j}{\mathrm{d}\Theta} \quad . \tag{8-3b}$$

Nach Gl. (3-15) gelten die Beziehungen

$$a = a_0 - X_1 \tag{8-4a}$$

und

$$c = c_0 - X_2 \quad . \tag{8-4b}$$

Aus den Glgn. (8-2a), (8-2b), (8-4a) und (8-4b) folgen:

$$\dot{X}_1 = k_1 a = k_1 (a_0 - X_1) \tag{8-5a}$$

und

$$\dot{X}_2 = k_2 c = k_2 (c_0 - X_2) \quad . \tag{8-5b}$$

Hieraus erhält man durch Umstellung (nachfolgend werden wieder nur Dunkelreaktionen betrachtet; Photoreaktionen sind analog zu behandeln):

$$\frac{\mathrm{d}X_1}{a_0 - X_1} = k_1 \,\mathrm{d}t \qquad \text{sowie} \qquad \frac{\mathrm{d}X_2}{c_0 - X_2} = k_2 \,\mathrm{d}t \quad .$$

und nach Integration zwischen den Grenzen $t = 0$ und t sowie $X_1 = 0$ und X_1 bzw. $X_2 = 0$ und X_2:

$$X_1 = a_0 \left(1 - e^{-k_1 t}\right) \tag{8-6a}$$

und

$$X_2 = c_0 \left(1 - e^{-k_2 t}\right) \quad . \tag{8-6b}$$

Nach dem Lambert-Beer-Bouguerschen Gesetz gilt für die Extinktion

$$E_\lambda = \ell(\varepsilon_{\lambda A}\, a + \varepsilon_{\lambda B}\, b + \varepsilon_{\lambda C}\, c + \varepsilon_{\lambda D}\, d) \quad . \tag{8-7}$$

Mit den stöchiometrischen Randbedingungen

$$a_0 = a + b \tag{8-8a}$$

und

$$c_0 = c + d \tag{8-8b}$$

folgt hieraus:

$$E_\lambda = \ell\left[\varepsilon_{\lambda A}\, a_0 + \varepsilon_{\lambda C}\, c_0 + (\varepsilon_{\lambda B} - \varepsilon_{\lambda A}) b + (\varepsilon_{\lambda D} - \varepsilon_{\lambda C}) d\right]$$

oder

$$\Delta E_\lambda := E_\lambda - \ell(\varepsilon_{\lambda A}\, a_0 + \varepsilon_{\lambda C}\, c_0) = Q_{\lambda 1}\, b + Q_{\lambda 2}\, d \tag{8-9}$$

mit

$$Q_{\lambda 1} := \ell(\varepsilon_{\lambda B} - \varepsilon_{\lambda A}) \qquad \text{und} \qquad Q_{\lambda 2} := \ell(\varepsilon_{\lambda D} - \varepsilon_{\lambda C}) \quad .$$

Nach den Glgn. (8-8a) und (8-4a) bzw. (8-8b) und (8-4b) gilt:

$$X_1 = b \qquad \text{und} \qquad X_2 = d \quad .$$

Damit wird aus Gl. (8-9):

$$\Delta E_\lambda = Q_{\lambda 1}\, X_1 + Q_{\lambda 2}\, X_2 \tag{8-10}$$

Ziel der nachfolgenden elementaren Herleitung ist es, eine Beziehung zwischen den Größen $\dot{E}_\lambda$ und E_λ herzustellen. Dazu wird Gl. (8-10) nach t differenziert:

$$\dot{E}_\lambda = Q_{\lambda 1}\, \dot{X}_1 + Q_{\lambda 2}\, \dot{X}_2 \tag{8-11}$$

Da nach den Glgn. (8-6a) und (8-6b)

$$\dot{X}_1 = a_0\, k_1\, e^{-k_1 t} \tag{8-12a}$$

und

$$\dot{X}_2 = c_0\, k_2\, e^{-k_2 t} \tag{8-12b}$$

sind, gilt für $\dot{E}_\lambda$:

$$\dot{E}_\lambda = Q_{\lambda 1}\, a_0\, k_1\, e^{-k_1 t} + Q_{\lambda 2}\, c_0\, k_2\, e^{-k_2 t} \tag{8-13}$$

Durch Einsetzen der Glgn. (8-6a) und (8-6b) in Gl. (8-10) erhält man:

$$\Delta E_\lambda = Q_{\lambda 1}\, a_0 \left(1 - e^{-k_1 t}\right) + Q_{\lambda 2}\, c_0 \left(1 - e^{-k_2 t}\right) \tag{8-14}$$

oder

$$\Delta E_\lambda - Q_{\lambda 1} a_0 - Q_{\lambda 2} c_0 = -\, Q_{\lambda 1}\, a_0\, e^{-k_1 t} - Q_{\lambda 2}\, c_0\, e^{-k_2 t} \quad . \tag{8-15}$$

Aus den Definitionsgleichungen von (8-9) für ΔE_λ, $Q_{\lambda 1}$ und $Q_{\lambda 2}$ folgt:

$$\Delta E_\lambda - Q_{\lambda 1}\, a_0 - Q_{\lambda 2}\, c_0 = E_\lambda - \ell\,(\varepsilon_{\lambda B}\, a_0 + \varepsilon_{\lambda D}\, c_0) \tag{8-16}$$

Da zur Zeit $t \to \infty$ nur noch die Stoffe C und D existieren, gilt nach Gl. (8-7) für $E_\lambda\ (t \to \infty) = E_{\lambda\infty}$:

$$E_{\lambda\infty} = \ell\,(\varepsilon_{\lambda B}\, a_0 + \varepsilon_{\lambda D}\, c_0) \tag{8-17}$$

und damit

$$\Delta E_\lambda - Q_{\lambda 1}\, a_0 - Q_{\lambda 2}\, c_0 = E_\lambda - E_{\lambda\infty} \quad .$$

Demnach kann für Gl. (8-15) auch geschrieben werden:

$$E_\lambda - E_{\lambda\infty} = -\, Q_{\lambda 1}\, a_0\, e^{-k_1 t} - Q_{\lambda 2}\, c_0\, e^{-k_2 t} \tag{8-18}$$

Aus den Glgn. (8-13) und (8-18) kann der Zusammenhang zwischen $\dot{E}_\lambda$ und E_λ hergestellt werden, wenn die beiden Größen $e^{-k_1 t}$ und $e^{-k_2 t}$ eliminiert werden. Um dies zu erreichen, wird Gl. (8-18) für zwei Wellenlängen ($\lambda = 1$ bzw. $\lambda = 2$) aufgestellt:

$$E_1 - E_{1\infty} = -\, Q_{11}\, a_0\, e^{-k_1 t} - Q_{12}\, c_0\, e^{-k_2 t} \tag{8-19a}$$

$$E_2 - E_{2\infty} = -\, Q_{21}\, a_0\, e^{-k_1 t} - Q_{22}\, c_0\, e^{-k_2 t} \tag{8-19b}$$

Aus diesen Gleichungen können die beiden Exponentialterme als Funktionen von E_1 und E_2 berechnet werden zu:

$$a_0\, e^{-k_1 t} = \frac{-\, Q_{22}\,(E_1 - E_{1\infty}) + Q_{12}\,(E_2 - E_{2\infty})}{Q_{11}\, Q_{22} - Q_{12}\, Q_{21}} \tag{8-20a}$$

$$c_0\, e^{-k_2 t} = \frac{+\, Q_{21}\,(E_1 - E_{1\infty}) - Q_{11}\,(E_2 - E_{2\infty})}{Q_{11}\, Q_{22} - Q_{12}\, Q_{21}} \tag{8-20b}$$

Führt man diese beiden Beziehungen in die für die beiden Wellenlängen aufgestellte Gl. (8-13) ein, erhält man nach Umstellungen [Mauser 1974]:

$$\dot{E}_1 = z_{10} + z_{11}\,E_1 + z_{12}\,E_2 \tag{8-21a}$$

$$\dot{E}_2 = z_{20} + z_{21}\,E_1 + z_{22}\,E_2 \tag{8-21b}$$

mit

$$z_{10} = -z_{11}\,E_{1\infty} - z_{12}\,E_{2\infty}$$

$$z_{20} = -z_{21}\,E_{1\infty} - z_{22}\,E_{2\infty}$$

$$z_{11} = -(Q_{11}\,Q_{22}\,k_1 - Q_{12}\,Q_{21}\,k_2)\;/\;(Q_{11}\,Q_{22} - Q_{12}\,Q_{21})$$

$$z_{12} = +(Q_{11}\,Q_{12}\,k_1 - Q_{11}\,Q_{12}\,k_2)\;/\;(Q_{11}\,Q_{22} - Q_{12}\,Q_{21})$$

$$z_{21} = -(Q_{21}\,Q_{22}\,k_1 - Q_{21}\,Q_{22}\,k_2)\;/\;(Q_{11}\,Q_{22} - Q_{12}\,Q_{21})$$

$$z_{22} = +(Q_{12}\,Q_{21}\,k_1 - Q_{11}\,Q_{22}\,k_2)\;/\;(Q_{11}\,Q_{22} - Q_{12}\,Q_{21})$$

und

$$Q_{\lambda 1} = \ell(\varepsilon_{\lambda B} - \varepsilon_{\lambda A}) \qquad \text{und} \qquad Q_{\lambda 2} = \ell(\varepsilon_{\lambda D} - \varepsilon_{\lambda C})\;.$$

Aus den Koeffizienten z_{ij} der Glgn. (8-21a) und (8-21b) können k_1 und k_2 in einfacher Weise bestimmt werden. Dazu werden die Größen D und S eingeführt:

$$D = z_{11}\,z_{22} - z_{12}\,z_{21} \tag{8-22a}$$

$$S = z_{11} + z_{22} \tag{8-22b}$$

Werden hierzu die entsprechenden Beziehungen für z_{ij} aus den Glgn. (8-21a) und (8-21b) eingesetzt und umgestellt, erhält man den einfachen Zusammenhang:

$$D = k_1\,k_2 \tag{8-23a}$$

und

$$S = -(k_1 + k_2) \tag{8-23b}$$

Demnach ist es möglich, k_1 und k_2 mit Hilfe von D und S zu berechnen, wenn die Größen z_{ij} bekannt sind. Löst man dazu die Gl. (8-23b) nach k_1 auf und führt diesen Ausdruck in Gl. (8-23a) ein, erhält man nach Umstellung:

$$k_2^2 + S\,k_2 + D = 0 \tag{8-24}$$

Die resultierende quadratische Gleichung hat zwei Lösungen, die die gesuchten Größen k_1 und k_2 liefern [Mauser 1974]:

$$k_{1,2} = \frac{-S \pm \sqrt{S^2 - 4D}}{2} \tag{8-25}$$

Die so bestimmten Größen k_1 und k_2 können den Teilreaktionen A → B und C → D nicht direkt zugeordnet werden. Wegen der Wurzelbeziehung ist es nicht möglich, zu entscheiden, welche der beiden experimentell untersuchten Reaktionen schneller abläuft.

Zur Bestimmung von k_1 und k_2 nach Gl. (8-25) müssen die Koeffizienten z_{ij} bekannt sein. Die Größen z_{ij} können vorteilhaft durch formale Integration bestimmt werden. Dazu werden die Glgn. (8-21a) und (8-21b) nach Umstellung zwischen den Grenzen t_1 und t_2 integriert:

$$\int_{t_1}^{t_2} \mathrm{d}E_1 = z_{10} \int_{t_1}^{t_2} \mathrm{d}t + z_{11} \int_{t_1}^{t_2} E_1 \,\mathrm{d}t + z_{12} \int_{t_1}^{t_2} E_2 \,\mathrm{d}t \quad , \tag{8-26a}$$

$$\int_{t_1}^{t_2} \mathrm{d}E_2 = z_{20} \int_{t_1}^{t_2} \mathrm{d}t + z_{21} \int_{t_1}^{t_2} E_1 \,\mathrm{d}t + z_{22} \int_{t_1}^{t_2} E_2 \,\mathrm{d}t \quad . \tag{8-26b}$$

Dabei gelten die Beziehungen

$$\int_{t_1}^{t_2} \mathrm{d}E_\lambda = E_\lambda(t_2) - E_\lambda(t_1) = \Delta E_\lambda \tag{8-26c}$$

und

$$\int_{t_1}^{t_2} \mathrm{d}t = t_2 - t_1 = \Delta t \quad . \tag{8-26d}$$

Die Größe $\int_{t_1}^{t_2} E_\lambda \mathrm{d}t$ stellt eine Fläche unter der Kurve E_λ vs. t zwischen den betreffenden Grenzen dar, die durch numerische Verfahren sehr genau bestimmt werden kann (s. Kap. 7.1.3 und die von Niemann sowie Perkampus und Kaufmann entwickelten Computerprogramme [Niemann 1972; Niemann und Mauser 1972; Perkampus, Kaufmann 1991]). Da nun alle Meßpunkte in dieser Weise auszuwerten sind, führen die Glgn. (8-26a) und (8-26b) zu einem System von Normalgleichungen, deren Konstanten z_{ij} mit Hilfe des Gaußschen Algorithmus (lineare Regressionsanalyse) bestimmbar sind.

Aus den Glgn. (8-21a) und (8-21b) können auch die Werte $E_{\lambda\infty}$ berechnet werden. Da zur Zeit $t \to \infty$ das Differential $\dot{E}_\lambda = 0$ ist, folgt aus den Glgn. (8-21a) und (8-21b):

$$0 = z_{10} + z_{11} E_{1\infty} + z_{12} E_{\lambda 2\infty} \quad ,$$

$$0 = z_{20} + z_{21} E_{1\infty} + z_{22} E_{\lambda 2\infty} \quad .$$

Hieraus erhält man für $E_{1\infty}$ und $E_{2\infty}$:

$$E_{1\infty} = \frac{z_{20} z_{12} - z_{10} z_{22}}{z_{11} z_{22} - z_{12} z_{21}} \quad , \tag{8-27a}$$

$$E_{2\infty} = \frac{z_{10} z_{21} - z_{20} z_{11}}{z_{11} z_{22} - z_{12} z_{21}} \quad . \tag{8-27b}$$

Löst man die Glgn. (8-27a) und (8-27b) nach z_{10} und z_{20} auf und führt diese Beziehungen in die Glgn. (8-21a) und (8-21b) ein, folgt:

$$\dot{E}_1 = z_{11}(E_1 - E_{1\infty}) + z_{12}(E_2 - E_{2\infty}) \ , \tag{8-28a}$$

$$\dot{E}_2 = z_{21}(E_1 - E_{1\infty}) + z_{22}(E_2 - E_{2\infty}) \ . \tag{8-28b}$$

Bei der Anwendung der Glgn. (8-26a) und (8-26b) ist darauf zu achten, daß ausschließlich **synchronisierte** Extinktionsdaten ausgewertet werden. Dies bedeutet, daß die zu **einer** Reaktionszeit bei verschiedenen Wellenlängen gemessenen Extinktionen keine zeitlichen Verschiebungen besitzen (andernfalls müssen diese rechnerisch „korrigiert" werden). Bei „reinen" Photoreaktionen fallen synchronisierte Extinktionen nur dann an, wenn bei deren Registrierung die Photolampe ausgeschaltet wird. Im nachfolgenden wird immer davon ausgegangen, daß ausschließlich synchronisierte Extinktionen vorliegen.

Als Ergebnis steht bisher fest:

- Die Größen k_1 und k_2 können aus Extinktions-Differentialgleichungen mit Hilfe der formalen Integration und der Konstanten z_{ij} bestimmt werden.
- Für die Bestimmung von k_1 und k_2 sind grundsätzlich keine Extinktionskoeffizienten notwendig.
- Die Extinktionen $E_{\lambda\infty}$ können ebenfalls aus den Konstanten z_{ij} berechnet werden.
- Die Größen k_1 und k_2 können den (realen) Teilreaktionen nicht zugeordnet werden, d.h. es ist nicht möglich, allein durch spektroskopisch-kinetische Analyse zu entscheiden, welche der beiden experimentell untersuchten Teilreaktionen schneller ist.

Meßbeispiel

Die simultanen Spontanhydrolysen zweier aktivierter Ester sind ein Beispiel für den Mechanismus A → B, C → D. Als Ester können dazu z.B. die Verbindungen tert.-Butyloxycarbonylglycin-p-nitrophenylester (Boc-gly-ONP) und Essigsäure-o-phenylester (o-Nitrophenylacetat oNPA) eingesetzt werden (—|— O- = $(H_3C)_3C$-O- = Boc-Gruppe):

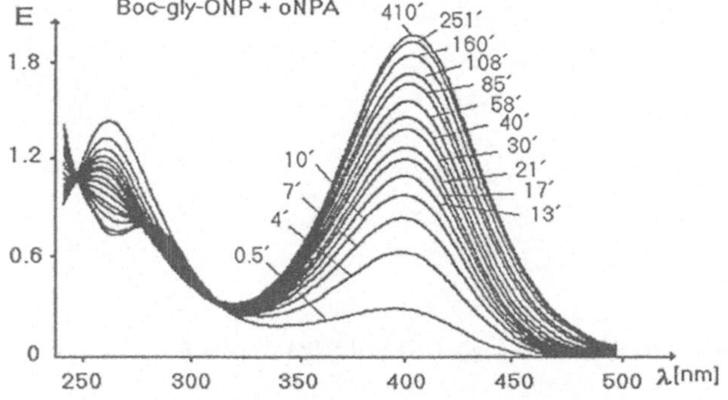

Abb. 8-1 Reaktionsspektren der simultanen Spontanhydrolyse von Boc-gly-ONP ($7 \cdot 10^{-5}$ M) und oNPA ($1{,}4 \cdot 10^{-4}$ M) in 0.1 M Boraxpuffer (pH = 8,70; 25,0°C).

$$\text{Boc-gly-ONP} \xrightarrow[H_2O]{k_1} \text{Boc-gly-OH} + \text{p-Nitrophenol}$$

$$\text{oNPA} \xrightarrow[H_2O]{k_2} \text{o-Nitrophenol} + CH_3COOH \tag{8-29}$$

Boc-gly-ONP — p-Nitrophenol

oNPA — o-Nitrophenol

Wie die Abb. 8-1 zeigt, schneiden sich die Reaktionsspektren mehrmals, und es tritt kein isosbestischer Punkt auf. Daraus folgt, daß die Reaktion nicht spektroskopisch-einheitlich abläuft. Das gleiche zeigen auch die gekrümmten Kurven in den E-Diagrammen deutlich (s. Abb. 8-2). Die EDQ-Diagramme (s. Abb. 8-3) zeigen nur Geraden, das Reaktionssystem besteht also aus zwei linear unabhängigen Teilreaktionen. In Abb. 8-4 und 8-5 sind die isoliert untersuchten Spontanhydrolysen von Boc-gly-ONP und oNPA unter den gleichen Bedingungen wie in Abb. 8-1 dargestellt. Sie zeigen anschaulich, wie sich die Spektren des gesamten Systems (Abb. 8-1) aus den Spektren der Einzelsysteme zusammensetzen.

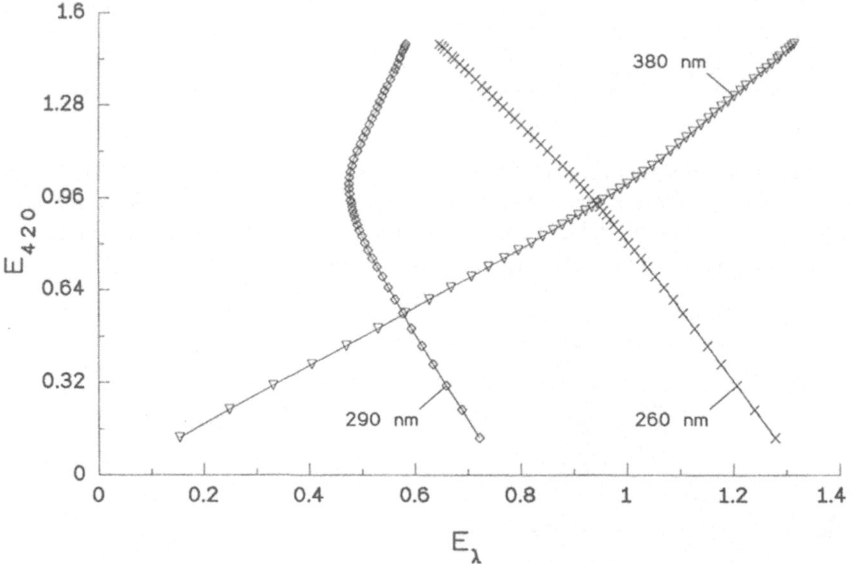

Abb. 8-2 E-Diagramme der simultanen Spontanhydrolyse von Boc-gly-ONP und oNPA (s. Abb. 8-1).

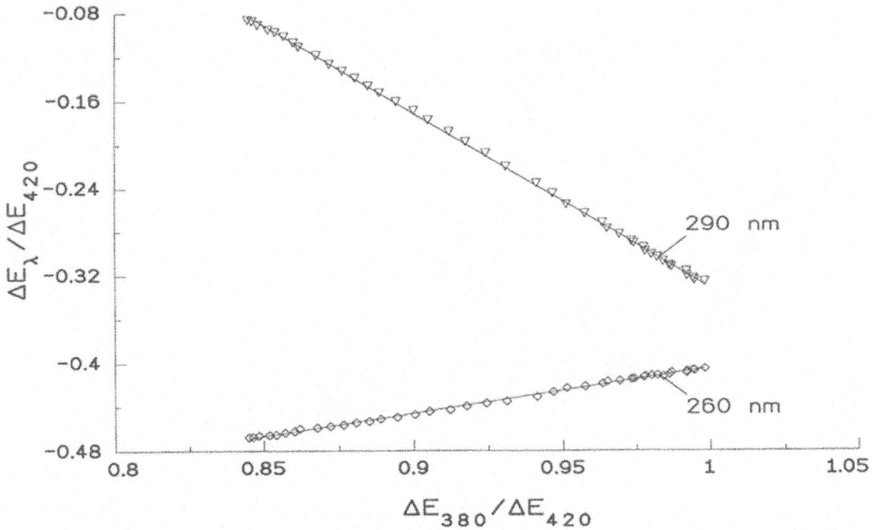

Abb. 8-3 EDQ-Diagramme der simultanen Spontanhydrolyse von Boc-gly-ONP und oNPA (s. Abb. 8-1).

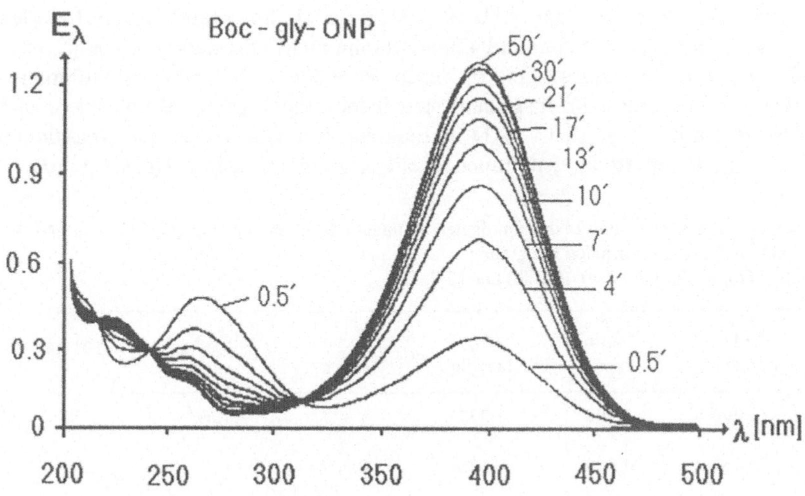

Abb. 8-4 Reaktionsspektren der isoliert untersuchten Spontanhydrolyse von Boc-gly-ONP ($7 \cdot 10^{-5}$ M) in 0,1 M Boraxpuffer (pH = 8,70; 25,0°C).

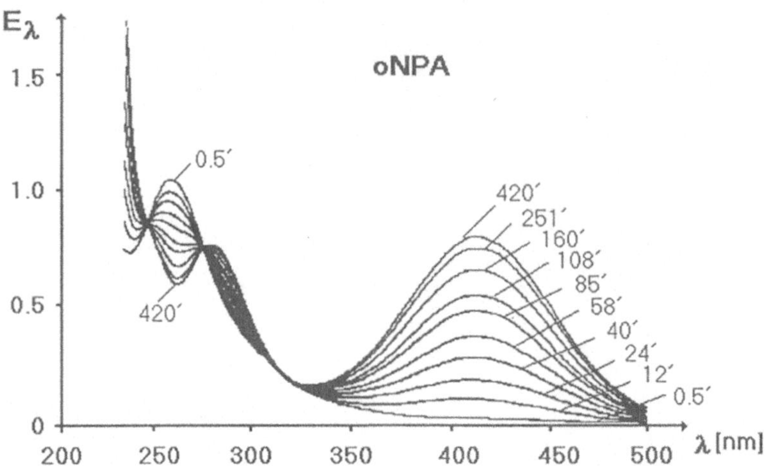

Abb. 8-5 Reaktionsspektren der isoliert untersuchten Spontanhydrolyse von oNPA ($1,4 \cdot 10^{-4}$ M) in 0,1 M Boraxpuffer (pH = 8,70; 25,0 °C).

Das Ergebnis der Auswertung nach den Glgn. (8-26a) und (8-26b) ist in der Tabelle 8-1 für verschiedene Wellenlängenkombinationen dargestellt. Die nach den Glgn. (8-27a) und (8-27b) berechneten $E_{\lambda\infty}$-Werte sind ebenfalls in der Tabelle angeführt. Die Auswertung liefert immer dann besonders gute Ergebnisse, wenn sich die beiden Reaktionen bei den untersuchten Wellenlängen spektroskopisch signifikant bemerkbar machen und die Kurven im E-Diagramm stark gekrümmt sind. Wie man aus der Abb. 8-2 sieht, sind die Krümmungen bei den Wellenlängenkombinationen 420nm/380nm und 420nm/260nm nicht sehr stark ausgeprägt. Dies ist auch der Grund, warum die Ergebnisse hier von denen der anderen Wellenlängenkombinationen stärker abweichen (s. Tabelle 8-1). Insgesamt sind jedoch die Ergebnisse konsistent und stehen mit dem Mechanismus A → B, C → D in Einklang (da Wasser bei den Reaktionen chemisch verbraucht wird, liegen streng genommen zwei Reaktionen pseudo 1. Ordnung vor).

Tabelle 8-1 Spektroskopisch-kinetische Analyse der simultanen Spontanhydrolysen von Boc-gly-ONP und oNPA (s. Abb. 8-1) mit Hilfe der formalen Integration (s. Glgn. (8-26a), (8-26b), (8-27a), (8-27b) und (8-25)).

λ_1/λ_2 [nm/nm]	$E_{\lambda 1\infty}$ berechn.	$E_{\lambda 1\infty}$ exper.	$E_{\lambda 2\infty}$ berechn.	$E_{\lambda 2\infty}$ exper.	$k_1 \cdot 10^{+4}[s^{-1}]$	$k_2 \cdot 10^{+3}[s^{-1}]$
420/380	1,5090	1,509	1,3271	1,327	1,67	2,00
420/290	1,5054	1,509	0,5868	0,589	1,73	2,09
420/260	1,5071	1,509	0,6400	0,643	1,74	2,12
380/290	1,3241	1,327	0,5865	0,589	1,75	2,07
380/260	1,3260	1,327	0,6400	0,643	1,72	2,05
290/260	0,5866	0,589	0,6412	0,643	1,74	2,08

Die k-Werte können den einzelnen Spontanhydrolysen ohne Zusatzinformation nicht zugeordnet werden.

In den Tabellen 8-2 und 8-3 sind die durch spektroskopisch-kinetische Analyse erhaltenen Ergebnisse der isoliert untersuchten Spontanhydrolysen von Boc-gly-ONP und oNPA dargestellt. Die nach Gl. (7-32a) ermittelten, einzelnen Geschwindigkeitskonstanten stimmen mit denen der Tabelle 8-1 gut überein. Aus dem Vergleich der Tabellen folgt, daß die Spontanhydrolyse von Boc-gly-ONP schneller abläuft als die von oNPA.

Tabelle 8-2 Spektroskopisch-kinetische Analyse der isoliert untersuchten Spontanhydrolyse von Boc-gly-ONP nach Gl. (7-32a) (0,1 M Borax-Puffer; pH = 8,70; 25,0 °C).

λ [nm]	$k \cdot 10^{+3}$ [s^{-1}]	$E_{\lambda\infty}$ berechn.	$E_{\lambda\infty}$ exper.
420	2,05	0,9588	0,958
400	2,03	1,2594	1,259
380	2,03	1,0280	1,028
290	2,02	0,0760	0,076

Tabelle 8-3 Spektroskopisch-kinetische Analyse der isoliert untersuchten Spontanhydrolysen von oNPA nach Gl. (7-32a) (0,1 M Borax-Puffer; pH = 8,70; 25,0 °C).

λ [nm]	$k \cdot 10^{+4}$ [s^{-1}]	$E_{\lambda\infty}$ berechn.	$E_{\lambda\infty}$ exper.
440	1,72	0,5244	0,522
420	1,72	0,6445	0,641
400	1,72	0,5999	0,594
380	1,72	0,4280	0,421

8.1.2 Nicht-lineare Regressionsanalyse

Für das Reaktionssystem

$$A \rightarrow B \quad , \quad C \rightarrow D$$

gilt nach den Glgn. (8-21a) und (8-21b) die Extinktions-Differentialgleichung (λ = 1,2):

$$\dot{E}_\lambda = z_{\lambda 0} + z_{\lambda 1} E_1 + z_{\lambda 2} E_2 \tag{8-30}$$

Die Lösung dieser Gleichung lautet nach Gl. (8-18):

$$E_\lambda = E_{\lambda\infty} - Q_{\lambda 1} a_0 e^{-k_1 t} - Q_{\lambda 2} c_0 e^{-k_2 t} \tag{8-31a}$$

mit

$$Q_{\lambda 1} = \ell(\varepsilon_{\lambda B} - \varepsilon_{\lambda A}) \qquad \text{und} \qquad Q_{\lambda 2} = \ell(\varepsilon_{\lambda D} - \varepsilon_{\lambda C}) \quad .$$

Mit Hilfe dieser Beziehung ist es möglich, aus einer experimentellen Extinktions-Zeit-Kurve durch nicht-lineare Regressionsanalyse die fünf Konstanten $E_{\lambda\infty}$, $a_0\,\varrho_{\lambda 1}$, $c_0\,\varrho_{\lambda 2}$, k_1 und k_2 zu bestimmen. Dazu haben sich zwei Methoden bewährt: der Gauss-Newton-Algorithmus [Hartley 1961] und die Marquardt-Methode [Marquardt 1963]. Zunächst werden für die fünf Konstanten geschätzte Startwerte gewählt und die Extinktions-Zeit-Kurve nach Gl. (8-31a) berechnet. Aus den Abweichungen zwischen berechneter und experimenteller Kurve werden dann die Konstanten solange variiert, bis die berechnete Kurve der experimentellen „optimal" angepaßt ist.

In der Abb. 8-6 sind die mit Hilfe des „SPSS 8 Statistik-Programm-Systems" [Nie, Hull 1980] (das an vielen Rechenzentren als Paket angeboten wird) berechneten Extinktions-Zeit-Kurven der Spontanhydrolysen von Boc-gly-ONP und oNPA (vgl. Abb. 8-1) dargestellt. Die durch die nicht-lineare Regressionsanalyse gewonnenen in sich konsistenten Ergebnisse der spektroskopisch- kinetischen Analyse sind in der Tabelle 8-4 angegeben.

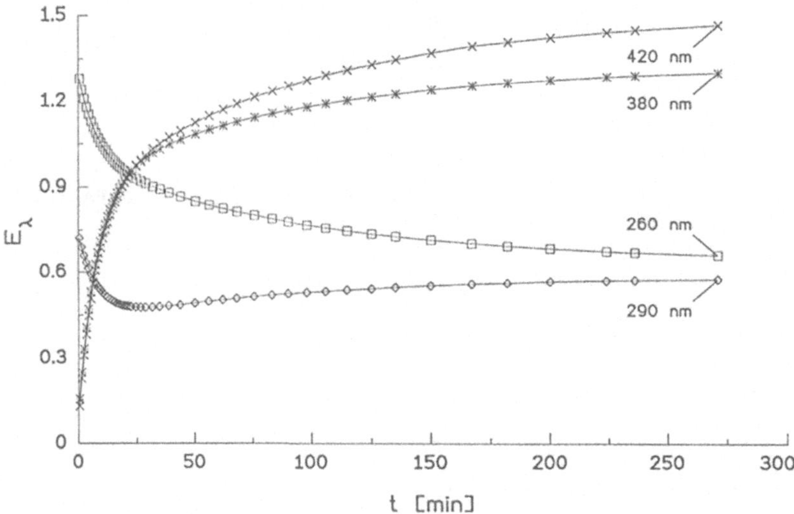

Abb. 8-6 Nach Gl. (8-31a) berechnete Extinktions-Zeit-Kurven der simultanen Spontanhydrolyse von Boc-gly-ONP und oNPA (s. Reaktion (8-29); 0,1 M Boraxpuffer pH = 8,70; 25,0 °C; [Boc-gly-oNP] = $7 \cdot 10^{-5}$ M [oNPA] = $1.4 \cdot 10^{-4}$ M).

Tabelle 8-4 Spektroskopisch-kinetische Auswertung der simultanen Spontanhydrolysen von Boc-gly-ONP und oNPA (s. Reaktion (8-29); 0,1 M Borax-Puffer; pH = 8,70; 25,0 °C): Auswertung nach Gl. (8-31a) durch nicht-lineare Regressionsanalyse.

λ [nm]	$E_{\lambda\infty}$ berechn.	$E_{\lambda\infty}$ exper.	$k_1 \cdot 10^{+4}$ [s^{-1}]	$k_2 \cdot 10^{+3}$ [s^{-1}]
420	1,5060	1,509	1,72	2,08
380	1,3243	1,327	1,75	2,07
290	0,5860	0,589	1,78	2,06
260	0,6407	0,643	1,73	2,07

Bei der nicht-linearen Regressionsanalyse sind pro Wellenlänge fünf Konstanten zu ermitteln. Bei der formalen Integration sind jedoch nach den Glgn. (8-26a) und (8-26b) für zwei Wellenlängen insgesamt $2 \cdot 3$ Konstanten zu bestimmen. Dieser Unterschied kann für die kinetische Analyse wichtig sein, wenn sich einzelne Teilreaktionen bei den verschiedenen Wellenlängen nicht signifikant spektroskopisch bemerkbar machen. Indem aber bei der Methode der formalen Integration verschiedene Wellenlängen miteinander kombiniert werden, kann der Informationsverlust bei der einen Wellenlänge durch zusätzliche Informationen bei einer anderen kompensiert werden. Dies trifft auch für solche Wellenlängen zu, bei denen vorzugsweise nur die jeweils andere Teilreaktion erfaßt wird. – Grundsätzlich ist immer die Methode vorteilhafter anzuwenden, die weniger Konstanten benötigt. Je mehr Konstanten das Verfahren verwendet, umso leichter können zwar experimentelle Kurven approximiert werden, aber umso schwerer kann ein Mechanismus signifikant überprüft werden.

Die Anzahl der zu bestimmenden Konstanten kann verringert werden, wenn $E_{\lambda\infty}$ genau bekannt ist. Dann brauchen nach Gl. (8-31a) im Fall der nicht-linearen Regressionsanalyse nur noch vier Konstanten bestimmt zu werden:

$$(E_\lambda - E_{\lambda\infty}) = -Q_{\lambda 1}\, a_0\, e^{-k_1 t} - Q_{\lambda 2}\, c_0\, e^{-k_2 t} \tag{8-31b}$$

Ebenso kann auch bei der Methode der formalen Integration die Anzahl der zu bestimmenden Konstanten z_{ij} verringert werden, wenn die Glgn. (8-28a) und (8-28b) herangezogen werden. Es sind jetzt insgesamt nur noch $2 \cdot 2$ Konstanten zu bestimmen. Gegenüber der nicht-linearen Regressionsanalyse besitzt die Methode der formalen Integration den großen Vorteil, daß die Konstanten durch **lineare** Regressionsanalyse erhalten werden.

8.1.3 Extinktions-Differenzengleichungen höherer Ordnung

Extinktions-Zeit-Kurven können außer durch nicht-lineare Regressionsanalyse auch durch Extinktions-Differenzengleichungen höherer Ordnung sowie durch Extinktions-Rekursionsgleichungen höherer Ordnung ausgewertet werden. Diese Methoden haben gegenüber der nicht-linearen Regressionsanalyse den Vorteil, daß sie mit weniger Konstanten auskommen.

Um zunächst die Differenzengleichungen höherer Ordnung für das System

$$\mathrm{A} \rightarrow \mathrm{B} \quad , \quad \mathrm{C} \rightarrow \mathrm{D} \tag{8-1}$$

herzuleiten, wird von der folgenden Beziehung ausgegangen:

$$E_\lambda(t) = E_{\lambda\infty} - Q_{\lambda 1}\, a_0\, e^{-k_1 t} - Q_{\lambda 2}\, c_0\, e^{-k_2 t} \tag{8-31a}$$

Diese Gleichung gilt für jede Extinktion E_λ zur Zeit t. Führt man nun eine konstante Zeitdifferenz Δ – analog zum Kap. 7.1.1 – ein, gelten für die Extinktionen zu den Zeiten $(t + \Delta)$ und $(t + 2\Delta)$ nach Gl. (8-31a):

$$E_\lambda(t+\Delta) = E_{\lambda\infty} - Q_{\lambda 1}\, a_0\, e^{-k_1 (t+\Delta)} - Q_{\lambda 2}\, c_0\, e^{-k_2 (t+\Delta)} \tag{8-32a}$$

und

$$E_\lambda(t+2\Delta) = E_{\lambda\infty} - Q_{\lambda 1}\, a_0\, e^{-k_1 (t+2\Delta)} - Q_{\lambda 2}\, c_0\, e^{-k_2 (t+2\Delta)} \quad . \tag{8-32b}$$

Mit den Definitionen

$$\Delta E_\lambda(t) = E_\lambda(t+\Delta) - E_\lambda(t) \quad , \tag{8-33a}$$

$$\Delta E_\lambda(t+\Delta) = E_\lambda(t+2\Delta) - E_\lambda(t+\Delta) \tag{8-33b}$$

und

$$\begin{aligned}\Delta^2 E_\lambda(t) &= \Delta E_\lambda(t+\Delta) - \Delta E_\lambda(t) \\ &= E_\lambda(t+2\Delta) - 2E_\lambda(t+\Delta) + E_\lambda(t)\end{aligned} \tag{8-33c}$$

folgen aus den Glgn. (8-32a) und (8-32b) nach mehreren Umstellungen für $\Delta^2 E_\lambda(t)$ und $\Delta E_\lambda(t)$ die Beziehungen:

$$\Delta^2 E_\lambda(t) = -\mathcal{Q}_{\lambda 1}\, a_0\, e^{-k_1 t}\left(e^{-k_2\Delta} - 1\right)^2 - \mathcal{Q}_{\lambda 2}\, c_0\, e^{-k_2 t}\left(e^{-k_2\Delta} - 1\right)^2 \tag{8-34}$$

und

$$\begin{aligned}&\Delta E_\lambda(t)\left[\left(e^{-k_1\Delta} - 1\right) + \left(e^{-k_2\Delta} - 1\right)\right] = \\ &-\mathcal{Q}_{\lambda 1}\, a_0\, e^{-k_1 t}\left(e^{-k_1\Delta} - 1\right)^2 - \mathcal{Q}_{\lambda 2}\, c_0\, e^{-k_2 t}\left(e^{-k_2\Delta} - 1\right)^2 \\ &+ \left[E_\lambda(t) - E_{\lambda\infty}\right]\left(e^{-k_1\Delta} - 1\right)\cdot\left(e^{-k_2\Delta} - 1\right) \quad .\end{aligned} \tag{8-35}$$

Durch Einsetzen von Gl. (8-35) in Gl. (8-34) erhält man

$$\begin{aligned}\Delta^2 E_\lambda(t) &= \Delta E_\lambda(t)\left[\left(e^{-k_1\Delta} - 1\right) + \left(e^{-k_2\Delta} - 1\right)\right] \\ &\quad - \left[E_\lambda(t) - E_{\lambda\infty}\right]\left(e^{-k_1\Delta} - 1\right)\cdot\left(e^{-k_2\Delta} - 1\right) \quad .\end{aligned} \tag{8-36}$$

Die Division durch $\Delta E_\lambda(t)$ ergibt hieraus [Lachmann, Lachmann, Mauser 1978; Mauser, Polster 1987]:

$$\frac{\Delta^2 E_\lambda(t)}{\Delta E_\lambda(t)} = \left(e^{-k_1\Delta} - 1\right) + \left(e^{-k_2\Delta} - 1\right) - \left(e^{-k_1\Delta} - 1\right)\cdot\left(e^{-k_2\Delta} - 1\right)\left(\frac{E_\lambda(t) - E_{\lambda\infty}}{\Delta E_\lambda(t)}\right)$$

$$y \quad = \quad \alpha \quad + \quad \beta \quad \bullet \quad x \tag{8-37}$$

Trägt man demnach in einem Diagramm den linken Ausdruck (y) gegen den rechten (x) auf, können aus der Gerade über α und β die gesuchten Größen k_1 und k_2 bestimmt werden. Aus den Beziehungen

$$\alpha = \left(e^{-k_1\Delta} - 1\right) + \left(e^{-k_2\Delta} - 1\right)$$

und

$$\beta = \left(e^{-k_1\Delta} - 1\right)\cdot\left(e^{-k_2\Delta} - 1\right)$$

erhält man:

$$\left(e^{-k_1 \Delta}\right)^2 - e^{-k_1 \Delta} (\alpha+2) + \alpha-\beta+1 = 0 \quad .$$

Mit der Definition

$$x = e^{-k_1 \Delta}$$

folgt hieraus

$$x^2 - (\alpha+2)\, x + (\alpha-\beta+1) = 0 \quad .$$

Die Lösung dieser quadratischen Gleichung lautet

$$x_{1,2} = e^{-k_{1,2} \Delta} = \frac{(\alpha+2) \pm \sqrt{\alpha^2+4\beta}}{2}$$

oder logarithmiert und umgestellt:

$$k_{1,2} = -\frac{1}{\Delta} \ln\left(\frac{(\alpha+2) \pm \sqrt{\alpha^2+4\beta}}{2}\right) \qquad (8\text{-}38)$$

In der Abb. 8-7 ist schematisch gezeigt, wie E_λ (*t*), E_λ (*t*+Δ) und E_λ (*t*+2Δ) zusammenhängen. Dabei ist die (konstante) Zeitdifferenz so auszuwählen, daß Δ etwa in der Nähe der Halbwertszeit der schnelleren Teilreaktion liegt. Die Werte E_λ (*t*+Δ) und $E_\lambda(t+2\Delta)$ können einfach bestimmt werden, wenn das System zu äquidistanten Zeiten spektroskopisch vermessen wurde. Wenn dies nicht der Fall ist, können die Werte auch berechnet werden, indem durch die Meßpunkte, die im Bereich *t*+Δ bzw. *t*+2Δ liegen, jeweils ein Polynom 2. Grades gelegt wird, und dann die Extinktionen exakt zur Zeit *t*+Δ bzw. *t*+2Δ berechnet werden (vgl. Kap. 7.1.1).

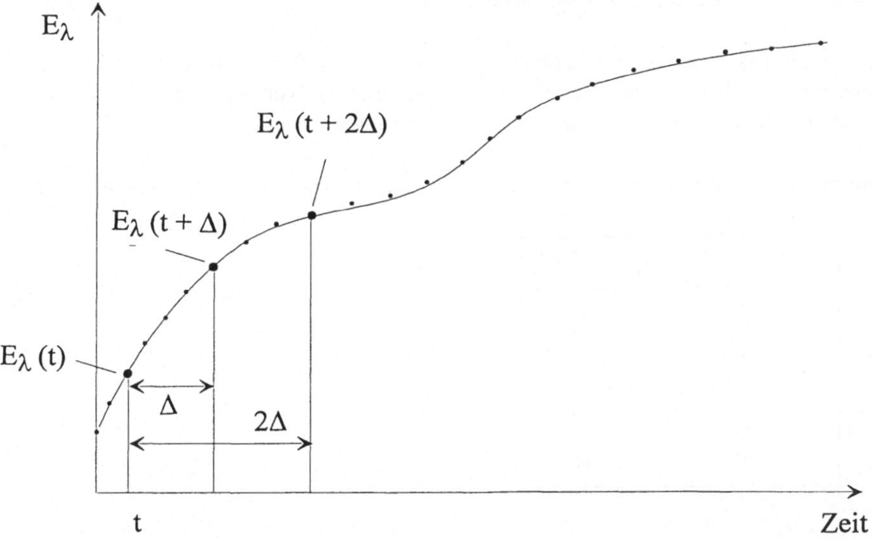

Abb. 8-7 Schematische Extinktions-Zeit-Kurve; Δ entspricht etwa der Halbwertszeit der schnelleren Teilreaktion.

Meßbeispiel

Die graphische Auswertung der simultanen Spontanhydrolyse von Boc-gly-ONP und oNPA in Boraxpuffer pH = 8,70 (s. Reaktion (8-29) und Abb. 8-6) nach Gl. (8-37) ist in Abb. 8-8 dargestellt. Als konstante Zeitdifferenz wurde hier der Wert $\Delta = 500$ s eingesetzt.

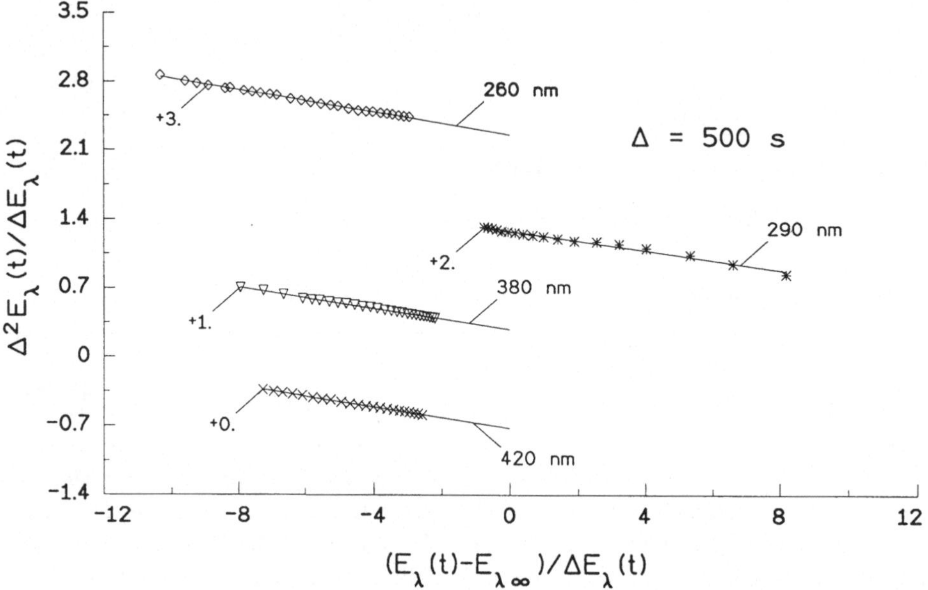

Abb. 8-8 Auswertung der simultanen Spontanhydrolyse von Boc-gly-oNP und oNPA nach Gl. (8-37) (0,1 M Boraxpuffer pH = 8,70; 25,0°C; s. Abb. 8-6). Da die Steigungen und Ordinatenabschnitte wellenlängenunabhängig sind, wurden die Geraden für 380, 290 und 260 nm um 1,0 bzw. 2,0 bzw. 3,0 entlang der Y-Achse verschoben (s.: + 1., + 2., + 3.). Zeitdifferenz $\Delta = 500$ s.

Die Auswertungsergebnisse der Abb. 8-8 nach Gl. (8-38) sind in der Tabelle 8-5 dargestellt. Wie man sieht, benötigt man bei diesem Verfahren zur Bestimmung von k_1 und k_2 nur zwei Konstanten (α und β), die experimentell einfach zu ermitteln sind.

Tabelle 8-5 Auswertung der simultanen Spontanhydrolysen von Boc- gly-ONP und oNPA nach Gl. (8-38) (s. Abb. 8-8).

λ [nm]	$k_1 \cdot 10^{+4}$ [s^{-1}]	$k_2 \cdot 10^{+3}$ [s^{-1}]
420	1,75	2,07
380	1,75	2,05
290	1,57	2,10
260	1,80	2,15

8.1.4 Extinktions-Rekursionsgleichungen höherer Ordnung

Die Auswertung nach Gl. (8-37) setzt die Kenntnis von $E_{\lambda\infty}$ voraus. Dies ist nicht mehr notwendig, wenn Gl. (8-37) in eine Rekursionsgleichung umgewandelt wird. Durch Einsetzen der Definitionsgleichungen (8-33a) und (8-33c) (für $\Delta E_\lambda(t)$ bzw. $\Delta^2 E_\lambda(t)$) in Gl. (8-36) erhält man nach Umstellung:

$$\begin{aligned}\Delta^2 E_\lambda(t) &= E_\lambda(t+2\Delta) - 2E_\lambda(t+\Delta) + E_\lambda(t)\\ &= \left[E_\lambda(t+\Delta) - E_\lambda(t)\right]\left[\left(e^{-k_1\Delta}-1\right) + \left(e^{-k_2\Delta}-1\right)\right]\\ &\quad - \left[E_\lambda(t) - E_{\lambda\infty}\right]\left(e^{-k_1\Delta}-1\right)\cdot\left(e^{-k_2\Delta}-1\right)\end{aligned}$$

Ordnet man nach $E_\lambda(t+2\Delta)$ um, folgt hieraus die Rekursionsgleichung zweiter Ordnung [Lachmann, Lachmann, Mauser 1978; Mauser, Polster 1987]

$$E_\lambda(t+2\Delta) = z_0 + z_1 E_\lambda(t) + z_2 E_\lambda(t+\Delta) \qquad (8\text{-}39)$$

mit

$$z_0 = \left(e^{-k_1\Delta} - 1\right)\cdot\left(e^{-k_2\Delta} - 1\right) E_{\lambda\infty}\,,$$

$$z_1 = -e^{-k_1\Delta}\, e^{-k_2\Delta}$$

und

$$z_2 = e^{-k_1\Delta} + e^{-k_2\Delta}\,.$$

Aus den Beziehungen für z_0, z_1 und z_2 kann $E_{\lambda\infty}$ nach

$$E_{\lambda\infty} = \frac{z_0}{1 - z_1 - z_2} \qquad (8\text{-}40)$$

berechnet werden. Für die Bestimmung von k_1 und k_2 wird von der Beziehung

$$z_1 = -e^{-k_1\Delta}\left(z_2 - e^{-k_1\Delta}\right)$$

ausgegangen, die zu der quadratischen Gleichung

$$x^2 - z_2 x - z_1 = 0 \qquad \text{mit} \qquad x = e^{-k_1\Delta}$$

führt. Die Lösung dieser Beziehung liefert die Endgleichung:

$$k_{1,2} = -\frac{1}{\Delta}\ln\left[\frac{z_2 \pm \sqrt{z_2^2 + 4z_1}}{2}\right] \qquad (8\text{-}41)$$

Nach der Rekursionsgleichung (8-39) können durch **lineare** Regressionsanalyse die Konstanten z_0, z_1 und z_2 bestimmt und damit $E_{\lambda\infty}$, k_1 und k_2 berechnet werden. Bei diesem Verfahren sind also nur drei Konstanten notwendig. Dagegen werden bei der nicht-linearen Regressionsanalyse nach Gl. (8-31a) fünf Konstanten benötigt.

Meßbeispiel

Eine einfache graphische Auswertung von Gl. (8-39) ist nicht möglich. In der Tabelle 8-6 sind die nach den Glgn. (8-39) - (8-41) erhaltenen Ergebnisse der simultanen Spontanhydrolysen von Boc-gly-ONP und oNPA dargestellt. Die für verschiedene Δ-Werte erhaltenen Ergebnisse stimmen bei allen Wellenlängen gut überein und sind in sich konsistent.

Tabelle 8-6 Auswertung der simultanen Spontanhydrolysen von Boc-gly-ONP und oNPA (s. Abb. 8-6) nach den Glgn. (8-39) - (8-41).

λ [nm]	Δ [s]	$E_{\lambda\infty}$ berechn.	$E_{\lambda\infty}$ exper.	$k_1 \cdot 10^{+4}$ [s^{-1}]	$k_2 \cdot 10^{+3}$ [s^{-1}]
	300	1,4960		1,80	2,09
420	500	1,5085	1,509	1,69	2,05
	700	1,5127		1,65	2,03
	300	1,3191		1,80	2,07
380	500	1,3216	1,327	1,78	2,07
	700	1,3249		1,73	2,05
	300	0,5830		1,88	2,03
290	500	0,5889	0,589	1,68	2,08
	700	0,5883		1,69	2,07
	300	0,6384		1,69	2,05
260	500	0,6436	0,643	1,78	2,11
	700	0,6448		1,80	2,13

8.1.5 System von Extinktions-Differenzengleichungen 1. Ordnung

Bisher wurden Differenzen- und Rekursionsgleichungen für Extinktionen **einer** Wellenlänge betrachtet. Welcher Zusammenhang besteht, wenn Differenzengrößen verschiedener Wellenlängen miteinander verknüpft werden? Dazu wird zunächst Gl. (8-31a) für t und t+Δ aufgestellt. Werden dann diese Beziehungen in Gl. (8-33a) eingesetzt, erhält man:

$$\begin{aligned} \Delta E_\lambda(t) &= E_\lambda(t+\Delta) - E_\lambda(t) \\ &= -\mathcal{Q}_{\lambda 1}\, a_0\, e^{-k_1 t}\left(e^{-k_1 \Delta} - 1\right) - \mathcal{Q}_{\lambda 2}\, c_0\, e^{-k_2 t}\left(e^{-k_2 \Delta} - 1\right) \end{aligned} \tag{8-42}$$

Indem diese Beziehung für zwei Wellenlängen (λ = 1 und λ = 2) aufgestellt wird und die Glgn. (8-20a) und (8-20b) eingeführt werden, erhält man nach Umstellungen analog zu den Glgn. (8-28a) und (8-28b) die folgenden Extinktions-Differenzen-Gleichungen 1. Ordnung [Mauser, Polster 1987]:

$$\Delta E_1(t) = +z'_{11}\left(E_1(t) - E_{1\infty}\right) + z'_{12}\left(E_2(t) - E_{2\infty}\right) \tag{8-43a}$$

$$\Delta E_2(t) = +z'_{21}\left(E_1(t) - E_{1\infty}\right) + z'_{22}\left(E_2(t) - E_{2\infty}\right) \tag{8-43b}$$

Hier haben die Größen z'_{ij} die gleiche Bedeutung wie die Koeffizienten z_{ij} in den Glgn. (8-28a) und (8-28b), wenn dort k_1 und k_2 ersetzt werden durch:

$$k_1 \rightarrow -\left(e^{-k_1 \Delta} - 1\right) \tag{8-44a}$$

$$k_2 \rightarrow -\left(e^{-k_2 \Delta} - 1\right) \tag{8-44b}$$

Aus den Glgn. (8-43a) und (8-43b) folgt:

$$\frac{\Delta E_1(t)}{E_1(t) - E_{1\infty}} = +z'_{11} + z'_{12}\left(\frac{E_2(t) - E_{2\infty}}{E_1(t) - E_{1\infty}}\right) \tag{8-45a}$$

$$\frac{\Delta E_2(t)}{E_1(t) - E_{1\infty}} = +z'_{21} + z'_{22}\left(\frac{E_2(t) - E_{2\infty}}{E_1(t) - E_{1\infty}}\right) \tag{8-45b}$$

mit

$$\Delta E_\lambda(t) = E_\lambda(t+\Delta) - E_\lambda(t)$$

Bildet man hier – wie im Kap. 8.1 beschrieben – die Ausdrücke

$$D' = z'_{11} z'_{22} - z'_{12} z'_{21} \tag{8-46a}$$

und

$$S' = z'_{11} + z'_{22} \quad , \tag{8-46b}$$

so erhält man die einfachen Beziehungen

$$D' = \left(e^{-k_1 \Delta} - 1\right)\left(e^{-k_2 \Delta} - 1\right) \tag{8-47a}$$

und

$$S' = \left(e^{-k_1 \Delta} - 1\right) + \left(e^{-k_2 \Delta} - 1\right) \quad . \tag{8-47b}$$

Analog zur Gl. (8-25) gilt damit:

$$e^{-k_{1,2} \Delta} - 1 = \frac{+S' \pm \sqrt{S'^2 - 4D'}}{2}$$

Hieraus folgt:

$$k_{1,2} = -\frac{1}{\Delta} \ln\left[\frac{2 + S' \pm \sqrt{S'^2 - 4D'}}{2}\right] \tag{8-48}$$

Demnach können k_1 und k_2 auch aus Differenzengleichungen 1. Ordnung, die die Glgn. (8-43a) und (8-43b) darstellen, bestimmt werden.

Die Glgn. (8-43a) und (8-43b) können in die Glgn. (8-28a) und (8-28b) überführt werden. Dazu werden die Differenzengleichungen durch Δ dividiert und der Grenzwert $\Delta \rightarrow 0$ gebildet. Man erhält so:

$$\lim_{\Delta \to 0} \frac{\Delta E_\lambda(t)}{\Delta} = \lim_{\Delta \to 0} \frac{E_\lambda(t+\Delta) - E_\lambda(t)}{\Delta} = \frac{d E_\lambda}{d t} \tag{8-49a}$$

und

$$\lim_{\Delta \to 0} \frac{z'_{ij}}{\Delta} = z_{ij} \quad . \tag{8-49b}$$

Durch die Grenzwertbildung werden die Glgn. (8-43a) und (8-43b) in die folgenden bekannten Differentialgleichungen überführt:

$$\dot{E}_1 = +z_{11}(E_1 - E_{1\infty}) + z_{12}(E_2 - E_{2\infty}) \tag{8-28a}$$

$$\dot{E}_2 = +z_{21}(E_1 - E_{1\infty}) + z_{22}(E_2 - E_{2\infty}) \tag{8-28b}$$

Demnach können k_1 und k_2 sowohl über z_{ij} mit Hilfe der formalen Integration als auch über z'_{ij} mit Hilfe von Differenzengleichungen 1. Ordnung bestimmt werden.

Meßbeispiel

In der Abb. 8-9 sind die Diagramme der Glgn.(8-45a) und (8-45b) für das Meßbeispiel der simultanen Spontanhydrolysen von Boc-gly-ONP und ONPA in Borax-Puffer (s. Abb. 8-6) dargestellt. Die für verschiedene Δ-Werte berechneten k_1- und k_2-Werte sind in der Tabelle 8-7 angegeben.

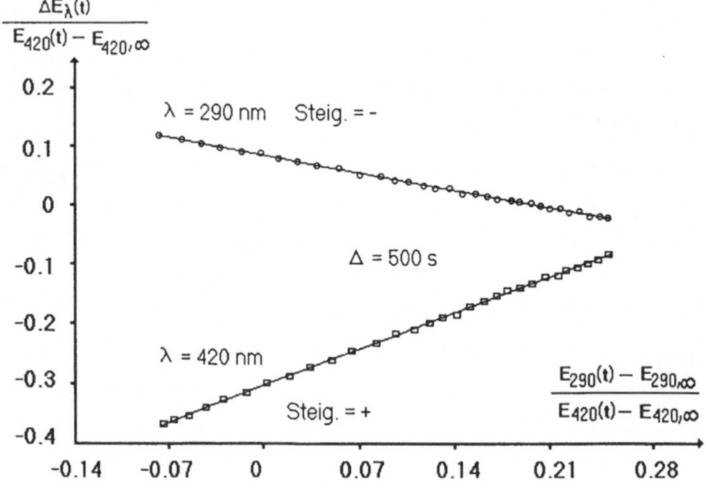

Abb. 8-9 Auswertung der simultanen Spontanhydrolyse von Boc-gly-ONP und oNPA in Boraxpuffer (s. Abb. 8-6) nach den Glgn. (8-45a) und (8-45b).

Tabelle 8-7 Bestimmung von k_1 und k_2 der simultanen Spontanhydrolysen von Boc-gly-ONP und oNPA (s. Abb. 8-9) nach Gl. (8-48).

λ_1/λ_2 [nm/nm]	Δ [s]	$k_1 \cdot 10^{+4}$ [s^{-1}]	$k_2 \cdot 10^{+3}$ [s^{-1}]
	300	1,61	2,01
420/380	500	1,61	2,00
	700	1,61	1,98
	300	1,70	2,06
420/290	500	1,61	2,06
	700	1,71	2,06
	300	1,86	2,14
420/260	500	1,84	2,14
	700	1,86	2,19
	300	1,73	2,05
380/290	500	1,73	2,04
	700	1,73	2,04
	300	1,74	2,05
380/260	500	1,74	2,05
	700	1,75	2,05
	300	1,64	2,05
290/260	500	1,72	2,06
	700	1,71	2,07

8.1.6 Extremwerte und Wendepunkte

Informationen können auch aus den Maxima bzw. Minima sowie den Wendepunkten der Extinktions-Zeit-Kurven gewonnen werden. Nach Gl. (8-31a) gilt für die Extinktion E_λ:

$$E_\lambda = E_{\lambda\infty} - Q_{\lambda 1}\, a_0\, e^{-k_1 t} - Q_{\lambda 2}\, c_0\, e^{-k_2 t}$$

Für die Extremwerte gilt demnach (M = Maximum bzw. Minimum):

$$\dot{E}_\lambda = 0 = +\, Q_{\lambda 1}\, a_0\, k_1\, e^{-k_1 t_M} + Q_{\lambda 2} c_0 k_2\, e^{-k_2 t_M} \tag{8-50}$$

und für die Wendepunkte W:

$$\ddot{E}_\lambda = 0 = -\, Q_{\lambda 1}\, a_0\, k_1^2\, e^{-k_1 t_w} - Q_{\lambda 2}\, c_0\, k_2^2\, e^{-k_2 t_W} \tag{8-51}$$

Hieraus folgt für t_M und t_W:

$$t_M = \frac{1}{k_2 - k_1} \ln\left(-\frac{Q_{\lambda 2}\, c_0\, k_2}{Q_{\lambda 1}\, a_0\, k_1} \right) \tag{8-52a}$$

und

$$t_W = \frac{1}{k_2 - k_1} \ln\left(-\frac{Q_{\lambda 2}\, c_0\, k_2^2}{Q_{\lambda 1}\, a_0\, k_1^2} \right) \tag{8-52b}$$

Für die Zeitdifferenz $t_W - t_M$ gilt damit:

$$t_W - t_M = \frac{1}{k_2 - k_1} \ln \frac{k_2}{k_1} \quad . \tag{8-53}$$

Mit der Definition

$$\kappa = \frac{k_2}{k_1} \tag{8-54}$$

folgt hieraus [Mauser, Polster 1987]:

$$t_W - t_M = \frac{1}{k_1(\kappa - 1)} \ln \kappa \tag{8-55}$$

Wenn das Verhältnis κ bekannt ist, kann aus der Zeitdifferenz t_W - t_M die Größe k_1 bestimmt werden. Wie im Kap. 8.1.7 gezeigt wird, kann κ aus Flächenverhältnissen im E-Diagramm bestimmt werden. Damit sind im Prinzip die Größen k_1 und k_2 aus den Glgn. (8-55) und (8-54) in sehr einfacher Weise zugängig.

(Die Glgn. (8-52a) - (8-55) gelten auch für die Photoreaktionen $A \xrightarrow{h\nu} B$, $C \xrightarrow{h\nu} D$, wenn t_W und t_M durch die entspechenden transformierten Zeiten Θ_W und Θ_M ersetzt werden.)

Meßbeispiel

In der Abb. 8-10 ist die Extinktions-Zeit-Kurve (λ = 290 nm) der simultanen Spontanhydrolyse von Boc-gly-ONP und oNPA gezeigt. Aus dem Minimum und dem Wendepunkt der Kurve können die Zeiten t_M und t_W bestimmt werden. Allerdings ist dabei die Bestimmung von t_W mit einem relativ großen Fehler behaftet. Wie im Kap. 8.1.7 gezeigt wird, kann das Verhältnis der beiden Geschwindigkeitskonstanten aus dem Verhältnis ausgezeichneter Flächen im E-Diagramm bestimmt werden (s. Abb. 8-11). Man erhält hier für κ: κ = 1 / 11,6. Damit folgt aus Gl. (8-55) für k_1: k_1 = 2,03 $\cdot 10^{-3}$ s^{-1}. Da k_2 / k_1 = 1 / 11,6 ist, folgt für k_2: k_2 = 1,75 $\cdot$ 10^{-4} s^{-1} (vgl. dazu Tabelle 8-7).

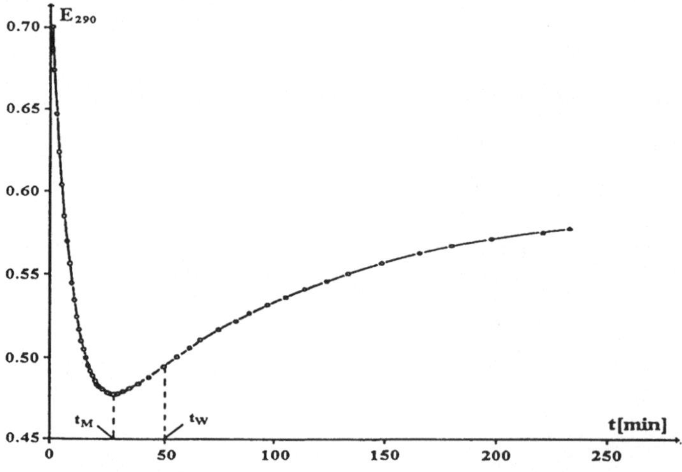

Abb. 8-10 Extinktions-Zeit-Kurve (λ = 290 nm) der simultanen Spontanhydrolysen von Boc-gly-ONP und oNPA (s. Abb. 8-6): Bestimmung der Zeiten t_W und t_M aus dem Wendepunkt bzw. Minimum der Kurve.

Dieses Ergebnis zeigt, daß k_1 und k_2 ohne großen Rechenaufwand zugängig sind. Jedoch ist die Bestimmung von Wendepunkten im allgemeinen kritisch.

8.1.7 Flächenverhältnisse im E-Diagramm

Das Verhältnis der Geschwindigkeitskonstanten

$$\kappa = \frac{k_2}{k_1} \tag{8-54}$$

kann für das Reaktionssystem

$$A \xrightarrow{k_1} B$$

$$C \xrightarrow{k_2} D$$

aus dem Verhältnis ausgezeichneter Flächen im E-Diagramm bestimmt werden. In der Abb. 8-11 ist das E-Diagramm E_{420} vs. E_{290} der simultanen Spontanhydrolysen von Boc-gly-ONP und oNPA in Borax-Puffer dargestellt. Der Punkt P_1 gibt die Extinktionen zur Zeit $t = 0$ ($E_{\lambda 0}$) und P_3 diejenigen zur Zeit $t \to \infty$ ($E_{\lambda\infty}$) an. Die Geraden $\overline{P_1P_2}$ und $\overline{P_3P_2}$ sind die Tangenten in P_1 und P_3. Bezeichnet man die Fläche, die von diesen beiden Tangenten und der Meßkurve gebildet wird, mit F_1 und die Fläche zwischen der Verbindungslinie $\overline{P_1P_3}$ und der Meßkurve mit F_2 , so gilt nach H. Mauser die Beziehung

$$\boxed{\frac{F_1}{F_2} = \frac{k_2}{k_1} = \kappa \ .} \tag{8-56}$$

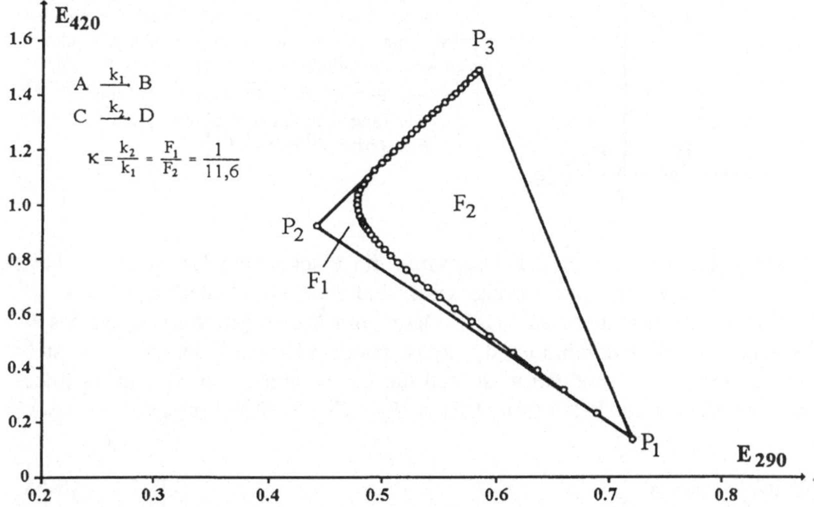

Abb. 8-11 E-Diagramm der Spontanhydrolyse von Boc-gly-ONP und oNPA in Boraxpuffer (s. Abb. 8-2). Die Strecken $\overline{P_1 P_2}$ und $\overline{P_3 P_2}$ sind die Tangenten in den Punkte P_1 und P_3 (P_1: Beginn der Reaktion; P_3: Ende der Reaktion). Das Verhältnis der Flächen F_1 und F_2 gibt direkt das Verhältnis k_2/k_1 an: $\kappa = k_2/k_1 = F_1/F_2$. Für das Meßbeispiel findet man den Wert : $\kappa = 1/11,6$.

Die Flächen F_1 und F_2 können mit Hilfe numerischer Verfahren bestimmt werden. Viel einfacher, aber trotzdem recht genau, kann das Verhältnis F_1/F_2 durch Ausschneiden und Wiegen (mit einer hochempfindlichen Waage) der betreffenden Flächen ermittelt werden. Für das Meßbeispiel findet man so den Wert $\kappa = 1/11{,}6$.

Im Fall der Photoreaktion $A \xrightarrow{h\nu} B$, $C \xrightarrow{h\nu} D$ gilt nach Gl. (8-56) unter Berücksichtigung von Gl. (5-2):

$$\frac{F_1}{F_2} = \frac{\varepsilon'_C \, \varphi_2{}^C}{\varepsilon'_A \, \varphi_1{}^A} \tag{8-57}$$

Die direkte Ableitung der Gl. (8-56) aus dem E-Diagramm ist umständlich und aufwendig. Viel einfacher kann die Beziehung mit Hilfe des sog. X-Diagrammes (X_1 vs. X_2) hergestellt werden. Dazu werden im X-Diagramm die (linear unabhängigen) Reaktionslaufzahlen X_1 und X_2 gegeneinander aufgetragen (s. Abb. 8-12). Diese können nach den Glgn. (8-6a) und (8-6b) für verschiedene k_1- und k_2-Werte berechnet werden. Dabei sind die Fälle $\kappa < 1$ und $\kappa > 1$ zu unterscheiden. Die so berechneten Kurven liegen dann entweder oberhalb oder unterhalb der Verbindungslinie $\overline{P_1P_3}$.

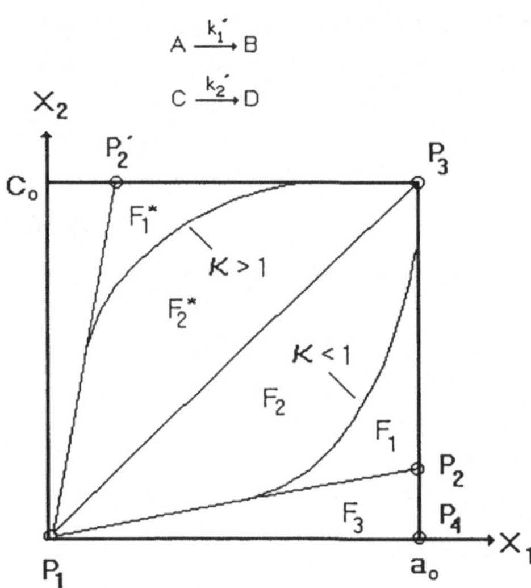

Abb. 8-12
X-Diagramm X_1 vs. X_2 der Reaktion A →B, C → D. Da $\kappa < 1$ oder $\kappa > 1$ sein kann, verlaufen die nach den Glgn. (8-6a) und (8-6b) berechneten Kurven entweder innerhalb des Dreiecks P_1 P_2 P_3 oder P_1 P_2' P_3. $\overline{P_1P_2}$ und $\overline{P_3P_2}$ bzw. $\overline{P_1P_2'}$ und $\overline{P_3P_2'}$ sind die Tangenten in den Punkten P_1 und P_3. Es gilt $\kappa = F_1/F_2$ bzw. $\kappa^{-1} = F_1{}^*/F_2{}^*$.

Aus dem X-Diagramm können analog zum E-Diagramm die Flächenverhältnisse F_1/F_2 bzw. $F_1{}^*/F_2{}^*$ gebildet werden. Wie nachfolgend gezeigt wird, sind diese Quotienten mit κ bzw. κ^{-1} identisch. Diese Ergebnisse dürfen direkt auf das E-Diagramm übertragen werden, da das E-Diagramm ein **affin** verzerrtes X-Diagramm ist, d.h. zwischen dem E- und X-Diagramm besteht eine **affine Transformation**. Der Grund dafür ist, daß die Extinktionen von X_1 und X_2 linear abhängen. Aus den Glgn. (8-9) und (8-10) (mit $\Delta E_\lambda = E_\lambda - E_{\lambda 0} = E_\lambda - \ell\,(\varepsilon_{\lambda A}\, a_0 + \varepsilon_{\lambda C}\, c_0)$) folgt nämlich:

$$E_\lambda = E_{\lambda 0} + Q_{\lambda 1}\, X_1 + Q_{\lambda 2}\, X_2 \tag{8-58}$$

Bei der affinen Transformation wird das X-Diagramm verschoben, gedreht und gestaucht bzw. gedehnt und so in das E-Diagramm überführt. Nach dieser Transformation kann ohne Zusatzinformation nachträglich nicht mehr entschieden werden, ob ursprünglich $\kappa < 1$ oder $\kappa > 1$ war.

Bei der affinen Transformation gilt:

1. Geraden werden in Geraden überführt und damit
   a) Tangenten in Tangenten und
   b) Asymptoten in Asymptoten,
2. Parallele Geraden werden in parallele Geraden überführt,
3. Streckenverhältnisse auf Geraden bleiben erhalten,
4. Flächenverhältnisse bleiben erhalten,
5. Wendepunkte bleiben erhalten und
6. Kegelschnitte werden in Kegelschnitte überführt:
   a) Kreise und Ellipsen in Ellipsen,
   b) Hyperbeln in Hyperbeln und
   c) Parabeln in Parabeln.

Wegen der Sätze 1a) und 4) kann mit Hilfe des X-Diagrammes nachgewiesen werden, daß Gl. (8-56) auch für das E-Diagramm gilt. Dazu wird zunächst die Funktion der Kurve im X-Diagramm bestimmt. Durch Umstellung und Logarithmieren der Glgn. (8-6a) und (8-6b) folgt:

$$ln \frac{a_0 - X_1}{a_0} = -k_1 t \qquad \text{und} \qquad ln \frac{c_0 - X_2}{c_0} = -k_2 t$$

Dividiert man beide Gleichungen durcheinander, erhält man:

$$\frac{\ln \frac{c_0 - X_2}{c_0}}{\ln \frac{a_0 - X_1}{a_0}} = \frac{k_2}{k_1} = \kappa$$

Durch Entlogarithmieren und Umstellen folgt hieraus:

$$X_2 = c_0 - c_0 \left(1 - \frac{X_1}{a_0}\right)^{\kappa} \tag{8-59}$$

Die Ableitung nach X_1 führt zu:

$$\frac{d X_2}{d X_1} = \kappa \frac{c_0}{a_0} \left(1 - \frac{X_1}{a_0}\right)^{\kappa - 1}$$

Für die Steigungen der Tangenten in den Punkten P_1 ($t = 0$) und P_3 ($t \to \infty$) des X-Diagrammes gilt demnach:

$$\left.\frac{d X_2}{d X_1}\right|_{t \to 0} = \kappa \frac{c_0}{a_0} \tag{8-60a}$$

und

$$\left.\frac{\mathrm{d}X_2}{\mathrm{d}X_1}\right|_{t\to\infty} = \begin{cases} 0 \ , & \text{wenn} \quad \kappa > 1 \\ \dfrac{c_0}{a_0} \ , & \text{wenn} \quad \kappa = 1 \\ \infty \ , & \text{wenn} \quad \kappa < 1 \end{cases} \tag{8-60b}$$

Im nachfolgenden wird der Fall $\kappa = 1$ ausgeschlossen. In diesem Fall wären nach den Glgn. (8-6a) und (8-6b) X_1 und X_2 linear abhängig und würden im E-Diagramm zu einer Geraden führen, so daß eine Flächenbestimmung nicht mehr möglich wäre. – Aus den Tangentensteigungen folgt, daß im Fall $\kappa < 1$ die Geraden $\overline{P_1P_2}$ und $\overline{P_3P_2}$ die Tangenten in den Punkten P_1 und P_3 darstellen und bei $\kappa > 1$ sind dies die Geraden $\overline{P_1P_2'}$ und $\overline{P_3P_2'}$. Um die Flächenverhältnisse berechnen zu können, muß die Fläche unter der Kurve bekannt sein. Diese errechnet sich mit Hilfe von Gl. (8-59) zu:

$$\int_0^{X_{1\infty}} X_2 \,\mathrm{d}X_1 = \int_0^{a_0} \left[c_0 - a_0 \left(1 - \frac{X_1}{a_0} \right)^{\kappa} \right] \mathrm{d}X_1 = a_0\, c_0 \, \frac{\kappa}{\kappa+1} \tag{8-61}$$

Der Punkt P_2 besitzt die Koordinaten $X_1 = a_0$ und $X_2 = \kappa\, c_0$, so daß für die Dreiecksfläche F_3 des Dreiecks $P_1\ P_2\ P_4$ (s. Abb. 8-12) gilt:

$$F_3 = \frac{\kappa\, a_0\, c_0}{2}$$

Mit Gl. (8-61) folgt hieraus für die Fläche F_1 (= Fläche unter der X-Kurve abzüglich F_3):

$$F_1 = a_0\, c_0 \frac{\kappa}{\kappa+1} - F_3 = \frac{\kappa\, a_0\, c_0}{2} \left(\frac{1-\kappa}{\kappa+1} \right) \tag{8-62}$$

Da das Dreieck $P_1\ P_4\ P_3$ die Fläche $a_0 \cdot c_0 / 2$ besitzt, gilt für die Fläche F_2 zwischen der Verbindungslinie $\overline{P_1P_3}$ und der X-Kurve:

$$F_2 = \frac{a_0\, c_0}{2} - F_1 - F_3 = \frac{a_0\, c_0}{2} \left(\frac{1-\kappa}{\kappa+1} \right) \tag{8-63}$$

Für F_1 / F_2 folgt demnach aus den letzten beiden Gleichungen:

$$\boxed{\frac{F_1}{F_2} = \kappa = \frac{k_2}{k_1}} \tag{8-56}$$

In analoger Weise kann das Verhältnis F_1^* / F_2^* berechnet werden. Man erhält als Ergebnis:

$$\boxed{\frac{F_1^*}{F_2^*} = \frac{1}{\kappa} = \frac{k_1}{k_2}} \tag{8-64}$$

Damit ist gezeigt, daß κ aus Flächenverhältnissen des experimentell direkt zugänglichen E-Diagrammes bestimmt werden kann. Allerdings ist es ohne Zusatzinformation nicht möglich, über das E-Diagramm zu entscheiden, welche Teilreaktion (A $\rightarrow$ B oder C $\rightarrow$ D) schneller ist.

8.1.8 Vergleich der verschiedenen Methoden

In den Kapiteln 8.1.1 - 8.1.7 wurden verschiedene Verfahren zur Analyse des Reaktionssystems A → B, C → D behandelt, das entweder nur aus Dunkel- oder Photoreaktionen besteht. Diese Verfahren können allgemein auf Systeme mit zwei linear unabhängigen Teilreaktionen und sogar teilweise auf s linear unabhängige Teilreaktionen übertragen werden (s. Kap. 9). Folgende Verfahren wurden bisher behandelt:

- die Methode der formalen Integration,
- nicht-lineare Regressionsanalyse,
- Extinktions-Differenzengleichungen höherer Ordnung,
- Extinktions-Rekursionsgleichungen höherer Ordnung,
- Systeme von Extinktions-Differenzengleichungen 1. Ordnung (in Abhängigkeit von verschiedenen Wellenlängen),
- Auswertung der Extremwerte und Wendepunkte von Extinktions-Zeit-Kurven und
- Bestimmung von Flächenverhältnissen im E-Diagramm.

Das leistungsstärkste Verfahren stellt die Methode der formalen Integration dar. Mit ihr können postulierte Reaktionsmechanismen besonders signifikant überprüft werden, wenn verschiedene Wellenlängenkombinationen ausgewertet werden (Mehrwellenlängenanalyse). Die für die Bestimmung der Geschwindigkeitskonstanten benötigten Koeffizienten z_{ij} können sehr genau bestimmt werden, da Meßfehler durch die Flächenbildung in den Extinktions-Zeit-Kurven i.a. nivelliert werden. Das Verfahren basiert auf der bewährten und i.a. unproblematischen Methode der linearen Regressionsanalyse.

Ebenfalls sehr unproblematisch können Extinktions-Differenzengleichungen 1. Ordnung, die sich aus Extinktionen verschiedener Wellenlängen zusammensetzen, angewendet werden. Das Verfahren ist besonders einfach und liefert trotzdem gute Ergebnisse. Es kann ebenfalls sehr empfohlen werden.

Extinktions-Differenzen- und Rekursionsgleichungen höherer Ordnung kommen (wie auch die Methode der formalen Integration) mit einem Minimum an Koeffizienten aus. Da hier jedoch Daten **einer** Wellenlänge miteinander verknüpft werden, erhält man nur dann gute k_1- und k_2-Werte, wenn sich beide Teilreaktionen bei der betreffenden Wellenlänge spektroskopisch ausreichend bemerkbar machen.

Das Verhältnis k_1/k_2 kann aus Flächenverhältnissen im E-Diagramm sehr genau bestimmt werden. Mit diesem Verhältnis können dann k_1 und k_2 im Prinzip aus den Extrem- und Wendepunkten der Extinktions-Zeit-Kurven in einfacher Weise ermittelt werden. Jedoch ist die genaue Bestimmung von Wendepunkten i.a. problematisch.

Bei der nicht-linearen Regressionsanalyse müssen die meisten Konstanten bestimmt werden, was nachteilig ist. Das Verfahren setzt Erfahrung voraus. So kann das Ergebnis von der Wahl der geschätzten Anfangswerte für die einzelnen Konstanten abhängen. Als zusätzliche Überprüfung von postuliertem Reaktionsmechanismus und Experiment kann das Verfahren trotzdem empfohlen werden.

8.2 Folgereaktionen A → B → C

Die in den Kapiteln 8.1.1 - 8.1.7 dargestellten Beziehungen gelten auch für Folgereaktionen vom Typ

$$\mathrm{A} \xrightarrow{k_1} \mathrm{B} \xrightarrow{k_2} \mathrm{C}\ . \tag{8-65}$$

Nach den Glgn. (3-18) und (3-19) gelten die Beziehungen:

$$\Delta a = a - a_0 = -X_1 \tag{8-66a}$$

$$\Delta b = b = X_1 - X_2 \tag{8-66b}$$

$$\Delta c = c = X_2 \tag{8-66c}$$

bzw.

$$\dot{a} = -\dot{X}_1 = -k_1 a \tag{8-66d}$$

$$\dot{b} = \dot{X}_1 - \dot{X}_2 = k_1 a - k_2 b \tag{8-66e}$$

$$\dot{c} = \dot{X}_2 = k_2 b \tag{8-66f}$$

Nach der stöchiometrischen Randbedingung gilt:

$$a_0 = a + b + c \tag{8-67}$$

Die Integration von Gl. (8-66d) mit der unteren Grenze $a = a_0$ für $t = 0$ führt zu:

$$a = a_0 e^{-k_1 t} \tag{8-68a}$$

Damit wird aus Gl. (8-66e):

$$\dot{b} + k_2 b = k_1 a_0 e^{-k_1 t} \tag{6-69}$$

Diese Differentialgleichung besitzt eine geschlossene Lösung. Im Kap. 9.1.2 wird allgemein gezeigt, wie die Konzentrations-Zeit-Gleichungen von linearen Reaktionssystemen mit zwei linear unabhängigen Teilreaktionen einfach bestimmt werden können (s. dazu Tabelle 9-1). Die hier gesuchte Lösung von b lautet nach Gl. (9-52b):

$$b = \frac{k_1 a_0}{k_2 - k_1}\left(e^{-k_1 t} - e^{-k_2 t}\right) \tag{8-68b}$$

Für c gilt dann nach Gl. (8-67) unter Berücksichtigung von Gl. (8-68a):

$$c = \frac{a_0}{k_2 - k_1}\left[k_2\left(1 - e^{-k_1 t}\right) - k_1\left(1 - e^{-k_2 t}\right)\right] \tag{8-68c}$$

Mit den Glgn. (8-68a) - (8-68c) können aus den Glgn. (8-66a) und (8-66c) X_1 und X_2 berechnet werden. Man findet so (s. dazu auch Gl. (9-54a) und (9-54b) im Kap. 9.1.2)

$$X_1 = a_0\left(1 - e^{-k_1 t}\right) \tag{8-70a}$$

und

$$X_2 = \frac{a_0}{k_2 - k_1}\left[k_2\left(1 - e^{-k_1 t}\right) - k_1\left(1 - e^{-k_2 t}\right)\right] \quad . \tag{8-70b}$$

Nach dem Lambert-Beer-Bouguerschen Gesetz gilt für die Extinktion:

$$E_\lambda = \ell\,(\varepsilon_{\lambda A}\, a + \varepsilon_{\lambda B}\, b + \varepsilon_{\lambda C}\, c) \tag{8-71}$$

Mit Gl. (8-67) folgt hieraus:

$$E_\lambda = \ell\left[\left(\varepsilon_{\lambda A} - \varepsilon_{\lambda C}\right)a + \left(\varepsilon_{\lambda B} - \varepsilon_{\lambda C}\right)b + \varepsilon_{\lambda C}\,a_0\right] \tag{8-72}$$

Da nach den Glgn. (8-66a) und (8-66b) $a = a_0 - X_1$ und $b = X_1 - X_2$ sind, gilt nach Umstellung (s. auch Gl. (6-16) mit $s = 2$):

$$\Delta E_\lambda = E_\lambda - \ell\varepsilon_A\,a_0 = Q_{\lambda 1}\,X_1 + Q_{\lambda 2}\,X_2 \tag{8-73}$$

mit

$$Q_{\lambda 1} = \ell\,(\varepsilon_{\lambda B} - \varepsilon_{\lambda A}) \quad \text{und} \quad Q_{\lambda 2} = \ell\,(\varepsilon_{\lambda C} - \varepsilon_{\lambda B}) \ .$$

Mit den Glgn. (8-70a), (8-70b) und (8-73) sind die analogen Grundgleichungen hergestellt, die beim System A → B, C → D verwendet wurden (s. Glgn. (8-6a), (8-6b) und (8-10)). Demnach kann nun in derselben Weise vorgegangen werden, wie in den Kapiteln 8.1.1 - 8.1.7 beschrieben ist. So findet man analog zu den Glgn. (8-21a) und (8-21b) [Mauser 1974]:

$$\dot{E}_1 = z_{10} + z_{11}\,E_1 + z_{12}\,E_2 \ , \tag{8-74a}$$

$$\dot{E}_2 = z_{20} + z_{21}\,E_1 + z_{22}\,E_2 \tag{8-74b}$$

mit

$$z_{11} = \left[\ +Q_{12}\,k_2\left(Q_{22} + Q_{21}\right) - Q_{11}\,Q_{22}\,k_1\ \right] / \left(Q_{11}\,Q_{22} - Q_{12}\,Q_{21}\right) \ ,$$

$$z_{12} = \left[\ -Q_{12}\,k_2\left(Q_{12} + Q_{11}\right) + Q_{11}\,Q_{12}\,k_1\ \right] / \left(Q_{11}\,Q_{22} - Q_{12}\,Q_{21}\right) \ ,$$

$$z_{21} = \left[\ +Q_{22}\,k_2\left(Q_{22} + Q_{21}\right) - Q_{21}\,Q_{22}\,k_1\ \right] / \left(Q_{11}\,Q_{22} - Q_{12}\,Q_{21}\right) \ ,$$

$$z_{22} = \left[\ -Q_{22}\,k_2\left(Q_{12} + Q_{11}\right) + Q_{12}\,Q_{21}\,k_1\ \right] / \left(Q_{11}\,Q_{22} - Q_{12}\,Q_{21}\right) \ ,$$

$$z_{10} = -\,z_{11}\,E_{1\infty} - z_{12}\,E_{2\infty}$$

und

$$z_{20} = -\,z_{21}\,E_{1\infty} - z_{22}\,E_{2\infty} \ .$$

Zwischen den Größen z_{ij} bestehen die Beziehungen:

$$D = z_{11}\,z_{22} - z_{12}\,z_{21} = k_1\,k_2 \tag{8-75a}$$

$$S = z_{11} + z_{22} = -\,(k_1 + k_2) \tag{8-75b}$$

und weiter [Lachmann, Lachmann, Mauser 1980a]:

$$k_{1,2} = \frac{-S \pm \sqrt{S^2 - 4D}}{2} \tag{8-75c}$$

Die Größen z_{ij} von Gl. (8-74a) und (8-74b) können durch formale Integration bestimmt werden (z.B. mit den in [Niemann 1972; Perkampus, Kaufmann 1991] vorgestellten Computerprogrammen). Damit können D und S und über Gl. (8-75c) k_1 und k_2 berechnet werden. Die Vorgehensweise ist völlig analog zum Reaktionssystem A → B, C → D. Da die Glgn. (8-75a) - (8-75c) mit den Beziehungen (8-22a) - (8-23b) und (8-25) übereinstimmen, kann folglich das Reaktionssystem A → B, C → D **allein** durch spektroskopisch-kinetische Analyse nicht vom System A → B → C unterschieden werden. Ebenso konnten auch die spektroskopisch-einheitlichen Reaktionen A → Produkte, A ⇄ B und A → B, A → C allein durch spektroskopisch-kinetische Analyse nicht voneinander unterschieden werden (s. Kap. 7.4). – Der hier bestehende Zusammenhang kann verallgemeinert werden. Er wird zu den im Kap. 9.2.5 aufgestellten zwei Theoremen der spektroskopisch-kinetischen Analyse führen.

Für die Auswertung können auch Extinktions-Differenzen-Gleichungen herangezogen werden, so gilt auch hier Gl. (8-37) [Lachmann, Lachmann, Mauser 1978; Mauser, Polster 1987]:

$$\frac{\Delta^2 E_\lambda(t)}{\Delta E_\lambda(t)} = \left(e^{-k_1\Delta}-1\right)+\left(e^{-k_2\Delta}-1\right)-\left(e^{-k_1\Delta}-1\right)\cdot\left(e^{-k_2\Delta}-1\right)\left(\frac{E_\lambda(t)-E_{\lambda\infty}}{\Delta E_\lambda(t)}\right) \quad (8\text{-}37)$$

Ebenso gilt hier:

$$E_\lambda(t+2\Delta) = z_0 + z_1 E_\lambda(t) + z_2 E_\lambda(t+\Delta) \quad (8\text{-}39)$$

mit

$$z_0 = \left(e^{-k_1\Delta}-1\right)\cdot\left(e^{-k_1\Delta}-1\right) E_{\lambda\infty} \quad ,$$

$$z_1 = -\,e^{-k_1\Delta}\,e^{-k_2\Delta} \quad ,$$

$$z_2 = e^{-k_1\Delta}+e^{-k_2\Delta}$$

und

$$E_{\lambda\infty} = \frac{z_0}{1-z_1-z_2} \quad . \quad (8\text{-}40)$$

Ferner gelten auch hier die Beziehungen [Mauser, Polster 1987]:

$$\frac{\Delta E_1(t)}{E_1(t)-E_{1\infty}} = +\,z'_{11} + z'_{12}\left(\frac{E_2(t)-E_{2\infty}}{E_1(t)-E_{1\infty}}\right) \quad , \quad (8\text{-}45a)$$

$$\frac{\Delta E_2(t)}{E_1(t)-E_{1\infty}} = +\,z'_{21} + z'_{22}\left(\frac{E_2(t)-E_{2\infty}}{E_1(t)-E_{1\infty}}\right) \quad (8\text{-}45b)$$

mit

$$\Delta E_\lambda(t) = E_\lambda(t+\Delta) - E_\lambda(t) \quad .$$

Mit den Beziehungen

$$S' = z'_{11} + z'_{22} \qquad \text{und} \qquad D' = z'_{11}z'_{22} - z'_{12}z'_{21} \quad (8\text{-}46a, b)$$

erhält man schließlich für k_1 und k_2

$$k_{1,2} = -\frac{1}{\Delta}\,ln\left[\frac{2+S'\pm\sqrt{S'^2-4D'}}{2}\right] \quad . \quad (8\text{-}48)$$

8.2.1 Meßbeispiel: Photoreaktionen

Ein Beispiel für ein System, das aus Photofolgereaktionen besteht, ist die Photoreduktion von Anthrachinon-2-carbonsäure in sauerstofffreier, alkalischer Methanol-Lösung:

Anthrachinon-2-carbonat $\xrightarrow{h\nu}$ Anthrasemichinon-Radikalanion $\xrightarrow{h\nu}$ Anthrahydrochinon-Dianion

Während der Bestrahlung mit (monochromatischem) Licht der Wellenlänge 313 nm wird zunächst das substituierte Anthrasemichinon-Radikalanion erzeugt, das unter Sauerstoffausschluß thermisch sehr stabil ist und keiner merklichen Dunkelreaktion unterliegt. Aus diesem Semichinonradikal entsteht dann langsam durch weitere Photoreduktion das schwach gelb fluoreszierende Dianion des substituierten Anthrahydrochinons als Endprodukt. Diese Photoreduktionsreaktionen können mit verschieden substituierten Anthrachinonen durchgeführt werden (so z.B. mit 2-Methyl-, 2,3-Dimethyl-, 1-Chlor-, 2-Chlor-, 1,5-Dichlor-Anthrachinon).

In der Abb. 8-13 sind die Reaktionsspektren von Anthrachinon-2-carbonat und in Abb. 8-14 Extinktions-Kurven in Abhängigkeit von der Bestrahlungszeit t für drei Wellenlängen dargestellt [Starrock 1974]. Die Reaktionen wurden in Methanol durchgeführt, dem Natrium-methylat ($[NaOCH_3] \approx 0{,}1$ M) zugesetzt wurde. Die aus diesen Daten konstruierten E-Diagramme zeigen teilweise gekrümmte Kurven (s. Abb. 8-15); die EDQ-Diagramme führen zu Geraden. Die Photoreduktion ist demnach nicht spektroskopisch-einheitlich.

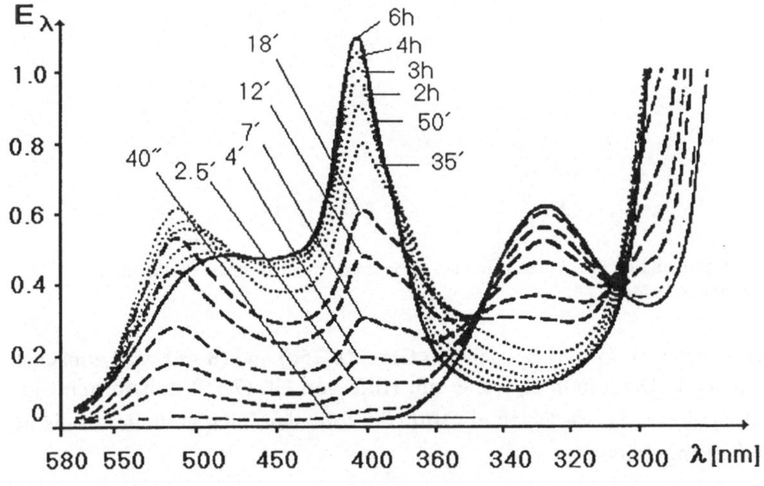

Abb. 8-13 Reaktionsspektren der Photoreduktion von Anthrachinon-2-carbonsäure in alkalischem Methanol ($\lambda' = 313$ nm, $a_0 = 9{,}98 \cdot 10^{-5}$ M). Original aus [Starrock 1974].

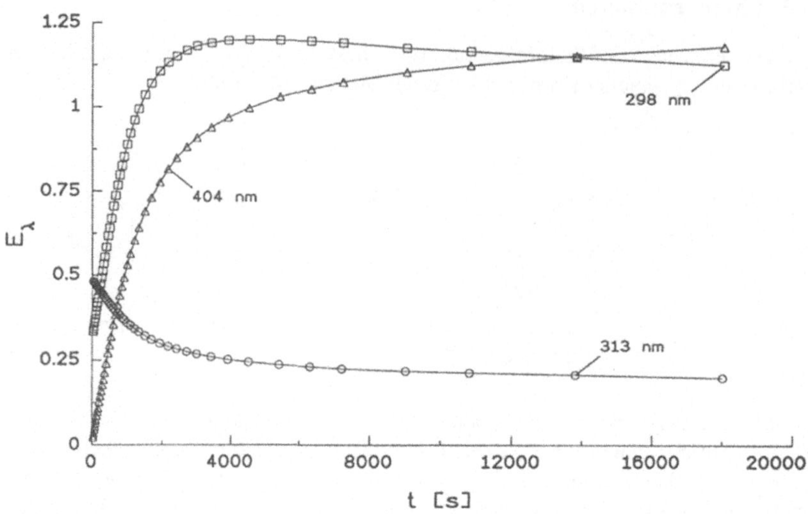

Abb. 8-14 Extinktions-Zeit-Kurven der Photoreduktion von Anthrachinon-2-carbonsäure in alkalischem Methanol (λ' = 313 nm, I_0= 1,26 · 10^{-9} Einstein/(s · cm^2); a_0 = 1,10 · 10^{-4} M) [Starrock 1974].

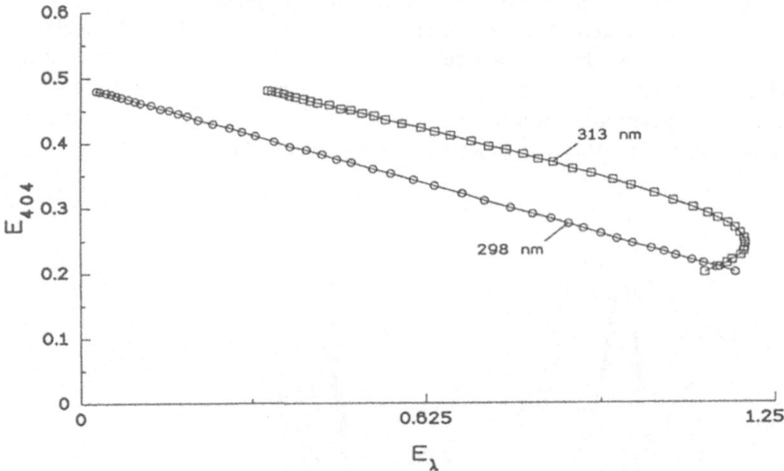

Abb. 8-15 E-Diagramme der Photoreduktion von Anthrachinon-2-carbonsäure in alkalischem Methanol (vgl. Abb. 8-13) [Starrock 1974].

Für die Bestimmung der Konstanten k_1 und k_2 nach den Glgn. (8-75c) und (8-48) wird zunächst Abb. 8-14 in das entsprechende Diagramm E_λ vs. Θ mit Hilfe von Gl. (7-29) transformiert (s. Abb. 8-16). Die Auswertung dieser E_λ- Θ- Daten mit Hilfe der formalen Integration liefert die in der Tabelle 8-8 dargestellten Ergebnisse.

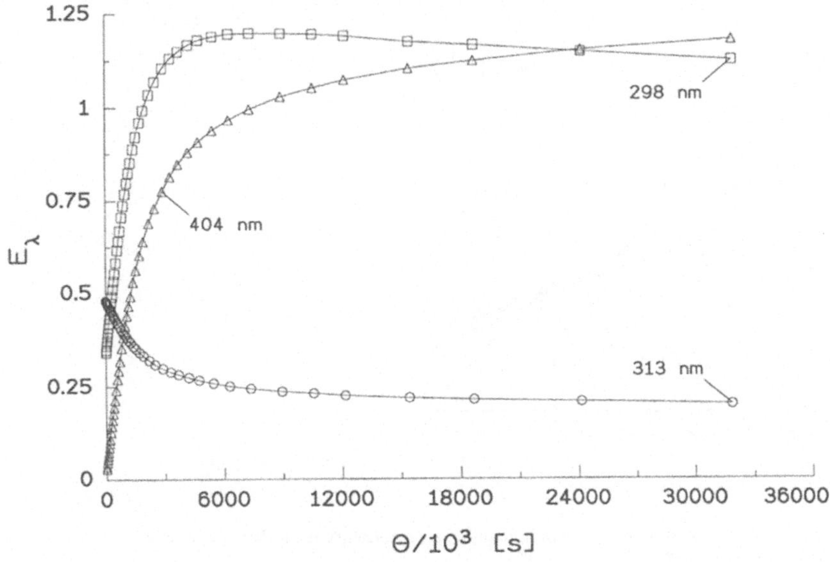

Abb. 8-16 Diagramm E_λ vs. Θ der Photoreduktion von Anthrachinon-2-carbonsäure in alkalischem Methanol (vgl. Abb. 8-13).

Tabelle 8-8 Bestimmung von k_1 und k_2 nach Gl. (8-75c); die Größen z_{ij} (s. Gl. (8-74a) und (8-74b)) wurden durch formale Integration bestimmt.

λ_1/λ_2 [nm]	$k_1 \cdot 10^{+4}$ [s^{-1}]	$k_2 \cdot 10^{+4}$ [s^{-1}]
298/404	1,01	6,18

Die Auswertung der Photoreduktion mit Hilfe von Extinktions-Differenzengleichungen 1. Ordnung, die sich aus Extinktionen verschiedener Wellenlängen zusammensetzen, führt zu den in der Abb. 8-17 dargestellten Geraden. Die über die Steigungen und Ordinatenabschnitte ermittelten Werte k_1 und k_2 sind in der Tabelle 8-9 für verschiedene Δ-Werte (ΔΘ) angegeben. Sie differieren maximal um ca. 15% von Tabelle 8-8. Dies liegt vermutlich daran, daß der experimentell bestimmte $E_{\lambda\infty}$-Wert, der hier eingesetzt wurde, relativ fehlerhaft ist. – Im Kap. 8.2.3 wird gezeigt werden, wie hier die Konstanten k_1 und k_2 den Teilschritten zugeordnet werden können.

Tabelle 8-9 Photoreduktion von Anthrachinon-2-carbonsäure: Bestimmung von k_1 und k_2 nach Gl. (8-48) mit Hilfe von Abb. 8-1.

λ_1/λ_2 [nm]	$\Delta\Theta/10^3$ [s]	$k_1 \cdot 10^{+4}$ [s^{-1}]	$k_2 \cdot 10^{+4}$ [s^{-1}]
	800	1,13	6,69
298/404	600	1,17	6,72
	400	1,18	6,51

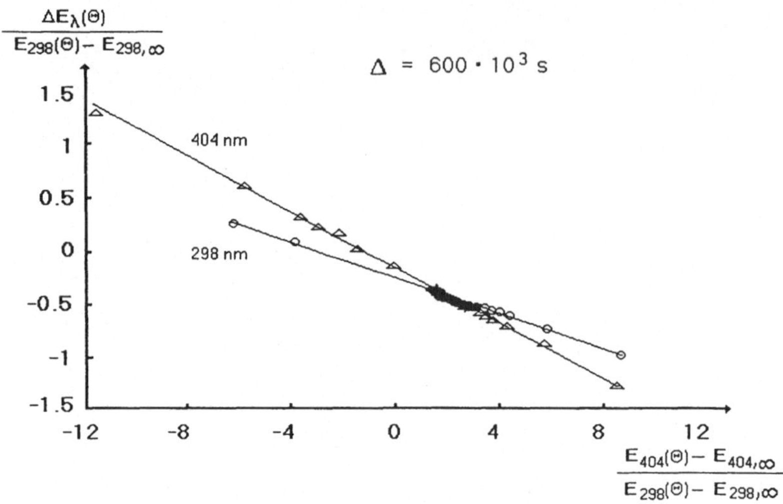

Abb. 8-17 Auswertung der Photoreduktion von Anthrachinon-2-carbonsäure nach den Glgn. (8-45a) und (8-45b). Meßdaten aus [Starrock 1974].

8.2.2 Meßbeispiel: Dunkelreaktionen

Folgereaktionen mit einem Teilschritt einer Reaktion pseudo 1. Ordnung werden öfters angetroffen. So ist die Imidazol-katalysierte Hydrolyse von Thioestern, die im Kap. 7.2 behandelt wurde, ein Beispiel dafür. Ein weiteres Beispiel stellt die Reaktion zwischen Imidazol und p-Trimethylammonium-zimtsäure-4′-methyl-umbelliferylester (4-**M**ethyl-**u**mbelliferyl-p-**trim**ethyl**a**mmonium-**c**innamat, MUTMAC) dar, das u.a. als Titrationsmittel für die Bestimmung von α-Chymotrypsin verwendet wird:

MUTMAC + Imidazol $\xrightarrow{k'_1}$

+ 4-Methylumbilliferon

H_2O | k_2

Der Reaktionsmechanismus lautet demnach (A = MUTMAC, I = Imidazol, B_1 = 4-Methylumbelliferon, B_2 = p-Trimethylammonium-cinnamoyl-umbelliferyl-imidazol, C = p-Trimethyl-ammonium-zimtsäure):

$$A + [I] \rightarrow B_1 + B_2$$

$$B_2 + H_2O \rightarrow C + [I]$$

oder kurz (mit B = B_2):

$$A + [I] \xrightarrow[(+B_1)]{k_1'} B \xrightarrow{k_2} C \qquad (8\text{-}76)$$

Wenn die Konzentration des Imidazols (I) viel größer ist als die von A ($i_0 \gg a_0$), bleibt die Konzentration von I während der Reaktion praktisch konstant ([I] = const.). Demnach ist die erste Teilreaktion eine Reaktion pseudo 1. Ordnung.

In der Abb. 8-18 sind die Reaktionsspektren der imidazolkatalysierten MUTMAC-Hydrolyse bei pH = 7,50 dargestellt. Die E-Diagramme zeigen durchweg gekrümmte Kurven (s. Abb. 8-19), dagegen werden im EDQ-Diagramm ausschließlich Geraden angetroffen (s. Abb. 8-20). Diese Ergebnisse stehen in Einklang mit dem Mechanismus (8-76).

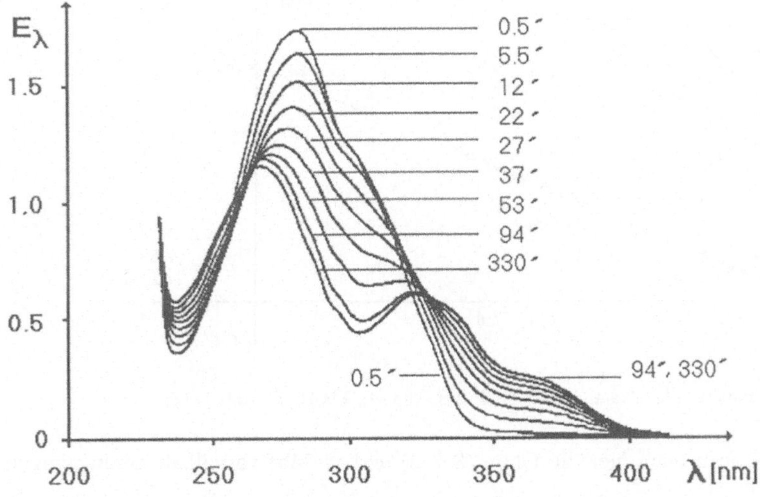

Abb. 8-18 Reaktionsspektren der Imidazolkatalysierten Hydrolyse von MUTMAC ([MUTMAC] = $5\cdot 10^{-5}$ M; [Imidazol] = 0,036 M; 0,45 M Phosphatpuffer pH = 7,50; 10 Vol. % CH_3CN; 25,0 °C).

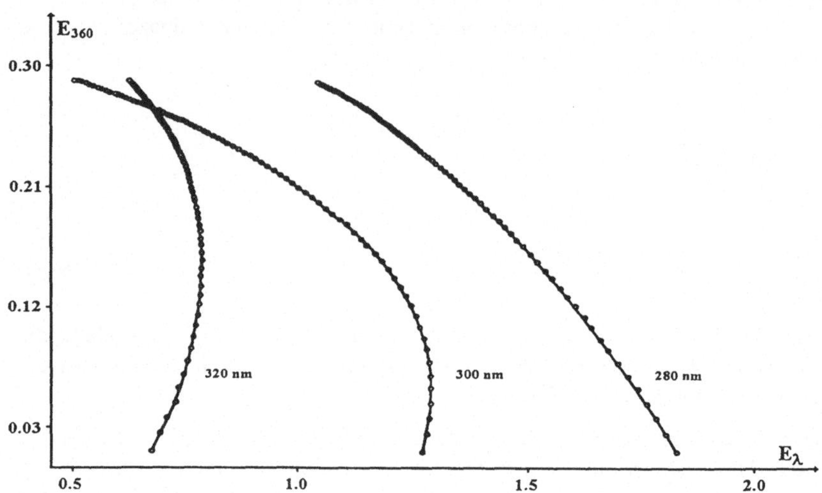

Abb. 8-19 E-Diagramme der Imidazolkatalysierten Hydrolyse von MUTMAC (s. Abb. 8-18).

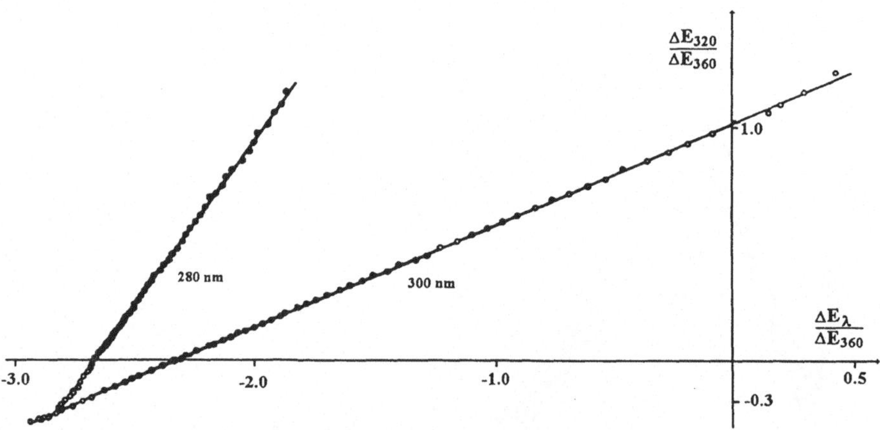

Abb. 8-20 EDQ-Diagramme der Imidazolkatalysierten Hydrolyse von MUTMAC (s. Abb. 8-18).

Für die Auswertung können auch hier die Glgn. (8-74a) und (8-74b) vorteilhaft herangezogen werden:

$$\dot{E}_1 = z_{10} + z_{11}\,E_1 + z_{12}\,E_2$$

$$\dot{E}_2 = z_{20} + z_{21}\,E_1 + z_{22}\,E_2 \quad ,$$

wobei aber Gl. (8-75b) wie folgt zu modifizieren ist:

$$S = z_{11} + z_{22} = -k_1' - k_2 \qquad \text{mit} \qquad k_1' = k_1\,i_0 \ . \tag{8-77}$$

(i_0 = Einwaagekonzentration des Imidazols)

Die Geschwindigkeitskonstanten k_1 und k_2 können mit Hilfe der formalen Integration (s. Glgn. (8-26a) und (8-26b)) bestimmt werden, wenn die Einwaagekonzentration i_0 bei sonst gleichen Reaktionsbedingungen variiert und als Funktion von S in einem Diagramm aufgetragen wird (s. Abb. 8-21). Die resultierende Geradensteigung liefert dann k_1 und der Ordinatenabschnitt k_2. Man erhält in dieser Weise die Werte:

$$k_1 = 2{,}20 \cdot 10^{-2}\ \mathrm{M^{-1}\,s^{-1}}$$

$$k_2 = 1{,}08 \cdot 10^{-3}\ \mathrm{s^{-1}}$$

Durch die Variation von i_0 können k_1' und k_2 den Teilreaktionen zugeordnet werden. Eine Zuordnung der Geschwindigkeitskonstanten ist auch in besonderen Fällen bei „reinen" Folgereaktionen vom Typ A → B → C möglich, wie im Kap. 8.2.3 gezeigt wird.

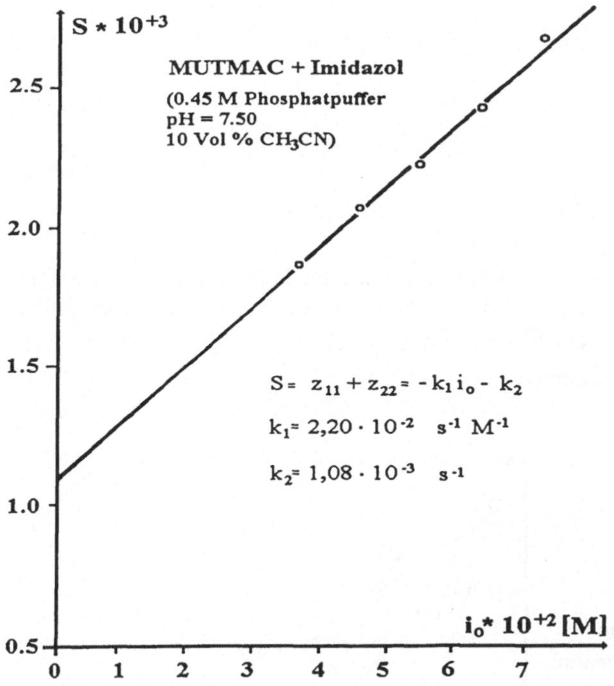

Abb. 8-21 Diagramm S vs. i_0 (s. Gl. (8-77)) der Imidazol-katalysierten Hydrolyse von MUTMAC.

8.2.3 Flächenverhältnisse und geometrische Beziehungen im E-Diagramm

Wie nachfolgend gezeigt wird, kann das Verhältnis $\kappa = k_2/k_1$ von Folgereaktionen mit Hilfe von E-Diagrammen aus Flächenverhältnissen – analog zum Kap. 8.1.7 – bestimmt werden.

Das E-Diagramm ist ein affin verzerrtes X-Diagramm (s. Kap. 8.1.7 und Abb. 8-12). Geometrische Beziehungen im E-Diagramm können daher einfacher aus dem X-Diagramm abgeleitet werden. Die Glgn. (8-70a) und (8-70b) geben den Verlauf der Funktion $X_2 = X_2\,(X_1)$

in Parameterdarstellung an. Eliminiert man aus diesen beiden Gleichungen die Zeit t, so erhält man mit

$$\kappa = \frac{k_2}{k_1} \tag{8-78}$$

die Funktion:

$$X_2 = X_1 - a_0 \frac{\left(1 - X_1 / a_0\right)^{\kappa} - \left(1 - X_1 / a_0\right)}{1 - \kappa} \tag{8-79}$$

Analog zum Kap. 8.1.7 findet man hieraus für die Steigungen zur Zeit $t = 0$ und $t \to \infty$ [Mauser 1974; Mauser, Polster 1987]:

$$\left.\frac{\mathrm{d}X_2}{\mathrm{d}X_1}\right|_{t \to 0} = 0 \tag{8-80a}$$

und

$$\left.\frac{\mathrm{d}X_2}{\mathrm{d}X_1}\right|_{t \to \infty} = \begin{cases} \dfrac{\kappa}{\kappa - 1}, & \text{wenn} \quad \kappa > 1 \\ \infty \quad , & \text{wenn} \quad \kappa < 1 \end{cases} \tag{8-80b}$$

Wie im Fall des Reaktionssystems A → B, C → D müssen auch bei Folgereaktionen die Fälle $\kappa > 1$ und $\kappa < 1$ unterschieden werden. Je kleiner das Verhältnis κ ist, um so mehr schmiegt sich die Kurve den Verbindungslinien $\overline{AB}$ und $\overline{BC}$ an (s. Abb. 8-22). Wird umgekehrt κ sehr groß, fällt die Kurve mit der Geraden $\overline{AC}$ zusammen.

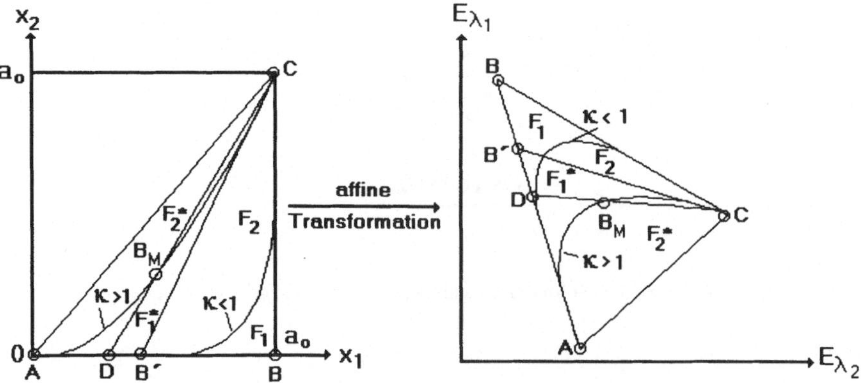

Abb. 8-22 Folgereaktion A → B → C: affine Transformation des X-Diagramms in das E-Diagramm.

Die Kurve berührt im Anfangs- und Endpunkt das umschreibende rechtwinklige Dreieck ABC, wenn $\kappa < 1$ ist. Wenn aber $\kappa > 1$ ist, läuft die Kurve innerhalb des schiefwinkligen Dreiecks AB'C, wobei $\overline{B'C}$ die Tangente im Punkt C ist. Für diese Tangente gilt die Beziehung

$$X_2 = -\frac{1}{\kappa-1}\,a_0 + \frac{\kappa}{\kappa-1}\,X_1 \quad . \tag{8-81}$$

$\overline{B'C}$ schneidet demnach die Abszisse bei

$$X_{1B'} = \frac{a_0}{\kappa} \quad . \tag{8-82}$$

Geht man zur Berechnung des Flächenverhältnisses F_2/F_1 wie im Kap. 8.1.7 beschrieben vor, findet man als Ergebnis für den Fall $\kappa < 1$ [Mauser, Polster 1987]:

$$\frac{F_1}{F_2} = \kappa \tag{8-83}$$

Dabei ist F_1 die Fläche unter der Kurve des X-Diagrammes und F_2 die Fläche zwischen der Verbindungslinie $\overline{AC}$ und der Kurve (s. Abb. 8-22). Für den Fall $\kappa > 1$ findet man analog:

$$\frac{F_1^*}{F_2^*} = \frac{1}{\kappa} \tag{8-84}$$

Dabei ist F_1* die Fläche im Dreieck AB'C, die unter der Kurve liegt, und F_2* die entsprechende Fläche über der Kurve (s. Abb. 8-22). Damit steht fest: Verbindet man die Anfangs- und Endpunkte des X-Diagramms durch eine Gerade und legt an diese Punkte die Tangenten an, so resultiert ein Dreieck, das durch die Kurve in zwei Flächen aufgeteilt wird. Das Verhältnis dieser beiden Flächen ist gleich dem Verhältnis der beiden Konstanten k_1 und k_2. Dieser Zusammenhang gilt auch analog für das E-Diagramm (s. Abb. 8-22), das ein affin verzerrtes X-Diagramm ist.

Wie explizit gezeigt wurde, gelten die Glgn. (8-83) und (8-84) sowohl für das Reaktionssystem A → B → C als auch für die Parallelreaktionen A → B, C → D (s. Glgn. (8-56) und (8-64)). Dieses Ergebnis ist nicht überraschend, da rein spektroskopisch zwischen den beiden Reaktionssystemen ohne Zusatzinformation nicht unterschieden werden kann.

Eine weitere geometrische Beziehung kann hergestellt werden. Mit Hilfe dieser Beziehung kann in günstigen Fällen bei Dunkel- oder Folgereaktionen entschieden werden, welche Teilreaktion schneller abläuft. Dazu wird im X-Diagramm der Punkt B_M auf der Kurve ermittelt, bei der die Intermediärkomponente B die maximale Konzentration (b_M) besitzt. Dieser Punkt liegt dort, wo die Kurve den maximalen Abstand zur Verbindungslinie $\overline{AC}$ hat (s. Abb. 8-22). Legt man durch die Punkte B_M und C eine Gerade, so schneidet diese die Abszisse im Punkt D.

Um die Koordinaten von D zu bestimmen, müssen die Koordinaten von B_M bekannt sein. Nach Gl. (8-66e) gilt für $\dot{b}$:

$$\dot{b} = k_1 a - k_2 b$$

Für B_M erhält man demnach (unter Berücksichtigung, daß hier $\dot{b} = 0$ ist und Gl. (8-66a) gilt) die Beziehungen:

$$a_M = \frac{k_2}{k_1}\,b_M = \kappa\,b_M = a_0 - X_{1M}$$

bzw.

$$X_{1M} = a_0 - \kappa b_M \quad . \tag{8-85}$$

Bei B_M besitzt die Komponente C die Konzentration c_M. Wegen der stöchiometrischen Randbedingung $a_0 = a_M + b_M + c_M$ gilt mit $c_M = X_{2M}$ (s. Gl. (8-66c)):

$$X_{2M} = a_0 - a_M - b_M = a_0 - \kappa b_M - b_M = a_0 - (1+\kappa) b_M \tag{8-86}$$

Stellt man die Geradengleichung für $\overline{B_M C}$ auf (wobei für C gilt: $X_{2C} = a_0 = X_{1C}$) und bringt $\overline{B_M C}$ mit der Abszisse zum Schnitt, so findet man für den resultierenden Punkt D ($X_{2D} = 0$):

$$X_{1D} = \frac{a_0}{\kappa + 1} \tag{8-87}$$

Nach Gl. (8-82) gilt für den Punkt B′ (im Fall $\kappa > 1$):

$$X_{1B'} = \frac{a_0}{\kappa}$$

Damit entsprechen die Strecken $\overline{AB}$, $\overline{AD}$ und $\overline{AB'}$ in der Abb. 8-22 den Beziehungen:

$$\overline{AB} \mathrel{\hat{=}} a_0 \tag{8-88a}$$

$$\overline{AD} \mathrel{\hat{=}} \frac{a_0}{\kappa + 1} \tag{8-88b}$$

$$\overline{AB'} \mathrel{\hat{=}} \frac{a_0}{\kappa} \tag{8-88c}$$

Aus diesen Beziehungen folgt für κ:

$$\kappa = \frac{\overline{AB}}{\overline{AB'}} = -1 + \frac{\overline{AB}}{\overline{AD}}$$

Durch Umstellung erhält man hieraus für den Fall $\kappa > 1$:

$$\overline{AB} = \frac{1}{\dfrac{1}{\overline{AD}} - \dfrac{1}{\overline{AB'}}} \tag{8-89}$$

Diese von Mauser aufgestellte Beziehung gilt auch für das E-Diagramm. Die Strecken $\overline{AD}$ und $\overline{AB'}$ sind experimentell leicht bestimmbar, so daß $\overline{AB}$ nach dieser Beziehung grundsätzlich berechnet werden kann. Wenn man – wie bei der Photoreduktion von Anthrachinon-2-carbonsäure (s. Abb. 8-23) – so vorgeht, findet man in günstigen Fällen, daß im E-Diagramm der berechnete Punkt B im 2. Quadranten des Achsenkreuzes liegt. Da negative Extinktionen physikalisch sinnlos sind, folgt hieraus, daß der Punkt B′ zugleich der Punkt B sein muß. Dies bedeutet, daß hier $k_1 > k_2$ (d.h. $\kappa < 1$) ist. Damit kann ε'_B direkt aus dem Tangentenschnittpunkt B bestimmt werden, für den gilt (s. Abb. 8-23, Bestrahlungswellenlänge $\lambda' = 313$ nm):

$$E_{B,313} = \ell \, \varepsilon'_B a_0 \tag{8-90a}$$

Für den Punkt A gilt:

$$E_{A,313} = \ell \, \varepsilon'_A a_0 \tag{8-90b}$$

Mit den so bestimmten Größen ε'_A und ε'_B können bei bekannter Lichtintensität ($I_0 = 1{,}26 \cdot 10^{-9}$ Einstein/(s · cm^2)) über die Beziehungen

$$k_1 = I_0 \, \varepsilon'_A \, \varphi_1{}^A \tag{5-21a}$$

und

$$k_2 = I_0 \, \varepsilon'_B \, \varphi_2{}^B \quad . \tag{5-21b}$$

$\varphi_1{}^A$ und $\varphi_2{}^B$ berechnet werden. Man findet so nach Starrock für Anthrachinon-2-carbonsäure [Starrock 1974]:

$$\varphi_1{}^A = 0{,}10 \quad \text{und} \quad \varphi_2^B = 0{,}03$$

Die Folgereaktionen einer Reihe weiterer Anthrachinonderivate wurden in alkalischer Methanol-Lösung untersucht. Ihre Quantenausbeuten sind in der Tabelle 8-10 dargestellt.

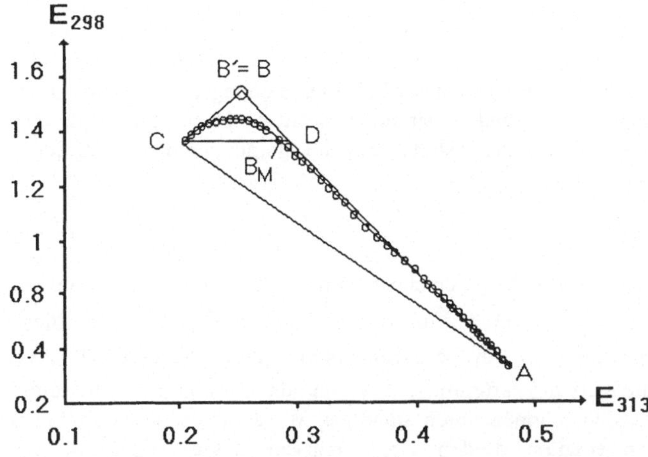

Abb. 8-23 E-Diagramm der Photoreduktion von Anthrachinon-2-carbonsäure in alkalischem Methanol (s. Abb. 8-13). Im Punkt B_M hat die Komponente B ihre maximale Konzentration (die Kurve hat daher im Punkt B_M den maximalen Abstand von $\overline{AC}$). Der Punkt B fällt hier mit B' zusammen. Meßdaten aus [Starrock 1974].

Tabelle 8-10 Partielle Quantenausbeuten der Folgereaktionen von substituierten Anthrachinonen in alkalischem Milieu [Starrock 1974]

Substanz	φ_1^A	φ_2^B
2-Methyl-anthrachinon	0,63	0,27
2,3-Dimethyl-anthrachinon	0,37	0,19
1-Chlor-anthrachinon	1,11	0,36
2-Chloranthrachinon	1,11	0,22
1,5-Dichlor-anthrachinon	1,16	0,09

Die Photoreduktion von Anthrachinon ist in [Mauser, Starrock et al. 1972 b] detailliert beschrieben.

8.3 Simulation von Extinktions-Zeit-Kurven

Für die Überprüfung der Übereinstimmung von Theorie und Experiment können nicht nur die in den Kap. 8.1.1.-8.1.7 dargestellten Verfahren herangezogen werden, sondern auch simulierte Extinktions-Zeit-Kurven, die mit den experimentell ermittelten verglichen werden. Um das Verfahren zu erläutern, werden die beiden simultan ablaufenden Dunkelreaktionen

$$A \rightarrow B$$

$$C \rightarrow D$$

des Meßbeispiels aus Kap. 8.1.1 betrachtet. Die Extinktions-Zeit-Kurven der simultanen Spontanhydrolysen von Boc-gly-ONP und oNPA sind in der Abb. 8-6 dargestellt. Für die Extinktions-Differentialgleichungen gelten nach den Glgn. (8-21a) und (8-21b) die Beziehungen

$$\dot{E}_1 = z_{10} + z_{11} E_1 + z_{12} E_2 \quad ,$$

$$\dot{E}_2 = z_{20} + z_{21} E_1 + z_{22} E_2 \quad .$$

Wenn die Größen z_{ij} bekannt sind, können mit Hilfe dieser beiden Gleichungen alle Extinktions-Zeit-Kurven für die Wellenlängen $\lambda = 1$ und 2 simuliert werden. Dazu wird von den Anfangspunkten $E_{\lambda 0}$ (d. h. E_λ zur Zeit $t = 0$) aus gestartet. Für die Steigungen der Extinktions-Zeit-Kurven gilt in diesen Punkten ($\lambda = 1{,}2$):

$$\dot{E}_{\lambda 0} = z_{\lambda 0} + z_{\lambda 1} E_{10} + z_{\lambda 2} E_{20} \tag{8-91}$$

Da $E_{\lambda 0}$ und z_{ij} bekannt sind, kann hieraus $\dot{E}_{\lambda 0}$ berechnet werden. Konstruiert man nun im Diagramm E_λ vs. t in den Punkten $E_{\lambda 0}$ die Geraden mit den Steigungen $\dot{E}_{\lambda 0}$, so geben diese Geraden die Tangenten der Kurven in $E_{\lambda 0}$ an. An diese Tangenten schmiegen sich die Kurven umso länger an, je weniger stark die Kurven gekrümmt sind. Wenn nun sehr kleine Schrittweiten (Δt) auf der Zeitachse gewählt werden, können durch ständiges Wiederholen des Verfahrens simulierte Extinktions-Zeit-Kurven erhalten werden. Diese Kurven müssen dann mit den experimentell bestimmten gut übereinstimmen, (d.h. die Meßpunkte dürfen nur geringfügig um die simulierten Kurven streuen), wenn der angenommene Reaktionsmechanismus und damit der entsprechende funktionale Zusammenhang zutrifft.

Für die Simulation von solchen Kurven hat sich das **Runge-Kutta**-Verfahren bewährt [Zurmühl, 1965]. Am Beispiel der Abb. 8-6 soll nachfolgend die Vorgehensweise erläutert werden.

Wichtig für die Anwendung des Runge-Kutta-Verfahrens ist es, daß eine ausreichend kleine Schrittweite (Δt) gewählt wird, für deren Bestimmung zusätzliche Verfahren entwickelt wurden [Zurmühl, 1965]. Für die Berechnung der Funktionswerte (E_λ, nachfolgend dafür y_λ) werden vier Rechenoperationen, die im folgenden mit den Indices I, II, III, und IV bezeichnet werden, durchgeführt. Die Simulation startet von den Anfangspunkten ($E_{\lambda 0}$, $t = 0$) der E_λ-t-Kurven aus. Für das Nachfolgende ist es zweckmäßig, die Definitionen

$$x_I = x_0 = t\,(= 0) \tag{8-92a}$$

$$y_{\lambda I} = y_{\lambda 0} = E_{\lambda 0} \tag{8-92b}$$

einzuführen. Für die Berechnung der Tangentensteigungen in den Punkten x_I, $y_{\lambda I}$ wird von Gl. (8-91) ausgegangen. Mit diesen Steigungen kann der Zuwachs bzw. die Abnahme ($k_{\lambda I}$) von $y_{\lambda I}$

näherungsweise berechnet werden, um den sich $y_{\lambda I}$ ändert, wenn man in Richtung der Zeitachse um Δt fortschreitet:

$$k_{\lambda I} = (z_{\lambda 0} + z_{\lambda 1} E_{10} + z_{\lambda 2} E_{20}) \cdot \Delta t \tag{8-93}$$

Indem nun die Schrittweite halbiert wird, kommt man für jedes λ zu dem Punkt mit den Koordinaten

$$x_{II} = x_I + \frac{1}{2} \Delta t \ , \tag{8-94a}$$

$$y_{\lambda II} = y_{\lambda I} + \frac{1}{2} k_{\lambda I} \ . \tag{8-94b}$$

Mit Hilfe dieses Punktes kann analog zu oben eine etwas andere Zu- bzw. Abnahme $(k_{\lambda II})$ von $y_{\lambda I}$ berechnet werden, wenn in Gl. (8-93) $E_{\lambda 0}$ durch $y_{\lambda II}$ ersetzt wird:

$$k_{\lambda II} = (z_{\lambda 0} + z_{\lambda 1} y_{1II} + z_{\lambda 2} y_{2II}) \cdot \Delta t \tag{8-95}$$

Indem nun wieder für jedes λ vom Anfangspunkt aus gestartet und ein halber Schritt $(\Delta t/2)$ durchgeführt wird, kommt man zu dem Punkt

$$x_{III} = x_{II} = x_I + \frac{1}{2} \Delta t \ , \tag{8-96a}$$

$$y_{\lambda III} = y_{\lambda I} + \frac{1}{2} k_{\lambda II} \ . \tag{8-96b}$$

Mit den Koordinaten dieses Punktes kann wiederum der Zuwachs bzw. die Abnahme $(k_{\lambda III})$ von $y_{\lambda I}$ berechnet werden:

$$k_{\lambda III} = (z_{\lambda 0} + z_{\lambda 1} Y_{1III} + z_{\lambda 2} Y_{2III}) \cdot \Delta t \tag{8-97}$$

Indem ein drittes Mal vom Ausgangspunkt, jedoch diesmal bis zum Schrittende, vorgegangen wird, erhält man den Punkt mit den Koordinaten

$$x_{IV} = x_I + \Delta t \ , \tag{8-98a}$$

$$y_{\lambda IV} = y_{\lambda I} + k_{\lambda III} \ . \tag{8-98b}$$

Die Änderung $(k_{\lambda IV})$ von $y_{\lambda I}$ kann damit ein viertes Mal berechnet werden zu:

$$k_{\lambda IV} = (z_{\lambda 0} + z_{\lambda 1} y_{1IV} + z_{\lambda 2} y_{2IV}) \cdot \Delta t \tag{8-99}$$

Aus den so berechneten $k_{\lambda I}...k_{\lambda IV}$-Werten kann ein Mittelwert (k_λ) gebildet werden, der neben dem Anfangspunkt zu einem weiteren Kurvenpunkt führt. Für dessen Wert k_λ gilt [Zurmühl 1965]:

$$\begin{aligned} k_\lambda &= \frac{1}{6} (k_{\lambda I} + 2 k_{\lambda II} + 2 k_{\lambda III} + k_{\lambda IV}) \\ &= \frac{1}{3} \left[\frac{1}{2} (k_{\lambda I} + k_{\lambda IV}) + k_{\lambda II} + k_{\lambda III} \right] \end{aligned} \tag{8-100}$$

Für den neuen Kurvenpunkt $(x_1, y_{\lambda 1})$ gilt demnach in guter Näherung:

$$x_1 = x_I + \Delta t \tag{8-101a}$$

$$y_{\lambda 1} = y_{\lambda I} + k_\lambda = y_{\lambda 0} + k_\lambda \tag{8-101b}$$

Wie man zeigen kann, stimmt der so für jede Wellenlänge berechnete Kurvenpunkt mit dem über eine Taylor-Reihe berechneten bis zur 4. Potenz ($(\Delta\, t)^4$) überein, so daß der Verfahrensfehler von der Ordnung $\Delta\, t^5$ ist. Dies bedeutet, daß das Verfahren bei kleinem Δt mit großer Genauigkeit arbeitet (umgekehrt ist aber der Fehler entsprechend groß, wenn Δt zu groß gewählt wird.)

Für die Berechnung der vollständigen Extinktions-Zeit-Kurven werden die Punkte (x_0, $y_{\lambda 0}$) durch (x_1, $y_{\lambda 1}$) ersetzt und das Verfahren erneut gestartet. Die so punktuell berechneten Kurven stimmen im Fall des Systems (8-29) mit den experimentellen sehr gut überein (über große Streckenbereiche beträgt die Abweichung < ± 0,05%. So streuen in der Abb. 8-6 die Meßpunkte nur minimal um die simulierten Extinktions-Zeit-Kurven.

Um den Einfluß der Meßfehler auf die Simulationskurven zu erfassen, kann man z.B. die Streuung der Meßpunkte um die berechnete Ausgleichskurve bestimmen und hieraus die Standardabweichungen der Koeffizienten z_{ij} ermitteln (ebenso ist es möglich, den simulierten Kurven normalverteilte Zufallszahlen aufzuprägen). Indem dann die Standardabweichungen auf die Koeffizienten z_{ij} addiert bzw. diese von z_{ij} substrahiert werden, können zwei weitere Kurven nach Gl. (8-91) berechnet werden. Diese Kurven verlaufen oberhalb und unterhalb zu der aus den Meßpunkten berechneten Simulationskurve E_λ vs. t (s. Abb. 8-24). Es wird so eine „Fehlertrompete" erhalten, die umso stärker „auseinanderläuft", je größer die Standardabweichungen von z_{ij} sind (in der Abb. 8-24 sind die Fehlertrompeten zur besseren Übersicht stark vergrößert eingezeichnet). Ebenso signifikant wirkt sich auch ein „falscher Reaktionsmechanismus" aus. – Die Genauigkeit von z_{ij} hängt davon ab, wieviele Konstanten zu bestimmen sind und in welchem Größenverhältnis sie zueinander stehen. Auch kann die formale Struktur der Differentialgleichungen einen ungünstigen Einfluß ausüben.

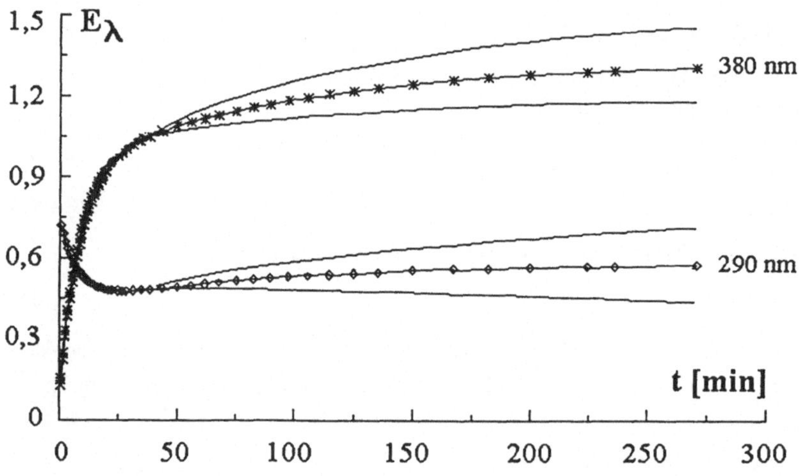

Abb. 8-24 Diagramm E_λ vs. t der Reaktion (8-29) (nur 2 Wellenlängen berücksichtigt): Die Meßpunkte streuen nur geringfügigem um die simulierten Kurven (——). Die eingezeichneten 'Fehlertrompeten' sind schematisch dargestellt und sollen nur das typische Verhalten in ungünstigen Fällen demonstrieren. Die Fehlertrompeten werden erhalten, wenn zu den Koeffizienten z_{ij} die Standardabweichungen addiert bzw. diese von z_{ij} substrahiert und die Simulationen neu gestartet werden.

Wie die Tabelle 8-11 am Beispiel der Wellenlängenkombination 420 nm/290 nm der Spontanhydrolysen von Boe-gly-ONP und oNPA zeigt, sind die durch formale Integration (nach den Glgn. (8-26a) und (8-26b)) bestimmten Standardabweichungen außerordentlich klein. Dies belegt die gute Übereinstimmung von Experiment und hypothetischem Reaktionsmechanismus.

Tabelle 8-11 Auswertung des Reaktionssystems (8-29) nach den Glgn. (8-26a) und (8-26b) für die Wellenlängenkombination 420 und 290 nm.

420 nm	290 nm	$k_1 \cdot 10^{+2}$ [s^{-1}]	$k_2 \cdot 10^{+3}$ [s^{-1}]
$z_{\lambda 0} = -0{,}37304 \cdot 10^{-3} \pm 0{,}2 \cdot 10^{-6}$	$z_{\lambda 0} = 0{,}35290 \cdot 10^{-3} \pm 0{,}1 \cdot 10^{-6}$		
$z_{\lambda 1} = -0{,}90977 \cdot 10^{-3} \pm 0{,}6 \cdot 10^{-7}$	$z_{\lambda 1} = 0{,}29193 \cdot 10^{-3} \pm 0{,}4 \cdot 10^{-7}$	0,209	0,173
$z_{\lambda 2} = +0{,}29702 \cdot 10^{-2} \pm 0{,}5 \cdot 10^{-6}$	$z_{\lambda 2} = -0{,}13506 \cdot 10^{-2} \pm 0{,}3 \cdot 10^{-6}$		

Simulationen von Extinktions-Zeit-Kurven nach dem Runge-Kutta-Verfahren können mit dem von H.J. Niemann entwickelten KINALYSE-Programm durchgeführt werden [Niemann 1972].

9 Verallgemeinerung der Verfahren

9.1 Reaktionslaufzahl - und Konzentrations-Gleichungen

Die wichtigsten der bisher entwickelten Verfahren zur spektroskopisch-kinetischen Analyse von linearen Dunkelreaktionen und quasilinearen Photoreaktionen werden hier verallgemeinert. Grundlage dafür ist die Matrizenrechnung. Gebraucht werden die Begriffe Jacobi-Matrix, Vandermondesche Matrix, Eigenwerte, charakteristisches Polynom, Hauptminoren, elementarsymmetrische Funktionen und Ähnlichkeitstransformation. – Das Kap. 9 kann vom weniger interessierten Leser übersprungen werden mit der Ausnahme von Kap. 9.2.5.

Das erste Ziel dieser Ausführungen ist die Ableitung der Hauptgleichung für die spektroskopisch-kinetische Analyse linearer Reaktionen:

$$\dot{\mathbf{E}} = \mathbf{Z}_0 + \mathbf{Z}\,\mathbf{E} = \mathbf{Z}(\mathbf{E} - \mathbf{E}_{\lambda\infty})$$

Dabei enthalten die Vektoren $\dot{\mathbf{E}}$ und $\mathbf{E}$ meßbare Größen (Extinktionen). Die Koeffizienten des Vektors $\mathbf{Z}_0$ und der Matrix $\mathbf{Z}$ setzen sich aus Konstanten zusammen, die durch lineare Regressionsanalyse zu bestimmen sind. Aus $\mathbf{Z}$ können dann die gesuchten Eigenwerte bzw. Summen der Hauptminoren des Reaktionssystems, die eine Funktion von k_i sind, berechnet werden. Für diese Zusammenhänge werden die allgemeinen Reaktionslaufzahl- und Konzentrations-Gleichungen benötigt.

Das zweite Ziel ist es, die Differenzen- und Rekursionsgleichungen, die sich aus der allgemeinen Lösung der Extinktions-Differentialgleichung ergeben, abzuleiten. Schließlich wird mit Hilfe der Ähnlichkeitstransformation gezeigt, daß lineare Reaktionssysteme, deren Jacobimatrizen den gleichen Rang haben, mit rein spektroskopischen Mitteln nicht voneinander unterschieden werden können. Dieser Sachverhalt führt direkt zum 2. Lehrsatz der Kinetik.

9.1.1 Die Differential-Hauptgleichungen

Nach den Glgn. (2-26) und (2-27) gelten die allgemeinen Beziehungen:

$$\Delta a_i = a_i - a_{i0} = \sum_{j=1}^{r} \nu_{ji} x_j \tag{9-1}$$

und

$$\dot{a}_i = \sum_{j=1}^{r} \nu_{ji} \dot{x}_j \tag{9-2}$$

mit (s. Gl. (3-7))

$$\dot{x}_j = k_j \prod_{i=1}^{n} a_i^{|\nu_{ji}|} \qquad (\nu_{ji} < 0) \quad . \tag{9-3}$$

Beispiel 1

Für das Beispiel A $\xrightarrow{k_1}$ B $\underset{k_3}{\overset{k_2}{\rightleftarrows}}$ C gilt das Rechteckschema:

	A	B	C	$\dot{x}_j$
x_1	-1	+1	0	$k_1\, a$
x_2	0	-1	+1	$k_2\, b$
x_3	0	+1	-1	$k_3\, c$

mit

$$\dot{x}_1 = k_1\, a \tag{9-4a}$$

$$\dot{x}_2 = k_2\, b \tag{9-4b}$$

$$\dot{x}_3 = k_3\, c \tag{9-4c}$$

Sind alle Reaktionen Photoreaktionen, stehen k_1, k_2 und k_3 für die Ausdrücke (s. Gl. (4-78)):

$$k_1 = I_0\, \varepsilon_A'\, \varphi_1^A \quad ,$$

$$k_2 = I_0\, \varepsilon_B'\, \varphi_2^B \quad ,$$

$$k_3 = I_0\, \varepsilon_C'\, \varphi_3^C \quad .$$

Für $\dot{x}_j$ gilt (s. Gl. (5-4)):

$$\dot{x}_j = \frac{\mathrm{d}\,x_j}{\mathrm{d}\Theta} \tag{9-5}$$

mit (s. Gl. (4-76)):

$$\mathrm{d}\Theta = 1000\left(\frac{1-10^{-E'}}{E'}\right)\mathrm{d}\,t \quad . \tag{9-6}$$

In Matrix-Schreibweise lauten die Glgn. (9-4a) - (9-4c):

$$\begin{pmatrix} \dot{x}_1 \\ \dot{x}_2 \\ \dot{x}_3 \end{pmatrix} = \begin{pmatrix} k_1 & 0 & 0 \\ 0 & k_2 & 0 \\ 0 & 0 & k_3 \end{pmatrix} \begin{pmatrix} a \\ b \\ c \end{pmatrix} \tag{9-7a}$$

oder kurz:

$$\dot{\mathbf{x}} = \mathbf{K}^{\mathbf{0}}\ \mathbf{a} \tag{9-7b}$$

Unter Berücksichtigung von Gl. (9-1) gelten für die Konzentrationen im Fall von A $\rightarrow$ B $\rightleftarrows$ C:

$$a = a_0 - x_1 \quad , \tag{9-8a}$$

$$b = x_1 - x_2 + x_3 \quad , \tag{9-8b}$$

$$c = x_2 + x_3 \quad . \tag{9-8c}$$

Die Koeffizienten ν_{ji} des Rechteckschemas sind die Koeffizienten einer Matrix ν, für die im Fall des Beispiels gilt:

$$\nu = \begin{pmatrix} -1 & +1 & 0 \\ 0 & -1 & +1 \\ 0 & +1 & -1 \end{pmatrix} \tag{9-9}$$

Für die Glgn. (9-8a) - (9-8c) gilt demnach in Matrixschreibweise

$$a = \begin{pmatrix} a \\ b \\ c \end{pmatrix} = \begin{pmatrix} a_0 \\ 0 \\ 0 \end{pmatrix} + \begin{pmatrix} -1 & 0 & 0 \\ +1 & -1 & +1 \\ 0 & +1 & -1 \end{pmatrix} \begin{pmatrix} x_1 \\ x_2 \\ x_3 \end{pmatrix} \tag{9-10}$$

oder kurz

$$\mathbf{a} = \mathbf{a_0} + \nu^T \cdot \mathbf{x} \quad . \tag{9-11}$$

Dabei ist ν^T die transponierte Matrix der stöchiometrischen Koeffizientenmatrix ν. Für Gl. (9-9) ist

$$\nu^T = \begin{pmatrix} -1 & 0 & 0 \\ 1 & -1 & 1 \\ 0 & 1 & -1 \end{pmatrix} \tag{9-12}$$

Führt man Gl. (9-11) in Gl. (9-7b) ein, folgt

$$\dot{\mathbf{x}} = \mathbf{K^0}\, \mathbf{a_0} + \mathbf{K^0}\, \nu^T\, \mathbf{x} \tag{9-13}$$

Durch Differentiation nach der Zeit erhält man aus Gl. (9-11):

$$\dot{\mathbf{a}} = \nu^T\, \dot{\mathbf{x}} \tag{9-14}$$

Demnach gilt mit Gl. (9-7b)

$$\dot{\mathbf{a}} = \nu^T\, \mathbf{K^0}\, \mathbf{a} \tag{9-15a}$$

oder

$$\dot{\mathbf{a}} = \widetilde{\mathbf{K}}\, \mathbf{a} \quad \text{mit} \quad \widetilde{\mathbf{K}} = \nu^T\, \mathbf{K^0} \tag{9-15b}$$

Für das Beispiel $A \rightarrow B \rightleftarrows C$ gilt nach Gl. (9-13) mit den Glgn. (9-7a) und (9-10):

$$\dot{\mathbf{x}} = \begin{pmatrix} k_1 & 0 & 0 \\ 0 & k_2 & 0 \\ 0 & 0 & k_3 \end{pmatrix} \begin{pmatrix} a_0 \\ 0 \\ 0 \end{pmatrix} + \begin{pmatrix} k_1 & 0 & 0 \\ 0 & k_2 & 0 \\ 0 & 0 & k_3 \end{pmatrix} \begin{pmatrix} -1 & 0 & 0 \\ 1 & -1 & 1 \\ 0 & 1 & -1 \end{pmatrix} \begin{pmatrix} x_1 \\ x_2 \\ x_3 \end{pmatrix}$$

$$= \begin{pmatrix} k_1 a_0 \\ 0 \\ 0 \end{pmatrix} + \begin{pmatrix} -k_1 & 0 & 0 \\ k_2 & -k_2 & k_2 \\ 0 & k_3 & -k_3 \end{pmatrix} \begin{pmatrix} x_1 \\ x_2 \\ x_3 \end{pmatrix} \tag{9-16}$$

Entsprechend findet man nach Gl. (9-15a):

$$\dot{\mathbf{a}} = \begin{pmatrix} \dot{a} \\ \dot{b} \\ \dot{c} \end{pmatrix} = \begin{pmatrix} -1 & 0 & 0 \\ 1 & -1 & 1 \\ 0 & 1 & -1 \end{pmatrix} \begin{pmatrix} k_1 & 0 & 0 \\ 0 & k_2 & 0 \\ 0 & 0 & k_3 \end{pmatrix} \begin{pmatrix} a \\ b \\ c \end{pmatrix}$$

$$= \begin{pmatrix} -k_1 & 0 & 0 \\ k_1 & -k_2 & k_3 \\ 0 & k_2 & -k_3 \end{pmatrix} \begin{pmatrix} a \\ b \\ c \end{pmatrix} \qquad (9\text{-}17)$$

Im allgemeinen sind die Matrizen $\mathbf{K^0}$, ν^T und $\tilde{\mathbf{K}}$ singulär. Die Glgn. (9-13) und (9-15b) sind daher für die spektroskopisch-kinetische Analyse nicht geeignet. Jedoch ist es immer möglich, (s) linear unabhängige Reaktionslaufzahlen X_j einzuführen und mit diesen die entsprechenden Gleichungen aufzustellen (s. Kap. 6.3). Allgemein gilt dann anstelle von Gl. (9-13):

$$\dot{\mathbf{X}} = \dot{\mathbf{X}}_0 + \mathbf{K}\,\mathbf{X} \qquad (9\text{-}18)$$

K ist jetzt eine reguläre $s \times s$ Matrix, die als **Jacobi-Matrix** bezeichnet wird. Sie ist die einer Funktionialdeterminante zugeordneten Matrix. Für **K** gilt:

$$\mathbf{K} = \begin{pmatrix} \dfrac{\partial \dot{X}_1}{\partial X_1} & \cdots & \dfrac{\partial \dot{X}_1}{\partial X_r} \\ \vdots & & \vdots \\ \dfrac{\partial \dot{X}_r}{\partial X_1} & \cdots & \dfrac{\partial \dot{X}_r}{\partial X_r} \end{pmatrix} = \begin{pmatrix} k_{11} & \cdots & k_{1s} \\ \vdots & & \vdots \\ k_{s1} & \cdots & k_{ss} \end{pmatrix} \qquad (9\text{-}19)$$

Gl. (9-18) ist eine Taylor-Entwicklung von $\dot{\mathbf{X}}$ (von $t = 0$ aus), die nach dem ersten Glied abbricht. $\dot{\mathbf{X}}_0$ ist der zur Zeit $t = 0$ bestehende Ableitungsvektor $\dot{\mathbf{X}}$:

$$\dot{\mathbf{X}}_0 = \begin{pmatrix} \dot{X}_1 \\ \vdots \\ \dot{X}_r \end{pmatrix}_{t=0} \qquad (9\text{-}20)$$

Für das Beispiel $A \rightarrow B \rightleftarrows C$ können – analog zum Kap. 6.3 – die beiden folgenden linear unabhängigen ($s = 2$) Reaktionslaufzahlen X_1 und X_2 eingeführt werden:

$$X_1 = x_1$$

$$X_2 = x_2 - x_3$$

Nach Gl. (9-16) gilt also:

$$\dot{X}_1 = \dot{x}_1 = k_1 a_0 - k_1 X_1 \qquad (9\text{-}21a)$$

$$\dot{X}_2 = \dot{x}_2 - \dot{x}_3 = k_2 x_1 - k_2 (x_2 - x_3) - k_3 (x_2 - x_3)$$

$$= k_2 X_1 - (k_2 + k_3)\, X_2 \qquad (9\text{-}21b)$$

Für **K** gilt demnach (s. Gl. (9-19)):

$$\mathbf{K} = \begin{pmatrix} -k_1 & 0 \\ k_2 & -(k_2 + k_3) \end{pmatrix}$$

und für $\dot{\mathbf{X}}_0$ (s. Gl. (9-20)):

$$\dot{\mathbf{X}}_0 = \begin{pmatrix} k_1 a_0 \\ 0 \end{pmatrix}$$

Damit gilt nach Gl. (9-18) für das Beispiel A → B ⇄ C:

$$\dot{\mathbf{X}} = \dot{\mathbf{X}}_0 + \mathbf{K}\,\mathbf{X} = \begin{pmatrix} k_1 a_0 \\ 0 \end{pmatrix} + \begin{pmatrix} -k_1 & 0 \\ k_2 & -(k_2 + k_3) \end{pmatrix} \begin{pmatrix} X_1 \\ X_2 \end{pmatrix} \qquad (9\text{-}22)$$

Zur Zeit $t \to \infty$ ist $\dot{\mathbf{X}} = 0$, so daß aus Gl. (9-18) folgt:

$$\dot{\mathbf{X}}_\infty = \mathbf{0} = \dot{\mathbf{X}}_0 + \mathbf{K}\,\mathbf{X}_\infty \qquad (9\text{-}23)$$

Aus Gl. (9-18) folgt damit [Mauser, Polster 1983]:

$$\dot{\mathbf{X}} = \mathbf{K}\left(\mathbf{X} - \mathbf{X}_\infty\right) \qquad (9\text{-}24)$$

Diese Beziehung ist die **Hauptgleichung**, die allgemein für lineare Reaktionssysteme in Abhängigkeit von der Reaktionslaufzahl gilt. – Da **K** regulär ist, kann Gl. (9-24) nach $\mathbf{X}_\infty$ aufgelöst werden:

$$\mathbf{X}_\infty = -\mathbf{K}^{-1}\,\dot{\mathbf{X}}_0 \qquad (9\text{-}25)$$

Dabei ist $\mathbf{K}^{-1}$ die zu **K** inverse Matrix.

Für das Beispiel A → B ⇄ C gilt nach Gl. (9-22):

$$\mathbf{K}^{-1} = \frac{1}{k_1(k_2 + k_3)} \begin{pmatrix} -(k_2 + k_3) & 0 \\ -k_2 & -k_1 \end{pmatrix} = \begin{pmatrix} -\dfrac{1}{k_1} & 0 \\ \dfrac{-k_2}{k_1(k_2 + k_3)} & \dfrac{-1}{k_2 + k_3} \end{pmatrix}$$

Damit wird aus Gl. (9-25):

$$\begin{pmatrix} X_{1\infty} \\ X_{2\infty} \end{pmatrix} = - \begin{pmatrix} -\dfrac{1}{k_1} & 0 \\ \dfrac{-k_2}{k_1(k_2 + k_3)} & \dfrac{-1}{k_2 + k_3} \end{pmatrix} \begin{pmatrix} k_1 a_0 \\ 0 \end{pmatrix} = \begin{pmatrix} a_0 \\ \dfrac{k_2 a_0}{k_2 + k_3} \end{pmatrix} \qquad (9\text{-}26)$$

Anstelle von Gl. (9-24) kann auch die entsprechende Konzentrationsgleichung in Matrixschreibweise aufgestellt werden, wenn dazu s linear unabhängige Konzentrationen a_i gewählt werden. Es gilt dann analog zur Gl. (9-11):

$$\mathbf{a} = \mathbf{a}_0 + \tilde{\nu}^T\,\mathbf{X} \qquad (9\text{-}27)$$

Dabei ist $\tilde{\nu}$ allgemein eine reguläre $s \times s$-Matrix – im Gegensatz zu ν^T. Nach Gl. (9-27) gilt daher:

$$\left(\tilde{\nu}^T\right)^{-1}(\mathbf{a}-\mathbf{a}_0) = \left(\tilde{\nu}^T\right)^{-1}\Delta\mathbf{a} = \mathbf{X} \tag{9-28}$$

Die Differentiation nach der Zeit führt mit Gl. (9-22) zu:

$$\dot{\mathbf{a}} = \tilde{\nu}^T\dot{\mathbf{X}} = \tilde{\nu}^T\dot{\mathbf{X}}_0 + \tilde{\nu}^T\mathbf{K}\,\mathbf{X}$$

Unter Berücksichtigung von Gl. (9-28) folgt hieraus:

$$\dot{\mathbf{a}} = \tilde{\nu}^T\dot{\mathbf{X}}_0 + \tilde{\nu}^T\mathbf{K}\left(\tilde{\nu}^T\right)^{-1}\Delta\mathbf{a} \tag{9-29}$$

Mit

$$\dot{\mathbf{a}}_0 = \tilde{\nu}^T\,\dot{\mathbf{X}}_0 \tag{9-30a}$$

und

$$\mathbf{K_c} := \tilde{\nu}^T\mathbf{K}\left(\tilde{\nu}^T\right)^{-1} \tag{9-30b}$$

folgt aus Gl. (9-29):

$$\dot{\mathbf{a}} = \dot{\mathbf{a}}_0 + \mathbf{K_c}\,\Delta\mathbf{a} \tag{9-31}$$

$\mathbf{K_c}$ ist wieder eine Jacobi-Matrix, die als Elemente die partiellen Ableitungen der Größen $\dot{a}_i$ nach den Konzentrationen a_i enthält:

$$\mathbf{K_c} = \begin{pmatrix} \frac{\partial\dot{a}_1}{\partial a_1} & \cdots & \frac{\partial\dot{a}_1}{\partial a_r} \\ \vdots & & \vdots \\ \frac{\partial\dot{a}_r}{\partial a_1} & \cdots & \frac{\partial\dot{a}_r}{\partial a_r} \end{pmatrix} \tag{9-32}$$

$\mathbf{K_c}$ und $\mathbf{K}$ sind **ähnliche Matrizen**. Sie haben das gleiche charakteristische Polynom und daher die gleichen Eigenwerte.

Aus Gl. (9-31) folgt für $t \to \infty$

$$\dot{\mathbf{a}} = \mathbf{0} = \dot{\mathbf{a}}_0 + \mathbf{K_c}\,\Delta\mathbf{a}_\infty = \dot{\mathbf{a}}_0 + \mathbf{K_c}(\mathbf{a}_\infty - \mathbf{a}_0)$$

oder

$$\dot{\mathbf{a}}_0 - \mathbf{K_c}\,\mathbf{a}_0 = -\,\mathbf{K_c}\,\mathbf{a}_\infty \quad .$$

Aus Gl. (9-31) wird damit [Mauser, Polster 1983]:

$$\dot{\mathbf{a}} = \dot{\mathbf{a}}_0 + \mathbf{K_c}(\mathbf{a}-\mathbf{a}_0) = \mathbf{K_c}(\mathbf{a}-\mathbf{a}_\infty) \tag{9-33}$$

Dies ist die zur Gl. (9-24) analoge Hauptgleichung für lineare Reaktionssysteme in Abhängigkeit von s linear unabhängigen Konzentrationsvariablen.

Für das Beispiel $A \to B \rightleftarrows C$ können als linear unabhängige Konzentrationsvariablen die Paare a, b oder a, c bzw. b, c gewählt werden. Für die Konzentrationen a und b gilt nach Gl. (9-27):

$$\mathbf{a} = \begin{pmatrix} a \\ b \end{pmatrix} = \begin{pmatrix} a_0 \\ 0 \end{pmatrix} + \begin{pmatrix} -1 & 0 \\ 1 & -1 \end{pmatrix}\begin{pmatrix} X_1 \\ X_2 \end{pmatrix}$$

und hieraus

$$\begin{pmatrix} X_1 \\ X_2 \end{pmatrix} = \begin{pmatrix} -1 & 0 \\ -1 & -1 \end{pmatrix} \begin{pmatrix} a - a_0 \\ b \end{pmatrix} .$$

Nach Gl. (9-29) folgt weiter:

$$\begin{pmatrix} \dot{a} \\ \dot{b} \end{pmatrix} = \begin{pmatrix} -1 & 0 \\ 1 & -1 \end{pmatrix} \begin{pmatrix} k_1 a_0 \\ 0 \end{pmatrix} + \begin{pmatrix} -1 & 0 \\ 1 & -1 \end{pmatrix} \begin{pmatrix} -k_1 & 0 \\ k_2 & -(k_2 + k_3) \end{pmatrix} \begin{pmatrix} -1 & 0 \\ -1 & -1 \end{pmatrix} \begin{pmatrix} a - a_0 \\ b \end{pmatrix}$$

$$= \begin{pmatrix} -k_1 a_0 \\ k_1 a_0 \end{pmatrix} + \begin{pmatrix} -k_1 & 0 \\ (k_1 - k_3) & -(k_2 + k_3) \end{pmatrix} \begin{pmatrix} a - a_0 \\ b \end{pmatrix} \tag{9-34a}$$

Analog gilt

$$\begin{pmatrix} a - a_0 \\ c \end{pmatrix} = \begin{pmatrix} -1 & 0 \\ 0 & 1 \end{pmatrix} \begin{pmatrix} X_1 \\ X_2 \end{pmatrix} , \quad \begin{pmatrix} X_1 \\ X_2 \end{pmatrix} = \begin{pmatrix} -1 & 0 \\ 0 & 1 \end{pmatrix} \begin{pmatrix} a - a_0 \\ c \end{pmatrix}$$

und

$$\begin{pmatrix} \dot{a} \\ \dot{c} \end{pmatrix} = \begin{pmatrix} -1 & 0 \\ 0 & 1 \end{pmatrix} \begin{pmatrix} k_1 a_0 \\ 0 \end{pmatrix} + \begin{pmatrix} -1 & 0 \\ 0 & 1 \end{pmatrix} \begin{pmatrix} -k_1 & 0 \\ k_2 & -(k_2 + k_3) \end{pmatrix} \begin{pmatrix} -1 & 0 \\ 0 & 1 \end{pmatrix} \begin{pmatrix} a - a_0 \\ c \end{pmatrix}$$

$$= \begin{pmatrix} -k_1 a_0 \\ 0 \end{pmatrix} + \begin{pmatrix} -k_1 & 0 \\ -k_2 & -(k_2 + k_3) \end{pmatrix} \begin{pmatrix} a - a_0 \\ c \end{pmatrix} . \tag{9-34b}$$

Schließlich gilt auch

$$\begin{pmatrix} a \\ b \end{pmatrix} = \begin{pmatrix} 1 & -1 \\ 0 & 1 \end{pmatrix} \begin{pmatrix} X_1 \\ X_2 \end{pmatrix} , \quad \begin{pmatrix} X_1 \\ X_2 \end{pmatrix} = \begin{pmatrix} 1 & 1 \\ 0 & 1 \end{pmatrix} \begin{pmatrix} b \\ c \end{pmatrix}$$

und

$$\begin{pmatrix} \dot{b} \\ \dot{c} \end{pmatrix} = \begin{pmatrix} 1 & -1 \\ 0 & 1 \end{pmatrix} \begin{pmatrix} k_1 a_0 \\ 0 \end{pmatrix} + \begin{pmatrix} 1 & -1 \\ 0 & 1 \end{pmatrix} \begin{pmatrix} -k_1 & 0 \\ k_2 & -(k_2 + k_3) \end{pmatrix} \begin{pmatrix} 1 & 1 \\ 0 & 1 \end{pmatrix} \begin{pmatrix} b \\ c \end{pmatrix}$$

$$= \begin{pmatrix} k_1 a_0 \\ 0 \end{pmatrix} + \begin{pmatrix} -(k_1 + k_2) & (k_3 - k_1) \\ k_2 & k_3 \end{pmatrix} \begin{pmatrix} b \\ c \end{pmatrix} . \tag{9-34c}$$

9.1.2 Die Lösungen der Differentialgleichungen

Die allgemeine Lösung von Gl. (9-24) bzw. (9-33), die jeweils auch in **eine** lineare Differentialgleichung s-ter Ordnung überführt werden kann, lautet:

$$\mathbf{X} = \mathbf{X}_\infty + \rho\ \mathbf{e}^{rt} \tag{9-35a}$$

bzw.

$$\mathbf{a} = \mathbf{a}_\infty + \rho\ \mathbf{e}^{rt} \tag{9-35b}$$

Dabei bedeuten:

$$\mathbf{X} = \begin{pmatrix} X_{1\infty} \\ \vdots \\ X_{s\infty} \end{pmatrix} , \quad \rho = \begin{pmatrix} \rho_{11} & \cdots & \rho_{1s} \\ \vdots & & \vdots \\ \rho_{s1} & & \rho_{ss} \end{pmatrix}$$

$$e^{rt} = \begin{pmatrix} e^{r_1 t} \\ \vdots \\ e^{r_s t} \end{pmatrix} \quad \text{und} \quad a_\infty = \begin{pmatrix} a_{1\infty} \\ \vdots \\ a_{s\infty} \end{pmatrix} .$$

Die Koeffizienten $\rho_{jj'}$ bzw. ρ_{ij} der Matrix ρ von Gl. (9-35a) bzw. (9-35b) sind Konstanten und $r_1 \ldots r_s$ die **Eigenwerte** des Reaktionssystems.

So gilt für das Beispiel $A \rightarrow B \rightleftarrows C$ nach Gl. (9-34a):

$$\dot{a} = -k_1 a \tag{a}$$

und

$$\dot{b} = k_1 a_0 + (k_1 - k_3)(a - a_0) - (k_2 + k_3) b \quad . \tag{b}$$

Hieraus erhält man für a:

$$a = \frac{\dot{b} + (k_2 + k_3) b - k_3 a_0}{k_1 - k_3} \tag{c}$$

Differenziert man Gl. (b) nach der Zeit, so erhält man unter Berücksichtigung der Gln. (a) und (c):

$$\ddot{b} = k_1 k_3 a_0 - k_1 (k_2 + k_3) b - (k_1 + k_2 + k_3) \dot{b} \tag{d}$$

Die allgemeine Lösung dieser Differentialgleichung 2. Ordnung lautet:

$$b = b_\infty + \rho_1 e^{r_1 t} + \rho_2 e^{r_2 t} \tag{e}$$

Die Größen $r_1 \ldots r_s$ in den Glgn. (9-35a) und (9-35b) sind die s **Eigenwerte** des Reaktionssystems. Dabei wird vorausgesetzt, daß die Eigenwerte r_j ($j = 1 \ldots s$) reell und verschieden sind. Die Eigenwerte sind die **Wurzeln** der **charakteristischen Gleichung** von **K** (s. Gl. (9-19)) bzw. $\mathbf{K_c}$ (s. Gl. (9-32)):

$$\begin{vmatrix} k_{11} - r & k_{12} & \cdots & k_{1s} \\ k_{21} & k_{22} - r & \cdots & k_{2s} \\ \vdots & & & \vdots \\ k_{s1} & k_{s2} & \cdots & k_{ss} - r \end{vmatrix} = 0 \tag{9-36}$$

Diese Beziehung führt zu einem Polynom s-ten Grades in r – das **charakteristische Polynom**:

$$r^s - M_1 r^{s-1} + M_2 r^{s-2} + \ldots (-1)^s M_s = 0 \tag{9-37}$$

Die Koeffizienten M_j ($j = 1 \ldots s$) setzen sich aus den Summen der **Hauptminoren** von **K** und $\mathbf{K_c}$ wie folgt zusammen:

$$M_1 = \sum_{j=1}^{s} k_{jj} \;,\; M_2 = \sum_{j<j'} \begin{vmatrix} k_{jj} & k_{jj'} \\ k_{j'j} & k_{j'j'} \end{vmatrix} \;,\ldots\; M_s = |\mathbf{K}| = |\mathbf{K}_c| \tag{9-38}$$

Nach dem Satz von Vieta kann Gl. (9-37) auch in der Form

$$(r-r_1)(r-r_2)\ldots(r-r_s) = r^s - S_1 r^{s-1} + S_2 r^{s-2} + \ldots (-1)^s S_s = 0 \tag{9-39}$$

dargestellt werden, wobei $r_1 \ldots r_s$ die Wurzeln bzw. Lösungen der Gleichung sind. Die Größen $S_1 \ldots S_s$ werden als die **elementarsymmetrischen Funktionen** bezeichnet, die selbst eine Funktion von r_i sind:

$$\begin{aligned} S_1 &= \sum_{j=1}^{s} r_j \\ S_2 &= \sum_{j<j} r_j r_{j'} \\ &\vdots \\ S_s &= r_1 r_2 \ldots r_s \end{aligned} \tag{9-40}$$

Durch Koeffizientenvergleich von Gl. (9-39) mit (9-38) folgt:

$$S_1 = M_1 \;,\; S_2 = M_2 \;,\ldots\; S_s = M_s \tag{9-41}$$

Wie später gezeigt wird (s. Kap. 9.2), lassen sich die Größen S_i und M_i aus den Extinktions-Zeit-Kurven bestimmen. Wegen der Beziehung (9-40) können dann weiter die gesuchten Größen r_i ermittelt werden. Dies hat Bedeutung für die spektroskopisch-kinetische Analyse von Reaktionssystemen.

Zur Bestimmung der Koeffizienten der ρ-Matrix von Gl. (9-35a) bzw. (9-35b) werden üblicherweise die Eigenvektoren des betrachteten Reaktionssystems aufgestellt. Der nachfolgend beschriebene Weg ist jedoch einfacher. Zur Berechnung von ρ_{ij} wird Gl. (9-35b) (s-1)-mal nach der Zeit differenziert und $t = 0$ bzw. $\Theta = 0$ gesetzt. Man erhält so für die Komponente i:

$$\begin{aligned} a_{i0} - a_{i\infty} &= \rho_{i1} + \rho_{i2} + \cdots \rho_{is} \\ \dot{a}_{i0} &= r_1 \rho_{i1} + r_2 \rho_{i2} + \cdots r_s \rho_{is} \\ &\vdots \\ \overset{(s-1)}{a_{i0}} &= r_1^{(s-1)} \rho_{i1} + r_2^{(s-1)} \rho_{i2} + \cdots r_s^{(s-1)} \rho_{is} \end{aligned}$$

oder in Matrixdarstellung:

$$\begin{pmatrix} a_{i0} - a_{i\infty} \\ \dot{a}_{i0} \\ \vdots \\ \overset{(s-1)}{a_{i0}} \end{pmatrix} = \begin{pmatrix} 1 & \cdots & 1 \\ r_1 & \cdots & r_s \\ \vdots & & \vdots \\ r_1^{(s-1)} & \cdots & r_s^{(s-1)} \end{pmatrix} \begin{pmatrix} \rho_{i1} \\ \rho_{i2} \\ \vdots \\ \rho_{is} \end{pmatrix}$$

bzw. abgekürzt

$$\overset{(s-1)}{\mathbf{a}_i} = \mathbf{V}\,\rho_i \quad . \tag{9-42}$$

V ist die sog. **Vandermondsche Matrix**, für deren Determinanten gilt:

$$|\mathbf{V}| = \begin{vmatrix} 1 & \cdots & 1 \\ r_1 & \cdots & r_s \\ r_1^2 & & r_s^2 \\ \vdots & & \vdots \\ r_1^{(s-1)} & & r_s^{(s-1)} \end{vmatrix}$$

$$= \left[(r_1 - r_2)(r_1 - r_3)\cdots(r_1 - r_s)\right]\left[(r_2 - r_3)\cdots(r_2 - r_s)\right]\cdots(r_{s-1} - r_s)$$

$$= (-1) \prod_{\substack{j,j'=1 \\ j<j'}}^{s} (r_j - r_{j'}) \quad . \tag{9-43}$$

Mit Hilfe der Cramerschen Regel folgt für ρ_{ij} aus Gl. (9-42):

$$\rho_{ij} = \frac{\begin{vmatrix} 1 & \cdots & a_{i0} - a_{i\infty} & 1 & \cdots & 1 \\ r_1 & \cdots & \dot{a}_{i0} & r_{j+1} & \cdots & r_s \\ \vdots & & \vdots & & & \vdots \\ r_1^{(s-1)} & \cdots & \overset{(s-1)}{a_{i0}} & r_{j+1}^{(s-1)} & \cdots & r_s^{(s-1)} \end{vmatrix}}{|\mathbf{V}|} \tag{9-44}$$

Allgemein kann nach Gl. (9-42) auch für ρ_i geschrieben werden:

$$\rho_i = \mathrm{V}^{-1}\,\overset{(s-1)}{\mathrm{a}_i} \tag{9-45}$$

In der Tab. (9-1) sind die Koeffizienten ρ_{ij} nach Gl. (9-44) für Reaktionssysteme mit 1-4 Eigenwerten ($s = 1$, $s = 2$ ... $s = 4$) aufgelistet. Mit dieser Tabelle können bequem die Konzentrations-Zeit-Gleichungen für komplizierte Reaktionen aufgestellt werden.

Die zur Gl. (9-42) analoge Beziehung für die j-te Reaktionslaufzahl lautet:

$$\overset{(s-1)}{\mathbf{X}_j} = \begin{pmatrix} -X_{j\infty} \\ \dot{X}_{j0} \\ \vdots \\ \overset{(s-1)}{X_{j0}} \end{pmatrix} = \mathbf{V}\,\rho_j \quad \text{mit} \quad \rho_j = \begin{pmatrix} \rho_{j1} \\ \vdots \\ \rho_{js} \end{pmatrix} \tag{9-46}$$

Hieraus folgt für ρ_j:

$$\rho_j = \mathrm{V}^{-1}\,\overset{(s-1)}{\mathrm{X}_j} \tag{9-47}$$

Tabelle 9-1 Koeffizienten ρ_{ij} der Gl. (9-35b) für Reaktionssysteme $s = 1$ bis $s = 4$ (nach Gl. (9-44) berechnet).

$s = 1$	$\rho_i = a_{i0} - a_{i\infty}$
$s = 2$	$\rho_{i1} = \dfrac{\dot{a}_{i0} - r_2(a_{i0} - a_{i\infty})}{r_1 - r_2}$
	$\rho_{i2} = \dfrac{-\dot{a}_{i0} + r_1(a_{i0} - a_{i\infty})}{r_1 - r_2}$
$s = 3$	$\rho_{i1} = \dfrac{\ddot{a}_{i0} - \dot{a}_{i0}(r_2 + r_3) + (a_{i0} - a_{i\infty})r_2 r_3}{(r_1 - r_2)(r_1 - r_3)}$
	$\rho_{i2} = \dfrac{-\ddot{a}_{i0} + \dot{a}_{i0}(r_1 + r_3) - (a_{i0} - a_{i\infty})r_1 r_3}{(r_1 - r_2)(r_2 - r_3)}$
	$\rho_{i3} = \dfrac{\ddot{a}_{i0} - \dot{a}_{i0}(r_1 + r_2) + (a_{i0} - a_{i\infty})r_1 r_2}{(r_1 - r_3)(r_2 - r_3)}$
$s = 4$	$\rho_{i1} = \dfrac{\dddot{a}_{i0} - \ddot{a}_{i0}(r_2 + r_3 + r_4) + \dot{a}_{i0}(r_2 r_3 + r_2 r_4 + r_3 r_4) - (a_{i0} - a_{i\infty})r_2 r_3 r_4}{(r_1 - r_2)(r_1 - r_3)(r_1 - r_4)}$
	$\rho_{i2} = \dfrac{-\dddot{a}_{i0} + \ddot{a}_{i0}(r_1 + r_3 + r_4) - \dot{a}_{i0}(r_1 r_3 + r_1 r_4 + r_3 r_4) + (a_{i0} - a_{i\infty})r_1 r_3 r_4}{(r_1 - r_2)(r_2 - r_3)(r_2 - r_4)}$
	$\rho_{i3} = \dfrac{\dddot{a}_{i0} - \ddot{a}_{i0}(r_1 + r_2 + r_4) + \dot{a}_{i0}(r_1 r_2 + r_2 r_4 + r_1 r_4) - (a_{i0} - a_{i\infty})r_1 r_2 r_4}{(r_1 - r_3)(r_2 - r_3)(r_3 - r_4)}$
	$\rho_{i4} = \dfrac{-\dddot{a}_{i0} + \ddot{a}_{i0}(r_1 + r_2 + r_3) - \dot{a}_{i0}(r_2 r_3 + r_1 r_2 + r_1 r_3) + (a_{i0} - a_{i\infty})r_1 r_2 r_3}{(r_1 - r_4)(r_2 - r_4)(r_3 - r_4)}$

Beispiel 2

$$\mathrm{A} \xrightarrow{k_1} \mathrm{B} \xrightarrow{k_2} \mathrm{C}$$

Für die Berechnung der Konzentrationen nach Gl. (9-35b) müssen zunächst die Eigenwerte aus **K** oder $\mathbf{K_c}$ bestimmt werden. Wählt man hierfür als linear unabhängige Konzentrationsvariablen a und b, so erhält man mit den Gleichungen

$$\dot{a} = -k_1 a$$

$$\dot{b} = +k_1 a - k_2 b$$

für $\mathbf{K_c}$ (s. Gl. (9-32)):

$$\mathbf{K}_c = \begin{pmatrix} \dfrac{\partial \dot{a}}{\partial a} & \dfrac{\partial \dot{a}}{\partial b} \\ \dfrac{\partial \dot{b}}{\partial a} & \dfrac{\partial \dot{b}}{\partial b} \end{pmatrix} = \begin{pmatrix} -k_1 & 0 \\ +k_1 & -k_2 \end{pmatrix} \tag{9-48}$$

Um hieraus die Eigenwerte r_1 und r_2 zu bestimmen, wird von Gl. (9-36) ausgegangen:

$$\begin{vmatrix} -k_1 - r & 0 \\ k_1 & -k_2 - r \end{vmatrix} = 0 \tag{9-49}$$

bzw.

$$(-k_1 - r)(-k_2 - r) = 0 \ .$$

Für die Eigenwerte gilt demnach:

$$r_1 = -k_1 \qquad \text{und} \qquad r_2 = -k_2 \tag{9-50}$$

Nach der Tabelle 9-1 gelten allgemein für die Koeffizienten ρ_{ij} bei Systemen mit zwei Eigenwerten die Beziehungen

$$\rho_{i1} = \frac{\dot{a}_{i0} - r_2(a_{i0} - a_{i\infty})}{r_1 - r_2} \qquad \text{und} \qquad \rho_{i2} = \frac{\dot{a}_{i0} - r_1(a_{i0} - a_{i\infty})}{r_2 - r_1} \tag{9-51}$$

Für die Konzentration a erhält man aus Gl. (9-35b) mit $\dot{a}_0 = -k_1 a_0$ und $a_\infty = 0$ (und $\rho_{i1} = \rho_{A1}$ sowie $\rho_{i2} = \rho_{A2}$):

$$a = \rho_{A1} e^{-k_1 t} + \rho_{A2} e^{-k_2 t}$$

$$= \left(\frac{-k_1 a_0 + k_2 a_0}{k_2 - k_1}\right) e^{-k_1 t} + \left(\frac{-k_1 a_0 + k_1 a_0}{k_1 - k_2}\right) e^{-k_2 t}$$

$$a = a_0 e^{-k_1 t} \tag{9-52a}$$

Für b gilt analog mit $\dot{b}_0 = k_1 a_0$ und $b_0 = b_\infty = 0$:

$$b = \frac{k_1 a_0 + 0}{k_2 - k_1} e^{-k_1 t} + \frac{k_1 a_0 + 0}{k_1 - k_2} e^{-k_2 t}$$

$$= \frac{k_1 a_0}{k_2 - k_1}\left(e^{-k_1 t} - e^{-k_2 t}\right) \tag{9-52b}$$

Gl. (9-35b) gilt für jede Konzentration, unabhängig davon, welche Konzentrationsvariablen als linear unabhängig gewählt werden. Für c gilt damit analog (mit $\dot{c}_0 = 0$, $c_0 = 0$ und $c_\infty = a_0$):

$$c = a_0 - \frac{k_2 a_0}{k_2 - k_1} e^{-k_1 t} - \frac{k_1 a_0}{k_1 - k_2} e^{-k_2 t}$$

$$= \frac{a_0}{k_2 - k_1}\left[k_2\left(1 - e^{-k_1 t}\right) - k_1\left(1 - e^{-k_2 t}\right)\right] \tag{9-52c}$$

Für die Koeffizienten $\rho_{jj'}$ in Abhängigkeit von der Reaktionslaufzahl gilt nach Gl. (9-47) entsprechend für $s = 2$ (vgl. Gl. (9-51)):

$$\rho_{j1} = \frac{\dot{X}_{j0} + r_2 X_{j\infty}}{r_1 - r_2} \qquad \text{und} \qquad \rho_{j2} = \frac{\dot{X}_{j0} + r_1 X_{j\infty}}{r_2 - r_1} \ . \tag{9-53}$$

Für X_1 und X_2 findet man damit:

$$X_1 = a_0 - a = a_0\left(1 - e^{-k_1 t}\right) \tag{9-54a}$$

und

$$X_2 = c = \frac{a_0}{k_2 - k_1}\left[k_2\left(1 - e^{-k_1 t}\right) - k_1\left(1 - e^{-k_2 t}\right)\right] \ . \tag{9-54b}$$

Dies sind die Glgn. (8-70a) und (8-70b).

9.1.3 Die Transformation linearer Systeme ineinander

Reaktionssysteme, deren reguläre Jacobi-Matrizen den gleichen Rang s haben, können ineinander überführt werden. Damit ist es möglich, die kinetischen Gleichungen eines Reaktionssystems aus den bekannten Gleichungen eines anderen Reaktionssystems aufzustellen. Dieser Weg ist im allgemeinen wenig attraktiv, da der im vorherigen Kapitel (9.1.2) beschriebene einfacher ist. Jedoch hat diese Möglichkeit grundlegende Bedeutung für die spektroskopisch-kinetische Analyse von linearen Reaktionssystemen, da sie zum 2. Theorem der Kinetik führt (s. Kap. 9.2.5): Zwei Reaktionen, deren Jacobi-Matrizen denselben Rang haben, können mit rein spektroskopischen Mitteln nicht unterschieden werden.

Zwei verschiedene Reaktionssysteme mögen die regulären Jacobi-Matrizen **K** und **K'** haben, wobei **K** und **K'** denselben Rang s haben und deren Eigenwerte jeweils alle verschieden sind. Unter dieser Voraussetzung gibt es die folgenden **Ähnlichkeitstransformationen** mit Hilfe von **S** und **S'**:

$$\mathbf{D} = \mathbf{S}\,\mathbf{K}\,\mathbf{S}^{-1} \quad \text{und} \quad \mathbf{D}' = \mathbf{S}'\,\mathbf{K}'\,\mathbf{S}'^{-1} \ , \tag{9-55}$$

wobei **D** und **D'** Diagonalmatrizen sind. Wenn die Eigenwerte von **K** und **K'** gleich sind, also

$$r_j = r_{j'} \quad \text{für} \quad j = 1 \ldots s$$

ist, gilt bei geeigneter Anordnung der Diagonalelemente

$$\mathbf{D} = \mathbf{D}' \ .$$

Es ist dann nach Gl. (9-55)

$$\mathbf{S}\,\mathbf{K}\,\mathbf{S}^{-1} = \mathbf{S}'\,\mathbf{K}'\,\mathbf{S}'^{-1}$$

oder

$$\mathbf{K} = \mathbf{S}^{-1}\,\mathbf{S}'\,\mathbf{K}'\,\mathbf{S}'^{-1}\,\mathbf{S} \ . \tag{9-56}$$

Mit der Definition

$$\mathbf{T} = \mathbf{S}^{-1}\mathbf{S}' \quad \text{und} \quad \mathbf{T}^{-1} = \mathbf{S}'^{-1}\mathbf{S} \tag{9-57}$$

folgt hieraus [Mauser, Polster 1983]

$$\boxed{\mathbf{K} = \mathbf{T}\,\mathbf{K}'\,\mathbf{T}^{-1} \qquad \text{oder} \qquad \mathbf{K}\,\mathbf{T} = \mathbf{T}\,\mathbf{K}' \ .} \tag{9-58}$$

Nach dieser Beziehung ist es möglich, das gestrichene System durch eine lineare Transformation in das ungestrichene System zu überführen, oder anders ausgedrückt: Das gestrichene System kann durch eine **affine Abbildung** in das ungestrichene System transformiert werden. Es gilt dann

$$\mathbf{X} = \mathbf{T}\,\mathbf{X}' \qquad (9\text{-}59a)$$

und damit

$$\mathbf{X}_\infty = \mathbf{T}\,\mathbf{X}'_\infty \qquad (9\text{-}59b)$$

sowie

$$\dot{\mathbf{X}} = \mathbf{T}\,\dot{\mathbf{X}}' \qquad (9\text{-}60a)$$

und

$$\dot{\mathbf{X}}_0 = \mathbf{T}\,\dot{\mathbf{X}}'_0 \;. \qquad (9\text{-}60b)$$

Nach Gl. (9-18) gilt allgemein für das gestrichene System

$$\dot{\mathbf{X}}' = \dot{\mathbf{X}}'_0 + \mathbf{K}'\,\mathbf{X}' \;.$$

Mit den Glgn. (9-60a), (9-60b), (9-59a.) und (9-58) folgt hieraus

$$\begin{aligned}\mathbf{T}\dot{\mathbf{X}}' = \dot{\mathbf{X}} = \mathbf{T}\dot{\mathbf{X}}'_0 + \mathbf{T}\mathbf{K}'\mathbf{X}' = \dot{\mathbf{X}}_0 + \mathbf{T}\mathbf{K}'\mathbf{T}^{-1}\mathbf{X} \\ = \dot{\mathbf{X}}_0 + \mathbf{K}\,\mathbf{X}\end{aligned} \;. \qquad (9\text{-}61)$$

Dabei sind nach der Gl. (9-58) **K** und **K' ähnliche Matrizen.**

Ähnliche Matrizen haben

- das gleiche **charakteristische Polynom,**
- gleiche **Eigenwerte** und
- gleiche Summen von **Hauptminoren** (z.B. gleiche **Determinanten** und **Spuren**).

Beispiel

Für das System $A' \xrightarrow{k_1'} B'$, $C' \xrightarrow{k_2'} D'$ gelten die Beziehungen

$$X_1' = a_0'\left(1 - e^{-k_1' t}\right) \qquad (8\text{-}6a)$$

und

$$X_2' = c'_0\left(1 - e^{-k_2'}\right) \;. \qquad (8\text{-}6b)$$

Gesucht ist die Transformation **T**, die diese Parallelreaktionen in die Folgereaktionen $A \xrightarrow{k_1} B \xrightarrow{k_2} C$ überführt. Durch elementare Rechnungen findet man den Zusammenhang [Mauser, Polster 1983]:

$$\begin{pmatrix} X_1 \\ X_2 \end{pmatrix} = \begin{pmatrix} \dfrac{a_0}{a_o'} & 0 \\ \dfrac{k_2'}{k_2' - k_1'} \cdot \dfrac{a_0}{a_o'} & -\dfrac{k_1'}{k_2' - k_1'} \cdot \dfrac{a_0}{c_0'} \end{pmatrix} \begin{pmatrix} a_o'\left(1 - e^{-k_1' t}\right) \\ c_0'\left(1 - e^{-k_2' t}\right) \end{pmatrix}$$

$$\mathbf{X} = \qquad \mathbf{T} \qquad \mathbf{X}' \qquad (9\text{-}59a)$$

oder ausmultipliziert (mit $k_1' = k_1$ und $k_2' = k_2$ wegen $r_j = r_j'$)

$$X_1 = a_0\left(1 - e^{-k_1 t}\right)$$

und

$$X_2 = \frac{a_0}{k_2 - k_1}\left[k_2\left(1 - e^{-k_1 t}\right) - k_1\left(1 - e^{-k_2 t}\right)\right] .$$

Dies sind die Glgn. (8-70a) und (8-70b).

9.2 Extinktionsgleichungen

9.2.1 Die Hauptgleichung

Nach Gl. (2-11) gilt allgemein nach Lambert-Beer-Bouguer für die Extinktion

$$E_\lambda = \ell \sum_{i=1}^{n} \varepsilon_{\lambda i}\, a_i \quad .$$

Demnach kann für den Extinktionsvektor **E**, der aus den Extinktionen bei h Wellenlängen besteht, geschrieben werden:

$$E = \begin{pmatrix} E_1 \\ \vdots \\ E_h \end{pmatrix} = \begin{pmatrix} \ell\varepsilon_{11} & \cdots & \ell\varepsilon_{1n} \\ \vdots & & \vdots \\ \ell\varepsilon_{h1} & \cdots & \ell\varepsilon_{hn} \end{pmatrix} \begin{pmatrix} a_1 \\ \vdots \\ a_n \end{pmatrix}$$

oder abgekürzt:

$$\mathbf{E} = \varepsilon \cdot \mathbf{a} \tag{9-62}$$

Mit der Beziehung

$$\mathbf{a} = \mathbf{a}_0 + \nu^T x \tag{9-11}$$

folgt hieraus

$$\mathbf{E} = \varepsilon\, \mathbf{a}_0 + \varepsilon\, \nu^T \mathbf{x} \quad . \tag{9-63}$$

ν^T ist i.a. singulär und $\mathbf{x}$ ist der Vektor der linear abhängigen Reaktionslaufzahlen. Da nachfolgend ausschließlich der Extinktionsvektor, der aus s linear unabhängigen Extinktionen besteht, interessiert, muß $\mathbf{x}$ durch den Vektor **X**, der nur die linear unabhängigen Reaktionslaufzahlen enthält, ersetzt werden. In diesem Fall ist Gl. (9-11) durch die Beziehung

$$\mathbf{a} = \mathbf{a}_0 + \tilde{\nu}^T \mathbf{X} \tag{9-27}$$

zu ersetzen, wobei $\tilde{\nu}$ die verallgemeinerte stöchiometrische Koeffizientenmatrix darstellt. Es gilt dann nach Gl. (9-63)

$$\mathbf{E} = \begin{pmatrix} E_1 \\ \vdots \\ E_h \end{pmatrix} = \varepsilon\, \mathbf{a_0} + \varepsilon\, \tilde{\nu}^T \mathbf{X} := \mathbf{E}_0 + \mathbf{Q}\,\mathbf{X} \quad . \tag{9-64}$$

Die Matrix

$$\mathbf{Q} := \mathbf{e}\, \tilde{\nu}^T$$

hat die Dimension $h \times s$. Wenn man von den h Wellenlängen s geeignete Wellenlängen ($s \leq h$) aussucht, bei denen sich die Extinktionen linear unabhängig verhalten, kann erreicht werden, daß $\mathbf{Q}$ regulär wird und die Dimension $s \times s$ besitzt. Es existiert dann auch die reziproke Matrix $\mathbf{Q}^{-1}$ und es gilt nach Gl. (9-64) (vgl. (6-16)):

$$\mathbf{E} = \begin{pmatrix} E_1 \\ \vdots \\ E_s \end{pmatrix} = \begin{pmatrix} E_{10} \\ \vdots \\ E_{s0} \end{pmatrix} + \mathbf{Q}\,\mathbf{X} = \mathbf{E}_0 + \mathbf{Q}\,\mathbf{X} \tag{9-65}$$

Die kinetische Grundgleichung für die Reaktionslaufzahlen lautet:

$$\dot{\mathbf{X}} = \mathbf{K}\left(\mathbf{X} - \mathbf{X}_\infty\right) \tag{9-24}$$

Hieraus folgt mit Gl. (9-65)

$$\mathbf{Q}\dot{\mathbf{X}} = \dot{\mathbf{E}} = \mathbf{Q}\mathbf{K}\,\mathbf{X} - \mathbf{Q}\mathbf{K}\,\mathbf{X}_\infty \quad . \tag{9-66}$$

Da nach Gl. (9-65)

$$\mathbf{X} = \mathbf{Q}^{-1}\left(\mathbf{E} - \mathbf{E_0}\right) \text{ und } \mathbf{X}_\infty = \mathbf{Q}^{-1}\left(\mathbf{E}_\infty - \mathbf{E_0}\right) \tag{9-67}$$

sind, folgt aus Gl. (9-66):

$$\dot{\mathbf{E}} = \mathbf{Q}\mathbf{K}\mathbf{Q}^{-1}\left(\mathbf{E} - \mathbf{E_0}\right) - \mathbf{Q}\mathbf{K}\mathbf{Q}^{-1}\left(\mathbf{E}_\infty - \mathbf{E_0}\right)$$

bzw.

$$\boxed{\dot{\mathbf{E}} = \mathbf{Q}\,\mathbf{K}\,\mathbf{Q}^{-1}\left(\mathbf{E} - \mathbf{E}_\infty\right) \quad .} \tag{9-68}$$

$\dot{\mathbf{E}}$ ist der Ableitungsvektor der Extinktion, für den bei linearen Dunkelreaktionen gilt:

$$\dot{\mathbf{E}} = \begin{pmatrix} \dfrac{\mathrm{d}E_1}{\mathrm{d}t} \\ \vdots \\ \dfrac{\mathrm{d}E_s}{\mathrm{d}t} \end{pmatrix} \tag{9-69}$$

Mit der Abkürzung

$$\boxed{\mathbf{Z} = \mathbf{Q}\,\mathbf{K}\,\mathbf{Q}^{-1}} \tag{9-70}$$

folgt aus Gl. (9-67) [Lachmann, Lachmann, Mauser 1980a; Mauser, Polster 1987]:

$$\boxed{\dot{\mathbf{E}} = \mathbf{Z}\left(\mathbf{E} - \mathbf{E}_\infty\right) \quad .} \tag{9-71}$$

K und **Z** sind **ähnliche Matrizen**, d.h. sie haben dieselben Eigenwerte und dasselbe charakteristische Polynom.

Definiert man noch den Vektor

$$\mathbf{Z}_0 := -\mathbf{Z}\,\mathbf{E}_\infty \ , \tag{9-72}$$

so erhält man aus Gl. (9-71):

$$\dot{\mathbf{E}} = \mathbf{Z}_0 + \mathbf{Z}\,\mathbf{E} \ . \tag{9-73}$$

Die Glgn. (9-73) und (9-71) sind die **Hauptgleichungen für die Auswertung von spektroskopischen Messungen**. $\dot{\mathbf{E}}$ und **E** sind meßbare Größen; die Elemente von $\mathbf{Z}_0$ und **Z** sind also grundsätzlich zugängig. Da die Eigenwerte von **Z** und **K** gleich sind, können aus den Elementen von **Z** die Eigenwerte und über $\mathbf{Z}_0$ nach Gl. (9-72) die $E_{\lambda\infty}$-Werte bestimmt werden. Wenn die so berechneten $E_{\lambda\infty}$-Werte mit den experimentell bestimmten übereinstimmen, ist dies eine zusätzliche Bestätigung für die Konsistenz zwischen Messung und angenommenem Mechanismus.

Für die Bestimmung der Koeffizienten z_{ij} hat sich besonders die Methode der formalen Integration bewährt. Die ausführliche Gl. (9-73) lautet:

$$\begin{aligned} \dot{E}_1 &= z_{10} + z_{11}E_1 + \ \ldots\ z_{1s}E_s \\ \dot{E}_2 &= z_{20} + z_{21}E_1 + \ \ldots\ z_{2s}E_s \\ &\vdots \\ \dot{E}_s &= z_{s0} + z_{s1}E_1 + \ \ldots\ z_{ss}E_s \end{aligned}$$

Die Koeffizienten z_{ij} können durch formale Integration und durch lineare Regression sehr genau ermittelt werden. Aus der so bestimmten Matrix **Z** können schließlich die Eigenwerte des Reaktionssystems erhalten werden.

Zum Verständnis der Beziehung, die zwischen den Elementen z_{ij} der **Z**- Matrix und den Eigenwerten r_i des Systems herrschen, ist der folgende Zusammenhang nützlich: Die Matrix **Z** kann mit Hilfe einer Transformationsmatrix **P** in eine Diagonalmatrix Λ überführt werden, deren Diagonalelemente die Eigenwerte r_i des Systems angeben:

$$\Lambda = \mathbf{P}\,\mathbf{Z}\,\mathbf{P}^{-1} = \begin{pmatrix} r_1 & \cdots & 0 \\ \vdots & & \vdots \\ 0 & & r_s \end{pmatrix} \tag{9-74}$$

Dabei sind Λ und **Z** wieder ähnliche Matrizen. Aus dieser Beziehung folgt direkt, **daß durch die spektroskopisch-kinetische Analyse allgemein nur die Eigenwerte des (linearen) Reaktionssystems bestimmt werden können** (s. dazu auch die nachfolgenden Beispiele).

Beispiel a

Nach Gl. (9-50) lauten die Eigenwerte für das System $\mathrm{A} \xrightarrow{k_1} \mathrm{B} \xrightarrow{k_2} \mathrm{C}$

$$r_1 = -k_1 \quad \text{und} \quad r_2 = -k_2 \ .$$

Da **K**, $\mathbf{K_c}$ und **Z** nach den Glgn. (9-30b) und (9-70) ähnliche Matrizen sind und ähnliche Matrizen gleiche Determinanten und Spuren haben, folgt mit den Glgn. (9-40) und (9-74):

$$\text{Determinante } D = \begin{vmatrix} z_{11} & z_{12} \\ z_{21} & z_{22} \end{vmatrix} = z_{11} z_{22} - z_{12} z_{21} = r_1 r_2 = k_1 k_2$$

und

$$\text{Spur } S = z_{11} + z_{22} = r_1 + r_2 = -(k_1 + k_2) \quad .$$

Dies sind die Glgn. (8-75a) und (8-75b), die im Kap. 8.2 elementar abgeleitet wurden.

Beispiel b

Für die Gleichgewichtsreaktionen

$$A \underset{k_2}{\overset{k_1}{\rightleftarrows}} B \underset{k_4}{\overset{k_3}{\rightleftarrows}} C$$

gelten die Beziehungen

$$\dot{a} = -k_1 a + k_2 b \quad ,$$

$$\dot{b} = +k_1 a - k_2 b - k_3 b + k_4 c \quad .$$

Da $a_0 = a + b + c$ ist, folgt für $\dot{b}$:

$$\dot{b} = k_4 c + (k_1 - k_4) a - (k_2 + k_3 + k_4) b$$

Für $\mathbf{K_c}$ gilt damit nach Gl. (9-32):

$$K_c = \begin{pmatrix} \dfrac{\partial \dot{a}}{\partial a} & \dfrac{\partial \dot{a}}{\partial b} \\ \dfrac{\partial \dot{b}}{\partial a} & \dfrac{\partial \dot{b}}{\partial b} \end{pmatrix} = \begin{pmatrix} -k_1 & +k_2 \\ (k_1 - k_4) & -(k_2 + k_3 + k_4) \end{pmatrix} \tag{9-75}$$

Die Eigenwerte des Systems können nach Gl. (9-36) berechnet werden:

$$\begin{vmatrix} -k_1 - r & +k_2 \\ (k_1 - k_4) & -(k_2 + k_3 + k_4) - r \end{vmatrix} = 0$$

Die Lösung dieser Gleichung führt zu dem Ausdruck:

$$r_{1,2} = -\frac{1}{2}\left\{(k_1 + k_2 + k_3 + k_4) \pm \sqrt{(k_1 + k_2 + k_3 + k_4)^2 - 4k_1 (k_3 + k_4) - 4k_2 k_4}\right\} \tag{9-76}$$

Man sieht, daß hier die Eigenwerte r_1 und r_2 in komplizierter Weise von k_i abhängen. Nach den Glgn. (9-40) und (9-74) gilt demnach:

$$D = \begin{vmatrix} z_{11} & z_{12} \\ z_{21} & z_{22} \end{vmatrix} = z_{11} z_{22} - z_{12} z_{21} = r_1 r_2$$

und

$$S = z_{11} + z_{22} = r_1 + r_2 \quad .$$

Das Beispiel $A \rightleftarrows B \rightleftarrows C$ zeigt wieder, daß es im allgemeinen Fall nur möglich ist, die Eigenwerte des Reaktionssystems spektroskopisch-kinetisch zu bestimmen.

Wenn keine Rückreaktionen ablaufen, liegt die Folgereaktion A → B → C vor. Es gilt dann: $k_2 = k_4 = 0$. Entsprechend resultiert das System A ⇄ B → C , wenn $k_4 = 0$ ist.

Beispiel c

Für das System

$$A \underset{k_2}{\overset{k_1}{\rightleftarrows}} B\ ,\quad A \underset{k_4}{\overset{k_3}{\rightleftarrows}} C$$

gelten die Beziehungen

$$\dot{a} = -(k_1 + k_3)a + k_2 b + k_4 c\ ,$$

$$\dot{b} = +k_1 a - k_2 b\ .$$

Mit der Randbedingung $a_0 = a + b + c$ gilt für $\dot{a}$

$$\dot{a} = k_4 a_0 - (k_1 + k_3 + k_4)a + (k_2 - k_4)b\ .$$

Damit folgt für $\mathbf{K_c}$:

$$\mathbf{K_c} = \begin{pmatrix} -(k_1 + k_3 + k_4) & (k_2 - k_4) \\ k_1 & -k_2 \end{pmatrix}$$

Für die Eigenwerte gilt demnach

$$r_{1,2} = \frac{1}{2}\left\{-(k_1+k_2+k_3+k_4) \pm \sqrt{(k_1+k_2+k_3+k_4)^2 - 4k_1k_4 - 4k_2(k_3+k_4)}\right\}\ . \tag{9-77}$$

Ferner gilt wie bei Gl. (8-75a) und (8-75b):

$$D = z_{11}z_{22} - z_{12}z_{21} = r_1 r_2 \tag{9-78a}$$

und

$$S = z_{11} + z_{22} = r_1 + r_2\ . \tag{9-78b}$$

Wie im Beispiel 2 sind r_1 und r_2 komplizierte Funktionen von k_i. Der Vergleich aller 3 Beispiele zeigt, daß allein aus der spektroskopisch-kinetischen Analyse ohne Zusatzinformation die Reaktionssysteme A → B → C, A ⇄ B ⇄ C und A ⇄ B , A ⇄ C allgemein nicht voneinander unterschieden werden können (s. dazu auch Kap. 9.2.5).

9.2.2 System von Differenzengleichungen 1. Ordnung

Für die Reaktionslaufzahlen gilt die allgemeine Beziehung:

$$\mathbf{X} = \mathbf{X}_\infty + \rho\, \mathbf{e}^{rt} \tag{9-35a}$$

Durch Multiplikation mit $\mathbf{Q}$ erhält man hieraus unter Berücksichtigung von Gl. (9-65)

$$\mathbf{Q}\mathbf{X} = \mathbf{E}(t) - \mathbf{E}_0 = \mathbf{Q}\mathbf{X}_\infty + \mathbf{Q}\rho\, \mathbf{e}^{rt}\ .$$

Da nach Gl. (9-67) $\mathbf{X}_\infty = \mathbf{Q}^{-1}(\mathbf{E}_\infty - \mathbf{E}_0)$ ist, folgt hieraus

$$\mathbf{E}(t) = \mathbf{E}_\infty + \rho'\, \mathbf{e}^{rt} \tag{9-79}$$

mit

$$\rho' = \mathbf{Q}\ \rho\ .$$

Die für die Zeit $(t+\Delta)$ aufgestellte Gl. (9-79) lautet

$$\mathbf{E}(\mathbf{t}+\Delta) = \mathbf{E}_\infty + \rho'\,\mathbf{e}^{\boldsymbol{r}(t+\Delta)}\ . \tag{9-80}$$

Für die Differenz 1. Ordnung

$$\Delta\ \mathbf{E} := \mathbf{E}(\mathbf{t}+\Delta) - \mathbf{E}(\mathbf{t}) \tag{9-81}$$

folgt aus den Glgn. (9-80) und (9-79):

$$\Delta\mathbf{E} = \rho'(\mathbf{e}^{\boldsymbol{r}\Delta} - \mathbf{1})\,\mathbf{e}^{\boldsymbol{r}t}\ , \tag{9-82a}$$

wobei für $(\mathbf{e}^{\boldsymbol{r}\Delta} - \mathbf{1})$ gilt:

$$(\mathbf{e}^{\boldsymbol{r}\Delta} - \mathbf{1}) := \begin{pmatrix} \mathbf{e}^{r_1\Delta} - \mathbf{1} & \cdots & 0 \\ 0 & & \\ \vdots & \mathbf{e}^{r_2\Delta} - \mathbf{1}\ldots & 0 \\ 0 & \cdots & \mathbf{e}^{r_s\Delta} - \mathbf{1} \end{pmatrix}\ . \tag{9-82b}$$

Der Vektor $\Delta\mathrm{E}$ setzt sich dabei aus den Extinktionen s geeigneter Wellenlängen zusammen. Die Matrix ρ' muß regulär sein. Aus Gl. (9-79) folgt dann:

$$\mathbf{e}^{\boldsymbol{r}t} = \rho'^{-1}\left(\mathbf{E}(\mathbf{t}) - \mathbf{E}_\infty\right)$$

Wird diese Beziehung in Gl. (9-82a) eingesetzt, erhält man

$$\Delta\mathbf{E} = \rho'\left(\mathbf{e}^{\boldsymbol{r}\Delta} - \mathbf{1}\right)\rho'^{-1}\left(\mathbf{E}(\mathbf{t}) - \mathbf{E}_\infty\right)\ . \tag{9-83}$$

Mit der Definition

$$\mathbf{Z}' = \rho'\,(\mathbf{e}^{\boldsymbol{r}\Delta} - \mathbf{1})\,\rho'^{-1} \tag{9-84a}$$

gilt demnach [Mauser, Polster 1987]

$$\boxed{\Delta\mathbf{E} = \mathbf{E}(\mathbf{t}+\Delta) - \mathbf{E}(\mathbf{t}) = \mathbf{Z}'(\mathbf{E}(\mathbf{t}) - \mathbf{E}_\infty)\ .} \tag{9-84b}$$

Dies ist die **allgemeine Beziehung für Extinktions-Differenzen 1. Ordnung**. Bezeichnet man die Matrix $(\mathbf{e}^{\boldsymbol{r}\Delta} - \mathbf{1})$ mit $\mathbf{Z}^*$

$$\mathbf{Z}^* := \left(\mathbf{e}^{\boldsymbol{r}\Delta} - \mathbf{1}\right)\ , \tag{9-85}$$

dann sind nach Gl. (9-84a) **Z'** und **Z*** ähnliche Matrizen, d.h. das charakteristische Polynom und die Eigenwerte beider Matrizen sind gleich. Da die Vektoren $\Delta\mathbf{E}$, $\mathbf{E}(\mathbf{t})$ und $\mathbf{E}_\infty$ experimentell bestimmbar sind, sind nach der Gl. (9-84b) die Elemente von $\mathbf{Z}'$ zugänglich, aus denen dann die s Größen $e^{r_i\Delta}$ berechnet werden können. Dabei sind die Elemente z'_{ij} durch lineare Regression erhältlich.

So gilt beispielsweise für Reaktionssysteme mit zwei Eigenwerten (r_1 und r_2) allgemein (Determinante D' und Spur S' von $\mathbf{Z}'$):

$$D' = |Z'| = z'_{11}z'_{22} - z'_{12}z'_{21} = \left(e^{r_1\Delta} - 1\right)\left(e^{r_1\Delta} - 1\right) \tag{9-86a}$$

und

$$S' = z'_{11} + z'_{22} = \left(e^{r_1 \Delta} - 1\right) + \left(e^{r_2 \Delta} - 1\right) \quad . \tag{9-86b}$$

Im Fall des Systems A → B → C ist $r_1 = -k_1$ und $r_2 = -k_2$. Die Glgn. (9-86a) und (9-86b) stimmen demnach mit den Glgn. (8-47a) und (8-47b) überein.

Gl. (9-84b) kann in die Beziehung

$$\dot{\mathbf{E}} = \mathbf{Z}\left(\mathbf{E}(\mathbf{t}) - \mathbf{E}_{\infty}\right) \tag{9-71}$$

überführt werden. Dazu wird Gl. (9-84b) durch Δ dividiert und der Grenzwert für Δ → 0 gebildet. Man erhält so:

$$\lim_{\Delta \to 0} \frac{\mathbf{Z}'}{\Delta} = \mathbf{Z} \tag{9-87a}$$

und

$$\lim_{\Delta \to 0} \frac{\Delta \mathbf{E}}{\Delta} = \lim_{\Delta \to 0} \frac{\mathrm{E}(\mathrm{t}+\Delta) - \mathrm{E}(\mathrm{t})}{\Delta} = \dot{\mathrm{E}} \quad . \tag{9-87b}$$

Gl. (9-84b) gilt sinngemäß auch für quasilineare Photoreaktionen.

9.2.3 Differenzengleichungen höherer Ordnung

Nach Gl. (9-81) gilt für die Extinktionsdifferenz 1. Ordnung bei der Wellenlänge λ:

$$\Delta E_{\lambda} = \Delta E_{\lambda}(t+\Delta) - E_{\lambda}(t) \tag{9-88a}$$

Analog dazu können Differenzen höherer Ordnung gebildet werden. So ist die Differenz 2. Ordnung wie folgt definiert:

$$\Delta^2 E_{\lambda} = \Delta E_{\lambda}(t+\Delta) - \Delta E_{\lambda}(t) \tag{9-88b}$$

Allgemein gilt für die j-te Differenz:

$$\Delta^j E_{\lambda} := \Delta^{(j-1)} E_{\lambda}(t+\Delta) - \Delta^{(j-1)} E_{\lambda}(t) \tag{9-88c}$$

Die nullte Differenz ist dabei wie folgt definiert:

$$\Delta^0 E_{\lambda} = E_{\lambda} - E_{\lambda\infty} \tag{9-88d}$$

Stellt man mit Gl. (9-79) die für die verschiedenen Differenzen höherer Ordnung geltenden Beziehungen auf, so erhält man das folgende Gleichungssystem (mit $\Delta^1 E_{\lambda} := \Delta E_{\lambda}$):

$$\begin{aligned}
\Delta^0 E_{\lambda} &= \rho'_{\lambda 1} e^{r_1 t} + \rho'_{\lambda 2} e^{r_2 t} + \ldots \rho'_{\lambda s} e^{r_s t} \\
\Delta^1 E_{\lambda} &= r'_1 \rho'_{\lambda 1} e^{r_1 t} + r'_2 \rho'_{\lambda 2} e^{r_2 t} + \ldots r'_s \rho'_{\lambda s} e^{r_s t} \\
\Delta^2 E_{\lambda} &= r'^2_1 \rho'_{\lambda 1} e^{r_1 t} + r'^2_2 \rho'_{\lambda 2} e^{r_2 t} + \ldots r'^2_s \rho'_{\lambda s} e^{r_s t} \\
&\vdots \\
\Delta^s E_{\lambda} &= r'^s_1 \rho'_{\lambda 1} e^{r_1 t} + r'^2_2 \rho'_{\lambda 2} e^{r_2 t} + \ldots r'^s_s \rho'_{\lambda s} e^{r_s t}
\end{aligned} \tag{9-89a}$$

mit

$$r'_j = e^{r_j \Delta} - 1$$

oder in Matrixdarstellung

$$\begin{pmatrix} \Delta^0 E_\lambda \\ \Delta^1 E_\lambda \\ \vdots \\ \Delta^s E_\lambda \end{pmatrix} = \begin{pmatrix} 1 & \cdots & 1 \\ r'_1 & \cdots & r'_s \\ \vdots & & \vdots \\ r_1'^s & \cdots & r_s'^s \end{pmatrix} \begin{pmatrix} \rho'_{\lambda 1} e^{r_1 t} \\ \rho'_{\lambda 2} e^{r_2 t} \\ \vdots \\ \rho'_{\lambda s} e^{r_s t} \end{pmatrix} . \tag{9-89b}$$

Diese Gleichung stellt ein System von $(s + 1)$ Gleichungen dar, mit denen die s unbekannten Größen $\rho'_{\lambda i} e^{r_i}$ bestimmt werden können. Da dieses System aus physikalischen Gründen eine eindeutige Lösung hat, gilt nach Kronecker und Capelli [Dreszer 1975]:

$$\begin{vmatrix} \Delta^0 E_\lambda & 1 & \cdots & 1 \\ \Delta^1 E_\lambda & r'_1 & \cdots & r'_s \\ \vdots & \vdots & & \vdots \\ \Delta^s E_\lambda & r_1'^s & \cdots & r_s'^s \end{vmatrix} = 0 . \tag{9-90}$$

Die Lösung dieser Gleichung führt zu der **Extinktions-Differenzengleichung s-ter Ordnung**:

$$\Delta^s E_\lambda - S'_1 \Delta^{s-1} E_\lambda + \ldots + (-1)^s S'_s (E_\lambda - E_{\lambda\infty}) = 0 \tag{9-91}$$

mit

$$S'_1 = \sum_{j=1}^{s} r'_j \; , \; S'_2 = \sum_{j<j'} r'_j r'_{j'} \quad \ldots \quad S'_s = r'_1 \ldots r'_s \; .$$

Dabei sind S'_j die **elementarsymmetrischen Funktionen** von r'_j (vgl. Kap. 9.1.2). Aus Gl. (9-91) können grundsätzlich durch lineare Regression die Größen S_i und damit schließlich die gesuchten Eigenwerte r_i bestimmt werden.

Für $s = 2$ gilt allgemein nach Gl. (9-91):

$$\Delta^2 E_\lambda = \left[\left(e^{r_1 \Delta} - 1\right) + \left(e^{r_2 \Delta} - 1\right)\right] \Delta E_\lambda$$

$$- \left[\left(e^{r_1 \Delta} - 1\right)\left(e^{r_1 \Delta} - 1\right)\right] (E_\lambda - E_{\lambda\infty}) \tag{9-92}$$

Im Fall des Systems A $\rightarrow$ B , C $\rightarrow$ D sind $r_1 = -k_1$ und $r_2 = -k_2$. Aus Gl. (9-92) folgt dann direkt Gl. (8-36).

9.2.4 Rekursionsgleichungen höherer Ordnung

Nach Gl. (9-79) gilt für ein Reaktionssystem mit s Eigenwerten:

$$E_\lambda(t) = E_{\lambda\infty} + \rho'_{\lambda 1} e^{r_1 t} + \ldots \rho'_{\lambda s} e^{r_s t}$$

Entwickelt man analog dazu die Extinktionen für die Zeiten $t+\Delta,\ t+2\Delta,\ \ldots\ t+s\Delta$, so erhält man das folgende Gleichungssystem:

$$\begin{pmatrix} E_\lambda(t)-E_{\lambda\infty} \\ E_\lambda(t+\Delta)-E_{\lambda\infty} \\ \vdots \\ E_\lambda(t+s\Delta)-E_{\lambda\infty} \end{pmatrix} = \begin{pmatrix} 1 & \cdots & 1 \\ r_1^* & \cdots & r_s^* \\ \vdots & & \vdots \\ r_1^{*s} & \cdots & r_1^{*s} \end{pmatrix} \begin{pmatrix} \rho'_{\lambda 1} e^{r_1 t} \\ \\ \vdots \\ \rho'_{\lambda s} e^{r_s t} \end{pmatrix} \tag{9-93}$$

mit

$$r_j^* = e^{r_j \Delta} \quad .$$

Diese Beziehung ist analog zur Gl. (9-89b) aufgebaut. Zur Bestimmung der s unbekannten Größen $\rho'_{\lambda i} e^{r_i t}$ kann wie im vorherigen Kapitel (9.2.3) vorgegangen werden. Die zur Gl. (9-90) analoge Beziehung führt zu der folgenden **Extinktions-Rekursionsgleichung *s*-ter Ordnung**:

$$E_\lambda(t+s\Delta) - S_1^* E_\lambda(t+(s-1)\Delta) + \ldots + (-1)^s S_s^* E_\lambda(t) + K = 0 \tag{9-94}$$

mit

$$S_1^* = \sum_{j=1}^{s} r_j^* \ , \quad S_2^* = \sum_{j\langle j'}^{s} r_j^* r_{j'}^* \quad \ldots \quad S_s^* = r_1^* \ldots r_s^* \qquad \text{und} \qquad K = -\prod_{j=1}^{s} (1-r_j^*) \ .$$

Für $E_{\lambda\infty}$ folgt hieraus (mit $E_\lambda(t+s\Delta) = E_\lambda(t+(s-1)\Delta) = \cdots = E_\lambda(t) = E_{\lambda\infty}$ für $t=\infty$):

$$E_{\lambda\infty} = \frac{-K}{1-S_1^* + \ldots + (-1)^s S_s^*} \tag{9-95}$$

Nach Gl. (9-94) können durch lineare Regressionsanalyse die Größen S_i* und K und hieraus weiter $E_{\lambda\infty}$ und die gesuchten Eigenwerte r_i bestimmt werden.

Für $s=2$ gilt allgemein:

$$\begin{aligned} &E_\lambda(t+2\Delta) - \left(e^{r_1\Delta} + e^{r_2\Delta}\right) E_\lambda(t+\Delta) + e^{r_1\Delta} \cdot e^{r_2\Delta} \cdot E_\lambda(t) \\ &-E_{\lambda\infty}\left[1-\left(e^{r_1\Delta} + e^{r_2\Delta}\right) + e^{r_1\Delta}\, e^{r_2\Delta}\right] = 0 \end{aligned} \tag{9-96}$$

Unter Berücksichtigung, daß für das System A $\rightarrow$ B, C $\rightarrow$ D die Beziehungen $r_1 = -k_1$ und $r_2 = -k_2$ gelten, folgt hieraus direkt Gl. (8-39).

9.2.5 Die beiden ersten Theoreme

Im Kap. 7.4 wurde darauf hingewiesen, daß durch rein spektroskopisch-kinetische Analyse zwischen den einheitlichen Reaktionen

A $\rightarrow$ B ,

A $\rightleftarrows$ B ,

A $\rightarrow$ B , A $\rightarrow$ C

nicht unterschieden werden kann. Ebenso wurde im Kap. 8.2 und allgemein in Kap. 9.2.1 erklärt, daß auch zwischen den Mechanismen

$$A \rightarrow B\,,\ C \rightarrow D$$

und

$$A \rightarrow B \rightarrow C$$

nicht unterschieden werden kann. Diese Aussage kann noch weiter gefaßt werden: Durch rein spektroskopische Analyse ist nicht feststellbar, ob in der Lösung z.B. die Reaktionen $A \rightarrow B \rightarrow C$, $A \rightleftarrows B \rightarrow C$, $A \rightarrow B \rightleftarrows C$ oder $A \rightleftarrows B \rightleftarrows C$ oder Parallelreaktionen mit überlagerten Gleichgewichtsreaktionen ablaufen. Eine noch weitergehende Aussage kann getroffen werden, die zum 1. Theorem der Kinetik führt [Polster, Mauser 1992]:

1. Theorem: Ein Reaktionsmechanismus kann experimentell widerlegt, aber nicht bewiesen werden.

Dieser Lehrsatz trifft auch für Reaktionssysteme zu, deren Konzentrations-Zeit-Kurven bekannt sind. Allgemein liefern die Konzentrations-Zeit-Kurven mehr Informationen als die Extinktions-Zeit-Kurven, bei denen die Konzentrationen nach dem Lambert-Beer-Bouguerschen Gesetz linear erfaßt werden. Dies setzt allerdings voraus, daß bei der Konzentrationsauswertung ausreichend viele Meßpunkte mit geringem Fehler bekannt sind. Der experimentelle Aufwand wird dadurch erheblich größer als im Vergleich zu spektroskopischen Messungen, die mit großer Genauigkeit in großer Zahl durchgeführt werden können. So können die Systeme $A \rightarrow B$ und $A \rightleftarrows B$ leicht voneinander unterschieden werden, wenn die Konzentrations-Zeit-Kurven bekannt sind, da im Fall $A \rightarrow B$ die Endkonzentration $a_\infty = 0$ ist – im Gegensatz zum System $A \rightleftarrows B$. Jedoch kann auch hier nicht ausgeschlossen werden, daß die Reaktion in Wirklichkeit komplizierter abläuft und z.B. während der Reaktion Zwischenprodukte entstehen, auf die die Bodensteinhypothese zutrifft. So kann beispielsweise die Reaktion $A \xrightarrow{k_1} C$ in Wirklichkeit auch nach dem Mechanismus $A \xrightarrow{k_1} B \xrightarrow{k_2} C$ ablaufen, sofern $k_2 >> k_1$ ist.

Ein Reaktionsmechanismus ist demnach umso gesicherter, je mehr Information man über das System besitzt. Die kinetische Analyse kann keinen Beweis für die Richtigkeit eines Reaktionsmechanismus liefern. Man kann so nur zeigen, daß das Experiment und das Modell (Hypothese) nicht im Widerspruch stehen.

Für die spektroskopisch-kinetische Analyse von Reaktionssystemen kann ein weiteres, allgemeingültiges Theorem aufgestellt werden [Mauser, Polster 1987; Polster, Mauser 1992]:

2. Theorem: Zwei streng lineare Reaktionssysteme, deren Jacobimatrizen denselben Rang haben, können mit rein spektroskopischen Mitteln nicht unterschieden werden.

Oder anders ausgedrückt:

Zwei streng lineare Reaktionssysteme, die dieselbe Zahl von linear unabhängigen Teilreaktionen haben, können mit rein spektroskopischen Mitteln nicht unterschieden werden.

„Streng linear“ bedeutet hier, daß die Teilreaktionen monomolekular ablaufen. „Rein spektroskopisch“ bedeutet, daß die Extinktionskoeffizienten unbekannt sind und zusätzliche Informationen fehlen.

Das 2. Theorem bezieht sich also nur auf lineare Reaktionssysteme. Dies bedeutet, daß bei Dunkelreaktionen sämtliche Teilreaktionen nach 1. Ordnung ablaufen. Im Fall von Photoreaktionen liegen ausschließlich quasilineare Teilschritte vor (photosensibilisierte Reaktionen sind hier also ausgeschlossen (s. dazu Kap. 12)).

Die Begründung des 2. Theorems ist einfach. Wegen der Beziehungen

$$\mathbf{X} = \mathbf{T}\,\mathbf{X}' \tag{9-59a}$$

und

$$\mathbf{K} = \mathbf{T}\,\mathbf{K}'\,\mathbf{T}^{-1} \tag{9-58}$$

kann jedes lineare System durch eine affine Abbildung in ein anderes System des gleichen Ranges überführt werden, wobei deren Jacobi-Matritzen ähnlich sind. Der Übergang vom System der Reaktionslaufzahlen zum System der Extinktionen ist ebenfalls eine affine Transformation, da die Beziehung gilt:

$$\mathbf{E} = \mathbf{E}_0 + \mathbf{Q}\,\mathbf{X} \tag{9-64}$$

Deswegen kann grundsätzlich ohne Zusatzinformation nachträglich nicht mehr erkannt werden, welche Reaktion ursprünglich vorlag.

In diesem Zusammenhang stellt sich die Frage, wie die Glgn. (8-53) und (8-56) allgemein lauten. Mit den Beziehungen $r_1 - k_1$ und $r_2 - k_2$ gilt allgemein für Reaktionssysteme mit *zwei* unabhängigen Teilschritten [Mauser, Polster 1983 und 1987]:

$$t_W - t_M = \frac{1}{r_2 - r_1} \ln \frac{r_1}{r_2} \tag{9-65}$$

und

$$\frac{F_1}{F_2} = \kappa = \frac{r_2}{r_1} \quad , \tag{9-65}$$

wobei r_1 und r_2 die Eigenwerte des Systems bedeuten.

9.2.6 Spezielle Dunkel - Folgereaktionen ($s = 2$) mit Meßbeispiel

Wie im Kap. 9.2.5 allgemein gezeigt wurde, können lineare Reaktionssysteme, die sich aus s unabhängigen Teilschritten zusammensetzen, spektroskopisch voneinander nicht unterschieden werden. Daher ist es auch allgemein nicht möglich zu entscheiden, zu welcher Teilreaktion die ermittelten k_i- bzw. r_i-Werte gehören. Gelegentlich ist jedoch eine Unterscheidung zwischen verschiedenen Reaktionsmechanismen möglich. Dies trifft für solche Systeme zu, bei denen Teilschritte nach Reaktionen pseudo 1. Ordnung ablaufen oder an denen spezielle schnelle Gleichgewichtsreaktionen beteiligt sind. Für den Fall $s = 2$ wird dies nachfolgend an Hand von 4 Beispielen demonstriert. Dabei wird als Beispiel die Reaktion von Pyridoxal mit Histidin behandelt. – (Die nachfolgenden Reaktionen beziehen sich ausschließlich auf Dunkelreaktionen.)

1. Beispiel

$$A + [B] \xrightarrow{k_1} C \xrightarrow{k_2} D \tag{9-97}$$

Bei den folgenden Beispielen wird angenommen, daß die Einwaagekonzentration (b_0) der Komponente B sehr viel größer ist als die von $A\,(b_0 >> a_0)$. Demnach ist eine Auswertung nach pseudo 1. Ordnung zulässig. Für das Reaktionssystem gelten die Gleichungen:

$$\dot{a} = -k_1 b_0 \cdot a \tag{9-98a}$$

und

$$\dot{c} = k_1 b_0 \cdot a - k_2 c \ . \tag{9-98b}$$

Nach Gl. (9-32) folgt damit für $\mathbf{K_c}$:

$$\mathbf{K_c} = \begin{pmatrix} -k_1 b_0 & 0 \\ k_1 b_0 & -k_2 \end{pmatrix} \tag{9-99}$$

Für die Spur S und Determinante D von $\mathbf{K_c}$ gilt:

$$S = -k_1 b_0 - k_2 \quad \text{und} \quad D = k_1 b_0 \cdot k_2 \ .$$

Wegen der Gl. (9-70) sind $\mathbf{K_c}$ und $\mathbf{Z}$ ähnliche Matrizen. Die Spur S und die Determinante D von $\mathbf{K_c}$ können durch formale Integration nach Gl. (9-71) oder (9-73) wie folgt spektroskopisch bestimmt werden [Lachmann, Lachmann, Mauser 1980b]:

$$S = -k_1 b_0 - k_2 = z_{11} + z_{22} \tag{9-100a}$$

und

$$D = k_1 b_0 k_2 = z_{11} z_{22} - z_{12} z_{21} \ . \tag{9-100b}$$

Demnach lassen sich durch Variation von b_0 die Diagramme S vs. b_0 und D vs. b_0 konstruieren, aus deren Geraden (Steigung, Ordinatenabschnitt) k_1 und k_2 bestimmt werden können (s. Abb. 9-1).

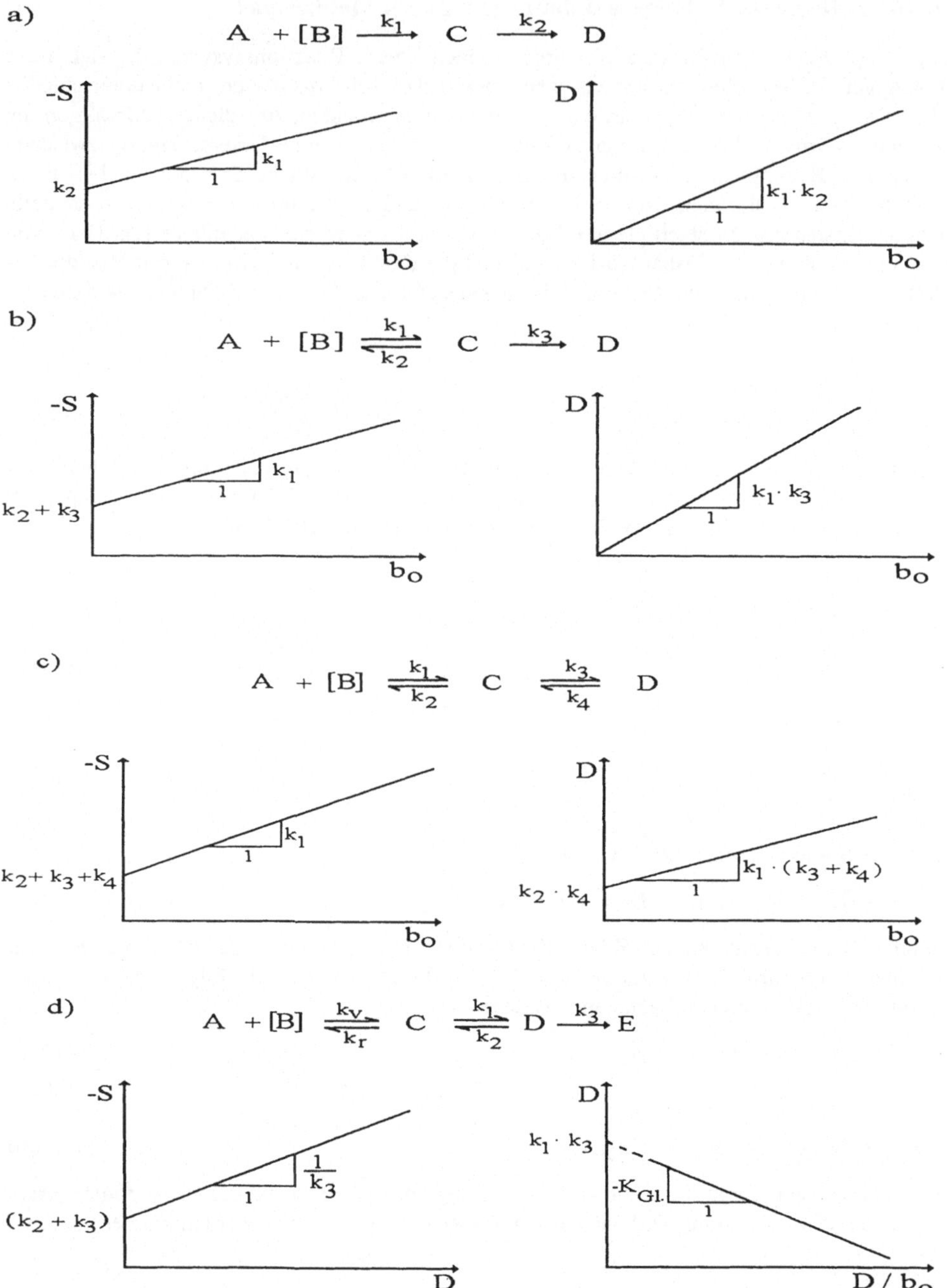

Abb. 9-1 Konzentrationsabhängigkeit von Spur *S* und Determinante *D* für verschiedene Reaktionsmechanismen (die Determinante *D* ist hier vom Stoff *D* zu unterscheiden) [Lachmann, Lachmann, Mauser 1980b].

2. Beispiel

$$\mathrm{A} + [\mathrm{B}] \underset{k_2}{\overset{k_1}{\rightleftarrows}} \mathrm{C} \xrightarrow{k_3} \mathrm{D} \tag{9-101}$$

Für $\mathbf{K_c}$ gilt hier [Lachmann, Lachmann, Mauser 1980b]:

$$\mathbf{K_c} = \begin{pmatrix} -k_1 b_0 & k_2 \\ k_1 b_0 & -(k_2 + k_3) \end{pmatrix} \tag{9-102]}$$

Analog zu Glgn. (9-100a) und (9-100b) ist demnach:

$$S = -k_1 b_0 - (k_2 + k_3) = z_{11} + z_{22} \tag{9-103a)}$$

und

$$D = k_1 b_0 (k_2 + k_3) - k_1 k_2 \cdot b_0 = k_1 k_3 \cdot b_0 = z_{11} z_{22} - z_{12} z_{21} \quad . \tag{9-103b)}$$

Die Diagramme S vs. b_0 und D vs. b_0 (s. Abb. 9-1) führen zum selben Habitus der Kurven wie im Beispiel 1. Auch hier können alle k_i-Werte (k_1, k_2 und k_3) bestimmt werden. – Grundsätzlich können die Systeme der Beispiele 1 und 2 unterschieden werden: Während bei Beispiel 1 die Steigung $(k_1 k_2)$ der Geraden im Plot D vs. b_0 identisch sein muß mit den aus dem Plot S vs. b_0 berechneten Werten k_1 und k_2, wird im Beispiel 2 ein anderer Zusammenhang angetroffen.

3. Beispiel

$$\mathrm{A} + [\mathrm{B}] \underset{k_2}{\overset{k_1}{\rightleftarrows}} \mathrm{C} \underset{k_4}{\overset{k_3}{\rightleftarrows}} \mathrm{D} \tag{9-104)}$$

Für $\mathbf{K_c}$ gilt hier [Lachmann, Lachmann, Mauser 1980b]:

$$\mathbf{K_c} = \begin{pmatrix} -k_1 b_0 & k_2 \\ k_1 b_0 - k_4 & -(k_2 + k_3 + k_4) \end{pmatrix} \tag{9-105)}$$

Damit erhält man für S und D die Beziehungen:

$$S = -k_1 b_0 - (k_2 + k_3 + k_4) = z_{11} + z_{22} \tag{9-106a)}$$

und

$$D = k_1 (k_3 + k_4) b_0 + k_2 \cdot k_4 = z_{11} z_{22} - z_{12} z_{21} \quad . \tag{9-106b)}$$

Im Gegensatz zu den Beispielen 1 und 2 wird hier im Diagramm D vs. b_0 keine Nullpunktsgerade erhalten (s. Abb. (9-1)).

4. Beispiel

$$\mathrm{A} + [\mathrm{B}] \underset{k_r}{\overset{k_v}{\rightleftarrows}} \mathrm{C} \underset{k_2}{\overset{k_1}{\rightleftarrows}} \mathrm{D} \xrightarrow{k_3} \mathrm{E} \tag{9-107)}$$

Hier wird angenommen, daß während der gesamten Reaktion ein chemisches Gleichgewicht zwischen den Komponenten A, B und C herrscht (die Konstanten $k_v \cdot b_0$ und k_r sind also viel größer als k_1, k_2 und k_3: $k_v \cdot b_0$, $k_r >> k_1, k_2, k_3$). Für die Gleichgewichtskonstante $K_{Gl.}$ dieses Gleichgewichtes gilt:

$$K_{Gl.} = \frac{k_r}{k_v} = \frac{a \cdot b_0}{c} \tag{9-108}$$

Ferner gelten die Beziehungen:

$$\dot{d} = k_1 c - (k_2 + k_3) d \tag{9-109a}$$

$$\dot{e} = k_3 d \tag{9-109b}$$

Mit der stöchiometrischen Randbedingung

$$a_0 = a + c + d + e$$

folgt hieraus unter Berücksichtigung von Gl. (9-108)

$$\dot{d} = \frac{k_1 b_0 a_0}{K_{Gl.} + b_0} - \left[(k_2 + k_3) + \frac{k_1 b_0}{K_{Gl.} + b_0} \right] \cdot d - \frac{k_1 b_0 \cdot e}{K_{Gl.} + b_0} \tag{9-110a}$$

$$\dot{e} = k_3 d \quad . \tag{9-110b}$$

Für $\mathbf{K_c}$ gilt demnach

$$\mathbf{K_c} = \begin{pmatrix} -\left[(k_2 + k_3) + \dfrac{k_1 b_0}{K_{Gl.} + b_0} \right] & -\dfrac{k_1 b_0}{K_{Gl.} + b_0} \\ k_3 & 0 \end{pmatrix} \tag{9-111}$$

und weiter für S und D [Lachmann, Lachmann, Mauser 1980b]:

$$S = -(k_2 + k_3) - \frac{k_1 b_0}{K_{Gl.} + b_0} = z_{11} + z_{22} \ , \tag{9-112a}$$

$$D = \frac{k_1 k_3 \cdot b_0}{K_{Gl.} + b_0} = z_{11} z_{22} + z_{12} z_{21} \quad . \tag{9-112b}$$

Die Diagramme S vs. b_0 und D vs. b_0 führen hier nicht zu Geraden. Jedoch können lineare Zusammenhänge erhalten werden, wenn aus Gl. (9-112b) der Ausdruck $D / k_3 = k_1 b_0 / (K_{Gl.} + b_0)$ in Gl. (9-112a) eingesetzt wird:

$$S = -(k_2 + k_3) - \frac{1}{k_3} \cdot D \tag{9-113a}$$

Ferner führt die Umstellung von Gl. (9-112b) zu:

$$D = k_1 k_3 - K_{Gl.} \left(\frac{D}{b_0} \right) \tag{9-113b}$$

Aus dem Diagramm $-S$ vs. D können durch Variation von b_0 (s. Abb. 9-1) die Geschwindigkeitskonstanten k_2 und k_3 und weiter aus dem Diagramm D vs. D/b_0 die Konstanten k_1 und $K_{Gl.}$ bestimmt werden.

Der Vergleich der Beispiele 1-4 zeigt, daß hier sämtliche Mechanismen voneinander unterscheidbar und sämtliche Konstanten bestimmbar sind.

Meßbeispiel

Pyridoxalphosphat (PLP) ist der wichtigste Cofaktor des Aminosäure-Stoffwechsels. PLP liegt in Transaminasen gebunden vor und bildet mit ihren Substraten intermediär kovalente Schiffsche Basen. Als Modellreaktion dazu kann anstelle von PLP auch Pyridoxal (ein Vitamin-B_6-Aldehyd) eingesetzt werden, das mit Aminosäuren (z. B. Histidin) wie folgt reagiert [Lachmann, Lachmann, Mauser 1980b; Lachmann 1982]:

Pyridoxal + Histidin $\underset{k_r}{\overset{k_v}{\rightleftharpoons}}$ [Carbinolamin] $\underset{k_2,\ H_2O}{\overset{k_1,\ -H_2O}{\rightleftharpoons}}$ Schiffbase $\xrightarrow{k_3}$ Tetrahydropyridinderivat

(9-114)

Die Bildung von Carbinolamin wird allgemein als Primärschritt der Reaktion von Aldehyden mit Aminen postuliert. Unter Wasserabspaltung kann dann bei primären Aminen die Schiffsche Base gebildet werden. Im Fall von Histidin ist allerdings die Schiffsche Base nicht stabil, da diese zu einem Tetrahydropyridinderivat cyclisiert.

Die E- und EDQ-Diagramme sind in den Abb. 9-2 und 9-3 dargestellt. Wie man sieht, besteht das System aus zwei linear unabhängigen Teilschritten. Offenbar läuft die Bildung des Carbinolamins viel schneller ab als alle anderen Teilschritte, oder aber auf das Carbinolamin trifft die Bodenstein-Hypothese zu.

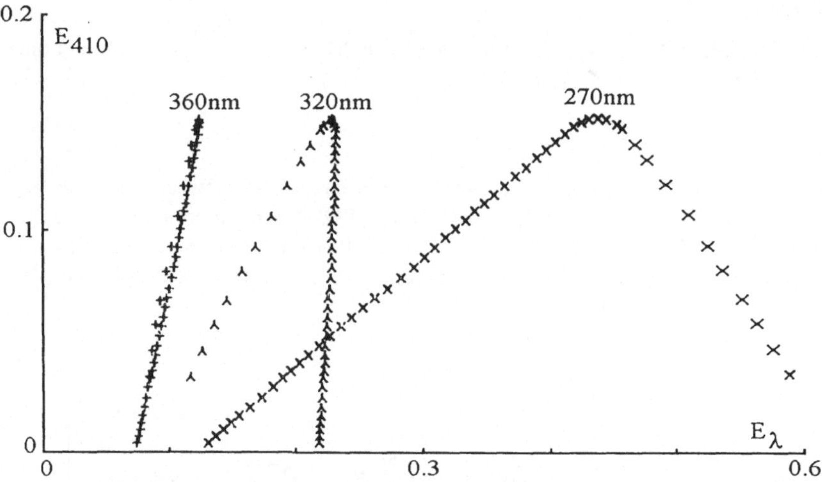

Abb. 9-2 E-Diagramme des Reaktionssystems (9-114) (0,15 M Phosphatpuffer pH = 8,0; 25°C; [Pyridoxal] = 0,1 mM; b_0 = 80 mM). [Lachmann, Lachmann, Mauser 1980b].

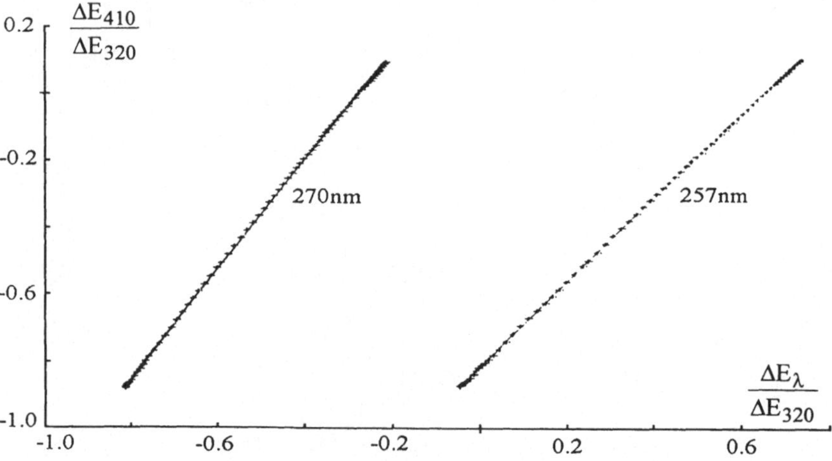

Abb. 9-3 EDQ-Diagramme des Reaktionssystems (9-114) [Lachmann, Lachmann, Mauser 1980b].

Die Diagramme $-S$ vs. b_0 (b_0=[HIS]) und D vs. b_0 sind in der Abb. 9-4 dargestellt. Dabei bezieht sich b_0 auf die Konzentration der freien, nicht protonierten Aminogruppe des Histidins (die nur mit dem Aldehyd reagiert). Diese Konzentration wurde wie folgt berechnet (pK-Wert von Histidin: 9,18):

$$[\mathrm{HIS}] = \frac{10^{-9{,}18} \cdot b_0}{10^{-8} + 10^{-9{,}18}}$$

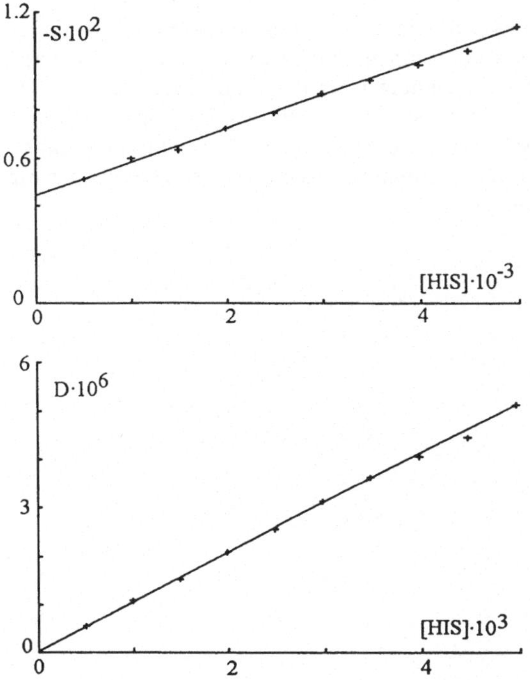

Abb. 9-4 Diagramme $-S$ vs. b_0 und D vs. b_0 (b_0 = [His], His = Histidin in M-Einheiten) des Reaktionssystems (9-114) [Lachmann, Lachmann, Mauser 1980b].

Da beide Diagramme in der Abb. 9-4 Geraden zeigen, ist eine Carbinolamin-Bildung im Sinne einer Gleichgewichtsnäherung (s. Gl. (9-107)) ausgeschlossen. Ebenso kann der Mechanismus (9-104) ausgeschlossen werden (da im Plot D vs. b_0 eine Nullpunktsgerade erhalten wird). Da auch der Mechanismus (9-97) nicht möglich ist (weil die aus dem Plot $-S$ vs. b_0 ermittelten k_1- und k_2-Werte nicht mit der Steigung ($k_1\ k_2$) der Geraden im Plot D vs. b_0 übereinstimmen), ist hier der Mechanismus

$$A + [B] \underset{k_2}{\overset{k_1}{\rightleftarrows}} C \xrightarrow{k_3} D \qquad (9\text{-}101)$$

anzunehmen. Mit Hilfe der Abb. 9-4 findet man für k_i die Werte [Lachmann, Lachmann, Mauser 1980b]:

$$k_1 = 1{,}36\, M^{-1}\, s^{-1} \quad , \quad k_2 = 3{,}74 \cdot 10^{-3}\, s^{-1} \quad \text{und} \quad k_3 = 7{,}50 \cdot 10^{-4}\, s^{-1} \quad .$$

Das Tetrahydropyridinderivat ist ein Protolyt, dessen pK-Werte durch pH-Titration im UV-Gebiet spektroskopisch bestimmt werden können. Dazu können wieder E-Diagramme herangezogen werden. Wird im Reaktionssystem (9-114) anstelle von Histidin Histamin eingesetzt, werden beim Endprodukt im pH-Bereich 0-13 vier pK-Werte gefunden. Die genaue Analyse liefert die Werte [Polster, Lachmann 1989]:

$$pK_1 = 1{,}46 \pm 0{,}02 \quad ; \quad pK_2 = 4{,}15 \pm 0{,}02 \quad ;$$

$$pK_3 = 7{,}61 \pm 0{,}02 \quad \text{und} \quad pK_4 = 10{,}10 \pm 0{,}02.$$

Wie das Meßbeispiel und die Beispiele 1-4 demonstrieren, können Reaktionssysteme voneinander spektroskopisch-kinetisch unterschieden werden, wenn an ihnen Reaktionen pseudo 1. Ordnung oder schnelle (nicht lineare) Gleichgewichtsreaktionen beteiligt sind. Dies gilt auch für Reaktionssysteme, bei denen Teilreaktionen 2. Ordnung vorkommen, wie im Kap. 11 gezeigt wird. Auch wenn allgemein die spektroskopisch-kinetische Analyse von Systemen mit Reaktionen 2. Ordnung komplizierter ist als bei rein linearen Reaktionssystemen, können hier jedoch oft Kriterien zu ihrer Unterscheidung gefunden werden.

10 Einheitliche Systeme mit Reaktionen 2. Ordnung ($s = 1$)

In den Kap. 10 und 11 werden Reaktionssysteme mit **Dunkelreaktionen 2. Ordnung** behandelt (Photoreaktionen werden hier also nicht betrachtet). Von den spektroskopisch-einheitlichen Reaktionen ($s = 1$) spielen besonders die folgenden Reaktionen eine wichtige Rolle:

$$\mathrm{A + B \rightarrow C + D} \ ,$$

$$\mathrm{2A \rightarrow B}$$

und

$$\mathrm{A + B \rightleftarrows C} \ .$$

Bei Dunkelreaktionen, die von zwei linear unabhängigen Teilschritten mit Reaktionen 2. Ordnung bzw. 2. und 1. Ordnung beschrieben werden ($s = 2$), haben die folgenden Bedeutung:

$$\mathrm{2A \rightarrow B \rightarrow C} \ ,$$

$$\mathrm{A + B \rightarrow C \rightarrow D} \ ,$$

$$\mathrm{A + B \rightleftarrows C \rightarrow D + A} \ ,$$

$$\mathrm{A + B \rightarrow C + D, \ A + E \rightarrow F + G} \ .$$

Im nachfolgenden werden schwerpunktmäßig die oben angegebenen Reaktionsmechanismen behandelt, deren allgemeine Darstellung in [Mauser 1983; Mauser 1987; Polster, Mauser 1992] angegeben ist.

10.1 Die Reaktion A + B → C + D

10.1.1 Extinktionsgleichungen: 1. Methode (allgemeiner Fall)

Die Reaktion

$$\mathrm{A + B} \xrightarrow{k} \mathrm{C + D} \tag{10-1}$$

wird durch die folgende Geschwindigkeitsgleichung beschrieben (s. Glgn. (3-22) und (3-21) mit $X = x_1$):

$$\frac{\mathrm{d}X}{\mathrm{d}t} = k\,(a_0 - X)(b_0 - X) \tag{10-2}$$

Nach Gl. (6-16) gilt für ΔE_λ (mit $s = 1$):

$$\Delta E_\lambda = Q_\lambda X = \ell(\varepsilon_{\lambda C} + \varepsilon_{\lambda D} - \varepsilon_{\lambda A} - \varepsilon_{\lambda B})\,X \tag{10-3}$$

Hieraus folgt mit Gl. (10-2):

$$\frac{\mathrm{d}E_\lambda}{\mathrm{d}t} = Q_\lambda \frac{\mathrm{d}X}{\mathrm{d}t} = Q_\lambda\, k\,(a_0 - X)(b_0 - X) \tag{10-4}$$

Mit $X = \Delta E_\lambda / Q_\lambda = (E_\lambda - E_{\lambda 0}) / Q_\lambda$ erhält man demnach:

$$\frac{\mathrm{d}E_\lambda}{\mathrm{d}t} = Q_\lambda \, k \left[a_0 - \left(\frac{E_\lambda - E_{\lambda 0}}{Q_\lambda} \right) \right] \left[b_0 - \left(\frac{E_\lambda - E_{\lambda 0}}{Q_\lambda} \right) \right] \tag{10-5}$$

oder ausmultipliziert:

$$\dot{E}_\lambda = z_0 + z_1 \, (E_\lambda - E_{\lambda 0}) + z_2 \, (E_\lambda - E_{\lambda 0})^2 \tag{10-6}$$

mit

$$z_0 = k \, a_0 \, b_0 \, Q_\lambda \quad , \quad z_1 = -k \, (a_0 + b_0) \quad , \quad z_2 = \frac{k}{Q_\lambda}$$

Durch formale Integration zwischen den Grenzen 0 und t ergibt sich:

$$\Delta E_\lambda = E_\lambda - E_{\lambda 0} = z_0 \, t + z_1 \int_0^t (E_\lambda - E_{\lambda 0}) \, \mathrm{d}t + z_2 \int_0^t (E_\lambda - E_{\lambda 0})^2 \, \mathrm{d}t \tag{10-7}$$

Diese Beziehung gilt allgemein. Einschränkende Bedingungen (beispielsweise, daß $a_0 = b_0$ ist oder $E_{\lambda\infty}$ bekannt sein muß) werden nicht gemacht.

Meßbeispiel

Die Aminolyse von tert. Butyloxycarbonyl-glycin-p-nitro-phenylester (Boc-gly-ONP) mit n-Butylamin in Acetronitril (CH_3CN) als Lösungsmittel läuft nach dem Mechanismus $A + B \rightarrow C + D$ ab [Polster 1974; Mauser, Polster 1974]:

$(CH_3)_3C{-}O{-}C(=O){-}NH{-}CH_2{-}C(=O){-}O{-}C_6H_4{-}NO_2 \; + \; H_2N{-}(CH_2)_3{-}CH_3$

Boc-gly-ONP = A B

$\downarrow$ (CH_3CN)

$HO{-}C_6H_4{-}NO_2 \; + \; (CH_3)_3C{-}O{-}C(=O){-}NH{-}CH_2{-}C(=O){-}NH{-}(CH_2)_3{-}CH_3$

C D

(10-8)

Das Reaktionsspektrum ist in Abb. 10-1 dargestellt. Es zeigt drei (4?) isosbestische Punkte. Demnach ist die untersuchte Reaktion einheitlich. Den Beweis dafür liefern die für verschiedene Wellenlängen konstruierten E-Diagramme (hier nicht gezeigt).

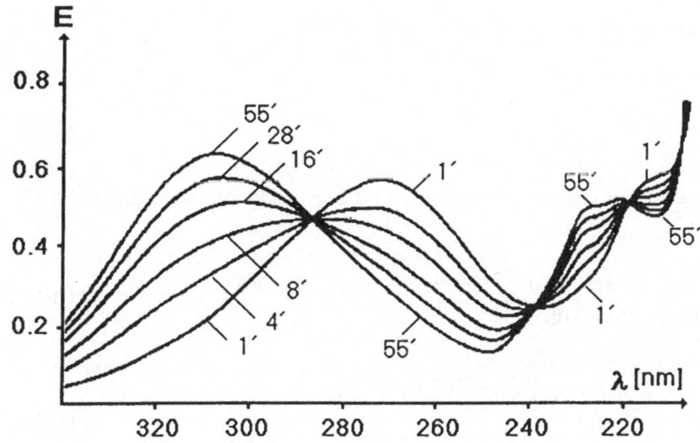

Abb. 10-1 Reaktionsspektren der Reaktion von Boc-gly-ONP mit n-Butylamin in Acetonitril ($a_0 = b_0 = 9 \cdot 10^{-5}$ M; 25,0 °C).

Trägt man in einem Diagramm die nach Gl. (10-7) für verschiedene Einwaagekonzentrationen durch formale Integration bestimmten z_1-Werte gegen $(a_0 + b_0)$ auf, kann aus der Steigung der resultierenden Gerade direkt die Geschwindigkeitskonstante k ermittelt werden:

$$z_1 = -k\,(a_0 + b_0)$$

Die in der Abb. 10-2 dargestellte Gerade liefert den Wert (25,0 °C):

$$k = 2{,}86 \;\; M^{-1}\, s^{-1}$$

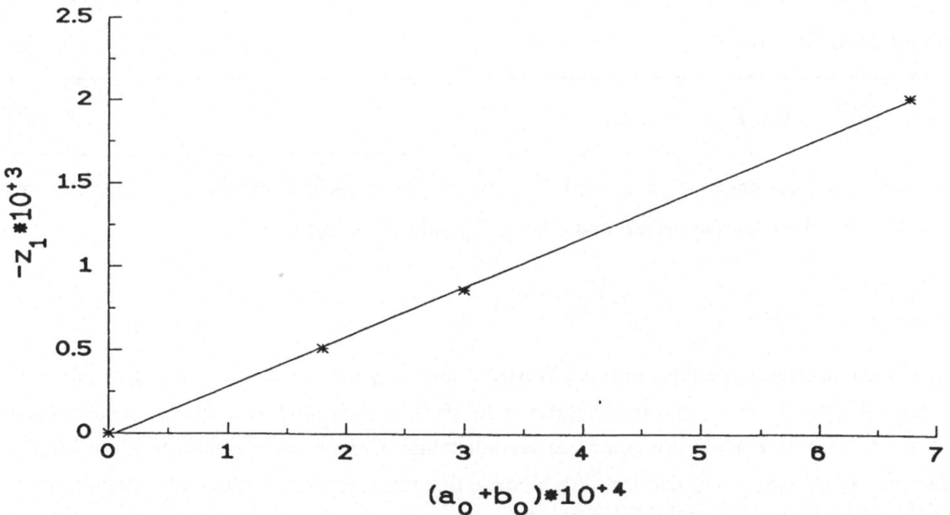

Abb. 10-2 Diagramm $-z_1$ vs. $(a_0 + b_0)$ der Reaktion Boc-gly-ONP mit n-Butylamin in Acetonitril bei 25 °C (s. Gl. (10-7))

10.1.2 Extinktionsgleichungen: 2. Methode (gleiche Einwaagekonzentrationen)

Unter der Annahme, daß die Einwaagekonzentrationen von A und B gleich sind ($a_0 = b_0$), folgt aus Gl. (10-5):

$$\frac{dE_\lambda}{dt} = \frac{k}{Q_\lambda}(a_0 Q_\lambda + E_{\lambda 0} - E_\lambda)^2 \tag{10-9}$$

Da zur Zeit $t = 0$ nur A und B und zur Zeit $t \to \infty$ nur C und D vorhanden sind, gilt nach Gl. (10-3) für $E_{\lambda\infty}$ (mit $X_\infty = a_0$):

$$\begin{aligned} E_{\lambda\infty} &= a_0 Q_\lambda + E_{\lambda 0} = \ell(\varepsilon_{\lambda C} + \varepsilon_{\lambda D} - \varepsilon_{\lambda A} - \varepsilon_{\lambda B})a_0 + \ell(\varepsilon_{\lambda A} + \varepsilon_{\lambda B})a_0 \\ &= \ell(\varepsilon_{\lambda C} + \varepsilon_{\lambda D})a_0 \end{aligned} \tag{10-10}$$

Damit folgt aus Gl. (10-9):

$$\frac{dE_\lambda}{dt} = \frac{k}{Q_\lambda}(E_{\lambda\infty} - E_\lambda)^2 \tag{10-11}$$

Die Integration zwischen den Grenzen 0 und t bzw. $E_{\lambda 0}$ und E_λ führt zu:

$$\frac{1}{E_{\lambda\infty} - E_\lambda} = \frac{1}{E_{\lambda\infty} - E_{\lambda 0}} + \frac{k}{Q_\lambda}t \tag{10-12}$$

Für die Konstruktion des Diagrammes **$1/(E_{\lambda\infty}$-$E_\lambda)$ vs. t** muß $E_{\lambda\infty}$ genau bekannt sein. Dies ist nicht notwendig, wenn Gl. (10-12) umgestellt wird [Mauser, Polster 1974]:

$$\frac{E_\lambda - E_{\lambda 0}}{t} = \frac{k}{Q_\lambda}(E_{\lambda\infty} - E_{\lambda 0})(E_{\lambda\infty} - E_\lambda) \tag{10-13}$$

Nach Gl. (10-10) ist

$$E_{\lambda\infty} - E_{\lambda 0} = a_0 Q_\lambda \ . \tag{10-14}$$

Damit folgt aus Gl. (10-13):

$$\boxed{\frac{E_\lambda - E_{\lambda 0}}{t} = k a_0 E_{\lambda\infty} - k a_0 E_\lambda} \tag{10-15}$$

Trägt man $(E_\lambda$-$E_{\lambda 0})/t$ gegen E_λ auf, wird $E_{\lambda\infty}$ als Abszissenabschnitt erhalten. – Integriert man Gl. (10-11) zwischen den Grenzen t' und t bzw. $E'_{\lambda 0}$ und E_λ, erhält man:

$$\frac{E_\lambda - E'_{\lambda 0}}{t - t'} = \frac{k}{Q_\lambda}(E_{\lambda\infty} - E'_{\lambda 0})(E_{\lambda\infty} - E_\lambda) \tag{10-16}$$

Für die Wahl des Bezugspunktes mit den Werten t' und $E'_{\lambda 0}$ kann jeder Meßpunkt gewählt werden. Aus Gl. (10-16) folgt, daß im Diagramm E_λ vs. $(E_\lambda - E'_{\lambda 0})/(t - t')$ durch entsprechende Wahl des Bezugspunktes die Steigung der resultierenden Gerade umso größer wird, je kleiner die Differenz $(E_\lambda - E'_{\lambda 0})$ ist. Die für verschiedene Bezugspunkte konstruierten Geraden schneiden sich alle im Punkt $E_{\lambda\infty}$ auf der E_λ-Achse.

Analog zur Gl. (10-14) gilt für die Konzentrationen a' des Bezugspunktes:

$$E_{\lambda\infty} - E'_{\lambda 0} = a' Q_\lambda \tag{10-17}$$

Aus Gl. (10-16) folgt damit:

$$\frac{E_\lambda - E'_{\lambda 0}}{t - t'} = k\,a'\,E_{\lambda\infty} - k\,a'\,E_\lambda \qquad (10\text{-}18)$$

Die Konzentration a' kann nach den Glgn. (10-17) und (10-14) bestimmt werden:

$$a' = a_0\left(\frac{E_{\lambda\infty} - E'_{\lambda 0}}{E_{\lambda\infty} - E_{\lambda 0}}\right) \qquad (10\text{-}19)$$

Die in diesem Kapitel für den Fall $a_0 = b_0$ behandelte Reaktion A + B → C + D führt direkt zu der Reaktion:

$$2\,A \rightarrow B\,. \qquad (10\text{-}20)$$

Die Konzentrations-Differentialgleichung lautet hierfür:

$$\frac{da}{dt} = -k\,a^2 \qquad (10\text{-}21)$$

Leitet man die zur Gl. (10-15) analoge Beziehung wie oben beschrieben ab, findet man als Ergebnis:

$$\frac{E_\lambda - E_{\lambda 0}}{t} = 2\,k\,a_0\,E_{\lambda\infty} - 2\,k\,a_0\,E_\lambda \qquad (10\text{-}22)$$

Meßbeispiel

Die nach Gl. (10-18) für verschiedene Bezugspunkte (t', $E'_{\lambda 0}$) ausgewertete Reaktion (10-8) ist in Abb. 10-3 dargestellt. Für $E'_{\lambda 0}$ und t' wurden jeweils der 1., 3., 4., 5., 7., 9. und 12. Meßpunkt eingesetzt. Wie man sieht, schneiden sich alle Geraden in einem Punkt auf der E_λ-Achse, der direkt $E_{\lambda\infty}$ liefert.

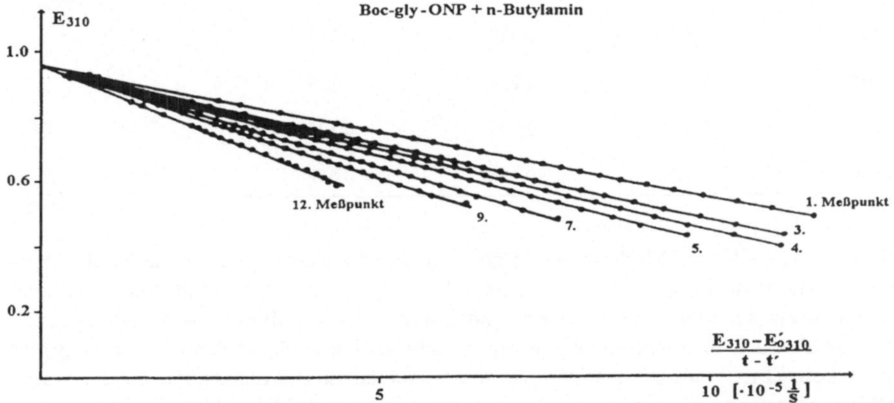

Abb. 10-3 Diagramm E_{330} vs. $(E_{330} - E_{330,0})/(t - t')$ der Reaktion (10-8) in Abhängigkeit vom Bezugspunkt $(E'_{\lambda 0}, t')$.

In der Abb. 10-4 sind die für verschiedene Wellenlängen nach Gl. (10-18) erhaltenen Ergebnisse dargestellt. Da die Steigung wellenlängenunabhängig ist, resultieren parallele Geraden, die zu den in der Tabelle 10-1 angegebenen Ergebnissen führen. Die bei den verschiedenen Wellenlängen bestimmten k-Werte variieren innerhalb von 2%. Die berechneten $E_{\lambda\infty}$-Werte stimmen zufriedenstellend mit den experimentellen überein.

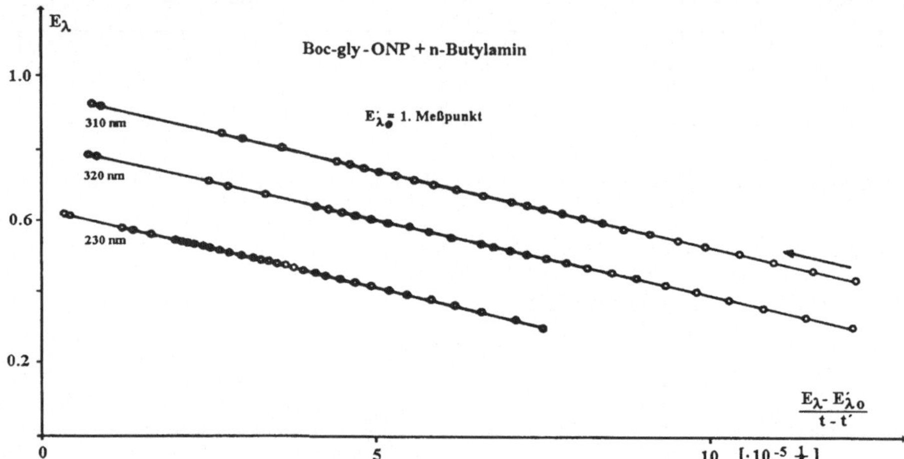

Abb. 10-4 Diagramm E_λ vs. $(E_\lambda - E'_{\lambda 0})/(t - t')$ der Reaktion (10-8); Reaktionsbedingungen wie bei Abb. 10-1.

Tabelle 10-1 Auswertung der Reaktion (10-8) nach Gl. (10-18) bei verschiedenen Wellenlängen [Polster1974; Mauser, Polster 1974].

λ [nm]	k [M^{-1} s^{-1}]	$E_{\lambda\infty}$ (exper.)	$E_{\lambda\infty}$ (ber.)
320	2,80	0.800	0,814
310	2,78	0,943	0,957
270	2,87	0,338	0,318
265	2,85	0,258	0,238
260	2,83	0,194	0,175
230	2,86	0,626	0,632

Die Reaktion (10-8) stellt eine Modellreaktion zur präparativen Peptidsynthese nach der klassischen Methode wie auch der sog. ‚**liquid phase**'-Methode dar. Bei der liquid phase-Methode werden im Gegensatz zur Merrifield-Synthese statt festen Trägern Polymere verwendet, die sowohl in Wasser als auch in organischen Lösungsmitteln löslich sind. Bewährt haben sich hier Polyethylenglykole (PEG), an die schrittweise die verschiedenen Aminosäuren an die wachsende Peptidkette ankondensiert werden. Die Peptidkopplung wird dabei über aktivierte Aminosäureester durchgeführt [Bayer et al. 1974a und 1974b; Polster 1974]:

$$\mathrm{PEG{-}O{-}\underset{\displaystyle\|\atop O}{C}{-}CH_2{-}NH_2} \;+\; \mathrm{O_2N{-}C_6H_4{-}O{-}\underset{\displaystyle\|\atop O}{C}{-}CH_2{-}NH{-}\underset{\displaystyle\|\atop O}{C}{-}O{-}C(CH_3)_3}$$

PEG-gly Boc-gly-ONP

$$\downarrow\ \mathrm{CH_2CN}$$

$$\mathrm{PEG{-}O{-}\underset{\displaystyle\|\atop O}{C}{-}CH_2{-}NH{-}\underset{\displaystyle\|\atop O}{C}{-}CH_2{-}NH{-}\underset{\displaystyle\|\atop O}{C}{-}O{-}C(CH_3)_3} \;+\; \mathrm{O_2N{-}C_6H_4{-}OH}$$

PEG-gly-gly-Boc

(10-23)

Solche Reaktionen können mit Hilfe der Gl. (10-18) kinetisch einfach analysiert werden. Der Einfluß der Polymerlänge auf die Reaktionsgeschwindigkeit kann so z.B. studiert werden. Wie man aus der Tabelle 10-2 sieht, erhöht sich die Reaktionsgeschwindigkeit mit abnehmender Polymerlänge (Molekularmasse 20.000 → Molekularmasse 6.000).

Tabelle 10-2 Einfluß der Polymerlänge von PEG auf die Reaktion (10-23). Temperatur: 25,0 °C; Lösungsmittel: Acetonitril [Bayer et al. 1974a und 1974b; Polster 1974]

Amin-Komponente	$k \cdot 10^{+1}$ [M^{-1} s^{-1}]
PEG(20.000)-gly	0,13
PEG(10.000)-gly	0,13
PEG(6.000)-gly	0,15
PEG(4.000)-gly	0,18
PEG(2.000)-gly	0,17

10.1.3 Extinktionsgleichungen: 3. Methode ($E_{\lambda\infty}$ und $\widetilde{E}_{\lambda\infty}$ sind bekannt)

Wenn die Einwaagekonzentrationen von A und B verschieden sind ($a_0 \neq b_0$), gilt nach Gl. (10-5):

$$\frac{dE_\lambda}{dt} = \frac{k}{\mathcal{Q}_\lambda}(E_{\lambda\infty} - E_\lambda)(\widetilde{E}_{\lambda\infty} - E_\lambda) \tag{10-24a}$$

mit

$$E_{\lambda\infty} = a_0\,\mathcal{Q}_\lambda + E_{\lambda 0} \quad \text{und} \quad \widetilde{E}_{\lambda\infty} = b_0\,\mathcal{Q}_\lambda + E_{\lambda 0}\ . \tag{10-24b}$$

Die Integration dieser Beziehung zwischen den Grenzen 0 und t bzw. $(E_{\lambda\infty} - E_\lambda)$ führt zu:

$$ln\left(\frac{\widetilde{E}_{\lambda\infty} - E_{\lambda}}{E_{\lambda\infty} - E_{\lambda}}\right) = ln\left(\frac{\widetilde{E}_{\lambda\infty} - E_{\lambda 0}}{E_{\lambda\infty} - E_{\lambda 0}}\right) + (\widetilde{E}_{\lambda\infty} - E_{\lambda\infty})\,\frac{k}{Q_{\lambda}}\cdot t$$
$$= ln\frac{b_0}{a_0} + (b_0 - a_0)\,k\,t \qquad (10\text{-}25)$$

Die Auswertung nach dieser Beziehung setzt die Kenntnis von $\widetilde{E}_{\lambda\infty}$ voraus. $\widetilde{E}_{\lambda\infty}$ kann berechnet werden, wenn das Verhältnis der Einwaagekonzentrationen

$$n = \frac{b_0}{a_0} \qquad (10\text{-}26a)$$

bekannt ist. Aus den beiden Beziehungen von Gl. (10-24b) folgt damit:

$$\widetilde{E}_{\lambda\infty} = n\,E_{\lambda\infty} - (n-1)\,E_{\lambda 0} \qquad (10\text{-}26b)$$

Meßbeispiel

Bei der Reaktion (10-8) ist $\varepsilon_{\lambda B} = \varepsilon_{\lambda D} = 0$, da im registrierten Spektralbereich nur Boc-gly-ONP und p-Nitrophenol absorbieren. Die Auswertung der Reaktion nach Gl. (10-25) ist in der Abb. 10-5 für die Wellenlänge λ = 320 nm dargestellt. Die erhaltenen *k*-Werte sind in der Tabelle 10-3 aufgelistet.

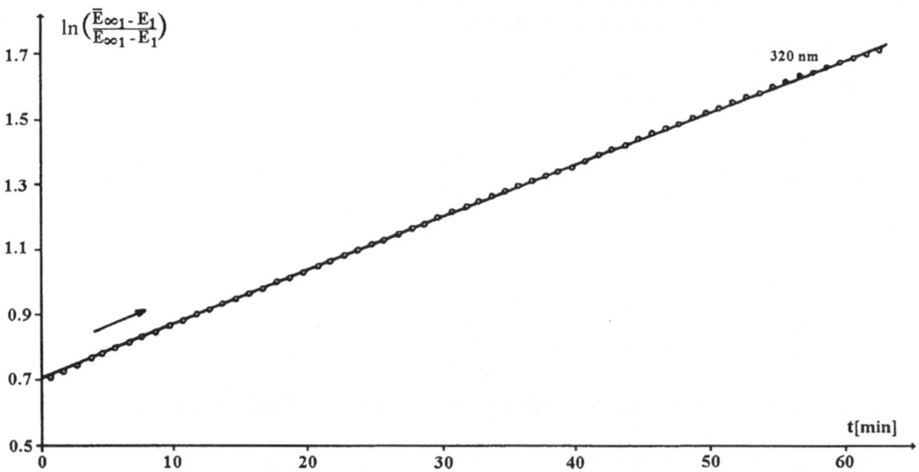

Abb. 10-5 Diagramm ln $[(\widetilde{E}_{\lambda\infty} - E)/(E_{\lambda} - E'_{\lambda 0})]$ vs. *t* der Reaktion (10-8) mit $a_0 = 10^{-4}$ M (Boc- gly-ONP) und $b_0 = 2\cdot 10^{-4}$ M (n-Butylamin). Temperatur: 25,0 °C; Lösungsmittel: Acetonitril.

Tabelle 10-3 Nach Gl. (10-25) ermittelte *k*-Werte der Reaktion (10-8) mit $a_0 = 10^{-4}$ M (Boc-gly-ONP) und $b_0 = 2\cdot 10^{-4}$ M (n-Butylamin). Temperatur: 25,0 °C; Lösungsmittel: Acetonitril.

λ [nm]	k [M^{-1} s^{-1}]	$E_{\lambda\infty}$ (exper.)	$\widetilde{E}_{\lambda\infty}$ (nach Gl. (10-26b))
320	2,72	0.966	1,809
310	2,68	1,134	2,044
270	2,76	0,352	– 0,316

10.1.4 Extinktions-Differenzengleichungen

Wenn bei der Reaktion A + B → C + D die Einwaagekonzentrationen gleich sind ($a_0 = b_0$), gelten nach Gl. (10-12) für die Extinktionen zur Zeit t und $t + \Delta$ die Beziehungen:

$$\frac{1}{E_{\lambda\infty} - E_\lambda(t)} - \frac{k}{Q_\lambda}\, t = \frac{1}{E_{\lambda\infty} - E_{\lambda 0}}$$

und

$$\frac{1}{E_{\lambda\infty} - E_\lambda(t+\Delta t)} - \frac{k}{Q_\lambda}(t+\Delta t) = \frac{1}{E_{\lambda\infty} - E_{\lambda 0}} \quad .$$

Indem beide Beziehungen gleichgesetzt und umgestellt werden, folgt:

$$\Delta E_\lambda = E_\lambda(t+\Delta) - E_\lambda(t) = \left(E_{\lambda\infty} - E_\lambda(t)\right)\left(E_{\lambda\infty} - E_\lambda(t+\Delta)\right)\frac{k \cdot \Delta \cdot a_0}{E_{\lambda\infty} - E_{\lambda 0}} \tag{10-27}$$

Δ ist eine konstante Zeitdifferenz, die in der Größenordnung der Halbwertszeit liegen sollte. Auch für den Fall, daß $a_0 \neq b_0$ ist, kann eine zur Gl. (10-27) analoge Beziehung aufgestellt werden. Indem man dazu – wie oben beschrieben – von Gl. (10-25) ausgeht, erhält man:

$$\frac{\widetilde{E}_{\lambda\infty} - E_\lambda(t+\Delta)}{E_{\lambda\infty} - E_\lambda(t+\Delta)} - \left(\frac{\widetilde{E}_{\lambda\infty} - E_\lambda(t)}{E_{\lambda\infty} - E_\lambda(t)}\right) = \frac{b_0}{a_0}\, e^{(b_0 - a_0)kt}\left(e^{(b_0 - a_0)k\Delta} - 1\right)$$

Berücksichtigt man, daß nach Gl. (10-25) gilt

$$\frac{b_0}{a_0}\, e^{(b_0 - a_0)kt} = \frac{\widetilde{E}_{\lambda\infty} - E_\lambda(t)}{E_{\lambda\infty} - E_\lambda(t)} \quad ,$$

folgt hieraus:

$$E_\lambda(t) - E_\lambda(t+\Delta) = \left(\widetilde{E}_{\lambda\infty} - E_\lambda(t)\right)\left(E_{\lambda\infty} - E_\lambda(t+\Delta)\right)\left[\frac{e^{(b_0 - a_0)k\cdot\Delta} - 1}{E_{\lambda\infty} - \widetilde{E}_{\lambda\infty}}\right] \tag{10-28}$$

Meßbeispiel

Für die Auswertung der Reaktion (10-8) kann $\widetilde{E}_{\lambda\infty}$ nach Gl. (10-26b) berechnet und in Gl. (10-28) eingesetzt werden. Man findet als Ergebnis für k die in der Tabelle 10-4 dargestellten Werte. Da $\widetilde{E}_{\lambda\infty}$ hier genau bestimmbar ist, werden für k Werte erhalten, die mit den nach den anderen Verfahren erhaltenen gut übereinstimmen.

Tabelle 10-4 Nach Gl. (10-28) bestimmte k-Werte der Reaktion (10-8) mit $a_0 = 10^{-4}$ M (Boc-gly-ONP) und $b_0 = 2 \cdot 10^{-4}$ M (n-Butylamin). Temperatur: 25,0 °C; Lösungsmittel: Acetonitril.

λ [nm]	320	310	270
k [$M^{-1} \cdot s^{-1}$]	2,87	2,86	2,77

10.1.5 Auswertung von Konzentrationsdaten

Wenn bei der Reaktion A + B → C + D zwei oder mehrere Komponenten bei den untersuchten Wellenlängen absorbieren, scheint es auf den ersten Blick wenig aussichtsreich zu sein, Konzentrationen (wie z.B. a) aus den gemessenen Extinktionen direkt zu bestimmen. Es müssen dazu die Extinktionskoeffizienten $\varepsilon_{\lambda i}$ sämtlicher Komponenten sehr genau bekannt sein, um die Konzentration a ohne allzu großen Fehler nach

$$a = \frac{E_\lambda - \ell\varepsilon_{\lambda B} b_0 - \ell\,(\varepsilon_{\lambda C} + \varepsilon_{\lambda D} - \varepsilon_{\lambda B})\, a_0}{(\varepsilon_{\lambda A} + \varepsilon_{\lambda B} - \varepsilon_{\lambda C} - \varepsilon_{\lambda D})} \tag{10-29}$$

berechnen zu können. Mit Hilfe des E-Diagrammes lassen sich jedoch die Konzentrationen sämtlicher Komponenten durch Streckenverhältnisse einfach bestimmen, ohne daß die Extinktionskoeffizienten bekannt sein müssen.

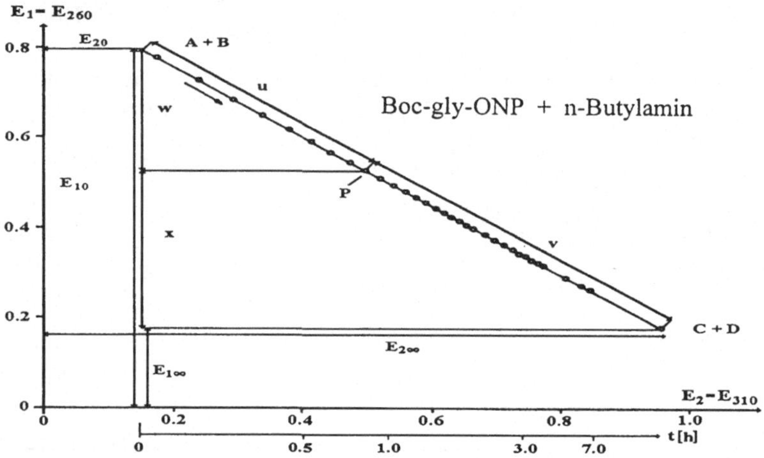

Abb. 10-6 E-Diagramm E_{260} vs. E_{310} der Reaktion (10-8) mit $a_0 = b_0 = 9 \cdot 10^{-5}$ M (25,0 °C; Lösungsmittel: Acetonitril.)

Da die Reaktion A + B → C + D spektroskopisch-einheitlich ist, liegen ihre Punkte im E-Diagramm auf einer Geraden (s. Kap. 6.2, 4. Beispiel). Wie Abb. 10-6 zeigt, werden diese Punkte von den Meßpunkten zur Zeit $t = 0$ und $t \to \infty$ begrenzt ($E_{\lambda 0}$ bzw. $E_{\lambda\infty}$). Ohne die Allgemeingültigkeit einzuschränken, wird nachfolgend angenommen, daß

$$a_0 \leq b_0 \tag{10-30}$$

ist. Die Strecke

$$|E_{\lambda\infty} - E_{\lambda 0}| = w + x \tag{10-31}$$

entspricht dann der Konzentration a_0. Im Punkt P gilt somit für die Konzentration a:

$$a = \frac{x}{x + w} \cdot a_0 \tag{10-32}$$

Mit Hilfe des 1. Strahlensatzes erhält man demnach:

$$a = \frac{\mathrm{v}}{u+\mathrm{v}} \cdot a_0 \qquad (10\text{-}33a)$$

Für die Konzentrationen b, c und d Stoffe B, C und D gilt entsprechend:

$$b = b_0 - a_0 + \frac{\mathrm{v} \cdot a_0}{u+\mathrm{v}} \qquad (10\text{-}33b)$$

und

$$c = d = \frac{w}{w+x}\, a_0 = \frac{u}{u+\mathrm{v}}\, a_0 \ . \qquad (10\text{-}33c)$$

In dieser Weise können Konzentrationen mit Hilfe von E-Diagrammen aus einfachen Streckenverhältnissen sehr genau bestimmt werden, wenn $E_{\lambda 0}$ und $E_{\lambda\infty}$ bekannt sind. Unabhängig davon kann a auch nach Gl. (10-19) berechnet werden. Die so ermittelten Konzentrationen lassen sich dann nach den beiden folgenden Methoden (I: formale Integration und II: Differenzengleichungen) auswerten.

I. Methode (formale Integration)

Mit der Beziehung $a_0 \leq b_0$ und der Definition

$$\Delta := a_0 - b_0 = a - b \qquad (10\text{-}34)$$

erhält man aus $\dot{a} = -\dot{X} = -k\,a\,b$

$$\frac{\mathrm{d}a}{a} = -k\,b\,\mathrm{d}t = -k(a-\Delta)\mathrm{d}t \ . \qquad (10\text{-}35)$$

Durch Integration zwischen den Grenzen 0 und t bzw. a_0 und a erhält man hieraus:

$$\ln\frac{a}{a_0} = k\,\Delta \cdot t - k\int_0^t a\,\mathrm{d}t$$

Nach Division durch t folgt schließlich:

$$\frac{\ln\frac{a}{a_0}}{t} = k\,\Delta - k\,\frac{\int_0^t a\,\mathrm{d}t}{t} \qquad (10\text{-}36)$$

$$y = k\,\Delta - k \cdot x$$

Die Steigung der Geraden im Diagramm y vs. x liefert die gesuchte Geschwindigkeitskonstante k. Gl. (10-36) gilt für jedes Verhältnis a_0 zu b_0 (auch für $a_0 = b_0$). Selbst wenn die Anfangskonzentration eines Ausgangsstoffes unbekannt ist, läßt sich diese über den Ordinatenabschnitt nach Gl. (10-36) unter Berücksichtigung von Gl. (10-34) berechnen.

Meßbeispiel

Die Auswertung der Reaktion (10-8) nach Gl. (10-36) ist in Abb. 10-7 dargestellt. Da hier $a_0 = b_0 = 9 \cdot 10^{-4}$ M und damit $\Delta = 0$ ist, läuft die Gerade durch den Koordinatenursprung.

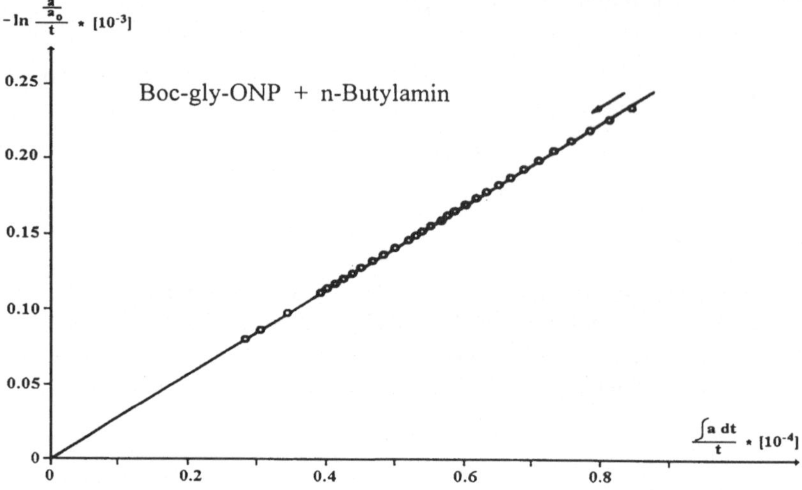

Abb. 10-7 Auswertung der Reaktion (10-8) nach Gl.(10-36) mit Hilfe von Abb. 10-6.

Die Ergebnisse der aus verschiedenen E-Diagrammen ermittelten und ausgewerteten Konzentrationen sind in Tabelle 10-5 dargestellt.

Tabelle 10-5 Nach Gl. (10-36) ermittelte k-Werte der Reaktion (10-8) mit Hilfe verschiedener E-Diagramme ($a_0 = b_0 = 9 \cdot 10^{-5}$ M; 25,0 °C, Lösungsmittel: Acetronitril.

E-Diagramm [nm / nm]	320 / 310	310 / 310	270 / 310	265 / 310	260 / 310	230 / 310
k [$M^{-1} \cdot s^{-1}$]	2,80	2,78	2,87	2,85	2,83	2,86

Die Konzentrationen können mit Hilfe des E-Diagrammes wie folgt „korrigiert" werden: Es wird zunächst eine Ausgleichsgerade durch alle Meßpunkte im Diagramm gelegt (dabei ist es vorteilhaft, für die Konstruktion des Diagrammes eine Extinktion, die sich während der Reaktion möglichst stark ändert, als Referenz-Extinktion heranzuziehen. Im Meßbeispiel ist dieses für λ_1 = 310 nm erfüllt). Es werden dann die Lote auf die Ausgleichsgerade durch die Meßpunkte gefällt und deren Schnittpunkte mit der Ausgleichsgerade bestimmt. Aus den Schnittpunkten können dann über die Glgn. (10-33a)-(10-33c) die „korrigierten" Konzentrationen berechnet werden.

II. Methode (Differenzengleichungen)

Mit der Beziehung (s. Gl. (10-34))

$$b = b_0 - a_0 + a$$

folgt aus Gl. (10-35) nach Umstellung:

$$\frac{da}{dt} = -k\,a\,(b_0 - a_0 + a) \qquad (10\text{-}37)$$

Separiert man die Variablen, zerlegt die Gleichung in Partialbrüche und integriert zwischen den Grenzen 0 und t bzw. a_0 und a, erhält man hieraus unter Delogarithmieren:

$$a = \frac{a_0(n-1)\,e^{-(n-1)a_0 k t}}{n - e^{-(n-1)a_0 k t}} \qquad (10\text{-}38)$$

mit

$$n = b_0 / a_0 \quad .$$

Mit Hilfe dieser Beziehung können Differenzengleichungen aufgestellt werden, wenn die Ausdrücke für $a\,(t)$ und $a\,(t + \Delta)$ gebildet werden. Geht man dazu wie im Kap. 10.1.4 beschrieben vor, findet man

$$\frac{a(t+\Delta) - a(t)}{a(t)} = -\,(1 - e^{-\tau}) - \left(\frac{1 - e^{-\tau}}{b_0 - a_0}\right) a(t+\Delta) \qquad (10\text{-}39)$$

mit

$$\tau = (b_0 - a_0)\,k \cdot \Delta$$

Für den Fall $a_0 = b_0$ vereinfacht sich diese Beziehung. Bei $a_0 \to b_0$ strebt $\tau \to 0$ und es gilt: $\lim_{\tau \to 0} e^{-\tau} \to 1$. Nach Gl. (10-39) folgt dann:

$$\lim_{a_0 \to b_0} \left(\frac{1 - e^{-\tau}}{b_0 - a_0}\right) = \frac{0}{0}$$

Wendet man hierauf die de l'Hospitalsche Regel an, so erhält man aus Gl. (10-39) für den Fall $a_0 = b_0$:

$$\frac{\Delta a}{a(t)} = \frac{a(t+\Delta t) - a(t)}{a(t)} = -\,k \cdot \Delta \cdot a(t+\Delta) \qquad (a_0 = b_0) \qquad (10\text{-}40)$$

Meßbeispiel

Die Auswertung der Reaktion (10-8) nach Gl. (10-40) ist in Abb. 10-8 dargestellt. Die Steigung der Geraden liefert für k den Wert (25,0 °C):

$$k = 2{,}78\ \text{M}^{-1}\,\text{s}^{-1}$$

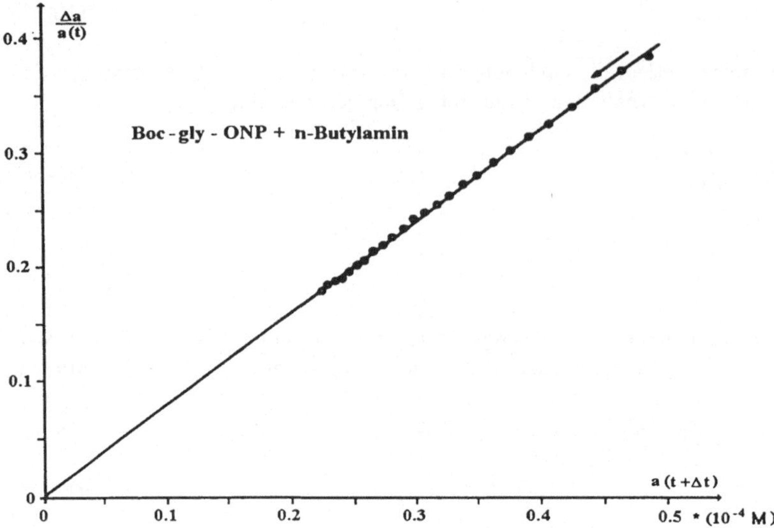

Abb. 10-8 Auswertung der Reaktion (10-8) nach Gl.(10-40) mit $a_0 = b_0 = 9 \cdot 10^{-5}$ M (25,0 °C; Acetonitril als Lösungsmittel).

10.2 Die Reaktion A + B $\rightleftarrows$ C

Gleichgewichtsreaktionen werden häufig bei biochemischen Reaktionen und in der analytischen Chemie angetroffen. Ein bekanntes Beispiel hierfür sind z.B. Metallkomplex-Bildungsreaktionen der Art

$$M + L \rightleftarrows ML \quad ,$$

wobei M das Metallion (die Ladung wird hier nicht berücksichtigt) und L der Ligand bedeuten. In vielen Fällen ist der Ligand ein Protolyt, so daß an der eigentlichen Reaktion Protonenaustauschreaktionen beteiligt sind:

$$LH \rightleftarrows L^- (H^+)$$

In wäßrigen Lösungen kann dafür auch ausführlicher geschrieben werden:

$$LH + H_2O \rightleftarrows L^- + H_3O^+$$

Häufig wird nur der deprotonierte Ligand vom Metallion gebunden. In diesen Fällen lautet das vollständige Reaktionssystem:

$$LH + H_2O \rightleftarrows L^- + H_3O^+$$

$$M + L^- \rightleftarrows ML^-$$

In der Regel läuft die Protonenaustauschreaktion viel schneller ab als die Metallkomplex-Bildungsreaktion, so daß die Protolyse als ein sich sehr schnell einstellendes Gleichgewicht aufgefaßt werden darf. Im nachfolgenden wird dieser Fall vorausgesetzt, doch können die unten abgeleiteten Beziehungen auch nach Modifizierung angewendet werden, wenn der Ligand kein Protolyt ist.

Im nachfolgenden wird das allgemeine Reaktionssystem betrachtet:

$$\mathrm{BH} \underset{}{\overset{K}{\rightleftarrows}} \mathrm{B(H)}$$

$$\mathrm{A+B} \underset{k_2}{\overset{k_1}{\rightleftarrows}} \mathrm{C} \tag{10-41}$$

Ladungen bleiben dabei unberücksichtigt. Das sich sehr schnell einstellende Protolysegleichgewicht kann dann durch die (gemischte) Dissoziationskonstante K charakterisiert werden [Polster, Lachmann 1989]:

$$K = \frac{b \cdot h}{bh} \quad \text{mit} \quad h = 10^{-pH} \tag{10-42}$$

Es wird weiter angenommen, daß der pH-Wert der Lösung während der Reaktion konstant bleibt. Um anschließend die kinetische Extinktionsgleichung abzuleiten, wird die Konzentrationsgröße y eingeführt, die den Abstand vom Gleichgewichtszustand angibt (im Gleichgewichtszustand ist also $y = 0$). y soll dabei so definiert sein, daß es nur positive Werte annehmen kann. Es gelten dann die folgenden Gleichungen (wobei der Index ∞ sich auf die Zeit $t \to \infty$ bezieht):

$$a = a_\infty + y \quad , \tag{10-43a}$$

$$c = c_\infty - y \quad , \tag{10-43b}$$

$$bh + b = bh_\infty + b_\infty + y \quad . \tag{10-43c}$$

Bezeichnet man die Einwaagekonzentrationen des Protolyten und des Stoffes A mit b_0 bzw. a_0, lauten die stöchiometrischen Randbedingungen:

$$b_0 = bh + b + c \, , \tag{10-44a}$$

$$a_0 = a + c \quad . \tag{10-44b}$$

Da nach Gl. (10-42)

$$bh = b \cdot \frac{h}{K} := b \cdot K' \tag{10-45}$$

ist (mit $K' = h/K$ und $h =$ const), folgt aus Gl. (10-43c):

$$bh + b = b(K'+1) = bh_\infty + b_\infty + y = b_\infty(K'+1) + y$$

und hieraus nach Umstellung

$$b = b_\infty + \frac{y}{K'+1} \quad . \tag{10-46}$$

Es gilt also:

$$\dot{b} = \frac{\mathrm{d}b}{\mathrm{d}t} = \frac{\dot{y}}{K'+1} \tag{10-47}$$

Für $\dot{b}$ gilt aber auch die Beziehung:

$$\dot{b} = -k_1 ab + k_2 c \tag{10-48}$$

Führt man in diese Beziehung die Glgn. (10-43a) und (10-43b) ein, erhält man unter Berücksichtigung der Glgn. (10-47) und (10-46):

$$\dot{b} = \frac{\dot{y}}{K'+1} = -k_1(a_\infty + y)\left(b_\infty + \frac{y}{K'+1}\right) + k_2(c_\infty - y) \qquad (10\text{-}49)$$

Da im Gleichgewichtszustand $y = \dot{y} = 0$ ist, folgt hieraus

$$0 = -k_1 a_\infty b_\infty + k_2 c_\infty \quad . \qquad (10\text{-}50)$$

Damit wird aus Gl. (10-49):

$$\dot{y} = -\left\{k_1\left[b_\infty \ (K'+1) + a_\infty\right] + k_2(K'+1)\right\} y - k_1 y^2 \qquad (10\text{-}51)$$

Diese Beziehung führt zur entsprechenden Extinktionsgleichung. Für die Differenz (E_λ-$E_{\lambda\infty}$) gilt nach Lambert-Beer-Bouguer:

$$E_\lambda - E_{\lambda\infty} = l\left[\varepsilon_{\lambda BH}(bh - bh_\infty) + \varepsilon_{\lambda B}(b - b_\infty) + \varepsilon_{\lambda A}(a - a_\infty) + \varepsilon_{\lambda C}(c - c_\infty)\right]$$

Unter Berücksichtigung der Glgn. (10-45), (10-46), (10-43a) und (10-43b) folgt hieraus:

$$E_\lambda - E_{\lambda\infty} = -Q_\lambda y \qquad (10\text{-}52)$$

mit

$$Q_\lambda = -\ell\left(\frac{\varepsilon_{\lambda BH} K'}{K'+1} + \frac{\varepsilon_{\lambda B}}{K'+1} + \varepsilon_{\lambda A} - \varepsilon_{\lambda C}\right) \quad .$$

Es ist demnach

$$\dot{E}_\lambda = -Q_\lambda \dot{y} \quad .$$

Führt man in diese Beziehung Gl. (10-51) ein, folgt mit Gl. (10-52):

$$\dot{E}_\lambda = -z_1(E_\lambda - E_{\lambda\infty}) - z_2(E_\lambda - E_{\lambda\infty})^2 \qquad (10\text{-}53)$$

mit

$$z_1 = k_1\left[b_\infty \ (K'+1) + a_\infty\right] + k_2(K'+1) \quad \text{und} \quad z_2 = \frac{k_1}{Q_\lambda} \quad .$$

Dividiert man durch (E_λ-$E_{\lambda\infty}$) und integriert zwischen den Grenzen t' und t bzw. E_λ' und E_λ, findet man:

$$\frac{ln\left(\dfrac{E_\lambda - E_{\lambda\infty}}{E_\lambda' - E_{\lambda\infty}}\right)}{t - t'} = -z_1 - z_2 \frac{\int_t^{t'} (E_\lambda - E_{\lambda\infty})\,dt}{t - t'} \qquad (10\text{-}54)$$

$$y = -z_1 - z_2 \cdot x$$

Dabei kann (E_λ', t') ein beliebiger Meßpunkt sein. – Um k_1 und k_2 aus z_1 und z_2 bestimmen zu können, müssen verschiedene Messungen bei variierten Einwaagekonzentrationen (a_0, b_0) durchgeführt werden. Der für die Auswertung benötigte Beziehung kann wie folgt hergeleitet werden: Aus den Glgn. (10-43a), (10-43c) und (10-44a) folgt für den Zeitpunkt $t = 0$ $(y \rightarrow y_0)$ mit $c = 0$:

$$a_0 = a_\infty + y_0 \quad \text{und} \quad b_0 = bh + b = bh_\infty + b_\infty + y_0 \quad .$$

Es ist also

$$a_0 + b_0 = a_\infty + bh_\infty + b_\infty + 2\,y_0 \quad . \tag{10-55}$$

Aus der Beziehung (s. Gl. (10-53))

$$z_1 = k_1 \Big[b_\infty (K' + 1) + a_\infty \Big] + k_2 (K' + 1)$$

folgt demnach mit $K' = h / K = bh / b$

$$\begin{aligned} z_1 &= k_1 (bh_\infty + b_\infty + a_\infty) + k_2 (K' + 1) \\ &= k_1 (a_0 + b_0 - 2y_0) + k_2 (K' + 1) \quad . \end{aligned} \tag{10-56}$$

Nach Gl. (10-53) ist $z_2 = k_1/Q_\lambda$. Da nach Gl. (10-52) für $t = 0$

$$E_{\lambda 0} - E_{\lambda\infty} = -\,Q_\lambda\, y_0$$

ist, folgt demnach für z_2:

$$z_2 = \frac{k_1}{Q_\lambda} = -\left(\frac{k_1\, y_0}{E_{\lambda 0} - E_{\lambda\infty}} \right) \quad . \tag{10-57}$$

Stellt man diese Beziehung nach y_0 um und führt y_0 in Gl. (10-56) ein, erhält man:

$$z_1 = k_1 (a_0 + b_0) + 2\, z_2 (E_{\lambda 0} - E_{\lambda\infty}) + k_2 (K' + 1)$$

und damit

$$\boxed{\rho := z_1 - 2\, z_2 (E_{\lambda 0} - E_{\lambda\infty}) = k_1 (a_0 + b_0) + k_2 (K' + 1) \quad . \qquad (10\text{-}58)}$$

Aus dem Diagramm ρ vs. $(a_0 + b_0)$ können demnach k_1 und k_2 bestimmt werden: Die Steigung liefert direkt k_1 und über den Ordinatenabschnitt kann k_2 berechnet werden, sofern $K' = h/K$ bekannt ist.

Wenn der Reaktion A + B ⇄ C kein Protolysegleichgewicht vorgelagert ist, ist $bh = b \cdot h / K = b \cdot K' = 0$ und damit auch $K' = 0$. Nach den Glgn. (10-53) und (10-58) ist dann

$$\begin{aligned} z_1 &= k_1 (a_\infty + b_\infty) + k_2 \quad , \\ z_2 &= \frac{k_1}{Q_\lambda} \quad \text{und} \quad \rho = k_1 (a_0 + b_0) + k_2 \end{aligned} \tag{10-59}$$

mit

$$Q_\lambda = \ell\, (\varepsilon_{\lambda C} - \varepsilon_{\lambda A} - \varepsilon_{\lambda B}) \quad .$$

Meßbeispiel

Metallkomplexe mit schwach gebundenen Liganden können mit „stärkeren“ Liganden reagieren. Eine soche Ligandenaustauschreaktion findet z.B. statt, wenn im Hexacyanoferrat(II)-Komplex ein Cyanidanion durch Wasser ersetzt ist. Das koordinativ relativ schwach gebundene Wassermolekül kann dann in einer wäßrigen Lösung durch stickstoffhaltige Liganden wie z.B. N-Methylpyrazinium-jodid verdrängt werden:

$$\underset{B}{N\langle\bigcirc\rangle\overset{+}{N}-CH_3} + \underset{A}{[Fe(CN)_5 \cdot H_2O]^{3-}} \rightleftharpoons \underset{C}{\left[Fe(CN)_5 \cdot N\langle\bigcirc\rangle\overset{+}{N}-CH_3\right]^{2-}} + H_2O \qquad (10\text{-}60)$$

Da das Pentacyanoaquoferrat-(II)-Anion relativ instabil ist und als einkerniger Komplex hochrein schwer herzustellen ist (bei der Hoffmann-Synthese werden auch zweikernige Komplexe $[Fe_2(CN)_{10}]^{6-}$ gebildet), wird meistens das leicht darstellbare Pentacyanoamminferrat-(II) für kinetische Untersuchungen eingesetzt. In hoch verdünnten Lösungen (ca. 10^{-5} M) wird dann der Ammoniakligand nahezu quantitativ gegen ein Wassermolekül ausgetauscht:

$$[Fe\,(CN)_5 \cdot NH_3]^{3-} + H_2O \rightleftharpoons [Fe\,(CN)_5 \cdot H_2O]^{3-} + NH_3$$

Die Halbwertszeit dieser Austauschreaktion beträgt weniger als 40 Sekunden, so daß nach relativ kurzer Zeit nur noch der Pentacyanoaquoferrat-Komplex vorliegt.

N-Methylpyrazinium-jodid ist ein einwertiger Protolyt (d.h. es existiert nur ein Protolysegleichgewicht), dessen pK-Wert bei 0,73 liegt (in Gegenwart einer 1 M $LiClO_4$-Lösung). Wenn die Reaktion (10-60) im mittleren pH-Bereich (pH~7) durchgeführt wird, liegt das N-Methylpyrazinium-Kation praktisch nur in der deprotonierten Form vor.

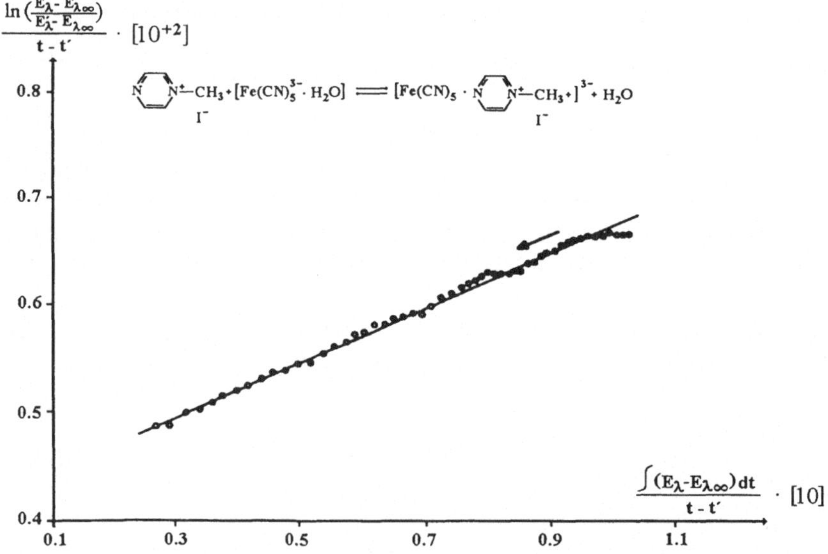

Abb. 10-9 Auswertung der Reaktion (10-60) nach Gl. (10-54) ([Pentacyanoamminferrat-(II)] = [N-Methylpyrazinium] = 1,5 · 10^{-5} M. Die Pentacyanoferrat-(II)-Lösung wurde frisch hergestellt. Nach 2-3 min Stehenlassen wurde die Reaktion durch Zugabe der N-Methylpyrazinium-Lösung gestartet; pH ~ 7,2; 1 M $LiClO_4$ als Inertsalzlösung, 25,0 °C; λ = 655 nm; Schichtdicke der Küvette: ℓ = 5 cm).

Die spektroskopisch-kinetische Auswertung der Reaktion nach Gl. (10-54) ist in Abb. 10-9 dargestellt. Wie man sieht, treten im Anfangsbereich Abweichungen vom linearen Verlauf auf. Dies ist vermutlich auf die oben erwähnten Vorreaktionen zurückzuführen. Da bei der Beobachtungswellenlänge $\lambda = 655$ nm nur der Pentacyano-N-methyl-pyrazinium-ferrat(II)-Komplex absorbiert, läßt sich der Extinktionskoeffizient des Komplexes direkt abschätzen, wenn zu der Pentacyanoaquoferrat (II)-Lösung ein ausreichender Überschuß des Liganden zugesetzt wird. Damit können über den $E_{\lambda\infty}$-Wert die Konzentrationen a_∞, b_∞ und c_∞ und daraus die Stabilitätskonstante β des Metallkomplexes berechnet werden. Man erhält hier näherungsweise den Wert [Mauser, Polster 1978]:

$$\beta = \frac{c_\infty}{a_\infty b_\infty} = \frac{k_1}{k_2} \approx 15 \cdot 10^5 \ \mathrm{M}^{-1}$$

Löst man diese Beziehung nach k_1 oder k_2 auf und setzt den Ausdruck in die z_1-Beziehung der Gl. (10-59) ein (bzw. in Gl. (10-58) mit K' = 0), können k_1 und k_2 ermittelt werden. Im vorliegenden Fall gilt näherungsweise:

$$k_1 = 4{,}4 \cdot 10^2 \ \mathrm{M}^{-1}\ \mathrm{s}^{-1}$$

$$k_2 = 2{,}9 \cdot 10^{-4} \ \mathrm{s}^{-1}$$

11 Systeme mit Teilreaktionen 2. Ordnung ($s = 2$)

Bisher wurden nur Reaktionen 2. Ordnung behandelt, die spektroskopisch einheitlich ablaufen. Im nachfolgenden sollen Dunkelreaktionen allgemein betrachtet werden, die aus zwei unabhängigen Teilreaktionen bestehen. Dabei können diese Teilreaktionen entweder nur aus Reaktionen 2. Ordnung bestehen oder gemischt aus Reaktionen 1. und 2. Ordnung. Auf jeden Fall muß wenigstens eine Teilreaktion nach 2. Ordnung ablaufen. Beispiele hierfür sind die vier Systeme

$$A + B \rightarrow C \rightarrow D \ ,$$

$$2\,A \rightarrow B \rightarrow C \ ,$$

$$A + B \rightleftarrows C \rightarrow D + A \ ,$$

$$A + B \rightarrow C + D\ , \ A + E \rightarrow F + G \ .$$

Die Extinktions-Differentialgleichung, die allgemein solche Reaktionen beschreibt, wird am besten in Matrixdarstellung abgeleitet. Für die Beschreibung der Zusammenhänge werden die Taylorsche Reihenentwicklung für zwei Variablen, die Rechenregeln für die Matrizenmultiplikation und für die Berechnung von inversen Matrizen sowie die Begriffe „ähnliche“ und „äquivalente“ Matrizen benötigt. Die Anwendung dieser Methode wird an drei „theoretischen“ und einem „praktischen“ Beispiel demonstriert. Aussagen, die allgemein für lineare Reaktionssysteme (s. Kap. 9) gültig sind, treffen teilweise auch hier zu.

11.1 Die Extinktions-Hauptgleichung

Für **lineare** Reaktionssysteme gilt allgemein

$$\dot{\mathbf{X}} = \dot{\mathbf{X}}_0 + \mathbf{K}\,\mathbf{X} \ , \qquad (9\text{-}18)$$

wobei **K** die Jacobi-Matrix ist. Für Systeme mit zwei Eigenwerten lautet **K**:

$$\mathbf{K} = \begin{pmatrix} \dfrac{\partial \dot{X}_1}{\partial X_1} & \dfrac{\partial \dot{X}_1}{\partial X_2} \\ \dfrac{\partial \dot{X}_2}{\partial X_1} & \dfrac{\partial \dot{X}_2}{\partial X_2} \end{pmatrix} \qquad (9\text{-}19)$$

Gl. (9-18) ausführlich geschrieben ist demnach:

$$\begin{aligned} \dot{X}_1 &= \dot{X}_{10} + \frac{\partial \dot{X}_1}{\partial X_1} \cdot X_1 + \frac{\partial \dot{X}_1}{\partial X_2} \cdot X_2 \ , \\ \dot{X}_2 &= \dot{X}_{20} + \frac{\partial \dot{X}_2}{\partial X_1} \cdot X_1 + \frac{\partial \dot{X}_2}{\partial X_2} \cdot X_2 \ . \end{aligned} \qquad (11\text{-}1)$$

Dies ist eine Taylor-Reihe, die beim 1. Glied abbricht. Allgemein kann nach Taylor eine von zwei Variablen abhängige Funktion $f(x,y)$, sofern sie beliebig oft stetig differenzierbar ist, mit Hilfe der „Stützwerte“ x^* und y^* in einer Potenzreihe entwickelt werden:

$$f(x,y) = f(x^*,y^*) + f_x(x^*,y^*)(x-x^*) + f_y(x^*,y^*)(y-y^*)$$
$$+\frac{1}{2!}\Big[f_{xx}(x^*,y^*)(x-x^*)^2 + f_{yy}(x^*,y^*)(y-y^*)^2 + \qquad (11\text{-}2)$$
$$+2f_{xy}(x^*,y^*)\ (x-x^*)\ (y-y^*)\Big] + \ldots\ R_n$$

Dabei ist R_n ein Restglied. Die Größen f_x, f_y, f_{xx}, f_{yy} ... sind die 1., 2. ... Ableitungen der Funktion $f(x,y)$ an der Stelle $f(x^*, y^*)$:

$$f_x = \frac{\partial f}{\partial x}\ ,\ f_y = \frac{\partial f}{\partial y}\ ,\ f_{xx} = \frac{\partial^2 f}{\partial x^2}\ ,\ f_{yy} = \frac{\partial^2 f}{\partial y^2}\ \ldots$$

Die Größe f_{xy} ist die partielle Ableitung

$$f_{xy} = \frac{\partial^2 f}{\partial x \partial y}\ .$$

Gl. (11-2) kann in Gl. (11-1) überführt werden, wenn die Taylor-Reihe nach dem 3. Glied abgebrochen, $x = X_1$ und $y = X_2$ gesetzt und die Beziehung $x^* = X^*{}_1 = y^* = X^*{}_2 = 0$ (die zur Zeit $t = 0$ erfüllt ist) eingeführt werden. Dabei gilt:

$$f(x,y) = \dot{X}_1 \quad \text{bzw.} \quad f(x,y) = \dot{X}_2$$

Gl. (11-2) kann auch auf Reaktionen 2. Ordnung angewendet werden, wenn die Reihe nach dem 6. Glied abgebrochen wird. Im nachfolgenden werden nur Reaktionssysteme behandelt, die aus zwei linear unabhängigen Teilschritten ($s = 2$) bestehen. Mindestens eine Teilreaktion muß dabei nach einem Zeitgesetz 2. Ordnung ablaufen. Nach Gl. (11-2) gilt dann analog zur Gl. (11-1):

$$\dot{X}_1 = \dot{X}_{10} + \left.\frac{\partial \dot{X}_1}{\partial X_1}\right|_{t=0} X_1 + \left.\frac{\partial \dot{X}_1}{\partial X_2}\right|_{t=0} X_2 +$$
$$+\frac{1}{2}\left[\left.\frac{\partial^2 \dot{X}_1}{\partial X_1{}^2}\right|_{t=0} X_1{}^2 + \left.\frac{\partial^2 \dot{X}_1}{\partial X_2{}^2}\right|_{t=0} X_2{}^2 + 2\left.\frac{\partial^2 \dot{X}_1}{\partial X_1 \partial X_2}\right|_{t=0} X_1 X_2\right]$$

$$\dot{X}_2 = \dot{X}_{20} + \left.\frac{\partial \dot{X}_2}{\partial X_1}\right|_{t=0} X_1 + \left.\frac{\partial \dot{X}_2}{\partial X_2}\right|_{t=0} X_2 +$$
$$+\frac{1}{2}\left[\left.\frac{\partial^2 \dot{X}_2}{\partial X_1{}^2}\right|_{t=0} X_1{}^2 + \left.\frac{\partial^2 \dot{X}_2}{\partial X_2{}^2}\right|_{t=0} X_2{}^2 + 2\left.\frac{\partial^2 \dot{X}_2}{\partial X_1 \partial X_2}\right|_{t=0} X_1 X_2\right] \qquad (11\text{-}3)$$

Da auch hier für die Stützwerte (x^*, y^*) die Beziehung $X^*{}_1 = X^*{}_2 = 0$, die zur Zeit $t = 0$ gilt, gewählt wurde, beziehen sich die Ableitungen auch hier auf den Zeitpunkt $t = 0$. Dies ist in der Gl. (11-3) explizit hervorgehoben.

Gl. (11-3) lautet in Matrixdarstellung:

$$\dot{\mathbf{X}} = \dot{\mathbf{X}}_0 + \mathbf{K}\,\mathbf{X} + \mathbf{K}''\,\mathbf{X}^2 \qquad (11\text{-}4)$$

mit

$$\dot{\mathbf{X}} = \begin{pmatrix} \dot{X}_1 \\ \dot{X}_2 \end{pmatrix}, \quad \dot{\mathbf{X}}_\mathbf{0} = \begin{pmatrix} \dot{X}_{10} \\ \dot{X}_{20} \end{pmatrix}, \quad \mathbf{X} = \begin{pmatrix} X_1 \\ X_2 \end{pmatrix}, \quad \mathbf{X}^\mathbf{2} = \begin{pmatrix} X_1^2 \\ X_2^2 \\ X_1 X_2 \end{pmatrix},$$

$$\mathbf{K} = \begin{pmatrix} \dfrac{\partial \dot{X}_1}{\partial X_1} & \dfrac{\partial \dot{X}_1}{\partial X_2} \\ \dfrac{\partial \dot{X}_2}{\partial X_1} & \dfrac{\partial \dot{X}_2}{\partial X_2} \end{pmatrix}_{t=0} \quad \text{und} \quad \mathbf{K}'' = \frac{1}{2} \begin{pmatrix} \dfrac{\partial^2 \dot{X}_1}{\partial X_1^2} & \dfrac{\partial^2 \dot{X}_1}{\partial X_2^2} & 2\dfrac{\partial^2 \dot{X}_1}{\partial X_1 \partial X_2} \\ \dfrac{\partial^2 \dot{X}_2}{\partial X_1^2} & \dfrac{\partial^2 \dot{X}_2}{\partial X_2^2} & 2\dfrac{\partial^2 \dot{X}_2}{\partial X_1 \partial X_2} \end{pmatrix}.$$

Gl. (11-3) kann auch vom Reaktionsende ($t \to \infty$) her entwickelt werden (mit $x^* = X_{1\infty}$ und $y^* = X_{2\infty}$). Der Index $t = 0$ ist dann durch $t \to \infty$ zu ersetzen und $\dot{X}_{i0}$ durch $\dot{X}_{i\infty}$, wobei aber gilt: $\dot{X}_{i\infty} = 0$. Anstelle von Gl. (11-4) gilt dann [Mauser 1987]:

$$\dot{\mathbf{X}} = \mathbf{K}(\mathbf{X} - \mathbf{X}_\infty) + \mathbf{K}''(\mathbf{X} - \mathbf{X}_\infty)^2 \tag{11-5}$$

mit

$$\mathbf{X} - \mathbf{X}_\infty = \begin{pmatrix} X_1 - X_{1\infty} \\ X_2 - X_{2\infty} \end{pmatrix}, \quad (\mathbf{X} - \mathbf{X}_\infty)^2 = \begin{pmatrix} (X_1 - X_{1\infty})^2 \\ (X_2 - X_{2\infty})^2 \\ (X_1 - X_{1\infty})(X_2 - X_{2\infty}) \end{pmatrix}$$

und

$$\mathbf{K}' = \begin{pmatrix} \dfrac{\partial \dot{X}_1}{\partial X_1} & \dfrac{\partial \dot{X}_1}{\partial X_2} \\ \dfrac{\partial \dot{X}_2}{\partial X_1} & \dfrac{\partial \dot{X}_2}{\partial X_2} \end{pmatrix}_{t \to \infty}.$$

(Da die Matrix $\mathbf{K}''$ durch die 2. Ableitung nur Konstanten enthält, braucht $\mathbf{K}''$ in den Glgn. (11-4) und (11-5) nicht unterschieden zu werden).

Für die Extinktion gilt allgemein nach Gl. (9-65) für den Fall $s = 2$:

$$\Delta \mathbf{E} = \begin{pmatrix} \Delta E_1 \\ \Delta E_2 \end{pmatrix} = \mathbf{E} - \mathbf{E}_0 = \begin{pmatrix} E_1 - E_{10} \\ E_2 - E_{20} \end{pmatrix} = \mathbf{Q}\,\mathbf{X} = \begin{pmatrix} Q_{11} & Q_{12} \\ Q_{21} & Q_{22} \end{pmatrix} \begin{pmatrix} X_1 \\ X_2 \end{pmatrix} \tag{11-6}$$

Dabei ist $\mathbf{Q}$ eine reguläre $s * s$ Matrix und $\mathbf{X}$ besteht aus s unabhängigen Reaktionslaufzahlen. Da hier aber nur Reaktionssysteme mit zwei linear unabhängigen Teilschritten behandelt werden, hat $\mathbf{Q}$ den Rang zwei. – Multipliziert man die Glgn. (11-4) und (11-5) von links mit $\mathbf{Q}$, erhält man:

$$\mathbf{Q}\dot{\mathbf{X}} = \dot{\mathbf{E}} = \dot{\mathbf{E}}_0 + \mathbf{Q}\mathbf{K}\,\mathbf{X} + \mathbf{Q}\mathbf{K}''\mathbf{X}^2 \quad \text{mit} \quad \dot{\mathbf{E}}_0 = \mathbf{Q}\dot{\mathbf{X}}_0 \tag{11-7a}$$

und

$$\mathbf{Q}\dot{\mathbf{X}} = \dot{\mathbf{E}} = \mathbf{Q}\mathbf{K}'(\mathbf{X} - \mathbf{X}_\infty) + \mathbf{Q}\mathbf{K}''(\mathbf{X} - \mathbf{X}_\infty)^2. \tag{11-7b}$$

Um diese beiden Gleichungen in Beziehungen überführen zu können, die nur noch von den Extinktionen abhängen, müssen die Vektoren **X**, $\mathbf{X^2}$ und $(\mathbf{X} - \mathbf{X}_\infty)^2$ durch entsprechende Extinktionsvektoren ersetzt werden. Dazu wird zunächst die Beziehung zwischen **X** und **E** aufgestellt. Aus Gl. (11-6) folgt für **X**

$$\mathbf{X} = \mathbf{Q}^{-1}\,\Delta\mathbf{E} = \mathbf{Q}^{-1}\left(\mathbf{E}-\mathbf{E}_0\right) . \tag{11-8}$$

Demnach ist auch $\mathbf{X}_\infty = \mathbf{Q}^{-1}\left(\mathbf{E}_\infty - \mathbf{E}_0\right)$ und weiter

$$\left(\mathbf{X}-\mathbf{X}_\infty\right) = \mathbf{Q}^{-1}\left(\mathbf{E}-\mathbf{E}_\infty\right) . \tag{11-9}$$

Die Elemente von $\mathbf{Q}^{-1}$ können aus der Matrix $\mathbf{Q}$, für die allgemein gilt

$$\mathbf{Q} = \begin{pmatrix} Q_{11} & Q_{12} \\ Q_{21} & Q_{22} \end{pmatrix} , \tag{11-10}$$

berechnet werden. Für die inverse Matrix $\mathbf{Q}^{-1}$ gilt:

$$\mathbf{Q}^{-1} = \begin{pmatrix} \dfrac{Q_{22}}{|\mathbf{Q}|} & -\dfrac{Q_{12}}{|\mathbf{Q}|} \\ -\dfrac{Q_{21}}{|\mathbf{Q}|} & \dfrac{Q_{11}}{|\mathbf{Q}|} \end{pmatrix} = \frac{1}{|\mathbf{Q}|}\begin{pmatrix} Q_{22} & -Q_{12} \\ -Q_{21} & Q_{11} \end{pmatrix} \tag{11-11}$$

Dabei bedeutet $|\mathbf{Q}|$ die Determinante von $\mathbf{Q}$. Nach Gl. (11-8) gilt also:

$$X_1 = (Q_{22}\,\Delta E_1 - Q_{12}\,\Delta E_2)/|\mathbf{Q}|^2 , \tag{11-12a}$$

$$X_2 = (-Q_{21}\,\Delta E_1 + Q_{11}\,\Delta E_2)/|\mathbf{Q}|^2 . \tag{11-12b}$$

Um mit diesen beiden Gleichungen den Vektor $\mathbf{X^2}$ in Abhängigkeit von ΔE_λ aufstellen zu können, müssen die Terme $X_1{}^2$, $X_2{}^2$ und $X_1\,X_2$ gebildet werden (s. Gl. (11-4)). Nach elementaren Rechnungen erhält man für $\mathbf{X}^2$:

$$\mathbf{X}^2 = \begin{pmatrix} \mathbf{X}_1{}^2 \\ \mathbf{X}_2{}^2 \\ \mathbf{X}_1\mathbf{X}_2 \end{pmatrix} = \mathbf{P}\,\Delta\mathbf{E}^2 \tag{11-13}$$

mit

$$\mathbf{P} = \begin{pmatrix} Q_{22}{}^2 & Q_{12}{}^2 & -2Q_{12}\,Q_{22} \\ Q_{21}{}^2 & Q_{11}{}^2 & -2Q_{11}\,Q_{21} \\ -Q_{21}\,Q_{22} & -Q_{11}\,Q_{12} & \left(Q_{11}\,Q_{22} + Q_{12}\,Q_{21}\right) \end{pmatrix} /|\mathbf{Q}|^2$$

und

$$\Delta\mathbf{E}^2 = \begin{pmatrix} \Delta E_1{}^2 \\ \Delta E_2{}^2 \\ \Delta E_1\,\Delta E_2 \end{pmatrix} .$$

Für den Vektor $(\mathbf{X} - \mathbf{X}_\infty)^2$ (s. Gl. (11-5)) erhält man analog:

$$(\mathbf{X}-\mathbf{X}_\infty)^2 = \begin{pmatrix} (X_1 - X_{1\infty})^2 \\ (X_2 - X_{2\infty})^2 \\ (X_1 - X_{1\infty})(X_2 - X_{2\infty}) \end{pmatrix} = \mathbf{P}\,(\mathbf{E}-\mathbf{E}_\infty)^2 \tag{11-14}$$

mit

$$(\mathbf{E}-\mathbf{E}_\infty)^2 = \begin{pmatrix} (E_1 - E_{1\infty})^2 \\ (E_2 - E_{2\infty})^2 \\ (E_1 - E_{1\infty})(E_2 - E_{2\infty}) \end{pmatrix} .$$

Aus den Glgn. (11-7a) und (11-7b) folgen also mit den Glgn. (11-8), (11-9), (11-13) und (11-14) die Beziehungen

$$\dot{\mathbf{E}} = \dot{\mathbf{E}}_0 + \mathbf{Q}\,\mathbf{K}\,\mathbf{Q}^{-1}\,\Delta\mathbf{E} + \mathbf{Q}\,\mathbf{K}''\,\mathbf{P}\,\Delta\mathbf{E}^2 \tag{11-15a}$$

bzw.

$$\dot{\mathbf{E}} = \mathbf{Q}\,\mathbf{K}'\mathbf{Q}^{-1}(\mathbf{E}-\mathbf{E}_\infty) + \mathbf{Q}\,\mathbf{K}''\mathbf{P}\,(\mathbf{E}-\mathbf{E}_\infty)^2 \tag{11-15b}$$

oder einfacher [Mauser 1987]:

$$\dot{\mathbf{E}} = \dot{\mathbf{E}}_0 + \mathbf{Z}\,\Delta\mathbf{E} + \mathbf{Y}\,\Delta\mathbf{E}^2 \tag{11-16a}$$

bzw.

$$\dot{\mathbf{E}} = \mathbf{Z}'(\mathbf{E}-\mathbf{E}_\infty) + \mathbf{Y}(\mathbf{E}-\mathbf{E}_\infty)^2 \tag{11-16b}$$

mit

$$\mathbf{Z} = \mathbf{Q}\,\mathbf{K}\,\mathbf{Q}^{-1}\,, \quad \mathbf{Z}' = \mathbf{Q}\,\mathbf{K}'\mathbf{Q}^{-1} \quad \text{und} \quad \mathbf{Y} = \mathbf{Q}\,\mathbf{K}''\mathbf{P}$$

Die Glgn. (11-16a) und (11-16b) sind die Hauptgleichungen für die spektroskopisch-kinetische Analyse von Systemen mit zwei linear unabhängigen Teilreaktionen, von denen mindestens ein Teilschritt eine Reaktion 2. Ordnung ist. Die Matrizen **Z** und **K** bzw. **Z′** und **K′** bzw. **Y** und **K″** sind äquivalente Matrizen. Äquivalente Matrizen haben den gleichen Rang. Die Matrizen **Z** und **K** bzw. **Z′** und **K′** sind sogar ähnliche Matrizen, die die gleiche Spur und Determinante besitzen. Diese Zusammenhänge können für die spektroskopisch-kinetische Analyse ausgenutzt werden, wie die nachfolgenden Beispiele dieses Kapitels (11) verdeutlichen.

Die charakteristischen Größen $\mathbf{X}_\infty$, $\dot{\mathbf{X}}_0$, $\mathbf{K}$, $\mathbf{K}'$ und $\mathbf{K}''$ sind nicht unabhängig voneinander. Aus Gl. (11-4) folgt für $t \to \infty$:

$$\mathbf{0} = \dot{\mathbf{X}}_0 + \mathbf{K}\,\mathbf{X}_\infty + \mathbf{K}''\,\mathbf{X}_\infty{}^2 \tag{11-17a}$$

Für $t \to 0$ gilt nach Gl. (11-5):

$$\dot{\mathbf{X}}_0 = -\mathbf{K}'\,\mathbf{X}_\infty + \mathbf{K}''\,\mathbf{X}_\infty{}^2 \tag{11-17b}$$

Durch Subtraktion dieser beiden Gleichungen erhält man [Mauser 1987]

$$\mathbf{2\dot{X}_0 + (K + K')X_\infty = 0} \quad , \tag{11-18a}$$

wobei **0** den Nullvektor darstellt. Durch Addition der Glgn. (11-17a) und (11-17b) erhält man:

$$\mathbf{(K - K')X_\infty + 2K''X_\infty{}^2 = 0} \tag{11-18b}$$

Aus den Glgn. (11-18a) und (11-18b) kann $\mathbf{X}_\infty$ berechnet werden, sofern (**K** + **K'**) und (**K** - **K'**) reguläre Matrizen sind. Allgemein müssen **K** und **K''** mindestens den Rang 1 haben. Wenn **K''** den Rang 2 hat, kann **K'** auch den Rang 0 haben.

11.2 Das Reaktionssystem A + B → C → D

Für das System

$$\mathrm{A + B} \xrightarrow{k_1} \mathrm{C} \xrightarrow{k_2} \mathrm{D} \tag{11-19}$$

gilt das Rechteckschema:

X	A	B	C	D	$\dot{X}_i$
X_1	-1	-1	+1	0	$k_1\,a\,b$
X_2	0	0	-1	+1	$k_2\,c$

Mit $a = a_0 - X_1$, $b = b_0 - X_1$ und $c = X_1 - X_2$ gilt

$$\dot{X}_1 = k_1(a_0 - X_1)(b_0 - X_1) \ , \tag{11-20a}$$

$$\dot{X}_2 = k_2(X_1 - X_2) \ . \tag{11-20b}$$

Hieraus folgt:

$$\frac{\partial \dot{X}_1}{\partial X_1} = -k_1(a_0 + b_0) + 2k_1 X_1 \ , \quad \frac{\partial \dot{X}_1}{\partial X_2} = 0 \ ,$$
$$\frac{\partial \dot{X}_2}{\partial X_1} = k_2 \quad \text{und} \quad \frac{\partial \dot{X}_2}{\partial X_2} = -k_2 \ . \tag{11-21}$$

Demnach gilt zur Zeit $t = 0$:

$$\left.\frac{\partial \dot{X}_1}{\partial X_1}\right|_0 = -k_1(a_0 + b_0) \ , \quad \left.\frac{\partial \dot{X}_1}{\partial X_2}\right|_0 = 0 \ ,$$

$$\left.\frac{\partial \dot{X}_2}{\partial X_1}\right|_0 = k_2 \quad \text{und} \quad \left.\frac{\partial \dot{X}_2}{\partial X_2}\right|_0 = -k_2 \ .$$

Für die Matrix **K** gilt damit nach Gl. (11-4) (s. Definition von **K**):

$$\mathbf{K} = \begin{pmatrix} -k_1(a_1 + b_0) & 0 \\ k_2 & -k_2 \end{pmatrix} \tag{11-22}$$

Aus Gl. (11-21) folgt:

$$\frac{\partial^2 \dot{X}_1}{\partial X_1^2} = 2k_1 \,, \quad \frac{\partial^2 \dot{X}_1}{\partial X_2^2} = 0 \,, \quad \frac{\partial^2 \dot{X}_1}{\partial X_1 \partial X_2} = 0 \,,$$

$$\frac{\partial^2 \dot{X}_2}{\partial X_1^2} = 0 = \frac{\partial^2 \dot{X}_2}{\partial X_2^2} = \frac{\partial^2 \dot{X}_2}{\partial X_1 \partial X_2} \,.$$

Damit gilt nach Gl. (11-4) (s. Definition von **K″**):

$$\mathbf{K}'' = \frac{1}{2}\begin{pmatrix} 2k_1 & 0 & 0 \\ 0 & 0 & 0 \end{pmatrix} = \begin{pmatrix} k_1 & 0 & 0 \\ 0 & 0 & 0 \end{pmatrix} \qquad (11\text{-}23)$$

Nach Gl. (11-16b) ist $\mathbf{Z} = \mathbf{Q}\,\mathbf{K}\,\mathbf{Q}^{-1}$. Mit den Glgn. (11-22) und (11-11) wird damit

$$\mathbf{Z} = \begin{pmatrix} Q_{11} & Q_{12} \\ Q_{21} & Q_{22} \end{pmatrix}\begin{pmatrix} -k_1(a_0+b_0) & 0 \\ k_2 & -k_2 \end{pmatrix}\begin{pmatrix} Q_{22} & -Q_{12} \\ -Q_{21} & Q_{11} \end{pmatrix} / |\mathbf{Q}|^2$$

und hieraus:

$$\mathbf{Z} = \begin{pmatrix} -k_1 Q_{11}(a_0+b_0) + k_2 Q_{12} & -k_2 Q_{12} \\ -k_1 Q_{21}(a_0+b_0) + k_2 Q_{22} & -k_2 Q_{22} \end{pmatrix}\begin{pmatrix} Q_{22} & -Q_{12} \\ -Q_{21} & Q_{11} \end{pmatrix} / |\mathbf{Q}|^2$$

$$= \begin{pmatrix} -k_1 Q_{11} Q_{22}(a_0+b_0) + k_2 Q_{12} Q_{22} + k_2 Q_{12} Q_{21} & k_1 Q_{11} Q_{12}(a_0+b_0) - k_2 Q_{12}^2 - k_2 Q_{11} Q_{12} \\ -k_1 Q_{21} Q_{22}(a_0+b_0) + k_2 Q_{22}^2 + k_2 Q_{21} Q_{22} & k_1 Q_{12} Q_{21}(a_0+b_0) - k_2 Q_{12} Q_{22} + k_2 Q_{11} Q_{22} \end{pmatrix} / |\mathbf{Q}|^2$$

$$= \begin{pmatrix} z_{11} & z_{12} \\ z_{21} & z_{22} \end{pmatrix} \qquad (11\text{-}24)$$

Da **K** und **Z** ähnliche Matrizen sind, haben sie dieselbe Spur S und Determinante D. Es ist daher:

$$S = z_{11} + z_{22} = -k_1(a_0 + b_0) - k_2 \qquad (11\text{-}25a)$$

$$D = z_{11} z_{22} - z_{12} z_{21} = k_1 k_2 (a_0 + b_0) \qquad (11\text{-}25b)$$

Hieraus folgt:

$$S = -D / k_2 - k_2 \qquad (11\text{-}25c)$$

Durch Variation der Einwaagekonzentrationen a_0 und b_0 können demnach die Diagramme S vs. $(a_0 + b_0)$ und gegebenenfalls D vs. $(a_0 + b_0)$ konstruiert und hieraus die gesuchten Geschwindigkeitskonstanten k_1 und k_2 bestimmt werden.

Mit Hilfe der **Y**-Matrix können weitere nützliche Informationen gewonnen werden, mit denen der Reaktionsmechanismus zusätzlich überprüft werden kann. Aus den Glgn. (11-13) (s. Definition von **P**), (11-16b) und (11-23) folgt für **Y**:

$$\mathbf{Y} = \mathbf{Q}\mathbf{k}''\mathbf{P} = \begin{pmatrix} y_{11} & y_{12} & y_{13} \\ y_{21} & y_{22} & y_{23} \end{pmatrix} =$$

$$= \begin{pmatrix} Q_{11} & Q_{12} \\ Q_{21} & Q_{22} \end{pmatrix}\begin{pmatrix} +k_1 & 0 & 0 \\ 0 & 0 & 0 \end{pmatrix}\begin{pmatrix} Q_{22}^2 & Q_{12}^2 & -2Q_{12}Q_{22} \\ Q_{21}^2 & Q_{11}^2 & -2Q_{11}Q_{21} \\ -Q_{21}Q_{22} & -Q_{11}Q_{12} & (Q_{11}Q_{22} + Q_{12}Q_{21}) \end{pmatrix} / |\mathbf{Q}|^2 \qquad (11\text{-}26)$$

$$= \begin{pmatrix} k_1 Q_{11} Q_{22}^2 & k_1 Q_{11} Q_{12}^2 & -2k_1 Q_{11} Q_{12} Q_{22} \\ k_1 Q_{21} Q_{22}^2 & k_1 Q_{21} Q_{12}^2 & -2k_1 Q_{21} Q_{12} Q_{22} \end{pmatrix} |\mathbf{Q}|^2$$

Hieraus erhält man:

$$\frac{y_{11}}{y_{21}} = \frac{y_{12}}{y_{22}} = \frac{y_{13}}{y_{23}} = \frac{Q_{11}}{Q_{21}} \tag{11-27a}$$

$$\frac{y_{11}}{y_{12}} = \frac{y_{21}}{y_{22}} = \left(\frac{Q_{22}}{Q_{12}}\right)^2 \tag{11-27b}$$

$$\frac{y_{11}}{y_{13}} = \frac{y_{21}}{y_{23}} = -\frac{Q_{22}}{2\,Q_{12}} \tag{11-27c}$$

$$\frac{y_{12}}{y_{13}} = \frac{y_{22}}{y_{23}} = -\frac{Q_{12}}{2\,Q_{22}} \tag{11-27d}$$

Gl. (11-27a) steht in direkter Beziehung zum E-Diagramm. Der Quotient y_{11}/y_{21} gibt die Steigung der Tangente im Anfangspunkt (A + B) an (s. Abb. 11-1: $E_{\lambda 0}$).

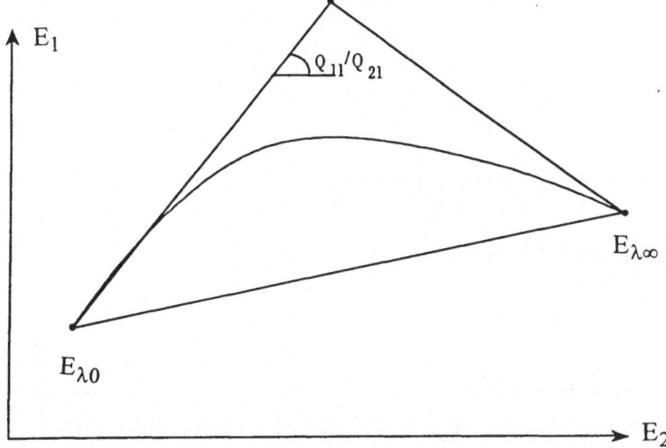

Abb. 11-1 Schematisches E-Diagramm des Reaktionssystems A + B → C → D

Die Begründung dafür ist einfach: Nach Gl. (11-6) ist $\mathbf{E} = \mathbf{E_0} + \mathbf{Q}\,\mathbf{X}$, und demnach gilt:

$$\dot{\mathbf{E}} = \mathbf{Q}\dot{\mathbf{X}} \tag{11-28}$$

Für die Zeit $t = 0$ gilt also:

$$\dot{\mathbf{E}}_0 = \mathbf{Q}\,\dot{\mathbf{X}}_0$$

Mit den Glgn. (11-20a) und (11-20b) folgt hieraus:

$$\begin{pmatrix} \dot{E}_{10} \\ \dot{E}_{20} \end{pmatrix} = \begin{pmatrix} Q_{11} & Q_{12} \\ Q_{21} & Q_{22} \end{pmatrix} \begin{pmatrix} k_1\,a_0\,b_0 \\ 0 \end{pmatrix} = \begin{pmatrix} k_1\,a_0\,b_0\,Q_{11} \\ k_1\,a_0\,b_0\,Q_{21} \end{pmatrix} \tag{11-29}$$

Es ist also mit Gl. (11-27a)

$$\frac{\dot{E}_{10}}{\dot{E}_{20}} = \frac{Q_{11}}{Q_{21}} = \frac{y_{11}}{y_{21}} \quad . \tag{11-30}$$

Der Quotient y_{11}/y_{21} muß demnach mit der Anfangssteigung der Kurve im E-Diagramm übereinstimmen, wenn die Auswertung mit dem Mechanismus A + B → C → D nicht im Widerspruch stehen soll. Weitere Kriterien können abgeleitet werden, so z.B. mit Hilfe der **Z'**-Matrix. Auch wenn die Glgn. (11-16a) und (11-16b) kompliziert sind, können aus diesen Beziehungen Kriterien zu Überprüfung des Reaktionsmechanismus entwickelt werden. Die Situation ist hier günstiger als bei „reinen" linearen Reaktionssystemen mit der gleichen Anzahl an unabhängigen Teilreaktionen. So kann hier oft zwischen verschiedenen Reaktionsmechanismen unterschieden werden.

Um die Steigung im E-Diagramm nach Gl. (11-30) zu bestimmen, müssen die Elemente y_{ij} genau bekannt sein. Nach Gl. (11-16a) ist dabei das folgende Gleichungssystem zu lösen:

$$\begin{pmatrix} \dot{E}_1 \\ \dot{E}_2 \end{pmatrix} = \begin{pmatrix} z_{10} \\ z_{20} \end{pmatrix} + \begin{pmatrix} z_{11} & z_{12} \\ z_{21} & z_{22} \end{pmatrix} \begin{pmatrix} \Delta E_1 \\ \Delta E_2 \end{pmatrix} + \begin{pmatrix} y_{11} & y_{12} & y_{13} \\ y_{21} & y_{22} & y_{23} \end{pmatrix} \begin{pmatrix} \Delta E_1^2 \\ \Delta E_2^2 \\ \Delta E_1 \, \Delta E_2 \end{pmatrix}$$

mit

$$\mathbf{Z}_0 = \begin{pmatrix} z_{10} \\ z_{20} \end{pmatrix} = \begin{pmatrix} \dot{E}_{10} \\ \dot{E}_{20} \end{pmatrix} = \dot{\mathbf{E}}_0 \qquad (11\text{-}31a)$$

oder ausführlich geschrieben:

$$\dot{E}_1 = z_{10} + z_{11} \Delta E_1 + z_{12} \Delta E_2 + y_{11} \Delta E_1^2 + y_{12} \Delta E_2^2 + y_{13} \Delta E_1 \Delta E_2$$
$$\dot{E}_2 = z_{20} + z_{21} \Delta E_1 + z_{22} \Delta E_2 + y_{21} \Delta E_1^2 + y_{22} \Delta E_2^2 + y_{23} \Delta E_1 \Delta E_2$$

mit

$$\Delta E_\lambda = E_\lambda - E_{\lambda 0} \quad . \qquad (11\text{-}31b)$$

Aus den Extinktions-Zeit-Kurven zweier Wellenlängen sind also insgesamt zwölf Konstanten zu bestimmen. Dies scheint auf den ersten Blick aussichtslos zu sein. Mit der formalen Integration und der sog. SVD-Methode ist jedoch eine sinnvolle Auswertung noch möglich, wie im Kap. 11.5 gezeigt wird.

Wenn man die Anfangssteigung der Kurve im E-Diagramm kennt, kann nach Gl. (11-30) bzw. (11-31a) y_{11} bzw. z_{10} als Funktion von y_{21} bzw. z_{20} entwickelt und in Gl. (11-31b) eingeführt werden. Damit ist es möglich, die Anzahl der zu bestimmenden Konstanten zu verringern.

Das Reaktionssystem $A + B \xrightarrow{k_1} C \xrightarrow{k_2} D$ wird in das System

$$A + B \xrightarrow{k} C$$

überführt, wenn $k_2 = 0$ ist. Es ist dann

$$\Delta E_\lambda = Q_{\lambda 1} X_1 \quad \text{bzw.} \quad X_1 = Q_{\lambda 1}^{-1} \Delta E_\lambda \quad \text{und} \quad X_1^2 = \frac{\Delta E_\lambda^2}{Q_{\lambda 1}^2} \quad .$$

Für $\dot{E}_{\lambda 0}$ folgt nach Gl. (11-29):

$$\dot{E}_{\lambda 0} = k_1 a_0 b_0 Q_{\lambda 1}$$

Nach Gl. (11-22) gilt für **K**:

$$\mathbf{K} = -k_1(a_0+b_0) \ ,$$

so daß nach Gl. (11-7a) für **Q K X** folgt:

$$\mathbf{Q K X} = Q_{\lambda 1}\left[-k_1 (a_0+b_0)\right]\Delta E_\lambda / Q_{\lambda 1}$$
$$= -k_1(a_0+b_0)\Delta E_\lambda$$

Da nach Gl. (11-23) $\mathbf{K}''=(k_1)$ ist, gilt für $\mathbf{Q K'' X^2}$ (s. Gl. (11-7a) mit $\mathbf{X}^2 = \Delta E_\lambda{}^2/Q_{\lambda 1}{}^2$):

$$\mathbf{Q K'' X}^2 = Q_{\lambda 1}\, k_1\, \Delta E_\lambda{}^2 / Q_{\lambda 1}{}^2 = \frac{k_1}{Q_{\lambda 1}}\Delta E_\lambda{}^2$$

Aus Gl. (11-7a) folgt demnach

$$\dot{\mathrm{E}} = \dot{\mathrm{E}}_0 + \mathbf{Q K X} + \mathbf{Q K'' X}^2$$
$$= k_1\, a_0\, b_0\, Q_{\lambda 1} - k_1(a_0+b_0)\Delta E_\lambda + \frac{k_1}{Q_{\lambda 1}}\Delta E_\lambda{}^2$$

11.3 Das Reaktionssystem 2 A → B →C

Für das System

$$2\mathrm{A} \xrightarrow{k_1} \mathrm{B} \xrightarrow{k_2} \mathrm{C} \qquad (11\text{-}32)$$

gilt:

$$\dot{X}_1 = k_1 a^2 = k_1(a_0 - 2X_1)^2 \ , \qquad (11\text{-}33a)$$

$$\dot{X}_2 = k_2 b = k_2(X_1 - X_2) \ . \qquad (11\text{-}33b)$$

Hieraus findet man für **K** und **K″** analog zum Mechanismus A + B → C → D (s. Kap. 11.2) nach Gl. (11-4):

$$\mathbf{K} = \begin{pmatrix} -4k_1 a_0 & 0 \\ k_2 & -k_2 \end{pmatrix} \quad \text{und} \quad \mathbf{K}'' = \begin{pmatrix} 4k_1 & 0 & 0 \\ 0 & 0 & 0 \end{pmatrix} .$$

Anstelle der Glgn. (11-25a) und (11-25b) gilt hier

$$S = z_{11} + z_{22} = -4k_1 a_0 - k_2 \ , \qquad (11\text{-}34a)$$

$$D = z_{11} z_{22} - z_{12} z_{21} = 4k_1 k_2 a_0 \ . \qquad (11\text{-}34b)$$

Analog zu den Glgn. (11-27a) und (11-27b) gelten hier nach Mauser die Beziehungen:

$$\frac{y_{11}}{y_{21}} = \frac{Q_{11}}{Q_{21}} = \frac{\varepsilon_{1B} - 2\varepsilon_{1A}}{\varepsilon_{2B} - 2\varepsilon_{2A}} \qquad (11\text{-}35a)$$

und

$$\frac{y_{11}}{y_{12}} = \frac{y_{21}}{y_{22}} = \left(\frac{Q_{22}}{Q_{12}}\right)^2 = \left(\frac{\varepsilon_{2C} - \varepsilon_{2B}}{\varepsilon_{1C} - \varepsilon_{1B}}\right)^2 . \tag{11-35b}$$

Gl. (11-35a) gibt die Steigung der Extinktionskurve im Anfangspunkt A an (s. Abb. 11-2) und Gl. (11-35b) die reziproke quadratische Steigung der Geraden $\overline{BC}$. Da der Quotient der Gl. (11-35b) grundsätzlich durch kinetische Analyse zugänglich ist, – und damit auch die Steigung von $\overline{BC}$ in Abb. 11-2 –, kann der Punkt B konstruiert werden, indem die Tangente $\overline{AB}$ mit der Geraden $\overline{BC}$ zum Schnitt gebracht wird. Für den Punkt B gilt die Beziehung:

$$E_\lambda(B) = \ell \varepsilon_{\lambda B} \frac{a_0}{2} \tag{11-36}$$

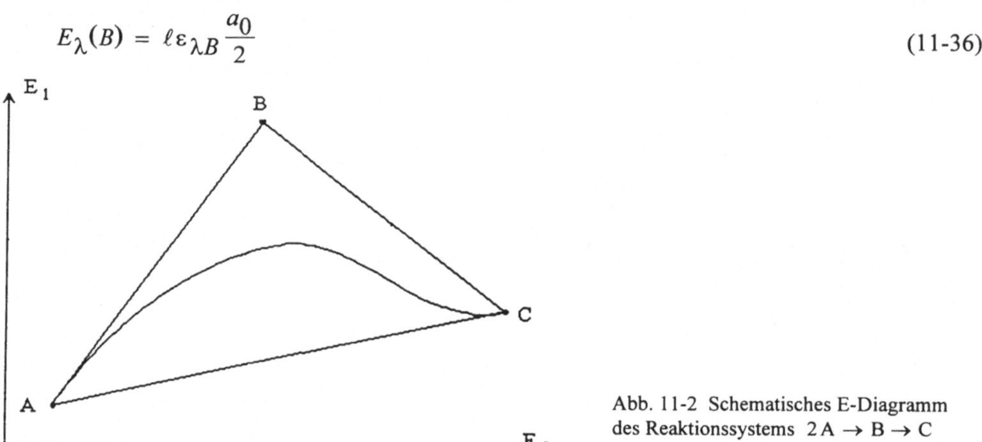

Abb. 11-2 Schematisches E-Diagramm des Reaktionssystems $2\,A \rightarrow B \rightarrow C$

Weitere Beziehungen zwischen dem E-Diagramm und der **Z**-Matrix können hergestellt werden [Mauser 1987].

11.4 Das Reaktionssystem A + B ⇄ C → D + A

Das Reaktionssystem

$$A + B \underset{k_2}{\overset{k_1}{\rightleftarrows}} C \xrightarrow{k_3} D + A \tag{11-37}$$

stellt den Michaelis-Menten-Mechanismus dar, wenn A das Enzym und B das Substrat ist. Im Gegensatz zur klassischen Michaelis-Menten-Reaktion gilt hier jedoch für C nicht die Bodenstein-Beziehung (3-24). Das Rechteckschema lautet hier:

	A	B	C	D	$\dot{X}_j$
X_1	-1	-1	+1	0	$k_1 ab - k_2 c$
X_2	+1	0	-1	+1	$k_3 c$

Es ist also

$$\begin{aligned} a - a_0 &= -X_1 + X_2 \\ b - b_0 &= -X_1 \\ c &= +X_1 - X_2 \end{aligned}$$

und

$$\dot{X}_1 = k_1 ab - k_2 c \qquad \text{sowie} \qquad \dot{X}_2 = k_3 c \ .$$

Es folgt hieraus:

$$\dot{X}_1 = k_1(a_0 - X_1 + X_2)(b_0 - X_1) - k_2(X_1 - X_2)$$

$$\dot{X}_2 = k_3 c = k_3(X_1 - X_2)$$

Für die Matrix **K** gilt damit nach Gl. (11-4):

$$\mathbf{K} = \begin{pmatrix} -k_1(a_0 + b_0) - k_2 & k_1 b_0 + k_2 \\ k_3 & -k_3 \end{pmatrix} \tag{11-38}$$

Analog zu den Glgn. (11-25a) und (11-25b) ist demnach:

$$S = z_{11} + z_{22} = -k_1(a_0 + b_0) - k_2 - k_3 \tag{11-39a}$$

und

$$D = z_{11} z_{22} - z_{12} z_{21} = k_1 k_3 a_0 \ . \tag{11-39b}$$

Durch Variation von a_0 kann aus dem Diagramm S vs. (a_0+b_0) über die Geradensteigung k_1 und über den Ordinatenabschnitt (k_2+k_3) bestimmt werden. Der Plot D vs. a_0 führt zu einer Nullpunktsgeraden, deren Steigung den Wert $k_1 k_3$ angibt. Damit sind aus den beiden Diagrammen k_1, k_2 und k_3 zugänglich.

11.5 Das Reaktionssystem A + B → C + D , A + E → F + G

Das Reaktionssystem

$$\begin{aligned} A + B &\xrightarrow{k_1} C + D \\ A + E &\xrightarrow{k_2} F + G \end{aligned} \tag{11-40}$$

wird häufig angetroffen, da ein Stoff (A) simultan von 2 verschiedenen Stoffen (B und E) umgesetzt werden kann. Das Rechteckschema lautet hier:

	A	B	C	D	E	F	G	$\dot{x}_j$
X_1	-1	-1	+1	+1	0	0	0	$k_1 a b$
X_2	-1	0	0	0	-1	+1	+1	$k_2 a e$

Hieraus folgt:

$$\dot{X}_1 = k_1 ab = k_1(a_0 - X_1 - X_2)(b_0 - X_1)$$

$$\dot{X}_2 = k_2 ae = k_2(a_0 - X_1 - X_2)(e_0 - X_2)$$

Damit erhält man für die Matrix **K** nach Gl. (11-4):

$$\mathbf{K} = \begin{pmatrix} -k_1(a_0+b_0) & -k_1 b_0 \\ -k_2\, e_0 & -k_2(a_0+e_0) \end{pmatrix} \tag{11-41}$$

Da nach den Glgn. (11-15a) und (11-16a) **K** und **Z** ähnliche Matrizen sind, folgt aus Gl. (11-41):

$$S = -k_1(a_0+b_0) - k_2(a_0+e_0) \tag{11-42a}$$

und

$$D = k_1 k_2\, a_0\,(a_0+b_0+e_0) \tag{11-42b}$$

Mit den Setzungen

$$\sigma_1 = a_0\,(a_0+b_0+e_0)$$

$$\sigma_2 = a_0+b_0$$

$$\sigma_3 = a_0+e_0$$

folgt weiter aus den Glgn. (11-42a) und (11-42b):

$$k_{1,2} = \frac{-\sigma_1 S \pm \sqrt{(\sigma_1 S)^2 - 4\sigma_1\sigma_2\sigma_3 D}}{2\sigma_1\sigma_2} \tag{11-43}$$

Genauere Werte für k_2 werden aus der Beziehung (s. Gl. (11-42b))

$$k_2 = \frac{D}{k_1\sigma_1} \tag{11-44}$$

erhalten.

Meßbeispiel

Das im Kap. 10.1.1 behandelte Meßbeispiel kann zum Reaktionssystem (11-40) erweitert werden, wenn zu der Acetonitrillösung ein zweiter aktivierter Ester (z.B. o-Nitro-phenylester = oNPA) dazugegeben wird. Es laufen dann die in Gl. (11-45) angegebenen Reaktionen ab.

Dieses Reaktionssystem ist gut geeignet, um das aufgestellte Verfahren zu testen [Polster, Mauser 1992]. Da die beiden Teilreaktionen von Gl. (11-45) getrennt spektroskopisch analysiert werden können, ist es möglich, die so bestimmten Geschwindigkeitskonstanten mit den Ergebnissen zu vergleichen, die bei der Analyse des gesamten Reaktionssystems erhalten werden.

$$(CH_3)_3C-O-\underset{\|}{\overset{}{C}}(O)-NH-CH_2-C(O)-O-C_6H_4-NO_2 \;+\; H_2N-(CH_2)_3-CH_3$$

Boc-gly-ONP = B n-Butylamin = A

$$\downarrow (CH_3CN)$$

$$HO-C_6H_4-NO_2 \;+\; (CH_3)_3C-O-C(O)-NH-CH_2-C(O)-NH-(CH_2)_3-CH_3$$

C D

$$H_2N{-}(CH_2)_3{-}CH_3 \;+\; o\text{-}NO_2{-}C_6H_4{-}O{-}\underset{\|}{C}\!\!\underset{O}{}{-}CH_3 \xrightarrow{CH_3CN}$$

n-Butylamin = A oNPA = E

$$o\text{-}NO_2{-}C_6H_4{-}OH \;+\; H_3C{-}(CH_2)_3{-}NH{-}\overset{}{\underset{\|\,O}{C}}{-}CH_3 \qquad (11\text{-}45)$$

F G

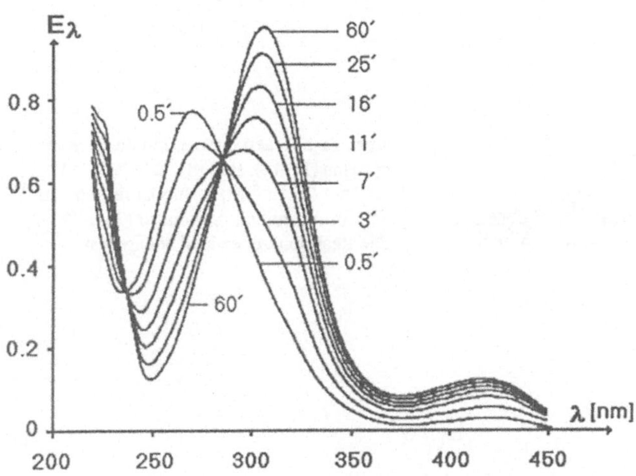

Abb. 11-3 Reaktionsspektren der 1. Teilreaktion von Gl. (11-45): [Boc-gly-ONP] = $1 \cdot 10^{-4}$ M; [n-Butylamin] = $6 \cdot 10^{-4}$ M; Lösungsmittel: Acetonitril (25,0 °C). Die Reaktionszeiten sind angegeben.

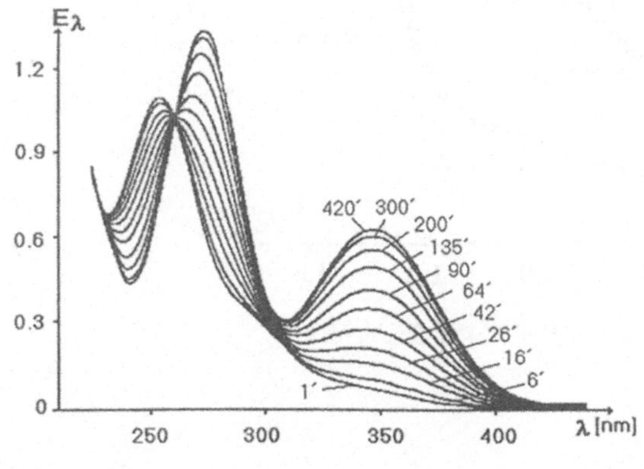

Abb. 11-4 Reaktionsspektren der 2. Teilreaktion von Gl. (11-45): [oNPA] = $2 \cdot 10^{-4}$ M; [n-Butylamin] = $6 \cdot 10^{-4}$ M; Lösungsmittel: Acetonitril (25,0 °C). Die Reaktionszeiten sind angegeben.

In der Abb. 11-3 sind die Reaktionsspektren der ersten Teilreaktion dargestellt und in der Abb. 11-4 die der 2. Teilreaktion. Die sich aus der Summe dieser beiden Teilreaktionen ergebenden Reaktionsspektren der Gesamtreaktion (11-45) sind in der Abb. 11-5 zu sehen. Die für verschiedene Wellenlängenkombinationen konstruierten E-Diagramme des gesamten Reaktionssystems sind in den Abbn. 11-6 und 11-7 dargestellt.

Die Analyse der isoliert untersuchten Reaktionssysteme führt zu den folgenden Geschwindigkeitskonstanten:

Aminolyse von Boe-gly-ONP: $k_1 = 2{,}86 \ M^{-1} \ s^{-1}$

Aminolyse von oNPA: $k_1 = 0{,}35 \ M^{-1} \ s^{-1}$

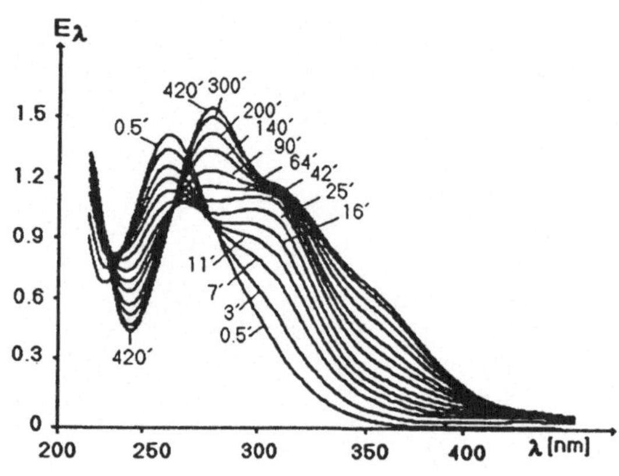

Abb. 11-5 Reaktionsspektren des Gesamtsystems (11-45): Boc-gly-oNP = $1 \cdot 10^{-4}$ M; oNPA = $2 \cdot 10^{-4}$ M; n-Butylamin = $6 \cdot 10^{-4}$ M; Lösungsmittel: Acetonitril (25,0 °C). Die Reaktionszeiten sind angegeben.

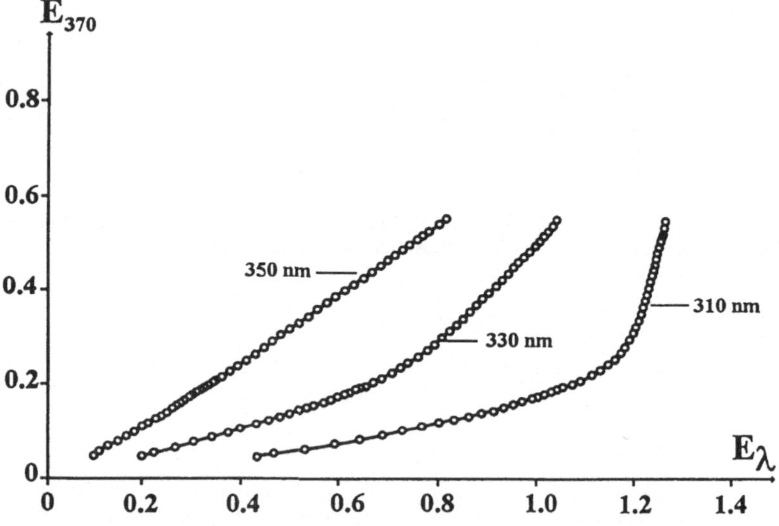

Abb. 11-6 E-Diagramm E_{370} vs. E_{λ} des gesamten Reaktionssystems (s. Abb. 11-5).

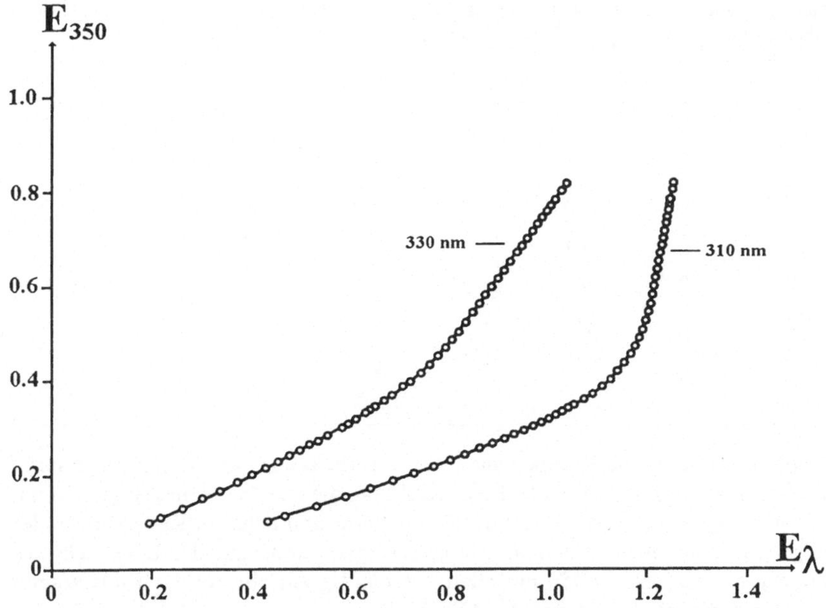

Abb. 11-7 E-Diagramm E_{350} vs. E_{λ} des gesamten Reaktionssystems (s. Abb. 11-5).

Für die Auswertung des **Gesamtsystems** wurde zunächst das Gleichungssystem (11-31b) durch formale Integration ausgewertet, und die Konstanten wurden durch lineare Regressionsanalyse bestimmt. Die so erhaltenen Ergebnisse waren überhaupt nicht zufriedenstellend. Daher wurde die '**singular value decomposition**' (SVD) Methode [Press et al. 1989] mit der formalen Integration kombiniert. Die Ergebnisse waren jetzt ermutigend. Sie sind in der Tabelle 11-1 dargestellt. – Die SVD-Methode kann vorteilhaft bei Gleichungssystemen oder Matrizen angewendet werden, die entweder singulär oder nahezu singulär sind. Sie ist daher auch hier besonders nützlich. Das Prinzip dieser Methode basiert auf folgendem: Um den Lösungsvektor **x** der Gleichung

$$\mathbf{A}\,\mathbf{x} = \mathbf{b}$$

bei nahezu singulärer oder singulärer Matrix **A** zu bestimmen, wird die Matrix **A** in das folgende Matrizenprodukt zerlegt:

$$\mathbf{A} = \mathbf{U}\,\mathbf{W}\,\mathbf{V}^T,$$

wobei **A** eine $m*n$-Matrix, **U** eine spaltenorthogonale $m*n$-Matrix, **W** eine $n*n$ -Diagonalmatrix (mit positiven oder Null-Elementen) und $\mathbf{V}^T$ die Transponierte einer orthogonalen $n*n$ - Matrix **V** sind. Mit Hilfe dieser Matrizenzerlegung ist es möglich, denjenigen Lösungsvektor **x** zu finden, der am besten die Gleichung **A x** = **b** erfüllt. Im Fall einer singulären Matrix **A** kann so der „kleinste Lösungsvektor" **x** (mit der kleinsten Länge $|\mathbf{x}|^2$) bestimmt werden. – Die SVD-Methode wurde in den 70-er Jahren entwickelt und ist inzwischen weit verbreitet. Für das Verfahren existieren zahlreiche Programme in FORTRAN sowie PASCAL [Wikinson 1978; Press et al. 1989].

Tabelle 11-1 Auswertung des Reaktionssysstems (11-45) nach den Glgn. (11-43) und (11-44) bei verschiedenen Wellenlängenkombinationen λ_1/λ_2. Dimension von k_1 und k_2: M^{-1} s^{-1}[Polster, Mauser 1992].

Wellenlängenkombination	Bestimmung von		
[nm /nm]	k_1 nach Gl. (11-43)	k_2 nach Gl. (11-44)	k_2 nach Gl. (11-43)
370 / 350	(2,0)	0,39	–
370 / 330	2,89	0,34	0,39
370 / 310	2,81	(0,30)	–
350 / 330	2,85	0,35	0,39
350 / 310	2,78	(0,27)	–
330 / 310	2,82	(0,42)	–

Wie Abb. 11-4 zeigt, absorbieren die Komponenten der 2. Teilreaktion bei 310 nm nicht stark. Daher ist auch die Geschwindigkeitskonstante dieser Reaktion, die mit der Wellenlänge 310 nm ermittelt wurde, relativ ungenau (Fehler: 10-30%). Diese Werte sind daher in Klammern in der Tabelle 11-1 angegeben. Erstaunlich ist, daß die Geschwindigkeitskonstante des 1. Teilschrittes bei der Wellenlängenkombination 370/350 nm relativ vernünftig ist, obwohl das E-Diagramm hier nur eine schwach gekrümmte Kurve zeigt (s. Abb. 11-6).

Dieses Beispiel zeigt, daß man hier die Extinktionskoeffizienten der Komponenten nicht kennen muß. Es können entweder nur wenige oder alle Komponenten absorbieren. Wichtig für die Auswertung ist nur, daß **ausreichend** viele Komponenten absorbieren, d.h., daß die einzelnen Teilreaktionen auch tatsächlich spektroskopisch erfaßt werden (so würde es z.B. ausreichen, wenn hier nur die Komponenten C und F absorbieren).

Mit der beschriebenen Methode können ca. 100 Reaktionssysteme ausgewertet werden, die der Hauptgleichung (11-16a) bzw. (11-16b) gehorchen. Die Analyse von Reaktionssystemen, die Teilschritte 2. Ordnung enthalten, ist grundsätzlich komplizierter als jene Systeme, die sich nur aus Reaktionen 1. Ordnung zusammensetzen. Bei Systemen mit Reaktionen 2. Ordnung müssen bei gleicher Anzahl an linear unabhängigen Teilschritten mehr Konstanten signifikant bestimmt werden. Jedoch ist es hier möglich, zwischen verschiedenen Reaktionssystemen zu unterscheiden, wenn die Kriterien der Glgn. (11-25a) - (11-25c) sowie der Glgn. (11-27a) - (11-27d) konsequent angewendet werden.

11.6 Geometrische Zusammenhänge im E-Diagramm

Mit den E-Diagrammen können nicht nur Steigungen von ausgezeichneten Tangenten bestimmt und mit y_{ij}-Quotienten verglichen werden, sondern es sind damit auch Konzentrationsbestimmungen möglich. Dazu wird das System 2A $\rightarrow$ B $\rightarrow$ C betrachtet. Wenn in der Abb. 11-2 die Eckpunkte des Dreiecks (ABC) bekannt sind, können sämtliche Konzentrationen analog zum Gibbsschen Phasendreieck bestimmt werden (da das E-Diagramm hier ein affin verzerrtes Gibbssches Dreieck ist).

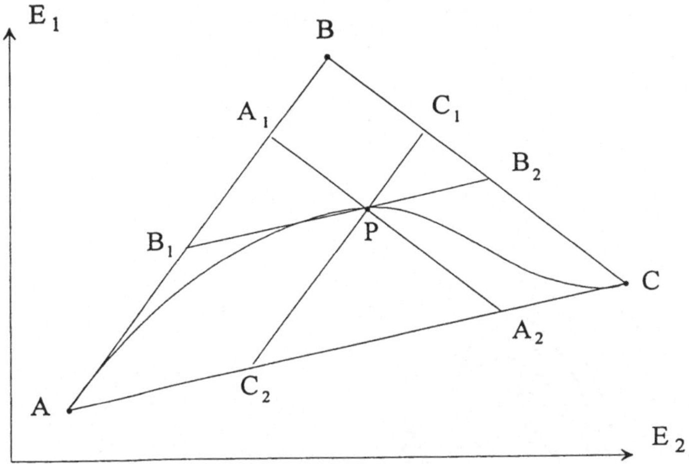

Abb. 11-8 Schematisches E-Diagramm des Reaktionssystems 2A → B → C zur Konzentrationsbestimmung.

Wie die Abb. 11-8 zeigt, können die Konzentrationen sämtlicher Komponenten im Meßpunkt *P* aus einfachen Streckenverhältnissen ermittelt werden. So gilt für das System 2A → B → C (a_0 = Einwaagekonzentration von A):

$$a = \frac{\overline{A_1B}}{\overline{AB}} a_0 = \frac{\overline{A_2C}}{\overline{AC}} a_0 \quad , \tag{11-46a}$$

$$b = \frac{\overline{AB_1}}{\overline{AB}} \frac{a_0}{2} = \frac{\overline{B_2C}}{\overline{BC}} \frac{a_0}{2} \quad , \tag{11-46b}$$

$$c = \frac{\overline{BC_1}}{\overline{BC}} \frac{a_0}{2} = \frac{\overline{AC_2}}{\overline{AC}} \frac{a_0}{2} \tag{11-46c}$$

Diese Beziehungen gelten auch für das lineare Reaktionssystem A → B → C , wobei allerdings der Faktor 2 durch die Zahl 1 zu ersetzen ist.

Mit Hilfe dieser Beziehungen können sämtliche Konzentrationen sehr genau bestimmt und so die entsprechenden Konzentrations-Zeit-Kurven konstruiert werden.

Meßbeispiel

Bei der kinetischen Untersuchung von Mercaptoverbindungen (s. dazu Kap. 7.2) können störende Nebenreaktionen auftreten, wie z.B.

1. die Oxidation zum Disulfid,
2. die β-Eliminierung zum Olefin und
3. die Hydrolyse zum entsprechenden Alkohol.

Bei der im Kap. 7.2 näher untersuchten Acylierungsreaktion mit Hilfe eines Thioesters entsteht u.a. ein Mercaptan (4'-Mercapto-acetanilid). Dieses Mercaptan oxidiert langsam zum Disulfid, das seinerseits wenig wasserlöslich ist und langsam ausfällt [Maurer et al. 1972a; Polster 1971]:

2 $H_3C-C(=O)-NH-C_6H_4-SH \longrightarrow H_3C-C(=O)-NH-C_6H_4-S-S-C_6H_4-NH-C(=O)-CH_3$

4'-Mercaptoacetanilid

lösliches Disulfid

↓

Niederschlag

(11-47)

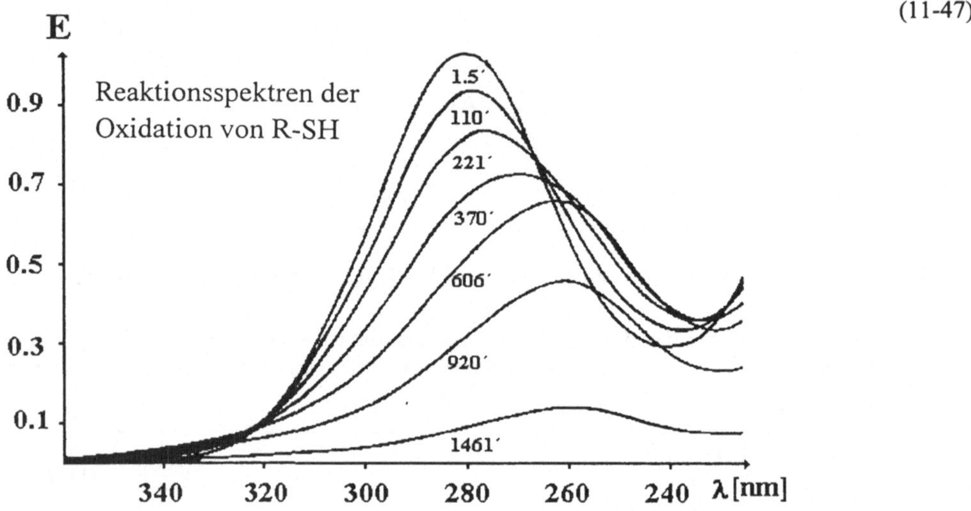

Abb. 11-9 Reaktionsspektren der Spontanreaktion von 4'-Mercapto-acetanilid $a_0 = 6 \cdot 10^{-5}$ M in 0,067 M Phosphatpuffer nach Sörensen (pH = 7,5; 25,0 °C).

Löst man reines 4'-Mercapto-acetanilid in sauerstoffhaltigem Phosphatpuffer pH = 7,5 und verfolgt das System spektroskopisch im UV-Bereich, so schneiden sich die Reaktionsspektren mehrfach (s. Abb. 11-9). Es liegt demnach keine spektroskopisch-einheitliche Reaktion vor. – Nach 11-12 Stunden kann die Bildung eines Niederschlages in Form feiner Nadeln beobachtet werden. Dadurch wird glücklicherweise die Lösung nicht getrübt, so daß eine quantitative spektroskopische Analyse trotzdem möglich ist (die Null-Linie ist weder unscharf, noch nach höheren Extinktionen verschoben).

Das Massenspektrum des entstehenden Niederschlages ist in Abb. 11-10 dargestellt. Es beweist die Bildung des entsprechenden Disulfides. – Die E-Diagramme zeigen gekrümmte Kurven (s. Abb. 11-11) und die EDQ-Diagramme nur Geraden. Das System besteht also aus zwei linear unabhängigen Teilschritten. Die erste Teilreaktion stellt die Bildung des Disulfides in der Lösung dar (2A → B):

$$2\,R-SH \xrightarrow[-H_2O]{\frac{1}{2}O_2} R-S-S-R_{\text{Lösung}}$$

und die zweite Teilreaktion die Fällung des Disulfides (B → C):

$$R-S-S-R_{\text{Lösung}} \longrightarrow R-S-S-R_{\text{Niederschlag}}$$

In den Abb. 11-11 und 11-12 gibt der Punkt A den Anfangswert der Reaktion an $(E_{\lambda 0})$.

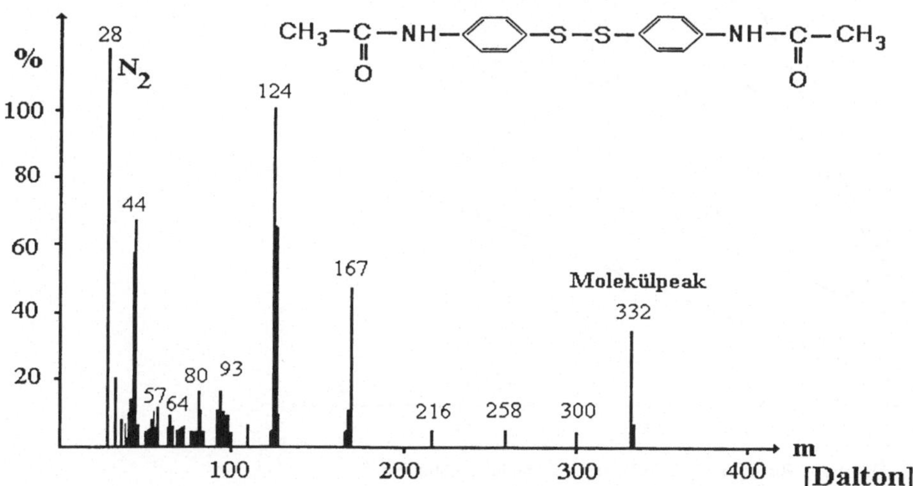

Abb. 11-10 Massenspektrum des bei der Reaktion (11-47) entstehenden Niederschlages (Reaktionsbedingungen: s. Abb. 11-9) [Polster 1971].

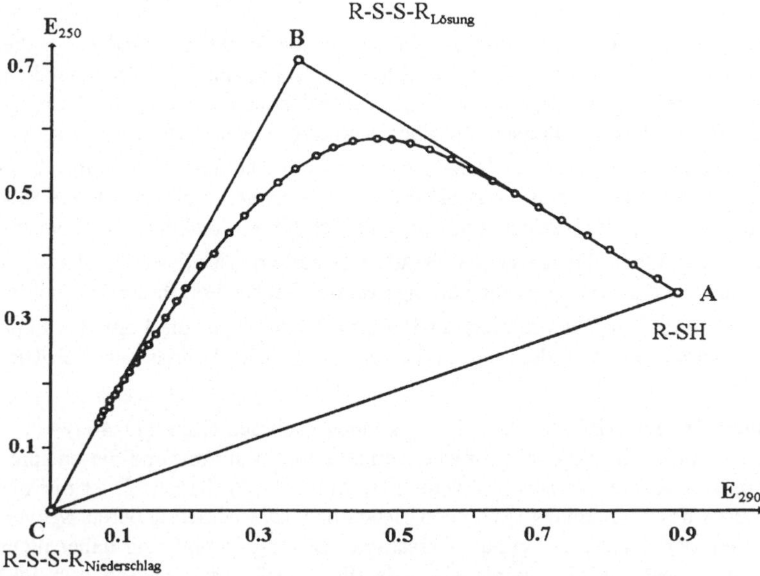

Abb. 11-11: E-Diagramm E_{250} vs. E_{290} der Reaktion (11-47).

Der Punkt B ist der theoretische Endpunkt der Teilreaktion 2A → B unter der Voraussetzung, daß die Reaktion vollständig ablaufen würde, bevor der Niederschlag gebildet wird. Dieser Punkt B muß auf der in A an die Kurve angelegten Tangente liegen, da sich zunächst nur der Stoff B bildet. Der Punkt C würde am Ende der Reaktion erreicht, wenn das gebildete Disulfid vollständig ausfällt. Bleibt jedoch noch eine kleine Menge Disulfid in Lösung, ist der Punkt E (s. Abb. 11-12) der „wahre" Endpunkt der Reaktion.

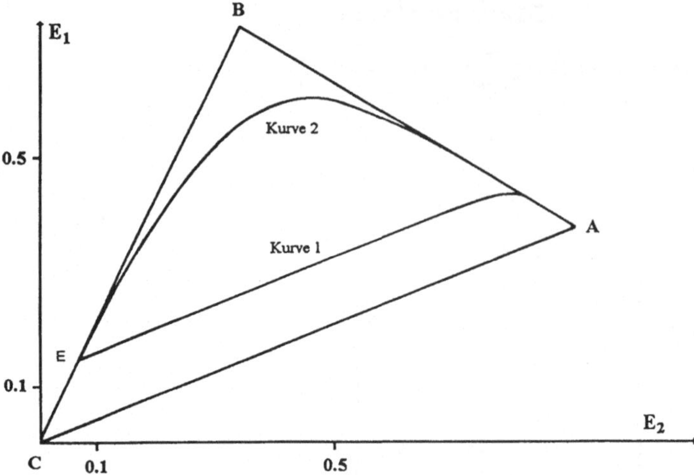

Kurve 1: Reaktion 2 A → B geschwindigkeitsbestimmend
Kurve 2: Reaktion B → C geschwindigkeitsbestimmend

Abb. 11-12 Theoretische E-Diagramme zur Diskussion der Extinktions-Dreiecksdarstellung.

Wie nachfolgend begründet wird, gibt der Schnittpunkt der in den Punkten A und C an die Kurve angelegten Tangenten den Punkt B an. Wie die Abb. 11-12 zeigt, sind zwei grundsätzlich verschiedene Reaktionsabläufe möglich. Die Kurve 1 gibt den Reaktionsverlauf unter der Voraussetzung wieder, daß B sofort nach Überschreiten der Sättigungskonzentration ausfällt. Sie muß daher fast über den gesamten Bereich zur Gerade $\overline{AC}$ parallel verlaufen. – Die Kurve 2 ist im Gegensatz dazu dann zu erwarten, wenn die Reaktion 2A → B schneller abläuft als die Bildung des Niederschlages (B → C); dies bedeutet, daß bis zum Schluß der Reaktion eine übersättigte Disulfidlösung existiert. Wenn die Kurve die Gerade $\overline{CB}$ berührt, ist alles A in B umgewandelt. Spektroskopisch wird dann nur noch die Fällungsreaktion beobachtet. In diesem Fall ist $\overline{CB}$ die Tangente an die Kurve. Zur Konstruktion des Punktes B muß daher die Lage des Endpunktes E nicht genau bekannt sein. Wie die Abb. 11-11 zeigt, liegt beim Meßbeispiel der Kurventyp 2 vor.

Aus dem so hergestellten Dreieck ABC der Abb. 11-11 können nach den Glgn. (11-46a) - (11-46c) die Konzentrationen von A, B und C aus Streckenverhältnissen bestimmt und die entsprechenden Konzentrations-Zeit-Kurven konstruiert werden (s. Abb. 11-13). Kinetisch ist nur die Konzentrations-Zeit-Kurve des Mercaptans (MA) von Bedeutung. Die beiden anderen Kurven hängen von Zufälligkeiten der Kristallisation aus übersättigter Lösung ab und sind daher nicht reproduzierbar. Aus der Abb. 11-13 wird aber deutlich, daß das Zwischenprodukt $R{-}S{-}S{-}R_{Lösung}$ ein Konzentrationsmaximum besitzt.

Überraschend ist, daß die Mercaptankonzentration weder nach 2. noch nach 1. Ordnung oder der Ordnung 1/2 abnimmt. Dies bedeutet, daß die Reaktion (11-47) nach einem komplizierten Mechanismus abläuft, der nicht durch das System 2A → B → C beschrieben werden kann. Vermutlich wird die Reaktion durch Spuren von Verunreinigungen (z.B. Schwermetalle) katalytisch beeinflußt.

Da durch das Extinktions-Dreieck die Konzentrationen von A, B und C bestimmbar sind, kann das Spektrum des Zwischenproduktes B nach der Beziehung

$$\varepsilon_{\lambda(R-S-S-R)_{Lösung}} = \frac{E_\lambda - l \cdot \varepsilon_{\lambda(R-SH)} \cdot c_{(R-SH)}}{l \cdot c_{(R-S-S-R)_{Lösung}}}$$

berechnet werden ($l = 1$ cm). In der Tabelle 11-2 sind die zum Zeitpunkt $t = 4$ h berechneten Extinktionskoeffizienten für sieben Wellenlängen angegeben [Mauser et al. 1972a].

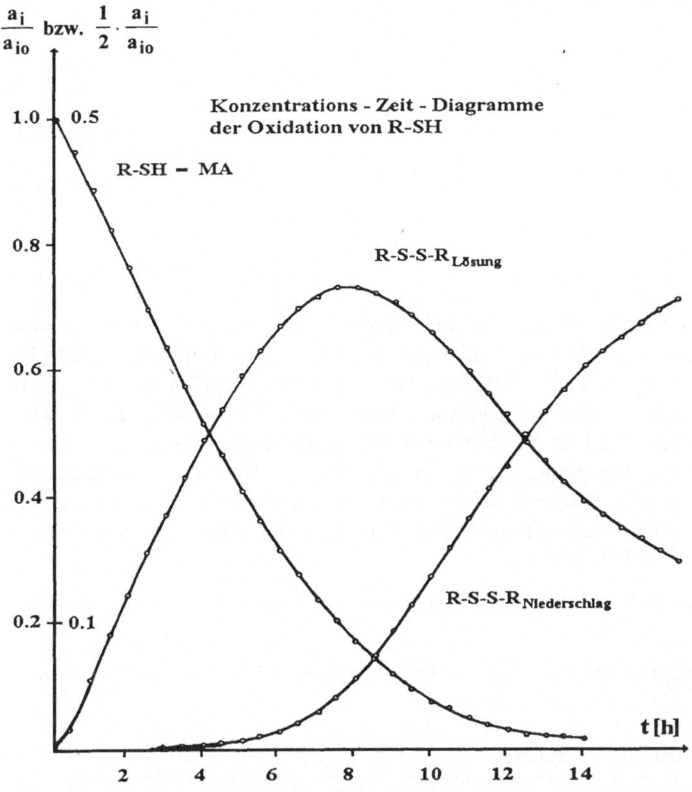

Abb. 11-13 Konzentrations-Zeit-Kurven des Mercaptans (MA), der Disulfidlösung ($R\text{-}S\text{-}S\text{-}R_{Lösung}$) und des Disulfidniederschlages (R-S-S-RNiederschlag) in a_i/a_{i0} - Einheiten. Die Kurven der beiden letzten Stoffe sind um den Faktor 2 vergrößert (rechter Ordinatenmaßstab) [Polster 1971].

Tabelle 11-2 Extinktionskoeffizienten von $R\text{-}S\text{-}S\text{-}R_{Lösung}$ (t = 4 h, $c_{R\text{-}S\text{-}S\text{-}RLösung} = 1{,}46 \cdot 10^{-5}$ M; $c_{R\text{-}SH} = 3{,}07 \cdot 10^{-5}$ M)

λ [nm]	240	250	260	270	280	290	300
$\varepsilon_{\lambda R\text{-}S\text{-}S\text{-}R_{Lösung}}$ [$M^{-1}cm^{-1}$]	15600	22700	26700	23550	17800	11950	7500

11.7 Das 3. Theorem

Die Hauptgleichung für die spektroskopisch-kinetische Analyse von Systemen mit zwei linear unabhängigen Teilreaktionen ist Gl. (11-16a) bzw. (11-16b). Hier sind **Z** und **K** sowie **Z′** und **K′** ähnliche Matrizen, die jeweils dieselbe Spur und Determinante und damit jeweils dieselben

Eigenwerte haben. **Y** und **K''** sind äquivalente Matrizen. Für die Matrizen gelten die folgenden Regeln [Mauser 1987]:

- **K** (bzw. **Z**) muß mindestens den Rang eins haben,
- **K'** (bzw. **Z'**) kann den Rang null haben, wenn **K''** (bzw. **Y**) den Rang zwei hat und
- **K''** (bzw. **Y**) hat wenigstens den Rang eins.

Die behandelten Beispiele

$$A + B \rightarrow C \rightarrow D \ , \qquad \text{(s. Kap. 11.2)}$$

$$2A \rightarrow B \rightarrow C \ , \qquad \text{(s. Kap. 11.3)}$$

$$A + B \rightleftarrows C \rightarrow D + A \qquad \text{(s. Kap. 11.4)}$$

und

$$A + B \rightarrow C + D \ , \quad A + E \rightarrow F + G \qquad \text{(s. Kap. 11.5)}$$

können spektroskopisch unterschieden werden, da die Spuren S und die Determinanten D charakteristisch von den Ausgangskonzentrationen abhängen (s. dazu die Glgn. (11-25a) und (11-25b) bzw. (11-34a) und (11-34b) bzw. (11-39a) und (11-39b) bzw. (11-42a) und (11-42b)). Durch Variation der Ausgangskonzentrationen können diese gegen S bzw. D in einem Diagramm gegeneinander aufgetragen und so die Reaktionssysteme unterschieden werden. Jedoch gibt es zahlreiche andere Reaktionssysteme, die zu den gleichen funktionalen Abhängigkeiten führen. Diese Systeme können dann spektroskopisch nicht voneinander unterschieden werden. Die folgenden beiden Kriterien können herangezogen werden, wenn zwei Reaktionssysteme nicht unterscheidbar sind [Mauser 1987]:

1. Es herrscht die gleiche funktionale Abhängigkeit der Eigenwerte von den Ausgangskonzentrationen, und
2. es existiert eine lineare Transformation, die alle drei Matrizen **K**, **K'** und **K''** ineinander überführt.

Damit kann das 3. Theorem formuliert werden:

> **Theorem 3:**
>
> **Reaktionssysteme, die aus zwei linear unabhängigen Teilschritten bestehen, wobei mindestens ein Teilschritt eine Reaktion 2. Ordnung darstellt, können mit rein spektroskopischen Mitteln nicht unterschieden werden, wenn ihre Eigenwerte die gleiche funktionale Abhängigkeit von den Ausgangskonzentrationen haben.**
>
> Oder anders ausgedrückt:
>
> **Wenn die Spuren und Determinanten die gleichen funktionalen Abhängigkeiten von den Ausgangskonzentrationen haben, sind Reaktionssysteme mit zwei linear unabhängigen Teilschritten rein spektroskopisch nicht unterscheidbar.**

Beide linear unabhängigen Teilschritte können Reaktionen 2. Ordnung darstellen. Ebenfalls ist zugelassen, daß sich **ein** linear unabhängiger Teilschritt aus Reaktionen 1. Ordnung zusammensetzt.

Die im Theorem erwähnten Eigenwerte beziehen sich auf die Eigenwerte aller drei Matrizen **K**, **K'** und **K''**. Ebenso trifft dieses für S und D zu.

Teil III

Spezielle Anwendungsbeispiele

12 Sensibilisierte Photoisomerisierungsreaktionen

12.1. Bedeutung von Isomerisierungsreaktionen

Photochemische Isomerisierungsreaktionen sind in der Natur weit verbreitet. Am bekanntesten ist die cis-trans-Isomerisierungsreaktion des Rhodopsins, die den Primärprozeß des Sehvorganges in der Netzhaut darstellt. Dabei ist der Chromophor 11-cis-Retinal als Schiffsche Base an die Aminosäure Lysin des Proteins Opsin gebunden (Opsin + 11-cis-Retinal = Rhodopsin). Durch Lichteinfall wird 11-cis-Retinal wie folgt isomerisiert:

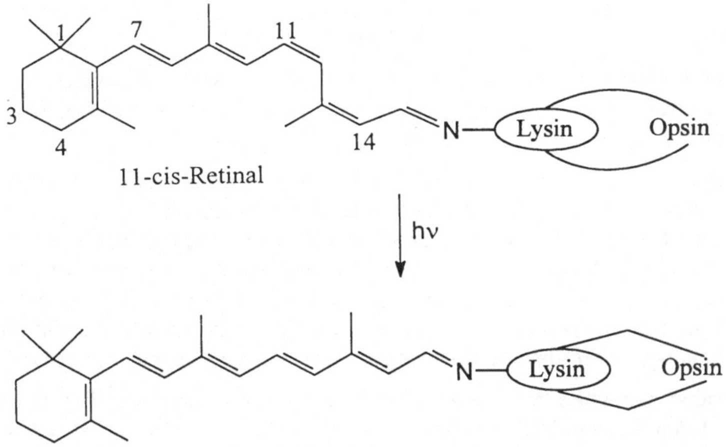

1 7 11 3 4 14 N Lysin Opsin

11-cis-Retinal

hν

N Lysin Opsin

(12-1)

Durch die Lichtreaktion erfährt Rhodopsin vermutlich eine Konformationsänderung. Es wird dadurch in Lumirhodopsin und weiter in Metarhodopsin umgewandelt und kann sich danach mit dem „G-Protein" verbinden. Das G-Protein tauscht dabei GDP gegen GTP aus und aktiviert so eine Phosphodiesterase, die cyclo-GMP spaltet. Dadurch werden Natriumkanäle der Nervenzelle geschlossen und die Zelle hyperpolarisiert. Die Lichtreaktion hat damit eine elektrische Reaktion ausgelöst. – Eine zum Sehvorgang ähnliche, primäre Lichtreaktion läuft bei der Photosynthese von Halobakterien ab (s. Kap. 14.1).

Photoisomerisierungsreaktionen sind nicht nur in der Biochemie, sondern auch in der Organischen Chemie verbreitet, so z.B. in der chemischen Aktinometrie (s. Kap. 13). – Ein weiteres bekanntes Beispiel einer Photoisomerisierungsreaktion ist die trans-cis-Umlagerung von Stilben:

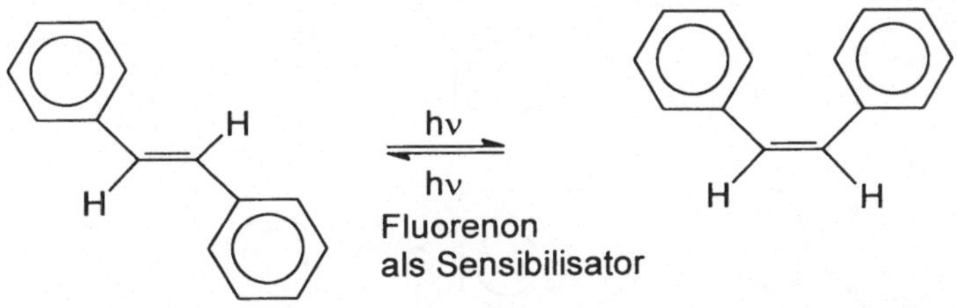

H H hν hν Fluorenon als Sensibilisator H H

(12-2)

trans-Stilben cis-Stilben

Die Umlagerung kann in verschiedener Weise erreicht werden. Entweder wird trans- oder cis-Stilben, das in einem geeigneten Lösungsmittel (wie z.B. Acetonitril) gelöst ist, bei einer Wellenlänge bestrahlt, bei der der Ausgangsstoff absorbiert oder aber es wird der Lösung ein Sensibilisator zugesetzt, der bei längeren Wellenlängen als Stilben absorbiert (für die kinetische Analyse ist darauf zu achten, daß während der Bestrahlung gerührt wird). Wenn der Sensibilisator in diesem Wellenlängenbereich bestrahlt wird, kann die absorbierte Lichtenergie auf Stilben übertragen und so die Isomerisierungsreaktion ausgelöst werden. Dafür geeignete Sensibilisatoren sind z.B. Fluorenon und Diacetyl [Kölle 1978]:

Fluorenon

H_3C CH_3

Diacetyl

Fluorenon und Diacetyl zeigen in Acetonitril bei 405 nm eine schwach ausgeprägte Absorptionsbande, wo weder trans- noch cis-Stilben absorbieren. Wenn die Reaktionslösung bei 405 nm bestrahlt wird, findet die Stilbenumlagerung statt.

Durch die Bestrahlung wird der Sensibilisator (A) angeregt. Wird dabei der Sensibilisator in den Triplettzustand (A") überführt, so ist der angeregte elektronische Zustand relativ langlebig, und die Wahrscheinlichkeit ist groß, daß innerhalb der Lebensdauer des Triplettzustandes der Sensibilisator mit einem Stilbenmolekül zusammenstößt. Dadurch kann die Energie auf das Stilbenmolekül übertragen und so indirekt die Photoreaktion ausgelöst werden. Überschlagsrechnungen ergeben, daß die Mindestkonzentration von Stilben in der Größenordnung von 10^{-6} M liegen muß, um während der Lebensdauer ein angeregtes Sensibilisatormolekül zu treffen.

Wenn sich in der Lösung molekular gelöster Sauerstoff befindet, kann auch die Triplettenergie des Sensibilisators auf den Sauerstoff übertragen werden. Da Sauerstoff unpolar ist, kann er in organischen Lösungsmitteln wie z.B. Acetonitril in relativ hoher Konzentration vorkommen. Der Sauerstoff wirkt dann als „**Quencher**", der die Photoisomerisierungsreaktion mehr oder weniger stark oder sogar vollständig unterdrückt. In dieser Weise ist es möglich, daß der „normale" Triplettsauerstoff ($^3O_2$) durch den Sensibilisator photochemisch in den Singulettsauerstoff ($^1O_2$) überführt wird:

$$A'' + {}^3O_2 \rightarrow A + {}^1O_2 \tag{12-3}$$

Dieser (für biologische Systeme außerordentlich toxische) Singulettsauerstoff kann sich dann beispielsweise an die zentrale Doppelbindung des Stilbens in einer [2+2] Cycloaddition anlagern und so ein Dioxethan bilden:

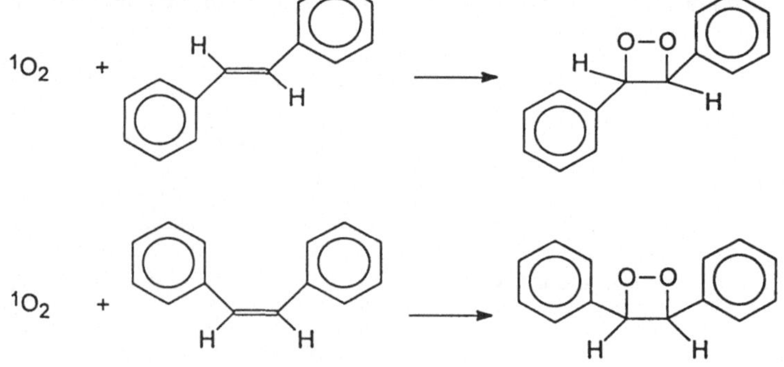

$^1O_2$ + H H → O–O H H

$^1O_2$ + H H → O–O H H (12-4)

Um solche konkurrierenden Quench- und Oxidations-Reaktionen zu unterdrücken, wird in der organischen Photochemie häufig in sauerstofffreien Lösungen gearbeitet.

12.2 Das Reaktionssystem $B \underset{h\nu, A}{\overset{h\nu, A}{\rightleftarrows}} C$ mit Sensibilisator A

Die Bruttoreaktion der durch Fluorenon oder Diacetyl sensibilisierten cis-trans-Photoisomerisierungsreaktion von Stilben lautet (s. Kap. 12.1):

$$B \underset{h\nu, A}{\overset{h\nu, A}{\rightleftarrows}} C \quad \text{mit Sensibilisator A} \tag{12-5}$$

Als Reaktionsmechanismus können verschiedene Modelle diskutiert werden, die formal zur selben Extinktions-Hauptgleichung führen [Kölle 1978]. Im nachfolgenden wird der folgende Mechanismus behandelt (s. dazu auch Kap. 4.4):

$A + h\nu \xrightarrow{I_A} A^*$	Absorptionsakt
$A^* \xrightarrow{k_2} A'$	strahlungslose Desaktivierung zu S_1 ($v = 0$)
$A' \xrightarrow{k_3} A + h\nu_F$	Fluoreszenz
$A' \xrightarrow{k_4} A$	strahlungslose Desaktivierung zu S_0: $S_1 \rightarrow S_0$
$A' \xrightarrow{k_5} A''$	*Intersystem crossing* : Spinumkehr zum Triplettzustand
$A'' \xrightarrow{k_6} A$	strahlungsarme Desaktivierung zu S_0: Triplettzustand $\rightarrow S_0$
$A'' \xrightarrow{k_7} A + h\nu_P$	Phosphoreszenz
$A'' + B \xrightarrow{k_8} A + T$	Bimolekulare Energieübertragung (T = Triplettzustand von B)
$A'' + C \xrightarrow{k_9} A + T$	Bimolekulare Energieübertragung (T = Triplettzustand von C, der mit B identisch ist)
$T \xrightarrow{k_{10}} B$	Zerfall in das geometrische Isomere B
$T \xrightarrow{k_{11}} C$	Zerfall in das geometrische Isomere C

Das Rechteckschema lautet hierfür:

	A	A*	A′	A″	B	T	C	$\dot{x}_j$
x_1	-1	+1	0	0	0	0	0	I_A
x_2	0	-1	+1	0	0	0	0	$k_2\, a^*$
x_3	+1	0	-1	0	0	0	0	$k_3 a'$
x_4	+1	0	-1	0	0	0	0	$k_4\, a'$
x_5	0	0	-1	+1	0	0	0	$k_5\, a'$
x_6	+1	0	0	-1	0	0	0	$k_6\, a''$
x_7	+1	0	0	-1	0	0	0	$k_7\, a''$
x_8	+1	0	0	-1	-1	+1	0	$k_8\, a''b$
x_9	+1	0	0	-1	0	+1	-1	$k_9\, a''c$
x_{10}	0	0	0	0	+1	-1	0	$k_{10}\, t$
x_{11}	0	0	0	0	0	-1	+1	$k_{11}\, t$

Für die Reaktionsgeschwindigkeiten gilt nach den Glgn. (2-27) und (3-7):

$$\begin{aligned}\dot{a} &= -\dot{x}_1 + \dot{x}_3 + \dot{x}_4 + \dot{x}_6 + \dot{x}_7 + \dot{x}_8 + \dot{x}_9 \\ &= -I_A + (k_3 + k_4)\,a' + (k_6 + k_7)\,a'' + k_8\,a''b + k_9\,a''c\end{aligned}$$

$$\dot{a}^* = +\dot{x}_1 - \dot{x}_2 = I_A - k_2\,a^*$$

$$\dot{a}' = +\dot{x}_2 - \dot{x}_3 - \dot{x}_4 - \dot{x}_5 = k_2\,a^* - (k_3 + k_4 + k_5)\,a'$$

$$\dot{a}'' = +\dot{x}_5 - \dot{x}_6 - \dot{x}_7 - \dot{x}_8 - \dot{x}_9 = k_5\,a' - (k_6 + k_7)\,a'' - k_8\,a''b - k_9\,a''c$$

$$\dot{b} = -\dot{x}_8 + \dot{x}_{10} = -k_8\,a''b + k_{10}\,t$$

$$\dot{t} = +\dot{x}_8 + \dot{x}_9 - \dot{x}_{10} - \dot{x}_{11} = -k_8\,a''b + k_9\,a''c - (k_{10} + k_{11})\,t$$

$$\dot{c} = -\dot{x}_9 + \dot{x}_{11} = -k_9\,a''c + k_{11}\,t$$

Die Konzentration (a_0) des Sensibilisators bleibt unverändert, da dieser chemisch nicht umgesetzt wird. Wenn man auf die Stoffe A*, A', A" und T die Bodenstein-Beziehung (3-24) anwendet, erhält man mit

$$\dot{a} = \dot{a}^* = \dot{a}' = \dot{a}'' = \dot{t} = 0$$

aus dem obigen Gleichungssystem die Beziehungen

$$a^* = I_A/k_2, \quad a' = I_A/(k_3 + k_4 + k_5),$$

$$a'' = k_5\,I_A \Big/ \Big[(k_3 + k_4 + k_5)(k_6 + k_7 + k_8\,b + k_9\,c)\Big]$$

und (t ist hier nicht mit der Zeit zu verwechseln)

$$t = (k_8 b + k_9 c) a''/(k_{10} + k_{11}) \ .$$

Wegen der stöchiometrischen Randbedingung (zur Zeit $t = 0$ soll nur B existieren)

$$b_0 = b + c \tag{12-6}$$

ist $b = b_0 - c$. Damit erhält man für $\dot{c}$ aus

$$\dot{c} = -k_9 a'' c + k_{11} t$$

unter Berücksichtigung der obigen Beziehungen für a'' und t nach Umstellungen

$$\dot{c} = \frac{k_5 I_A (k_8 k_{11} b_0 - k_9 k_{10} c - k_8 k_{11} c)}{(k_{10} + k_{11})(k_3 + k_4 + k_5)\left[k_6 + k_7 + k_8 b_0 + (k_9 - k_8) c\right]} \ . \tag{12-7}$$

Da für $t \to \infty$ die Beziehungen $\dot{c} = 0$ und $c = c_\infty$ gelten, folgt hieraus für c_∞ :

$$c_\infty = \frac{k_8 k_{11} b_0}{k_9 k_{10} + k_8 k_{11}} \tag{12-8}$$

Für Gl. (12-7) kann damit auch geschrieben werden:

$$\dot{c} = \frac{I_A \alpha (c_\infty - c)}{\beta + \gamma c} \tag{12-9}$$

mit

$$\alpha = \frac{k_5 (k_9 k_{10} + k_8 k_{11})}{(k_{10} + k_{11})(k_3 + k_4 + k_5)} , \quad \beta = k_6 + k_7 + k_8 b_0 \quad \text{und} \quad \gamma = (k_9 - k_8) \ .$$

Wie man sieht, ist $\dot{c}$ proportional zu I_A und von c kompliziert abhängig. Um hieraus die einfache Beziehung $\dot{c} = \varphi_0{}^B I_A$ zu erhalten, wird die Größe $\dot{c}$ zur Zeit $t = 0$ betrachtet. Nach Gl. (12-9) gilt (mit $c = 0$):

$$\dot{c}\big|_{t=0} = \frac{c_\infty \alpha}{\beta} \cdot I_A \tag{12-10}$$

Da c_∞,α und β Konstanten sind, kann die **„wahre differentielle Quantenausbeute"** $\varphi_0{}^B$ [Kölle 1978] eingeführt werden, die wie folgt definiert ist (Index B, da die Reaktion von B aus startet):

$$\varphi_0{}^B := \frac{c_\infty \alpha}{\beta} \tag{12-11}$$

Da β nach Gl. (12-9) von der Einwaagekonzentration b_0 abhängig ist, ist auch $\varphi_0{}^B$ eine Funktion von b_0.

Für die spektroskopisch-kinetische Analyse wird von Gl. (6-16) ausgegangen ($s = 1$):

$$\Delta E_\lambda = E_\lambda - E_{\lambda 0} = Q_\lambda X = \ell (\varepsilon_{\lambda C} - \varepsilon_{\lambda B}) X \tag{12-12}$$

mit

$$E_{\lambda 0} = \ell\,(\varepsilon_{\lambda A}\, a_0 + \varepsilon_{\lambda B}\, b_0)$$

(zur Zeit $t = 0$ existieren nur die Stoffe A und B).

Zur Zeit $t \rightarrow \infty$ sind $c = c_\infty = X_\infty$ (s. Gl. (6-13b) mit $c \mathrel{\hat{=}} b$ und $X \mathrel{\hat{=}} X_1$) und $E_\lambda = E_{\lambda\infty}$. Es gilt demnach:

$$E_{\lambda\infty} = E_{\lambda 0} + Q_\lambda\, X_\infty = E_{\lambda 0} + Q_\lambda\, c_\infty \tag{12-13a}$$

Analog ist (mit $c = X$):

$$E_\lambda = E_{\lambda 0} + Q_\lambda\, c \tag{12-13b}$$

Aus den letzten beiden Gleichungen folgt

$$c_\infty - c = \frac{E_{\lambda\infty} - E_\lambda}{Q_\lambda} \tag{12-14a}$$

und aus Gl. (12-13b)

$$c = \frac{E_\lambda - E_{\lambda 0}}{Q_\lambda}\ . \tag{12-14b}$$

Setzt man die Glgn. (12-14a) und (12-14b) sowie

$$\dot{E}_\lambda = Q_\lambda\, \dot{c} \tag{12-15}$$

in Gl. (12-9) ein, erhält man nach Umstellung

$$\dot{E}_\lambda = \frac{I_A \alpha\, Q_\lambda\, (E_{\lambda\infty} - E_\lambda)}{\beta\, Q_\lambda + \gamma\, (E_\lambda - E_{\lambda 0})}\ . \tag{12-16}$$

Dies ist die Haupt-Extinktions-Differentialgleichung zur Auswertung der behandelten sensibilisierten Photoisomerisierungsreaktion. Dabei gilt nach Gl. (4-74) für I_A allgemein die Beziehung

$$I_A = 1000\ I_0\, \varepsilon'_A\, a_0 \left(\frac{1-10^{-E'}}{E'}\right)\ .$$

Da bei der Bestrahlungswellenlänge λ' nur der Sensibilisator absorbieren soll, ist $E' = \ell\,\varepsilon'_A\, a_0 =$ const. Demnach darf für I_A vereinfacht geschrieben werden:

$$I_A = 1000\ I_0\, \varepsilon'_A\, a_0 \left(\frac{1-10^{-E'}}{\ell \cdot \varepsilon'_{\lambda A} a_0}\right) = 1000\ \mathrm{I}_0 \left(\frac{1-10^{-\mathrm{E}'}}{\ell}\right) \tag{12-17}$$

Für die weitere Ableitung ist es zweckmäßig, die Gl. (12-16) umzuformulieren in [Kölle 1978]:

$$\boxed{\dot{E}_\lambda = \frac{z_{\lambda 1} + z_{\lambda 2}\, E_\lambda}{1 + z_{\lambda 3}\, E_\lambda}} \tag{12-18}$$

mit

$$z_{\lambda 1} = \frac{I_A \alpha\, Q_\lambda\, E_{\lambda\infty}}{\beta\, Q_\lambda - \gamma\, E_{\lambda 0}},\quad z_{\lambda 2} = -\frac{I_A \alpha\, Q_\lambda}{\beta\, Q_\lambda - \gamma\, E_{\lambda 0}}\quad \text{und}\quad z_{\lambda 3} = \frac{\gamma}{\beta\, Q_\lambda - \gamma\, E_{\lambda 0}}\ .$$

Zwischen den Koeffizienten $z_{\lambda i}$ bestehen die folgenden Beziehungen:

$$\frac{z_{\lambda 1}}{z_{\lambda 2}} = -E_{\lambda\infty} , \tag{12-19a}$$

$$\frac{z_{\lambda 2}}{z_{\lambda 3}} = -\frac{\alpha\, Q_\lambda}{\gamma} \cdot I_A , \tag{12-19b}$$

$$\frac{1}{z_{\lambda 3}} = \frac{\beta\, Q_\lambda}{\gamma} - E_{\lambda 0} \tag{12-19c}$$

und

$$\frac{1}{z_{\lambda 2}} = -\frac{\beta}{I_A \alpha} + \frac{\gamma}{I_A Q_\lambda \alpha} E_{\lambda 0} . \tag{12-19d}$$

Mit Hilfe dieser Gleichungen ist es möglich, den angenommenen Mechanismus der Photosensibilisierung zu überprüfen, wenn die Koeffizienten $z_{\lambda i}$ bekannt sind. Um diese zu bestimmen, wird wieder die formale Integration angewendet. Dazu wird zunächst Gl. (12-18) umgeformt:

$$\mathrm{d}E_\lambda = z_{\lambda 1}\,\mathrm{d}t + z_{\lambda 2}\,E_\lambda\,\mathrm{d}t - z_{\lambda 3}\,E_\lambda\,\mathrm{d}E_\lambda \tag{12-20}$$

Hieraus folgt durch Integration zwischen den Grenzen $t = 0$ und t bzw. $E_\lambda = E_{\lambda 0}$ und E_λ:

$$\Delta E_\lambda = E_\lambda - E_{\lambda 0} = z_{\lambda 1} t + z_{\lambda 2} \int_0^t E_\lambda\,\mathrm{d}t - z_{\lambda 3} \int_{E_{\lambda 0}}^{E_\lambda} E_\lambda\,\mathrm{d}E_\lambda \tag{12-21}$$

Meßbeispiel

In der Abb. 12-1 sind die Reaktionsspektren der durch Fluorenon sensibilisierten Isomerisierung von trans-Stilben in sauerstofffreiem Acetonitril dargestellt [Kölle 1978]. Die entsprechenden Extinktions-Zeit-Kurven sind in der Abb. 12-2 zu sehen. Die eingezeichneten Kreise sind die Meßpunkte. Die durchgezogenen Kurven geben die nach Gl. (12-18) mit Hilfe des Runge-Kutta-Verfahrens (s. Kap. 8.3) berechneten Extinktions-Zeit-Kurven an, wobei die Koeffizienten $z_{\lambda i}$ zuvor durch formale Integration (nach Gl. (12-21)) ermittelt wurden. Wie man sieht, streuen die Meßpunkte nur wenig um die berechneten Kurven, so daß eine systematische Abweichung nicht beobachtet werden kann. – Die konstruierten E-Diagramme zeigen ausschließlich Geraden (vgl. Abb. 12-6). Dieser Befund steht im Einklang mit dem Mechanismus B $\underset{h\nu,\mathrm{A}}{\overset{h\nu,\mathrm{A}}{\rightleftarrows}}$ C.

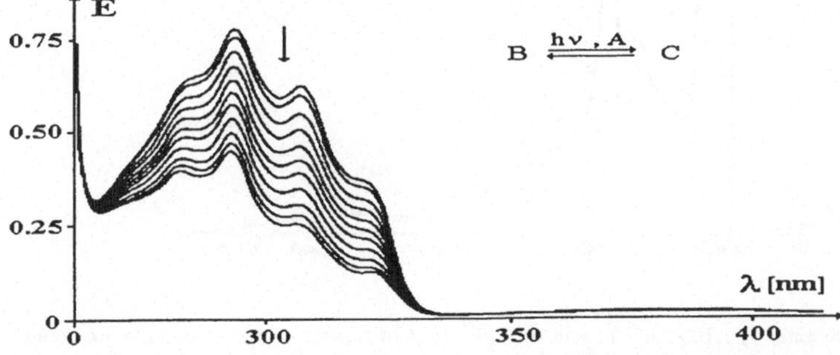

Abb. 12-1 Reaktionsspektrum der durch Fluorenon sensibilisierten Photoisomerisierungsreaktion von trans-Stilben ($b_0 = 2{,}7 \cdot 10^{-5}$ M) in sauerstofffreiem Acetonitril. Bestrahlungswellenlänge $\lambda' = 405$ nm; $I_0 = 2 \cdot 10^{-9}$ Einstein/(cm^2 · s). Bestrahlungsdauer: 100 min; Sensibilisatorkonzentration $a_0 = 6{,}6 \cdot 10^{-5}$ M [Kölle 1978].

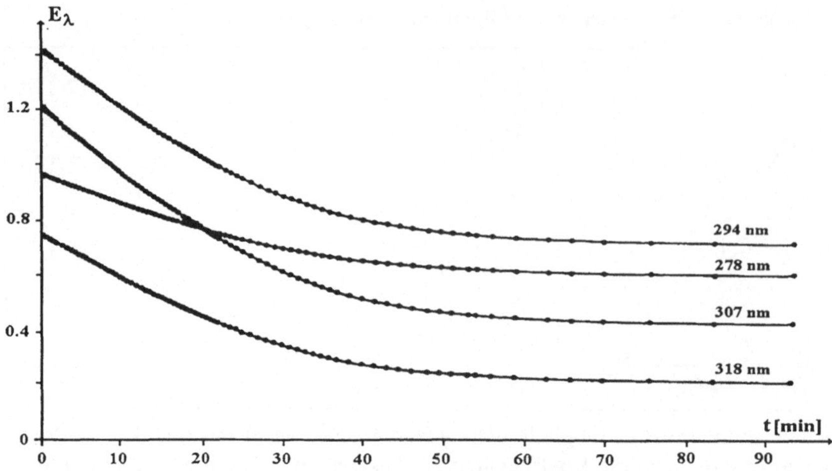

Abb. 12-2 Extinktions-Zeit-Kurven der durch Fluorenon sensibilisierten Isomerisierung von trans-Stilben. • = Meßpunkte; durchgezogene Kurven: Simulation nach Gl. (12-18) (die Koeffizienten $z_{\lambda i}$ wurden zuvor nach Gl. (12-21) bestimmt) [Kölle 1978].

Die Absorptionsspektren von Fluorenon sind in der Abb. 12-3 für zwei verschiedene Konzentrationen dargestellt. Wie man sieht, zeigt nur die Fluorenon-Lösung mit der Konzentration 1,43 $\cdot 10^{-4}$ M bei 405 nm eine schwache Absorption. Diese Absorption reicht aus, um die Isomerisierungsreaktion von Stilben zu katalysieren. – Die durch formale Integration erhaltenen Koeffizienten $z_{\lambda i}$ sind in der Tabelle 12-1 angegeben sowie die hieraus berechneten $E_{\lambda\,\infty}$-Werte, die mit den experimentell bestimmten übereinstimmen müssen.

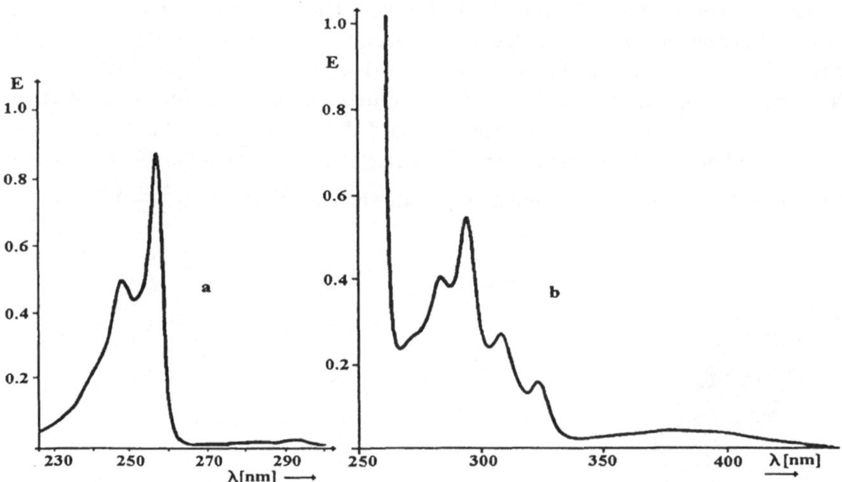

Abb. 12-3 Absorptionsspektren einer a) 1,10 · 10^{-5} M und b) 1,43 · 10^{-4} M Lösung von Fluorenon in Acetonitril [Kölle 1978].

Tabelle 12-1 Bestimmung der Konstanten $z_{\lambda i}$ durch formale Integration nach Gl. (12-21) und Bestimmung von $E_{\lambda\infty}$ nach Gl. (12-19a) [Kölle 1978].

λ [nm]	$-z_{\lambda 1} \cdot 10^3 \left[s^{-1}\right]$	$-z_{\lambda 2} \cdot 10^3 \left[s^{-1}\right]$	$z_{\lambda 3}$	$E_{\lambda\infty}$ berechnet $-z_{\lambda 1}/z_{\lambda 2}$	$E_{\lambda\infty}$ experim.
318	1,44 ± 13,7 %	6,33 ± 14,0 %	17,38 ± 12,0 %	0,228	0,222
307	1,52 ± 3,4 %	3,43 ± 3,5 %	6,16 ± 3,0 %	0,443	0,440
294	0,81 ± 1,3 %	1,09 ± 1,3 %	2,13 ± 0,8 %	0,743	0,742
278	0,35 ± 1,3 %	0,56 ± 1,4 %	2,09 ± 0,6 %	0,625	0,621

Zur weiteren Absicherung von Experiment und Hypothese können beispielsweise die Glgn. (12-19d) und (12-19b) herangezogen werden. Ihre Graphen sind in den Abb. 12-4 und 12-5 dargestellt. Sie stehen nicht im Widerspruch zum angenommenen Reaktionsmechanismus.

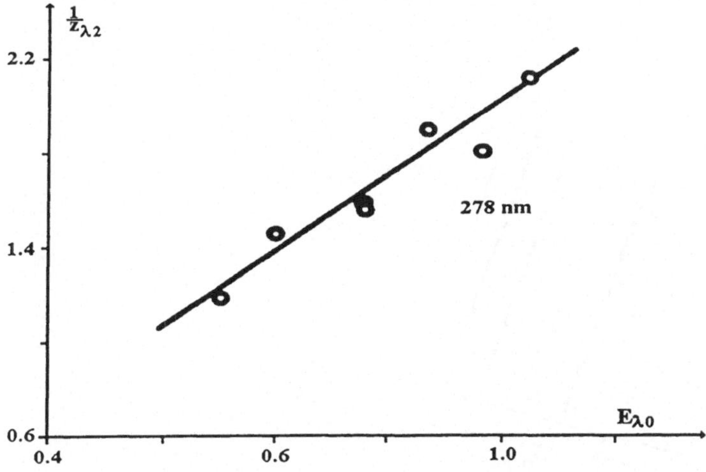

Abb. 12-4 Diagramm $1/z_{\lambda 2}$ vs. $E_{\lambda 0}$ der Gl. (12-19d) [Kölle1978].

In der Abb. 12-6 ist das E-Diagramm E_{294} vs. E_{224} gezeigt. Der Punkt A gibt die Extinktionswerte des „reinen" Sensibilisators A an. Auf der Geraden $\overline{AB}$ liegen die Anfangswerte der Extinktionen zur Zeit $t = 0$ bei variierter Einwaagekonzentration b_0 (a_0 = const.). Die während der Reaktionen gemessenen Extinktionen liegen auf parallelen Geraden (nicht ausgefüllte Kreise), die von der Geraden $\overline{AD}$ begrenzt werden. Auf der Geraden $\overline{AD}$ liegen die Endpunkte des „**photostationären Gleichgewichtes**", d.h. die Extinktionen zur Zeit $t \to \infty$. Wenn die Reaktion B $\rightleftarrows$ C nicht von B, sondern von C (cis-Stilben) aus gestartet wird, liegt der Anfangswert der Extinktion auf der Geraden $\overline{AC}$. Die während der Reaktion erhaltenen Werte liegen zwischen den Geraden $\overline{AC}$ und $\overline{AD}$; auch hier liegen wieder auf der Geraden $\overline{AD}$ die Endwerte der Extinktionen. Wird die Einwaagekonzentration von C (c_0) variiert, werden wieder parallele Geraden erhalten.

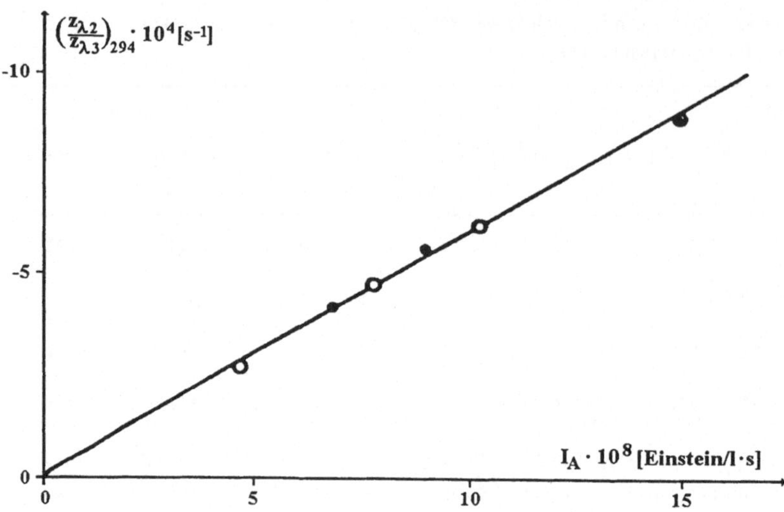

Abb. 12-5 Diagramm $z_{\lambda 2}/z_{\lambda 3}$ vs. I_A der Gl. (12-19b) [Kölle 1978].

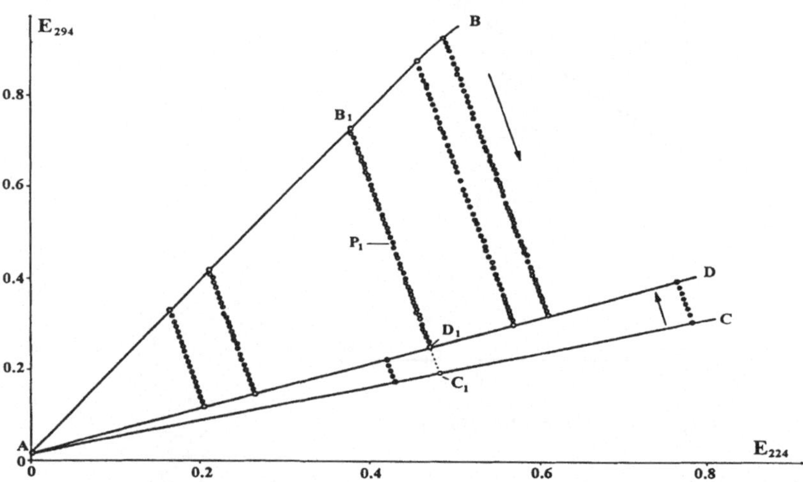

Abb. 12-6 E-Diagramm E_{294} vs. E_{224} der durch Fluorenon sensibilisierten Isomerisierungsreaktion von Stilben für verschiedene Einwaagekonzentrationen von trans- und cis-Stilben [Kölle 1978].

Mit Hilfe des E-Diagrammes können sämtliche Konzentrationen auf geometrischen Weg bestimmt werden. Wenn in der Abb. 12-6 im Punkt B_1 die Einwaagekonzentration b_0 vorliegt, gelten für die Konzentrationen des Meßpunktes P_1 die folgenden Beziehungen:

$$b = \frac{\overline{C_1P_1}}{\overline{B_1C_1}} \cdot b_0 \qquad (12\text{-}22a)$$

und

$$c = \frac{\overline{B_1P_1}}{\overline{B_1C_1}} \cdot b_0 \ . \tag{12-22b}$$

Die Konzentrationen im photostationären Zustand können wie folgt berechnet werden:

$$b_\infty = \frac{\overline{C_1D_1}}{\overline{B_1C_1}} \cdot b_0 \tag{12-23a}$$

und

$$c_\infty = \frac{\overline{B_1D_1}}{\overline{B_1C_1}} \cdot b_0 \ . \tag{12-23b}$$

Zur Bestimmung der „wahren differentiellen Quantenausbeute" ${\varphi_0}^B$ nach Gl. (12-11) müssen c_∞und α/β bekannt sein. c_∞ kann nach Gl. (12-23b) berechnet werden und α/β über den Ordinatenabschnitt nach Gl. (12-19d) (s. Abb. 12-4), sofern I_A, ε'_A und a_0 bekannt sind. Führt man die Größen c_∞, α und β von den Glgn. (12-8) und (12-9) in Gl. (12-11) ein, erhält man ausführlich für ${\varphi_0}^B$:

$${\varphi_0}^B = \frac{k_5\, k_8\, k_{11}\, b_0}{(k_{10} + k_{11})(k_3 + k_4 + k_5)(k_6 + k_7 + k_8\, b_0)} \tag{12-24}$$

Hieraus folgt für große b_0-Werte:

$$\Phi^B := \lim_{b_0 \to \infty} {\varphi_0}^B = \frac{k_5\, k_{11}}{(k_{10} + k_{11})(k_3 + k_4 + k_5)} \tag{12-25}$$

Bestimmt man ${\varphi_0}^B$ für verschieden große b_0-Werte, erhält man für die durch Fluorenon sensibilisierte Isomerisierungsreaktion von trans-Stilben als Endergebnis [Kölle 1978]:

$$\Phi^B = 0{,}22$$

In ähnlicher Weise kann für cis-Stilben der analoge Wert Φ^C mit

$$\Phi^C = 0{,}18$$

gefunden werden [Kölle 1978].

Wenn bei den cis-trans-Isomerisierungsreaktionen von Stilben anstelle von Fluorenon der Sensibilisator Diacetyl eingesetzt wird, erhält man die Werte [Kölle 1978]

$$\Phi^B = 0{,}57 \qquad \text{und} \qquad \Phi^C = 0{,}37.$$

13 Chemische Aktinometer

13.1 Aktinometer im UV-VIS-Bereich

Für die Bestimmung der Quantenausbeute bei photochemischen Reaktionen muß die Intensität I_0 des einfallenden Lichtes bekannt sein, die wie folgt definiert ist:

$$I_0 = \frac{\text{mol emittierte Lichtquanten}}{\text{Fläche} * \text{Zeit}} \quad \left[\frac{\text{mol Photonen (= Einstein)}}{\text{cm}^2 * \text{s}}\right] \tag{4-65}$$

Die Intensität I_0 kann physikalisch mit Hilfe von Bolometern, Thermistoren, Thermoelementen oder Thermosäulen gemessen werden. Wenn jedoch die Quantenausbeute einer einfachen Reaktion bereits bekannt ist, kann diese Reaktion auch zur Bestimmung von I_0 herangezogen werden. Man spricht dann von **chemischer Aktinometrie**. Die dazu geeigneten Verbindungen werden als chemische Aktinometer bezeichnet. Die chemische Aktinometrie hat gegenüber den physikalischen Methoden die folgenden Vorteile:

- Der absolute Lichtstrom wird unabhängig von Labor und Meßgerät gemessen,
- Lichtschwankungen und Inhomogenitäten von I_0 am Eintrittsfenster werden herausgemittelt,
- Messungen können in einem großen Intensitätsbereich durchgeführt werden und
- Messungen sind nicht nur im VIS-Bereich, sondern auch im UV- Bereich möglich.

Chemische Aktinometer sollten möglichst die folgenden Eigenschaften aufweisen:

- Die Photoreaktion soll einfach sein,
- der Stoffumsatz soll analytisch einfach bestimmbar sein,
- die Sauerstoffempfindlichkeit soll gering sein,
- der untersuchbare Intensitätsbereich soll groß sein und
- die Quantenausbeute soll in einem möglichst großen Wellenlängenbereich konstant sein.

Eines der bekanntesten chemischen Aktinometer ist das von Hatchard und Parker, bei dem Eisen(III)-oxalat photochemisch zu Eisen(II)-oxalat reduziert wird [Hatchard et al. 1956]:

$$\left[Fe^{III}(C_2O_4)_3\right]^{3-} + h\nu \longrightarrow \left[Fe^{II}(C_2O_4)_2\right]^{2-} + C_2O_4^{-}$$

$$C_2O_4^{-} + \left[Fe^{III}(C_2O_4)_3\right]^{3-} \longrightarrow C_2O_4^{2-} + \left[Fe^{III}(C_2O_4)_3\right]^{2-}$$

$$\left[Fe^{III}(C_2O_4)_3\right]^{2-} \longrightarrow \left[Fe^{II}(C_2O_4)_2\right]^{2-} + 2\,CO_2 \tag{13-1}$$

Das durch Photoreaktion entstehende $C_2O_4^{-}$-Radikal reduziert ein weiteres Eisen(III)-oxalat-Ion. Pro Lichtquant entstehen also 2 Moleküle Eisen(II)-oxalat. Die Quantenausbeute kann hier demnach maximal 2 betragen. Die Menge an photochemisch erzeugten Eisen(II)-Ionen kann durch Zugabe von 1-Phenanthrolin, das zur Bildung des roten Eisen(II)-Phenanthrolin-

Komplexes führt, einfach bestimmt werden. Die Quantenausbeuten sind nachfolgend aufgelistet. Die verwendeten Eisen(III)-oxalat-Konzentrationen betragen üblicherweise 6 mM (dagegen werden für die Wellenlängen 468 und 577nm 0,15M Lösungen verwendet).

Tabelle 13-1 Quantenausbeute der Photoreduktion von Eisen(III)-oxalat [Hatchard et al. 1956]

λ' [nm]	φ^A
253,7	1,25
297	1,24
302	1,24
313	1,24
366	1,22
468	0,93
577	0,013

Für die Bestimmung der Intensität I_0 des Photolichtes kann auch mit Erfolg die trans-cis-Photoisomerisierung von Azobenzol nach Gauglitz und Hubig herangezogen werden [Gauglitz et al. 1981; Gauglitz 1978a]:

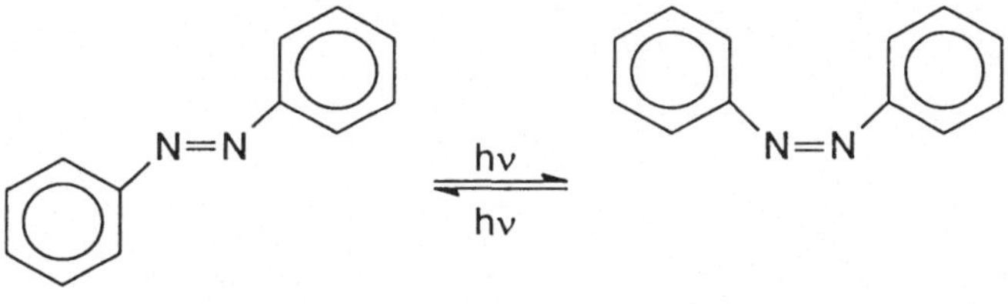

N=N hν ⇌ hν N=N

trans-Azobenzol cis-Azobenzol

$$\mathrm{A} \underset{h\nu}{\overset{h\nu}{\rightleftharpoons}} \mathrm{B} \tag{13-2}$$

Auch wenn hier eine Photogleichgewichtsreaktion abläuft, ist eine Bestimmung von I_0 einfach möglich. Das Aktinometer kann im Wellenlängenbereich 254-436 nm eingesetzt werden (s. Kap. 13.2 und 13.3). Dabei wird die Reaktion entweder von der trans- Form oder aber – nach Vorbestrahlung der stabileren trans-Azobenzollösung – von der cis-Form aus gestartet.

13.2 Auswertung der Meßdaten

13.2.1 Reaktion $\mathrm{A} \xrightarrow{h\nu} \mathrm{B}$

Für die aktinometrische Auswertung der Reaktion

$$\mathrm{A} \xrightarrow{h\nu} B \tag{13-3}$$

wird von der folgenden Beziehung ausgegangen:

$$\frac{\mathrm{d}X}{\mathrm{d}\Theta} = I_0 \varepsilon'_A \varphi^A a = -\frac{\mathrm{d}a}{\mathrm{d}\Theta} \tag{5-13}$$

mit

$$\mathrm{d}\Theta = 1000\left(\frac{1-10^{-E'}}{E'}\right)\mathrm{d}t \quad . \tag{4-76}$$

Hieraus folgt:

$$\mathrm{d}a \ = \ -\ 1000\ I_0 \varepsilon'_A \varphi^{\ A} \cdot a \left(\frac{1-10^{-E'}}{E'}\right)\mathrm{d}t \tag{13-4}$$

In der Praxis werden für die Auswertung nach dieser Beziehung zwei Grenzfälle betrachtet:

a) $E' >> 1$ und $\varepsilon'_B = 0$ (d.h. die Lösung absorbiert vollständig und B absorbiert bei der Bestrahlungswellenlänge nicht)

sowie

b) $E' << 0{,}1$ (d.h. die Lösung ist stark verdünnt).

Im **Fall a)** ist $10^{-E'} \approx 0$ und Gl. (13-4) vereinfacht sich zu:

$$\mathrm{d}a = -1000\ I_0 \varepsilon'_A \varphi^{\ A}\ a \cdot \frac{1}{E'}\mathrm{d}t \ = \ -1000\ I_0 \varepsilon'_A \varphi^{\ A}\ a \cdot \frac{1}{\ell \varepsilon'_A a}\mathrm{d}t$$

oder

$$\mathrm{d}a = -1000 \frac{I_0\, \varphi^{\ A}}{\ell} \cdot \mathrm{d}t \ .$$

Durch Integration erhält man hieraus:

$$\int_{a_0}^{a} \mathrm{d}a = -1000 \frac{I_0\, \varphi^{\ A}}{\ell} \int_0^t \mathrm{d}t$$

oder

$$\Delta a = a - a_0 = -1000 \frac{I_0\, \varphi^{\ A}}{\ell} \cdot t \ .$$

Für I_0 gilt demnach:

$$I_0 = -\frac{\Delta a}{1000 \varphi^{\ A} \cdot t} \cdot \ell \tag{13-5}$$

Diese Beziehung gilt nur, wenn die Vorderfläche F der Lösung voll ausgeleuchtet ist. Wenn die Fläche F' des Lichtfleckes kleiner als F ist ($F' < F$), gilt für Gl. (13-5):

$$I_0 = -\frac{\Delta a}{1000 \varphi^{\ A} \cdot t} \cdot \frac{F \cdot \ell}{F'} \tag{13-6}$$

Das Volumen V der Lösung in Liter-Einheiten beträgt:

$$V = \frac{F \cdot \ell}{1000}$$

Da $V \cdot \Delta a$ die Molmenge ΔN_A des Stoffes A angibt, die in der Zeit t umgesetzt wird, gilt für Gl.(13-6):

$$I_0 = -\frac{\Delta a \cdot V}{\varphi^A t \cdot F'} = \frac{-\Delta N_A}{\varphi^A t \cdot F'} \tag{13-7}$$

Mit dieser Beziehung werden aktinometrische Meßdaten bevorzugt ausgewertet.

Im **Fall b)** kann für $E' << 0{,}1$ näherungsweise gesetzt werden:

$$\left(\frac{1-10^{-E'}}{E'}\right) \approx 2{,}30$$

Damit vereinfacht sich Gl. (13-4) zu:

$$\mathrm{d}a = -1000\, I_0 \varepsilon'_A \varphi^A\, 2{,}30 \cdot a \cdot dt \tag{13-8}$$

Durch Integration erhält man hieraus:

$$\int_{a_0}^{a} \frac{\mathrm{d}a}{a} = -1000 \cdot 2{,}30 \cdot I_0 \varepsilon'_A \varphi^A \int_0^t \mathrm{d}t$$

oder

$$\ln \frac{a}{a_0} = -1000 \cdot 2{,}30 \cdot I_0 \varepsilon'_A \varphi^A \cdot t \;. \tag{13-9}$$

Führt man den dekadischen Logarithmus ein, folgt hieraus:

$$\lg \frac{a}{a_0} = -1000 \cdot I_0 \varepsilon'_A \varphi^A \cdot t \tag{13-10}$$

Demnach gilt für I_0:

$$I_0 = \frac{-\lg\left(\dfrac{a}{a_0}\right)}{1000\, \varepsilon'_A \varphi^A \cdot t} \tag{13-11}$$

13.2.2 Reaktion A $\underset{h\nu}{\overset{h\nu}{\rightleftarrows}}$ B

Wenn die Azobenzolreaktion (13-2) für die aktinometrische Bestimmung von I_0 herangezogen wird, ist die Reaktion

$$\mathrm{A} \underset{h\nu}{\overset{h\nu}{\rightleftarrows}} \mathrm{B} \tag{13-12}$$

auszuwerten. Für die spektroskopisch-kinetische Analyse wird von Gl. (7-49) ausgegangen:

$$\dot{E}_\lambda = \frac{\mathrm{d}\, E_l}{\mathrm{d}\Theta} = (k_1 + k_2)\,(E_{\lambda\infty} - E_\lambda)$$

Nach den Glgn. (5-15a) und (5-15b) gilt für k_1 und k_2:

$$k_1 = I_0 \varepsilon'_A \varphi_1^A \qquad \text{und} \qquad k_2 = I_0 \varepsilon'_B \varphi_2^B \ .$$

Mit der Definition ($Q_{\lambda'}$ ist hier nicht mit $Q_{\lambda i}$ zu verwechseln)

$$Q_{\lambda'} = \left(\varepsilon'_A \varphi_1^A + \varepsilon'_B \varphi_2^B\right) \tag{13-13}$$

folgt für $\dot{E}_\lambda$

$$\dot{E}_\lambda = I_0 Q_{\lambda'} E_{\lambda\infty} - I_0 Q_{\lambda'} E_\lambda \ . \tag{13-14}$$

Durch formale Integration mit den Grenzen $\Theta = 0$ und Θ erhält man hieraus:

$$\frac{\Delta E_\lambda}{\Theta} = \frac{E_\lambda - E_{\lambda 0}}{\Theta} = I_0 Q_{\lambda'} E_{\lambda\infty} - I_0 Q_{\lambda'} \frac{\int_0^\Theta E_\lambda \, d\Theta}{\Theta} \tag{13-15}$$

Im Diagramm $\Delta E_\lambda/\Theta$ vs. $(\int E_\lambda d\Theta) / \Theta$ resultieren also parallele Geraden, wenn die Auswertung für verschiedene Wellenlängen vorgenommen wird. Die Steigung gibt den Wert von $-I_0 Q_{\lambda'}$ an. Wenn $Q_{\lambda'}$ bekannt ist, kann aus der Steigung die Intensität I_0 der Bestrahlungslampe bei λ' bestimmt werden. Im Fall der cis-trans-Isomerisierungsreaktionen von Azobenzol (s. Gl. (13-2)) sind die für verschiedene Bestrahlungswellenlängen ermittelten $Q_{\lambda'}$-Werte in der Tabelle 13-2 aufgelistet.

Tabelle 13-2 Azobenzol-Aktinometer [Gauglitz, Hubig 1981]

λ' [nm]	$Q_{\lambda'} = \left(\varphi_1^A \varepsilon_A' + \varphi_2^B \varepsilon_B'\right) \left[\mathrm{cm}^2/\mathrm{mol}\right]$	
254	$(2{,}6 \pm 0.05) \cdot 10^3$	
280	$(2{,}7 \pm 0.2) \cdot 10^3$	
313	$(3{,}7 \pm 0.04) \cdot 10^3$	
334	$(2{,}8 \pm 0.05) \cdot 10^3$	
337,1	$(2{,}8 \pm 0.01) \cdot 10^3$	N_2-Laser
365 / 366	$(1{,}3 \pm 0.1) \cdot 10^2$	
405 / 408	$(5{,}3 \pm 0.1) \cdot 10^2$	
436	$(8{,}2 \pm 0.1) \cdot 10^2$	

13.3 Der chemische Azobenzol-UV-Aktinometer

Der von G. Gauglitz eingeführte Azobenzol-Aktinometer ist für die Bestimmung der Intensität von Lichtquellen im Bereich 250-350 nm ohne Schwierigkeit einsetzbar [Gauglitz et al. 1981]. Die Photoreaktionen gehorchen dem Mechanismus

$$A \underset{h\nu}{\overset{h\nu}{\rightleftarrows}} B \ .$$

Damit können für die Auswertung Gl. (13-14) und Tabelle 13-2 herangezogen werden (s. Kap. 3.2.2). Zur Bestimmung des Produktes ($I_0 Q_{\lambda'}$) können die Methode der formalen

Integration, Differenzen- und Rekursionsgleichungen sowie die nicht-lineare Regressionsanalyse eingesetzt werden. Im nachfolgenden wird die Auswertung der Azobenzolreaktion nach den folgenden Beziehungen demonstriert:

$$\frac{\Delta E_\lambda}{\Theta} = z_{\lambda 0} + z_{\lambda 1} \cdot \frac{\int_0^\Theta E_\lambda \, d\Theta}{\Theta} \quad , \qquad (13\text{-}15)$$

$$E_\lambda(\Theta + \Delta) = E_{\lambda\infty} \cdot \left[1 - e^{(z_{\lambda 1}\Delta)}\right] + e^{(z_{\lambda 1}\Delta)} E_\lambda(\Theta) \qquad (7\text{-}30)$$

und

$$E_\lambda(\Theta) = E_{\lambda\infty} + (E_{\lambda 0} - E_{\lambda\infty}) e^{(z_{\lambda 1}\Theta)} \qquad (7\text{-}20a)$$

mit

$$z_{\lambda 0} = I_0 Q_{\lambda'} E_{\lambda\infty} \quad , \quad z_{\lambda 1} = -I_0 Q_{\lambda'} \quad \text{und} \quad E_{\lambda\infty} = -z_{\lambda 0} / z_{\lambda 1} \; .$$

In der Abb. 13-1 sind die Reaktionsspektren der trans-cis-Isomerisierungsreaktion von Azobenzol gezeigt [Polster, Mauser 1988]. Lösungsmittel ist Methanol. Drei scharfe isosbestische Punkte sind erkennbar. In der Abb. 13-2 sind die Extinktions-Zeit-Kurven für verschiedene Wellenlängen in Abhängigkeit von der Bestrahlungszeit dargestellt. Um diese Kurven nach den oben genannten Beziehungen auswerten zu können, müssen diese E_λ-t-Kurven in die E_λ-Θ-Kurven mit Hilfe der Beziehung [s. Gl.(4-77)]

$$\Theta = 1000 \int_0^t \left(\frac{1 - 10^{-E'}}{E'} \right) dt$$

transformiert werden. Das Ergebnis ist in der Abb. 13-3 dargestellt. Die Auswertung dieser E_λ-Θ-Kurven nach Gl. (13-22) führt zu den in der Tabelle 13-3 angegebenen Konstanten.

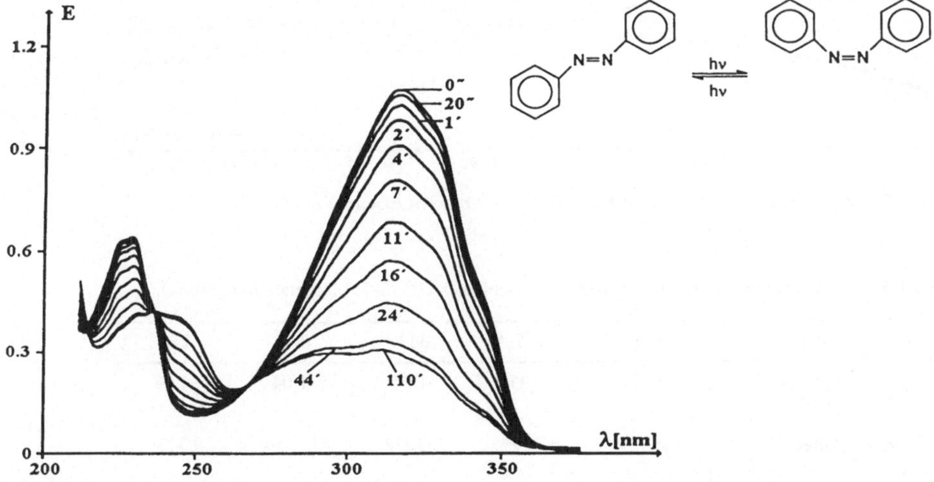

Abb. 13-1 Reaktionsspektren von trans-Azobenzol ($5 \cdot 10^{-5}$ M) in Methanol. Bestrahlungwellenlänge: $\lambda' = 313$ nm.

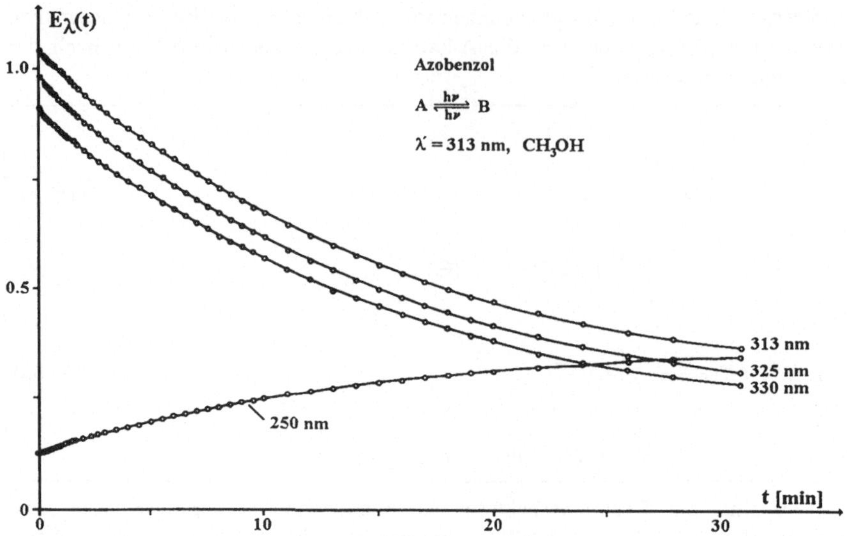

Abb. 13-2 Extinktion-Zeit-Kurven E_λ vs. t der Azobenzol-Reaktion für 4 verschiedene Wellenlängen.

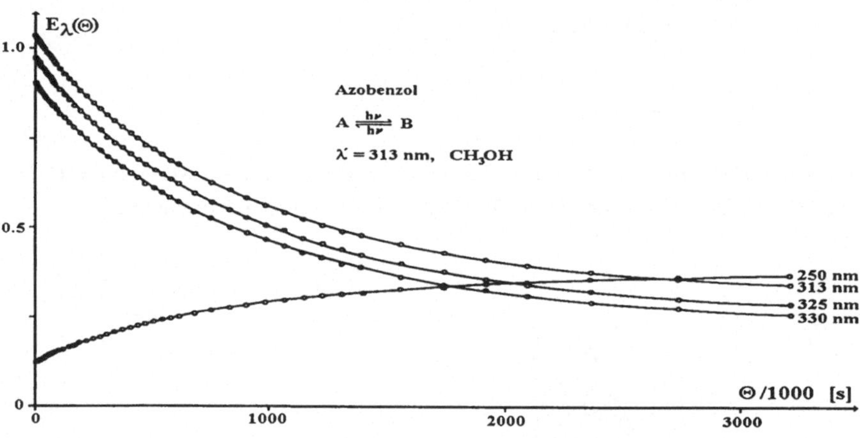

Abb. 13-3 Transformierte Extinktions-Zeit-Kurven (E_λ vs. Θ) der Azobenzol-Reaktion.

Tabelle 13-3 Auswertung der E_λ-Θ-Kurven von Azobenzol nach Gl.(13-15) (formale Integration).

λ [nm]	330	325	313	300	250
$z_{\lambda 1} \cdot 10^6 \left(s^{-1}\right)$	-1,05	-1,05	-1,05	-1,04	-1,08
$E_{\lambda\infty}$ (berech.)	0,2273	0,2544	0,3077	0,3054	0,3724
$E_{\lambda\infty}$ (exper.)	0,227	0,255	0,308	0,305	0,372

Für die Intensität I_0 der Photolampe bei der Bestrahlungswellenlänge (λ' = 313 nm) folgt mit $\mathcal{Q}_{\lambda'} = 3{,}7 \cdot 10^3$ cm²/mol (s. Tab.(13-2)):

$$I_0 = -\frac{z_{\lambda 1}}{\mathcal{Q}_{\lambda'}} = \frac{1{,}05 \cdot 10^{-6}}{3{,}7 \cdot 10^3} \frac{\text{mol}}{\text{s} \cdot \text{cm}^2} = 2{,}84 \cdot 10^{-10} \frac{\text{Einstein}}{\text{s} \cdot \text{cm}^2}$$

Die graphische Auswertung der Azobenzolreaktion nach Gl. (7-30) ist in der Abb. 13-4 gezeigt (sog. Swinbourne-Plot). Die aus diesem Diagramm erhaltenen Konstanten sind in der Tabelle 13-4 für verschiedene Δ-Werte angegeben.

Tabelle 13-4 Auswertung der Azobenzolreaktion nach Kézdy et al. und Swinbourne (s.Gl.(7-30b)).

λ [nm]	330	325	313	300	250
$\Delta = 1{,}2 \cdot 10^6\ s$					
$z_{\lambda 1} \cdot 10^6 \left[\text{s}^{-1}\right]$	-1,04	-1,02	-1,04	-1,04	-1,05
$E_{\lambda\infty}$ (berech.)	0,2315	0,2571	0,3137	0,3094	0,3716
$E_{\lambda\infty}$ (exper.)	0,227	0,255	0,308	0,305	0,372
$\Delta = 1{,}1 \cdot 10^6\ s$					
$z_{\lambda 1} \cdot 10^6 \left[\text{s}^{-1}\right]$	-1,04	-1,03	-1,05	-1,04	-1,06
$E_{\lambda\infty}$ (berech.)	0,2315	0,2579	0,3149	0,3101	0,3711
$\Delta = 1{,}0 \cdot 10^6\ s$					
$z_{\lambda 1} \cdot 10^6 \left[\text{s}^{-1}\right]$	-1,04	-1,04	-1,06	-1,05	-1,07
$E_{\lambda\infty}$ (berech.)	0,2321	0,259	0,3160	0,3109	0,3706

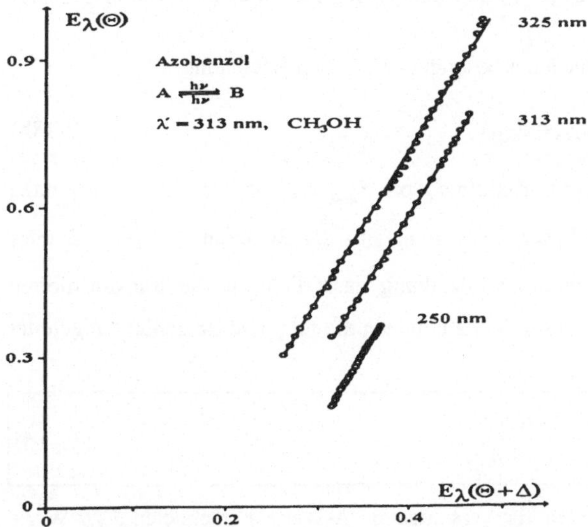

Abb. 13-4 Swinbourne-Plot (E_λ (Θ) vs. E_λ (Θ +Δ)) der Azobenzolreaktion (Δ = 1,1 · 10^6 s). Nicht alle ausgewerteten Wellenlängen sind gezeigt, da zwei Geraden sehr eng beieinander liegen.

Für I_0 folgt aus Tabelle 13-4 ($\lambda' = 313$ nm):

$$I_0 = \frac{1{,}04 \cdot 10^{-6}}{3{,}7 \cdot 10^3} \frac{\text{Einstein}}{\text{s} \cdot \text{cm}^2} = 2{,}81 \cdot 10^{-10} \frac{\text{Einstein}}{\text{s} \cdot \text{cm}^2}$$

Die Auswertung durch nicht-lineare Regressionsanalyse nach Gl.(7-20a) ist in der Tabelle 13-5 dargestellt.

Tabelle 13-5 Bestimmung von $z_{\lambda 1}$, $E_{\lambda 0}$ und $E_{\lambda\infty}$ durch nicht-lineare Regressionen (s. Gl.(7-20a)).

λ [nm]	330	325	313	300	250
$z_{\lambda 1} \cdot 10^6 \left(s^{-1}\right)$	-1,09	-1,10	-1,11	-1,10	-1,14
$E_{\lambda\infty}$ (berech.)	0,2368	0,2648	0,3193	0,3133	0,3688
$E_{\lambda\infty}$ (exper.)	0,227	0,255	0,308	0,305	0,372
$E_{\lambda 0}$ (berech.)	0,8951	0,9646	1,0269	0,8013	0,1285
$E_{\lambda 0}$ (exper.)	0,914	0,983	1,042	0,814	0,125

Aus Tabelle 13-5 folgt für I_0 ($\lambda' = 313$ nm):

$$I_0 = \frac{1{,}11 \cdot 10^{-6}}{3{,}7 \cdot 10^3} \frac{\text{Einstein}}{\text{s} \cdot \text{cm}^2} = 3{,}00 \cdot 10^{-10} \frac{\text{Einstein}}{\text{s} \cdot \text{cm}^2}$$

Der Vergleich aller 3 Methoden zeigt, daß die Methode der formalen Integration die besten Ergebnisse liefert. So stimmen hier die berechneten und die experimentellen $E_{\lambda\infty}$-Werte am besten überein. Die Methode der nicht-linearen Regressionsanalyse liefert die „schlechtesten" Ergebnisse. Dies dürfte damit zusammenhängen, daß in der Gl.(7-20a) drei Konstanten zu bestimmen sind, wohingegen bei den Glgn.(13-15) und (7-30) nur zwei Konstanten benötigt werden.

Wenn die Auswertung des Azobenzols nach der besonders einfachen Beziehung

$$\ln\left(E_{\lambda\infty} - E_\lambda(\Theta)\right) = -k_1\Theta + \ln(E_{\lambda\infty} - E_{\lambda 0}) \qquad (7\text{-}18b)$$

durchgeführt werden soll, ist die genaue Kenntnis von $E_{\lambda\infty}$ erforderlich. $E_{\lambda\infty}$ kann dazu entweder experimentell oder wie folgt bestimmt werden. Für die Reaktion $A \xrightarrow{h\nu} B$ oder $A \underset{h\nu}{\overset{h\nu}{\rightleftarrows}} B$ gilt Gl.(7-20a). Stellt man diese Gleichung zusätzlich für die transformierten Zeiten $\Theta+\Delta$ und $\Theta+2\Delta$ auf, so kann aus diesen 3 Gleichungen die folgende Beziehung abgeleitet werden [Polster, Mauser 1988]:

$$E_{\lambda\infty} = \frac{E_\lambda(\Theta+\Delta)^2 - E_\lambda(\Theta+2\Delta)\cdot E_\lambda(\Theta)}{2E_\lambda(\Theta+\Delta) - E_\lambda(\Theta+2\Delta) - E_\lambda(\Theta)} \qquad (13\text{-}16)$$

Die hieraus aus den einzelnen Meßwerten für verschiedene Δ-Werte berechneten $E_{\lambda\infty}$-Werte sind in der Tabelle 13-6 dargestellt.

Tabelle 13-6 Azobenzol-Reaktion: Bestimmung von $E_{\lambda\infty}$ nach Gl.(13-16)

λ [nm]	$E_{\lambda\infty}$ (exper.)	$E_{\lambda\infty}$ (berech.)		
		$\Delta = 1{,}0 \cdot 10^{-6}\ s$	$\Delta = 1{,}1 \cdot 10^{-6}\ s$	$\Delta = 1{,}2 \cdot 10^{-6}\ s$
330	0,228	0,2378	0,2369	0,2369
325	0,255	0,2655	0,2632	0,2638
313	0,308	0,3213	0,3215	0,3221
300	0,305	0,3136	0,3146	0,3115
250	0,372	0,3679	0,3686	0,3693

Wie man sieht, liegen die meisten der berechneten $E_{\lambda\infty}$-Werte höher als die experimentell bestimmten. Offenbar „reagiert" Gl. (13-16) empfindlich auf Meßfehler.

Der Graph von Gl. (7-18b) ist in der Abb. 13-5 in dekadischen log-Einheiten dargestellt. Wenn für die Auswertung nicht Θ, sondern *t* eingesetzt wird, erhält man die gekrümmte „*t*-Kurve", die nicht korrekt ist. Die Auswertung der „Θ-Kurve" liefert den Wert $z_{\lambda 1} = -1{,}02 \cdot 10^{-6}\ s^{-1}$ und damit $I_0 = 2{,}76 \cdot 10^{-10}$ Einstein / (s · cm²).

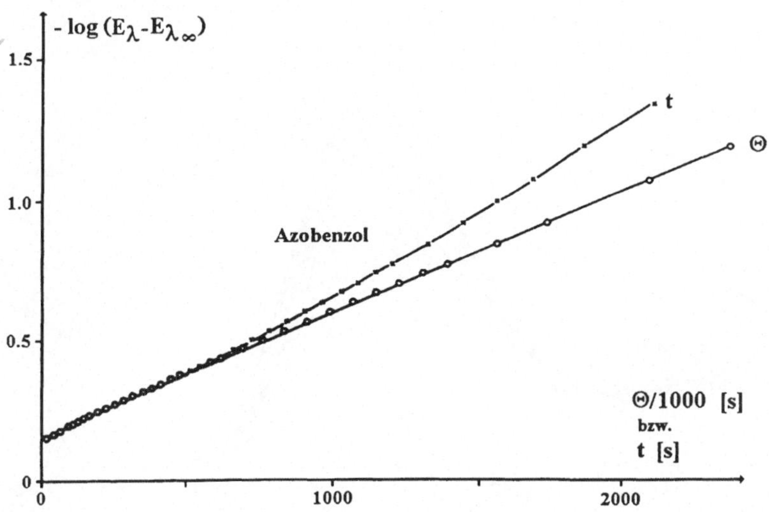

Abb. 13-5 Azobenzolreaktion: Auswertung nach Gl. (7-18b) in dekadischen log-Einheiten (λ = 325 nm). Wird für die Auswertung nicht Θ, sondern die Bestrahlungseinheit *t* eingesetzt, erhält man die gekrümmte „*t*-Kurve".

14 Gekoppelte lineare Dunkel- und quasilineare Photoreaktionen

14.1 Vorkommen

Photoreaktionen, die in der biologischen Zelle ablaufen, sind in der Regel mit Dunkelreaktionsschritten verknüpft. Ein Beispiel hierfür ist der Sehvorgang, der im Kap. 12.1 kurz erläutert ist. Selbst die Photosynthese, die in den Chloroplasten abläuft, ist eine lichtgetriebene Elektronenpumpe, an der zahlreiche Dunkelreaktionen beteiligt sind (s. Kap. 15.3).

Besonders gut ist die Photosynthese von **Halobakterien** (*Halobacterium halobium*) studiert, die zu den Archaebakterien gehören und in extrem salzhaltigen Gewässern leben können (bis zu 5 M NaCl). In Gegenwart von Sauerstoff bildet der Organismus großflächige, pigmentierte Zonen (die „Purpurmembran"), die zu 25% aus Lipiden und zu 75% aus einem Retinal-Proteinkomplex, dem **Bacteriorhodopsin**, bestehen. Dieses Chromoprotein zeigt in mancher Hinsicht Ähnlichkeiten zum Rhodopsin, dem Sehpigment der Tiere (s. Kap. 12.1). Wie beim Rhodopsin findet auch beim Bacteriorhodopsin eine photochemische Isomerisierungsreaktion statt, hier aber von all-trans nach 13-cis-Retinal.

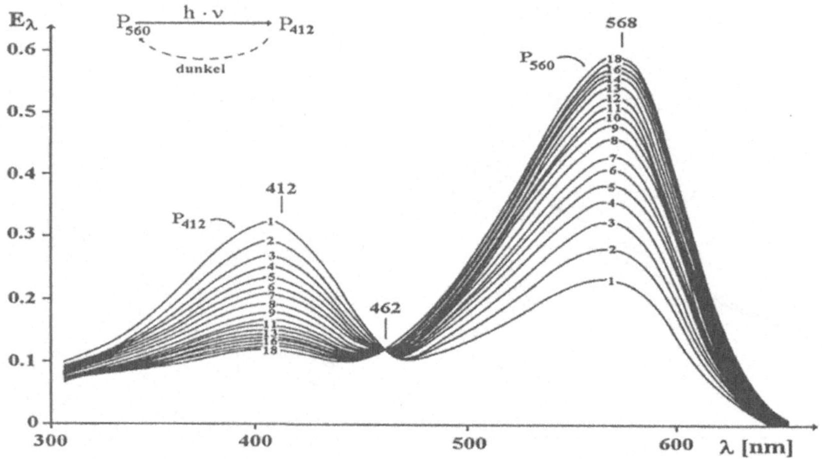

Abb. 14-1 Photochemische Bleichung von Bacteriorhodopsin (nach Oesterhelt 1974): entnommen aus [Mohr, Schopfer 1978].

In der Abb. 14-1 sind die Spektren des „photochemischen Bleichungsvorgangs" des Bacteriorhodopsins in isolierten Purpurmembranen von *Halobacterium halobium* dargestellt [Mohr, Schopfer 1978; Oesterhelt 1974]. Der all-trans-Retinalproteinkomplex zeigt bei 560 nm ein Absorptionsmaximum und wird daher als Pigment P_{560} bezeichnet.

Nach kurzer Bestrahlung mit Licht hoher Intensität ändert sich das Absorptionsspektrum, das nun ein Maximum bei 412 nm zeigt. Das Pigment wird jetzt als P_{412} bezeichnet. In einer Dunkelreaktion wird P_{560} regeneriert. Das Reaktionssystem

$$P_{560} \underset{\Delta}{\overset{h\nu}{\rightleftarrows}} P_{412}$$

besteht demnach aus einer Photoreaktion und einer entgegengesetzten Dunkelreaktion.

Die Absorption von Lichtquanten ist mit einem Transport von Protonen aus der Zelle verbunden. Dabei wird ein Proton pro absorbiertes Quant aus der Zelle geschleust. Durch diese lichtgetriebene **Protonenpumpe** wird ein pH-Gradient entlang der Zellmembran und damit ein elektrochemisches Potential aufgebaut. Mit Hilfe dieses elektrochemischen Potentials kann ATP synthetisiert werden, indem der pH-Gradient durch einen nach Innen gerichteten Protonenstrom abgebaut wird. An diesen Protonenstrom ist eine ATP-Synthase (ATP-ase) gekoppelt, die aus ADP und Phosphat ATP herstellt. In diese Weise konnte Oesterhelt zum erstenmal die chemiosmotische Theorie von Mitchell experimentell bestätigen [Oesterhelt, Hess 1973; Oesterhelt 1974].

Gekoppelte Photo- und Dunkelreaktionen sind auch in der Technischen Chemie weit verbreitet. So spielen beispielsweise **Photoresiste** bei der Herstellung von Halbleiterchips und Leiterplatten eine wichtige Rolle. Unter Photoresisten versteht man Verbindungen, die entweder durch Bestrahlung höhermolekular vernetzt oder umgekehrt in kleinere Moleküle gespalten werden [Gauglitz 1987]. Dadurch ändern sich die physikalisch-chemischen Eigenschaften des Systems während der Bestrahlung. Indem Photoresiste mit „Masken" bedeckt und anschließend bestrahlt werden, können Stoffe auf Oberflächen aufgetragen oder abgelöst werden. Es können so Muster auf elektronischen Bauteilen erzeugt werden, die die Grundlage für Leiterplatten darstellen. An Hand dieser „**Photolitographie**" werden integrierte Schaltungen hergestellt.

Photochrome Systeme spielen seit einigen Jahren eine große Rolle, so bei der Herstellung von optischen Speichern in Datenverarbeitungsanlagen oder als Dosimeter zur Registrierung von Strahlung. Dabei werden bei kurz- oder langwelliger Bestrahlung zwei Formen (A und B) reversibel ineinander überführt. Wesentlich für den Einsatz sind die Reversibilität, der Ausschluß von Photozersetzungsprodukten und die Kenntnis der thermischen Reaktionsfähigkeit. Je nach Einsatzgebiet kann die thermische Rückreaktion erwünscht sein (Dosimeter) oder stören (bei langfristiger Datenspeicherung). Das bedeutet, daß bei photochromen Systemen sowohl das photochemische als auch das thermische Reaktionsverhalten genau bekannt sein müssen.

14.2 Die Systeme $A \underset{\Delta}{\overset{h\nu}{\rightleftarrows}} B$ und $A \underset{h\nu}{\overset{h\nu}{\rightleftarrows}} B$, $B \xrightarrow{\Delta} A$

Für das System

$$A \underset{\Delta}{\overset{h\nu}{\rightleftarrows}} B \qquad (14\text{-}1)$$

gilt das Rechteckschema

	A	B	$\dot{x}_j$
x_1	-1	+1	$1000\, I_0\, \varepsilon'_A\, \varphi^A \cdot a \left(\frac{1-10^{-E'}}{E'}\right)$
x_2	+1	-1	$k\,b$

oder in reduzierter Darstellung (vgl. Kap. 6.2, 2. Beispiel)

	A	B	$\dot{X}$
X	-1	+1	$1000\,k'\,F\cdot a - k\,b$

mit

$$F = \left(\frac{1-10^{-E'}}{E'}\right) \quad \text{und} \quad k' = I_0\,\varepsilon'_A\,\varphi^A \quad .$$

F wird üblicherweise als **„photokinetischer Faktor"** bezeichnet.

Für die spektroskopisch-kinetische Analyse wird von Gl. (6-16) ausgegangen:

$$\Delta E_\lambda = E_\lambda - E_{\lambda 0} = Q_\lambda X = \ell\left(\varepsilon_{\lambda B} - \varepsilon_{\lambda A}\right)X$$

Hieraus folgt für $\dot{E}_\lambda$ mit $\dot{X} = 1000\,k'\,F\,a - k\,b$:

$$\dot{E}_\lambda = \frac{\mathrm{d}\,E_\lambda}{\mathrm{d}\,t} = Q_\lambda \dot{X} = 1000\,Q_\lambda\,k'\,F\,a - Q_\lambda\,k\,b \tag{14-2}$$

Nach dem reduzierten Rechteckschema gilt für a und b:

$$a = a_0 - X \qquad \text{und} \qquad b = b_0 + X = +X$$

Setzt man diese Beziehung in Gl. (14-2) ein und ersetzt X durch $\Delta E_\lambda / Q_\lambda$, erhält man

$$\dot{E}_\lambda = 1000\,Q_\lambda\,k'\,F\left(a_0 - \frac{\Delta E_\lambda}{Q_\lambda}\right) - k\,\Delta E_\lambda \quad .$$

Mit $Q_\lambda = \ell\,(\varepsilon_{\lambda B} - \varepsilon_{\lambda A})$ und $E_{\lambda 0} = \ell\varepsilon_{\lambda A}\cdot a_0$ folgt hieraus

$$\boxed{\dot{E}_\lambda = z'_{\lambda 0}\,F + z'_{\lambda 1}\,F\,E_\lambda + z_{\lambda 0} + z_{\lambda 1}\,E_\lambda} \tag{14-3}$$

mit

$$z'_{\lambda 0} = 1000\,k'\,\ell\,\varepsilon_{\lambda B}\,a_0$$

$$z'_{\lambda 1} = -1000\,k'$$

$$z_{\lambda 0} = k\,\ell\,\varepsilon_{\lambda A}\,a_0$$

$$z_{\lambda 1} = -\,k$$

Integriert man zwischen den Grenzen $t = 0$ und t bzw. $E_{\lambda 0}$ und E_λ, erhält man

$$\Delta E_\lambda := E_\lambda - E_{\lambda 0} = z'_{\lambda 0}\int_0^t F\,\mathrm{d}t + z'_{\lambda 1}\int_0^t F\,E_\lambda\,\mathrm{d}t + z_{\lambda 0}\cdot t + z_{\lambda 0}\int_0^t E_\lambda\,\mathrm{d}t \quad . \tag{14-4}$$

Grundsätzlich können hieraus die Größen $z'_{\lambda i}$ und $z_{\lambda i}$ durch lineare Regressionsanalyse nach dem Gaußschen Verfahren bestimmt werden. Aus $z'_{\lambda 1}$ kann die Quantenausbeute φ^A berechnet werden, wenn I_0 und ε'_A bekannt sind. Die Größe $z_{\lambda 1}$ liefert direkt die Geschwindigkeitskonstante der Rückreaktion. – Da zwischen den Konstanten $z'_{\lambda i}$ und $z_{\lambda i}$ pseudolineare Zusammenhänge bestehen können, ist es nicht ausgeschlossen, daß hier die lineare Regressionsanalyse zu falschen Ergebnissen führt und die Situation ähnlich ist, wie im Kap. 11.5 beschrieben. Die SVD-Methode kann dann weiterhelfen (s. Kap. 11.5).

Die Zahl der zu bestimmenden Größen $z'_{\lambda i}$ und $z_{\lambda i}$ kann auf drei verringert werden, wenn k direkt experimentell bestimmt und als fester Zahlenwert in die Gl. (14-4) eingeführt wird. Dazu brauchen nur nach einer ausreichend langen Bestrahlungszeit die Photolampe abgeschaltet und die Rückreaktion $B \xrightarrow{\Delta} A$ spektroskopisch verfolgt und analysiert zu werden.

Die Situation ist ähnlich für das System

$$A \underset{h\nu}{\overset{h\nu}{\rightleftarrows}} B \quad , \quad B \xrightarrow{\Delta} A \; . \tag{14-5}$$

Das Rechteckschema lautet hier:

	A	B	$\dot{x}_j$
x_1	-1	+1	$1000\, I_0 \varepsilon'_A \varphi_1^A\, a\, F$
x_2	+1	-1	$1000\, I_0 \varepsilon'_B \varphi_2^B\, b\, F$
x_3	+1	-1	$k_2\, b$

Die Dunkelreaktion wird hier durch k_2 charakterisiert.

Leitet man analog zu oben die Extinktions-Differentialgleichung ab, erhält man anstelle von Gl. (14-3):

$$\boxed{\dot{E}_\lambda = z'_{\lambda 0}\, F + z'_{\lambda 1}\, F\, E_\lambda + z_{\lambda 0} + z_{\lambda 1}\, E_\lambda} \tag{14-6}$$

mit

$$z'_{\lambda 0} = 1000\, \ell\, a_0\, (k'_1\, \varepsilon_{\lambda B} + k'_2\, \varepsilon_{\lambda A}) \, ,$$

$$z'_{\lambda 1} = -\, 1000\, (k'_1 + k'_2) \, ,$$

$$z_{\lambda 0} = k_2\, \ell\, \varepsilon_{\lambda A}\, a_0 \, ,$$

$$z_{\lambda 1} = -\, k_2 \, ,$$

$$k'_1 = I_0\, \varepsilon'_A\, \varphi_1^A \quad , \quad k'_2 = I_0\, \varepsilon'_B\, \varphi_2^B \quad \text{und} \quad F = \left(\frac{1 - 10^{-E'}}{E'} \right) .$$

Auch hier sind wieder vier Konstanten zu bestimmen. Die Zahl vier läßt sich auf drei reduzieren, wenn k_2 separat experimentell bestimmt wird. Ist zusätzlich auch $E_{\lambda 0} = \ell \varepsilon_{\lambda A}\, a_0$ bekannt, kann $z_{\lambda 0}$ berechnet und so das System auf zwei unbekannte Konstanten ($z'_{\lambda 0}$ und $z'_{\lambda 1}$) beschränkt werden.

Die Quantenausbeuten φ_1^A und φ_1^B können schließlich aus $z'_{\lambda 1}$ und $z'_{\lambda 0}$ nach den Beziehungen

$$\varphi_2^B = \frac{z'_{\lambda 0} + z'_{\lambda 1}\, \ell\, \varepsilon_{\lambda B}\, a_0}{1000\, I_0\, \ell\, \varepsilon'_B\, a_0\, (\varepsilon_{\lambda A} - \varepsilon_{\lambda B})} \tag{14-7a}$$

und

$$\varphi_1^A = -\frac{z'_{\lambda 1}}{1000\, I_0\, \varepsilon'_A} - \frac{\varepsilon'_B}{\varepsilon'_A}\cdot\varphi_2^B \qquad (14\text{-}7b)$$

berechnet werden.

Meßbeispiel

Dihydroindolizine (**1**) können photochemisch zu Betainen (**2**) reagieren, d.h. sie sind potentielle photochrome Systeme. Das photochrome Verhalten der (chiralen) Dihydroindolizine beruht auf der photochemischen Ringöffnung der gelben Spiroverbindung (**1**) zu den tieffarbigen Betainen (**2**) und der photochemischen sowie der thermischen Rückreaktion [Bär et al. 1984]:

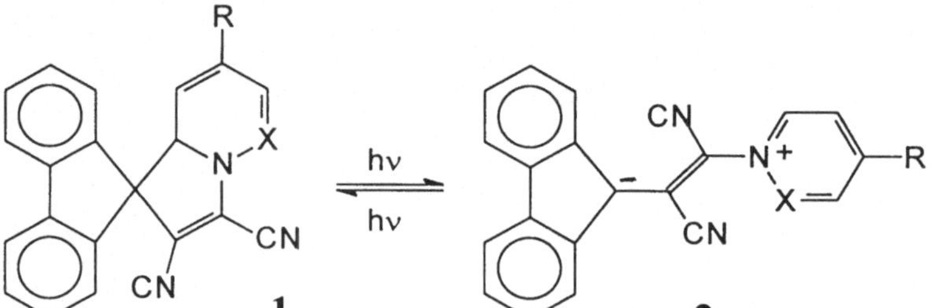

1a X = N , R = H
1b X = CH , R = CO_2CH_3

Da nicht zu erwarten ist, daß sich Enantiomere und Diastereomere UV-VIS-spektroskopisch unterscheiden, kann hier der Reaktionsmechnismus

$$A \underset{h\nu}{\overset{h\nu}{\rightleftarrows}} B \quad , \quad B \overset{\Delta}{\longrightarrow} A \qquad (14\text{-}5)$$

angenommen werden. Das Reaktionsspektrum von **1a** in sauerstofffreiem Methylenchlorid ist in der Abb. 14-2 dargestellt [Bär et al. 1984]. Die Extinktions-Zeit-Kurven (E_λ vs. t) sind in der Abb. 14-3 für verschiedene Wellenlängen angegeben. Dabei bedeuten die eingezeichneten Punkte die Meßpunkte und die Kurven die nach Gl. (14-6) bei bekannten $z'_{\lambda i}$ und $z_{\lambda i}$-Werten berechneten Kurven (Simulation nach Runge-Kutta, s. dazu auch Kap. 8.3).

Die Auswertung der Meßdaten nach Gl. (14-6) versagt, wenn alle vier Konstanten als unbekannt vorausgesetzt werden. Wenn jedoch k_2 separat bestimmt und wie $E_{\lambda 0}$ als bekannte Größe eingesetzt wird, sind $z'_{\lambda 0}$ und $z'_{\lambda 1}$ durch formale Integration bestimmbar und damit auch φ_1^A und φ_2^B. Für die Bestimmung der Quantenausbeuten wurden auch nicht lineare Verfahren zur Lösung der Differentialgleichung (14-6) herangezogen. Dazu wurden insgesamt vier Verfahren eingesetzt, die sog. Gittertechnik, das Random-Search-Verfahren, das Quasi-Newton-Verfahren und die Rosenbrock-Strategie. Diese Verfahren sollen aber hier nicht näher behandelt werden. Sie sind in [Benz et al. 1987] dargestellt.

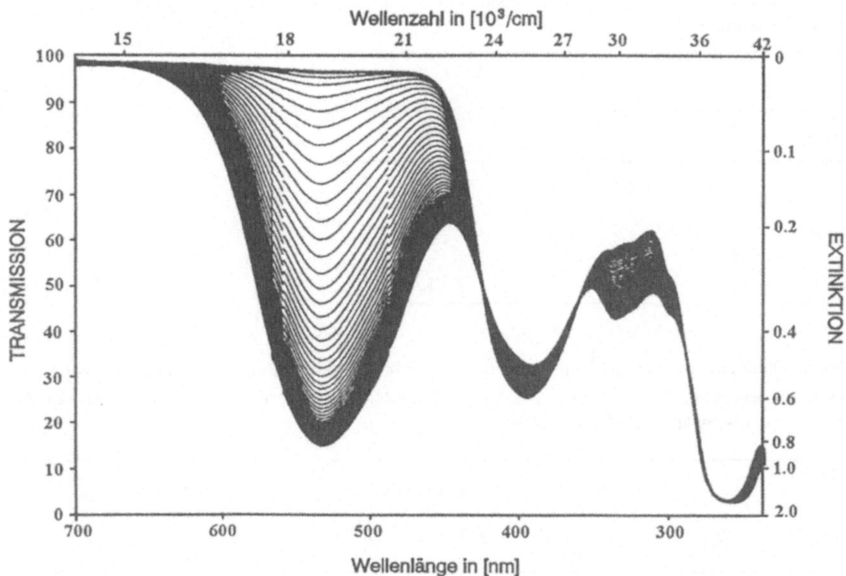

Abb. 14-2 Reaktionsspektrum von **1a** in sauerstofffreiem Methylenchlorid (Bestrahlungswellenlänge: λ' = 405 nm).

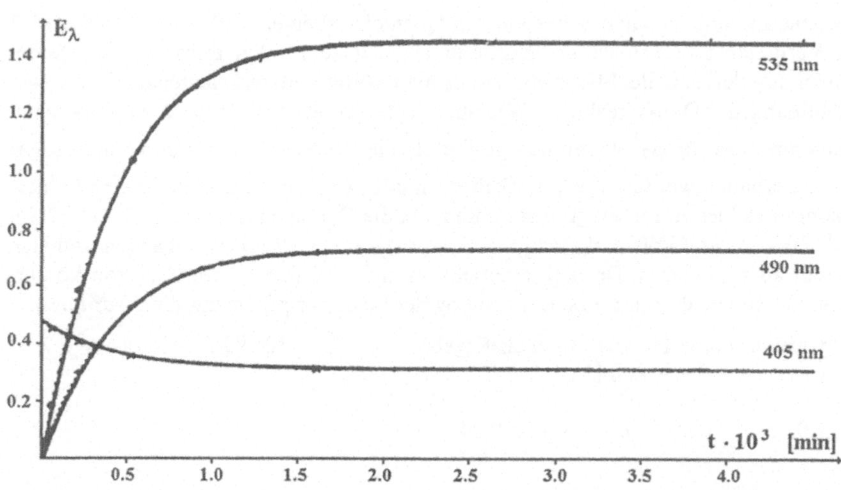

Abb. 14-3 Extinktions-Zeit-Kurven von **1a** in sauerstofffreiem Methylenchlorid (Punkte: Meßpunkte, Kurve: Simulation nach Gl. (14-6) (mit Hilfe der zuvor bestimmten Größen $z'_{\lambda i}$ und $z_{\lambda i}$).

In der Tabelle 14-1 sind die Geschwindigkeitskonstanten von **1a** und **1b** für verschiedene Temperaturen zusammengestellt.

Tabelle 14-1 Ermittelte k_2-Werte von **1a** und **1b** in Abhängigkeit von der Temperatur (Lösungsmittel: sauerstofffreies Methylenchlorid).

	$k_2 \cdot 10^{+5} \left[s^{-1} \right]$	
Temperatur	**1a**	**1b**
291,4 K	16,8	2,4
299,0 K	37,8	5,3
304,0 K	65,1	8,4

Tabelle 14-2 Partielle Quantenausbeuten φ_1^A und φ_2^B für **1a** in Abhängigkeit von I_0 (Lösungsmittel: sauerstofffreies Methylenchlorid, λ'= 405 nm). Zu Vergleichszwecken wurde die Reaktion auch mit der Annahme $k_2 = 0$ ausgewertet [Bär et al. 1984].

I_0	T	k_2	mit $k_2 = 0$		mit $k_2 \neq 0$	
[Einstein/s·cm²]	[K]	$\left[s^{-1} \right]$	φ_1^A	φ_2^B	φ_1^A	φ_2^B
$3,6 \cdot 10^{-11}$	299	$3,8 \cdot 10^{-4}$	1,32	0,94	0,84 ± 0,11	0,05 ± 0.12
$4,5 \cdot 10^{-11}$	291,5	$1,7 \cdot 10^{-4}$	1,11	0,02	0,81 ± 0,09	0,015 ± 0.11
$8,0 \cdot 10^{-10}$	293,4	$2,1 \cdot 10^{-4}$	0,86	0,002	0,87 ± 0,09	0,002 ± 0.10

Die für verschiedene Lichtintensitäten I_0 bestimmten Quantenausbeuten sind in der Tabelle 14-2 angegeben. Zu Vergleichszwecken wurde angenommen, daß keine Dunkelreaktion stattfindet ($k_2 = 0$). Wie man aus der Tabelle 14-2 sieht, erhält man völlig andere Quantenausbeuten wie unter Berücksichtigung der Dunkelreaktion. Wie aber auch aus der Tabelle 14-2 zu entnehmen ist, sind die Fehlergrenzen für φ_2^B wesentlich größer als die Werte selbst und es können sogar negative φ_2^B-Werte erhalten werden, was physikalisch sinnlos ist. Wegen der Gaußschen Fehlerfortpflanzung kommt es hier zu relativ großen Fehlern, da die Quantenausbeuten nach den Glgn. (14-7a) und (14-7b) von den Größen $z'_{\lambda 0}$, $z'_{\lambda 1}$, I_0, $\varepsilon_{\lambda A}$, $\varepsilon_{\lambda B}$, ε'_A, ε'_B und a_0 abhängen und sich deren Fehler somit aufsummieren. Deshalb empfiehlt es sich, bei der Auswertung von kombinierten Photo- und Dunkelreaktionen eine Betrachtung der Fehlerfortpflanzung durchzuführen.

Im Fall des Dihydroindolizins **1b** erhält man als Ergebnis ($I_0 = 2,5 \cdot 10^{-10}$ Einstein/(s·cm²); λ' = 405 nm, $k_2 = 5,1 \cdot 10^{-5}$ s⁻¹, T = 293,4 K:

$$\varphi_1^A = 0,65 \pm 0,05 \qquad \text{und} \qquad \varphi_2^B = 0,13 \pm 0,04$$

14.3 Das Reaktionssystem $A \xrightarrow{h\nu} B \xrightarrow{\Delta} C$

Für das System

$$A \xrightarrow{h\nu} B \xrightarrow{\Delta} C \qquad (14\text{-}8)$$

lautet das Rechteckschema

	A	B	C	$\dot{X}_j$
X_1	-1	+1	0	$1000\, I_0\, \varepsilon'_A\, \varphi^A \cdot a \left(\frac{1-10^{-E'}}{E'}\right)$
X_2	0	-1	+1	$k\, b$

Hieraus folgen die Beziehungen

$$\Delta a = a - a_0 = -X_1 \ , \tag{14-9a}$$

$$\Delta b = b = X_1 - X_2 \ , \tag{14-9b}$$

$$\Delta c = c = X_2 \tag{14-9c}$$

und

$$\dot{a} = -\dot{X}_1 = -1000\, k' a F \ , \tag{14-9d}$$

$$\dot{b} = \dot{X}_1 - \dot{X}_2 = +1000\, k' a F - k\, b \ , \tag{14-9e}$$

$$\dot{c} = \dot{X}_2 = k\, b \tag{14-9f}$$

mit

$$k' = I_0\, \varepsilon'_A\, \varphi^A \qquad \text{und} \qquad F = \left(\frac{1-10^{-E'}}{E'}\right) .$$

Für die spektroskopisch-kinetische Analyse gilt nach Gl. (6-16) mit $s = 2$ bzw. Gl. (8-73):

$$\Delta E_\lambda = E_\lambda - E_{\lambda 0} = Q_{\lambda 1} X_1 + Q_{\lambda 2} X_2 = \ell(\varepsilon_{\lambda B} - \varepsilon_{\lambda A}) X_1 + \ell(\varepsilon_{\lambda C} - \varepsilon_{\lambda B}) X_2 \tag{14-10}$$

Die Glgn. (14-9a) - (14-9f) sind mit den Glgn. (8-66a) - (8-66f) formal identisch, wenn gesetzt wird:

$$1000\, k' F = k_1 \qquad \text{und} \qquad k = k_2$$

Demnach gelten die Extinktions-Differentialgleichungen (8-74a) und (8-74b) auch hier, wenn $F = \text{const}$ ist. Ist jedoch F eine zeitabhängige Größe, gilt allgemein:

$$\dot{E}_1 = z'_{10} F + z'_{11} E_1 F + z'_{12} E_2 F + z_{10} + z_{11} E_1 + z_{12} E_2 \tag{14-11a}$$

$$\dot{E}_2 = z'_{20} F + z'_{21} E_1 F + z'_{22} E_2 F + z_{20} + z_{21} E_1 + z_{22} E_2 \tag{14-11b}$$

Hier sind z'_{ij} und z_{ij} Funktionen von $k', k, Q_{\lambda 1}, Q_{\lambda 2}$ und $E_{\lambda\infty}$ (die Größen z_{ij} sind hier nicht identisch mit denen der Glgn. (8-74a) und (8-74b)). Die Konstanten z'_{ij} und z_{ij} können grundsätzlich durch formale Integration (gegebenenfalls in Kombination mit der SVD-Methode) bestimmt werden.

Analog zu den Glgn. (8-75a) und (8-75b) gilt hier:

$$S' := z'_{11} + z'_{22} = -1000\, k' \tag{14-12a}$$

$$D' := z'_{11} z'_{22} - z'_{12} z'_{21} = 0 \tag{14-12b}$$

$$S \; := z_{11} + z_{22} = -k \tag{14-12c}$$

$$D \; := z_{11} z_{22} - z_{12} z_{21} = 0 \tag{14-12d}$$

Aus S und S' können schließlich direkt die gesuchten Größen k und k' erhalten werden.

14.4 Das Reaktionssystem $A \xrightarrow[\Delta]{h\nu} B \xrightarrow[\Delta]{h\nu} C$

Für das System

$$A \xrightarrow[\Delta]{h\nu} B \xrightarrow[\Delta]{h\nu} C \tag{14-13}$$

gilt das reduzierte Reaktionsschema

	A	B	C	$\dot{X}_j$
X_1	-1	+1	0	$1000\, I_0\, \varepsilon'_A \varphi_1^A \cdot a \left(\frac{1-10^{-E'}}{E'} \right) + k_1 b$
X_2	0	-1	+1	$1000\, I_0 \varepsilon'_B \varphi_2^B \cdot b \left(\frac{1-10^{-E'}}{E'} \right) + k_2 b$

Für die Bestimmung der Extinktions-Differentialgleichungen kann man analog zum Kap. 14.3 vorgehen. Man findet so (mit $k'_1 = I_0 \varepsilon'_A \varphi_1^A$ und $k'_2 = I_0 \varepsilon'_B \varphi_2^B$):

$$\dot{E}_1 = z'_{10}\, F + z'_{11}\, E_1\, F + z'_{12}\, E_2\, F + z_{10} + z_{11}\, E_1 + z_{12}\, E_2 \tag{14-14a}$$

$$\dot{E}_2 = z'_{20}\, F + z'_{21}\, E_1\, F + z'_{22}\, E_2\, F + z_{20} + z_{21}\, E_1 + z_{22}\, E_2 \tag{14-14b}$$

und weiter:

$$S' = z'_{11} - z'_{22} = -1000\,(k'_1 + k'_2) = 1000 I_0 \left(\varepsilon'_A \varphi_1^A + \varepsilon'_B \varphi_2^B \right) \tag{14-15a}$$

$$D' = z'_{11} z'_{22} - z'_{12} z'_{21} = 10^6 \cdot k'_1 \cdot k'_2 = 10^6\, I_0^2 \varepsilon'_A \varepsilon'_B \varphi_1^A \varphi_2^B \tag{14-15b}$$

$$S = z_{11} - z_{22} = -(k_1 + k_2) \tag{14-15c}$$

$$D = z_{11} z_{22} - z_{12} z_{21} = k_1\, k_2 \tag{14-15d}$$

Die Größen k'_1 und k'_2 sowie k_1 und k_2 können wie folgt ermittelt werden:

$$k'_{1,2} = \frac{-S' \pm \sqrt{S'^2 - 4\,D'}}{2 \cdot 10^3} \tag{14-16a}$$

und

$$k_{1,2} = \frac{-S \pm \sqrt{S^2 - 4\,D}}{2}\;. \tag{14-16b}$$

Die so bestimmten k'_1- und k'_2- bzw. k_1- und k_2- Werte lassen sich den einzelnen Teilschritten nicht zuordnen. Der Sachverhalt ist hier analog wie im Kap. 8.2.3 beschrieben.

Nach den Glgn. (14-14a) und (14-14b) sind insgesamt zwölf Konstanten ($z'_{\lambda i}$, $z_{\lambda i}$) zu bestimmen. Diese Zahl kann verringert werden, wenn k_1 und k_2 separat ohne Bestrahlung der Reaktionslösung bestimmt werden oder, wenn $E_{1\infty}$ und $E_{2\infty}$ genau bekannt sind:

$$\begin{aligned}\dot{E}_1 = {} & z'_{11}(E_1 - E_{1\infty})F + z'_{12}(E_2 - E_{2\infty})F \\ & + z_{11}(E_1 - E_{1\infty}) + z_{22}(E_2 - E_{2\infty})\end{aligned} \quad (14\text{-}17a)$$

$$\begin{aligned}\dot{E}_2 = {} & z'_{21}(E_1 - E_{1\infty})F + z'_{22}(E_2 - E_{2\infty})F \\ & + z_{21}(E_1 - E_{1\infty}) + z_{22}(E_2 - E_{2\infty})\end{aligned} \quad (14\text{-}17b)$$

14.5 Das Reaktionssystem $A \underset{\Delta}{\overset{h\nu}{\rightleftarrows}} B \underset{\Delta}{\overset{h\nu}{\rightleftarrows}} C$

Das reduzierte Reaktionsschema lautet für das System

$$A \underset{\Delta}{\overset{h\nu}{\rightleftarrows}} B \underset{\Delta}{\overset{h\nu}{\rightleftarrows}} C \quad (14\text{-}18)$$

	A	B	C	$\dot{X}_j$
X_1	-1	+1	0	$1000\, I_0\, \varepsilon'_A\, \varphi_1^A \cdot a \left(\dfrac{1-10^{-E'}}{E'}\right) - k_1 b$
X_2	0	-1	+1	$1000\, I_0\, \varepsilon'_B\, \varphi_2^B \cdot b \left(\dfrac{1-10^{-E'}}{E'}\right) - k_2 b$

Es gelten hier die Extinktions- Differentialgleichungen

$$\dot{E}_1 = z'_{10}F + z'_{11}E_1F + z'_{12}E_2F + z_{10} + z_{11}E_1 + z_{12}E_2 \;, \quad (14\text{-}19a)$$

$$\dot{E}_2 = z'_{20}F + z'_{21}E_1F + z'_{22}E_2F + z_{20} + z_{21}E_1 + z_{22}E_2 \quad (14\text{-}19b)$$

und die Beziehungen

$$S' := z'_{11} + z'_{22} = -1000\, I_0 \left(\varepsilon'_A \varphi_1^A + \varepsilon'_B \varphi_2^B\right) , \quad (14\text{-}20a)$$

$$D' := z'_{11}z'_{22} - z'_{12}z'_{21} = 10^6\, I_0^2\, \varepsilon'_A \varepsilon'_B\, \varphi_1^A \varphi_2^B \;, \quad (14\text{-}20b)$$

$$S := z_{11} + z_{22} = -(k_1 + k_2) \;, \quad (14\text{-}20c)$$

$$D := z_{11}z_{22} - z_{12}z_{21} = k_1 k_2 \;. \quad (14\text{-}20d)$$

Mit den Beispielen der Kap. 14.3-14.5 ist gezeigt, daß das im Kap. 8 entwickelte Konzept auch für die Analyse von gekoppelten Dunkel- und Photoreaktionen Gültigkeit besitzt und nach entsprechender Modifizierung auch hier angewendet werden kann.

15 Enzymkinetische Modelle

15.1 Der Michaelis-Menten-Mechanismus

Die meisten Enzymreaktionen werden nach der Hypothese von Michaelis-Menten ausgewertet. Danach wird vereinfachend angenommen, daß das Enzym E mit dem Substrat S reversibel einen Enzym-Substrat-Komplex bildet, der in einem weiteren Reaktionsschritt zum Produkt P unter Regenerierung des Enzyms zerfällt:

$$E + S \underset{k_2}{\overset{k_1}{\rightleftarrows}} ES \xrightarrow{k_3} E + P \tag{15-1}$$

Auch wenn Enzymreaktionen nach einem komplizierteren Mechanismus als in (15-1) angegeben ablaufen, werden üblicherweise viele Enzymreaktionen so ausgewertet. Daher sind die im Kap. 15 behandelten Reaktionsmechanismen wieder ausdrücklich unter dem Vorbehalt zu betrachten, daß es grundsätzlich nicht möglich ist, einen Reaktionsmechanismus experimentell zu beweisen (1. Theorem, s. Kap. 1 und 9.2.5).

Formal folgt aus (15-1), daß S und P isomere Verbindungen darstellen. Man kann sich aber vorstellen, daß durch die Bildung des ES-Komplexes Schwingungs- und Rotationszustände des Substratmoleküles „eingefroren" und durch die chemische Umgebung des Enzyms bestehende Bindungen im Substratmolekül gelöst und neue geknüpft werden. Demnach wird so nur das Substratmolekül chemisch verändert, jedoch nicht das Enzym. Oft wird aber auch das Enzym im katalytischen Prozeß kovalent chemisch verändert; man spricht dann von „kovalenter Katalyse". Durch eine nachfolgende Reaktion (die häufig eine Hydrolyse darstellt) wird dann das Enzym wieder „regeneriert". Der Michaelis-Menten-Mechanismus ist dann entsprechend zu modifizieren (s. Kap. 15-2).

Ferner ist denkbar, daß durch den ES-Komplex das Substratmolekül in eine räumliche Anordnung und Umgebung gebracht wird, die günstig für die chemische Reaktion mit einem weiteren Molekül ist. Wenn z.B. dieses Molekül im großen Überfluß gegenüber S vorliegt, wird dieser Stoff in der Gl. (15-1) üblicherweise nicht angezeigt. Die Rolle eines solchen Moleküls „im Überschuß" kann z.B. Wasser übernehmen.

Wenn man nach Briggs und Haldane annimmt, daß die Gesamtkonzentration (e_0) des Enzyms viel kleiner ist als die Ausgangskonzentration (s_0) des Substrates, gilt (e, s, es und p geben die Konzentrationen von E, S, ES und P an):

$$e \ll s, p \quad \text{und} \quad es \ll s, p \ .$$

Abgesehen von einer kurzen Induktionsperiode ist es dabei unerheblich, welche Werte k_1, k_2 und k_3 haben. Wendet man die Bodenstein-Hypothese auf ES an (d.h. $\dot{es} = 0$), so gilt für das System (15-1):

$$\dot{es} = 0 = k_1\, e \cdot s - k_2 es - k_3 es$$

Mit des stöchiometrischen Randbedingung

$$e_0 = e + es \tag{15-2}$$

folgt hieraus:

$$es = \frac{k_1 e_0 s}{k_2 + k_3 + k_1 \cdot s} \tag{15-3}$$

Mit der Definition der Briggs-Haldane-Konstanten

$$K_m = \frac{k_2 + k_3}{k_1} \tag{15-4}$$

gilt demnach:

$$es = \frac{e_0 s}{K_m + s} \quad . \tag{15-5}$$

Aus der Bilanzgleichung

$$s_0 = s + es + p \tag{15-6}$$

folgt (mit $\dot{es} = 0$):

$$0 = \dot{s} + \dot{es} + \dot{p} = \dot{s} + \dot{p}$$

oder

$$\dot{s} = -\dot{p} \quad . \tag{15-7}$$

Da für $\dot{p}$ gilt:

$$\dot{p} = k_3\, es \quad , \tag{15-8}$$

kann nach Gl. (15-7) unter Berücksichtigung von Gl. (15-5) auch geschrieben werden:

$$\dot{s} = -k_3 es = \frac{-k_3 e_0 s}{K_m + s} \tag{15-9}$$

Wenn in Gl. (15-8) $es = e_0$ ist (was durch eine hohe Substratkonzentration erreichbar ist ($s_0 \to \infty$)), ist die maximale Reaktionsgeschwindigkeit der Produktbildung erreicht

$$\dot{p}_{\max} := V_m = k_3 e_0 \tag{15-10}$$

und aus Gl. (15-9) wird

$$\dot{s} = -\frac{V_m \cdot s}{K_m + s} \tag{15-11a}$$

oder:

$$K_m \frac{ds}{s} + ds = -V_m \cdot dt \tag{15-11b}$$

Die Integration zwischen den Grenzen $t = 0$ und t bzw. s_0 und s führt zu

$$K_m \ln \frac{s}{s_0} + (s - s_0) = -V_m \cdot t \quad .$$

Hieraus folgt:

$$\frac{s - s_0}{t} = -K_m \frac{\ln \frac{s}{s_0}}{t} - V_m \tag{15-12}$$

Trägt man in einem Diagramm $(s\text{-}s_0)/t$ gegen $(\ln s/s_0)/t$ auf, so können über die Geradensteigung K_m und über den Ordinatenabschnitt V_m bestimmt werden. K_m und V_m sind Größen, die die betreffende Enzymreaktion charakterisieren.

Die Auswertung nach Gl. (15-12) hat den Vorteil, daß für die Bestimmung von K_m und V_m im Prinzip nur eine einzige Enzymreaktion kinetisch verfolgt und analysiert werden muß. Es hat sich aber herausgestellt, daß mit zunehmender Reaktionszeit häufig Konkurrenzreaktionen ablaufen, die die Analyse erschweren. Daher hat sich bewährt, nur den Anfangsteil der Reaktion auszuwerten und die Anfangssteigung

$$\mathrm{v} := \frac{\mathrm{d}p}{\mathrm{d}t}\Big|_{t=0} = -\frac{\mathrm{d}s}{\mathrm{d}t}\Big|_{t=0} \tag{15-13}$$

in Abhängigkeit von der Substratkonzentration (s_0) zu bestimmen. Nach Gl. (15-11a) gilt dann ($s=s_0$):

$$\mathrm{v} = \frac{V_m s_0}{K_m + s_0} \tag{15-14}$$

Durch Umstellung erhält man hieraus:

$$\frac{1}{\mathrm{v}} = \frac{K_m}{V_m} \cdot \frac{1}{s_0} + \frac{1}{V_m} \tag{15-15}$$

Trägt man im sog. **Lineweaver-Burk-Diagramm** 1/v gegen $1/s_0$ auf, können aus der resultierenden Geraden über die Steigung und den Ordinatenabschnitt ebenfalls K_m und V_m bestimmt werden.

Nach Gl. (15-4) ist $K_m = (k_2 + k_3)/k_1$. Wenn $k_3 << k_2$ ist, gilt näherungsweise

$$K_s := K_m \approx \frac{k_2}{k_1} \quad . \tag{15-16}$$

Die so erhaltene Konstante wird als **Michaelis-Menten-Konstante** (K_s) bezeichnet. Hier wird also angenommen, daß sich das Gleichgewicht E + S $\rightleftarrows$ ES relativ rasch im Vergleich zum ES-Zerfall (ES $\rightarrow$ E+P) einstellt, der den geschwindigkeitsbestimmenden Schritt darstellt.

Um K_m anschaulich interpretieren zu können, wird in Gl. (15-14) die Beziehung $\mathrm{v} = V_m/2$ eingesetzt. Man erhält dann

$$K_m = s_0 \quad . \tag{15-17}$$

Demnach gibt K_m die Substratkonzentration an, bei der halbmaximale Reaktionsgeschwindigkeit ($V_m/2$) erreicht wird.

Meßbeispiel

Das Enzym Alkoholdehydrogenase (ADH) katalysiert die Reaktion

$$CH_3\text{-}CH_2OH + NAD^+ \xrightleftharpoons{\text{ADH}} CH_3\text{-}CHO + NADH + H^+ \quad . \tag{15-18}$$

Um das Enzym kinetisch zu charakterisieren, arbeitet man üblicherweise bei einem pH-Wert von 9,0 und setzt der Lösung Semicarbazid zu, das mit Acetaldeyd zu Semicarbazon reagiert, da das Gleichgewicht weit auf der linken Seite liegt. Ferner wird Alkohol in relativ hoher Konzentration vorgelegt. Die Reaktionslösung wird vorzugsweise bei λ =340 nm spektroskopisch verfolgt, wo ausschließlich NADH absorbiert:

$$E_\lambda = \ell \varepsilon_{\lambda,\text{NADH}} \cdot [\text{NADH}]$$

mit

$$\varepsilon_{340,\,\text{NADH}} = 6220\ \text{M}^{-1}\text{cm}^{-1}\ .$$

Demnach ist es möglich, die Konzentrationen von NADH direkt aus den gemessenen Extinktionen zeitabhängig zu bestimmen. In der Abb. 15-1 ist der Graph von Gl. (15-12) dargestellt. Er zeigt, daß die ADH-Reaktion formal nach dem Mechanismus (15-1) ausgewertet werden kann. In Wirklichkeit läuft die Reaktion komplizierter als durch (15-1) beschrieben ab. Die ADH-Reaktion gehört zu den „gekoppelten Bisubstratreaktionen".

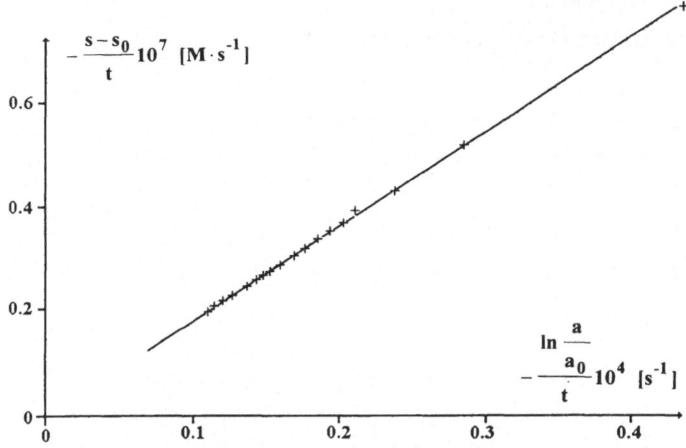

Abb. 15-1 Auswertung der ADH-Reaktion nach Gl. (15-12): [NAD$^+$] = 1,83 · 10^{-4} M; Ethanol: 100 µl reiner Alkohol zu 2,9 ml Puffer: 75 mM Glycin-pyrophosphat-Puffer pH = 9,0; [Semicarbazid] = 75 mM. Reaktionsbedingungen nach [Boehringer-Mannheim].

15.2 Die alkalische Phosphatase-Reaktion

Durch alkalische oder saure Phosphatasen (E.C. 3.1.3) werden Phosphorsäureester im alkalischen bzw. sauren Milieu gespalten. Diese Reaktionen spielen im physiologischen Stoffwechsel eine wichtige Rolle. Der enzymatische Mechanismus ist kompliziert. Er kann durch einen „Ping-Pong-Mechanismus" beschrieben werden:

$$\begin{aligned} &\text{E}+\text{S} \underset{k_2}{\overset{k_1}{\rightleftarrows}} \text{ES} \underset{k_4}{\overset{k_3}{\rightleftarrows}} \text{FP} \underset{k_6}{\overset{k_5}{\rightleftarrows}} \text{F}+\text{P} \\ &\text{F}+\text{H}_2\text{O} \underset{k_8}{\overset{k_7}{\rightleftarrows}} \text{F'} \underset{k_{10}}{\overset{k_9}{\rightleftarrows}} \text{EQ} \underset{k_{12}}{\overset{k_{11}}{\rightleftarrows}} \text{E}+\text{Q} \end{aligned} \tag{15-19}$$

E = Enzym (alkalische oder saure Phosphatase)
S = Phosphorsäureester, z.B. Glucose-6-phosphat oder als Modellsubstrat Phosphorsäure-p-nitrophenylester
P = 1. Reaktionsprodukt, z.B. Glucose oder p-Nitrophenol
Q = 2. Reaktionsprodukt: Phosphat
ES = Enzym-Substrat-Komplex
FP = Enzym-Produkt 1-Komplex aus phosphorylierter Phosphatase und Glucose bzw. p-Nitrophenol
F = phosphorylierte Phosphatase
F′ = hydratisierte Phospho-Phosphatase
EQ = Enzym-Produkt 2-Komplex aus Phosphatase und Phosphat

Im nachfolgenden wird angenommen, daß $k_6 = 0$ ist.

Phosphatasen können inhibiert werden. Als Inhibitor (I) der alkalischen Phosphatase ist die Aminosäure L-Phenylalanin bekannt. Der Mechanismus des Inhibitors kann durch eine „unkompetitive Hemmung" beschrieben werden:

$$\begin{aligned} &\mathrm{I + ES} \underset{k_{14}}{\overset{k_{13}}{\rightleftarrows}} \mathrm{IES} \\ &\mathrm{I + FP} \underset{k_{16}}{\overset{k_{15}}{\rightleftarrows}} \mathrm{IFP} \end{aligned} \qquad (15\text{-}20)$$

I = L-Phenylalanin

(Phosphat wirkt als kompetitiver Inhibitor.)

Zur kinetischen Analyse der Reaktionen (15-19) und (15-20) wird das Rechteckschema aufgestellt:

	E	S	ES	FP	F	P	F′	EQ	Q	I	IES	IFP	$\dot{x}_j$
x_1	-1	-1	+1	0	0	0	0	0	0	0	0	0	$k_1\, s \cdot e$
x_2	+1	+1	-1	0	0	0	0	0	0	0	0	0	$k_2\, es$
x_3	0	0	-1	+1	0	0	0	0	0	0	0	0	$k_3\, es$
x_4	0	0	+1	-1	0	0	0	0	0	0	0	0	$k_4\, fp$
x_5	0	0	0	-1	+1	+1	0	0	0	0	0	0	$k_5\, fp$
x_6	0	0	0	+1	-1	-1	0	0	0	0	0	0	$k_6\, f \cdot p = 0$
x_7	0	0	0	0	-1	0	+1	0	0	0	0	0	$k_7\, f$
x_8	0	0	0	0	+1	0	-1	0	0	0	0	0	$k_8\, f'$
x_9	0	0	0	0	0	0	-1	+1	0	0	0	0	$k_9\, f'$
x_{10}	0	0	0	0	0	0	+1	-1	0	0	0	0	$k_{10}\, eq$
x_{11}	+1	0	0	0	0	0	0	-1	+1	0	0	0	$k_{11}\, eq$
x_{12}	- 1	0	0	0	0	0	0	+1	-1	0	0	0	$k_{12}\, e \cdot q$
x_{13}	0	0	- 1	0	0	0	0	0	0	-1	+1	0	$k_{13}\, i \cdot es$
x_{14}	0	0	+1	0	0	0	0	0	0	+1	-1	0	$k_{14}\, ies$
x_{15}	0	0	0	-1	0	0	0	0	0	-1	0	+1	$k_{15}\, i \cdot fp$
x_{16}	0	0	0	+1	0	0	0	0	0	+1	0	-1	$k_{16}\, ifp$

Abgesehen von einer kurzen Anfangs- und Endphase der Gesamtreaktion darf auf die Zwischenprodukte ES, FP, F, F′, EQ, IES und IPP die Bodenstein-Beziehung (3-24) angewendet werden. Für die Einwaagekonzentration (s_0) des Substrates gilt in guter Näherung:

$$s_0 = s + p = s + q \qquad (15\text{-}21)$$

Da die Einwaagekonzentration des Inhibitors i_0 viel größer ist als die des Enzyms (e_0), ist

$$i = i_0 \quad . \tag{15-22}$$

Die stöchiometrische Randbedingung für das Enzym lautet:

$$e_0 = e + es + fp + f + f' + eq + ies + ifp \tag{15-23}$$

Unter Berücksichtigung der Bodensteinhypothese lassen sich aus dem Rechteckschema die kinetischen Gleichungen elementar ableiten. Nach vielen Rechenschritten erhält man für $\dot{s}$ [Verhagen 1982]:

$$\dot{s} = \frac{z_1 s}{1 + z_2 \cdot s} \tag{15-24}$$

mit

$$z_1 = -\frac{K_{i1} \cdot \dot{p}_{\max}}{K_{i1} K_m + K_m s_0}$$

und

$$z_2 = \frac{K_{i1}(K_{i1} - K_m) + K_{i1} \cdot i}{K_{i1} K_{i2} K_m + K_{i2} K_m s_0} \quad .$$

Anstelle von Gl. (15-10) gilt hier für $\dot{p}_{\max}$ (die maximale Reaktionsgeschwindigkeit wird erreicht, wenn $s_0 \rightarrow \infty$ strebt und $i = 0$ ist) [Verhagen 1982]:

$$\dot{p}_{max} = \frac{k_3 k_5 k_7' k_9 k_{11} e_0}{(k_3 + k_4 + k_5) k_7' k_9 k_{11} + k_3 k_5 k_7^*} \tag{15-25}$$

Dabei sind

$$k_7' = k_7[H_2O]$$

und

$$k_7^* = k_7'(k_9 + k_{10} + k_{11}) + k_8 k_{10} + (k_8 + k_9) k_{11} \quad .$$

Für K_m erhält man (K_m gibt die Substratkonzentration bei halbmaximaler Reaktionsgeschwindigkeit an):

$$K_m = \frac{\left[k_2(k_4 + k_5) + k_3 k_5\right] k_7' k_9 k_{11}}{k_1(k_3 + k_4 + k_5) k_7' k_9 k_{11} + k_3 k_5 k_7^*} \tag{15-26}$$

Die Größen K_{i1} und K_{i2} sind wie folgt definiert [Verhagen 1982]:

$$K_{i1} = \frac{k_7' k_9 k_{11}}{\left[k_7'(k_9 + k_{10}) + k_8 k_{10}\right] k_{12}} \tag{15-27a}$$

und

$$K_{i2} = \frac{\left[(k_3 + k_4 + k_5) k'_7 k_9 k_{11} + k_3 k_5 k_7^*\right] k_{14} k_{16}}{\left[k_3 k_{14} k_{15} + (k_4 + k_5) k_{13} k_{16}\right] k'_7 k_9 k_{11}} \quad . \tag{15-27b}$$

K_{i1} und K_{i2} werden als scheinbare (apparente) Dissoziationskonstanten bezeichnet.

Wegen der Beziehung (15-21) verhalten sich die Reaktionen (15-19) und (15-20) spektroskopisch einheitlich. Für ΔE_λ gilt demnach (wobei im UV-VIS-Bereich $\varepsilon_{\lambda Q} = 0$ ist):

$$\Delta E_\lambda = E_\lambda - E_{\lambda 0} = Q_{\lambda 1} X_1 = \ell (\varepsilon_{\lambda P} + \varepsilon_{\lambda Q} - \varepsilon_{\lambda S}) X_1 \qquad (15\text{-}28)$$

Da $X_1 = s_0 - s$ ist, folgt hieraus:

$$s = s_0 - \frac{\Delta E_\lambda}{Q_{\lambda 1}} = \frac{s_0 Q_{\lambda 1} - (E_\lambda - E_{\lambda 0})}{Q_{\lambda 1}} \qquad (15\text{-}29)$$

Zur Zeit $t \rightarrow \infty$ ist $X_{1\infty} = s_0$. Für $E_{\lambda\infty}$ gilt damit nach Gl. (15-28):

$$E_{\lambda\infty} = E_{\lambda 0} + Q_{\lambda 1} s_0 \qquad (15\text{-}30)$$

Aus Gl. (15-29) erhält man demnach

$$s = \frac{E_{\lambda\infty} - E_\lambda}{Q_{\lambda 1}} \qquad (15\text{-}31)$$

und hieraus

$$\dot{s} = -\frac{\dot{E}_\lambda}{Q_{\lambda 1}} \quad . \qquad (15\text{-}32)$$

Mit diesen Beziehungen kann Gl. (15-24) überführt werden in:

$$\dot{E}_\lambda = \frac{z_{1\infty} (E_{\lambda\infty} - E_\lambda)}{1 + z_{2\infty} (E_{\lambda\infty} - E_\lambda)} \qquad (15\text{-}33)$$

mit

$$z_{1\infty} = -z_1 \qquad \text{und} \qquad z_{2\infty} = \frac{z_2}{Q_{\lambda 1}} \quad .$$

Mit den Koeffizienten z_1 und z_2 aus Gl. (15-24) folgt für $z_{1\infty}$ und $z_{2\infty}$ unter Berücksichtigung von Gl. (15-30):

$$z_{1\infty} = \frac{K_{i1}\, \dot{p}_{max}\, Q_{\lambda 1}}{K_{i1} K_m Q_{\lambda 1} + K_m s_0 Q_{\lambda 1}} = \frac{K_{i1}\, \dot{p}_{max}\, Q_{\lambda 1}}{K_{i1} K_m Q_{\lambda 1} + K_m (E_{\lambda\infty} - E_{\lambda 0})} \qquad (15\text{-}34a)$$

und

$$z_{2\infty} = \frac{K_{i2} (K_{i1} - K_m) + K_{i1} \cdot i}{K_{i1} K_{i2} K_m Q_{\lambda 1} + K_{i2} K_m s_0 Q_{\lambda 1}} = \frac{K_{i2} (K_{i1} - K_m) + K_{i1} \cdot i}{K_{i1} K_{i2} K_m Q_{\lambda 1} + K_{i2} K_m (E_{\lambda\infty} - E_{\lambda 0})} \quad . \qquad (15\text{-}34b)$$

Durch Umstellung und formale Integration erhält man aus Gl. (15-33):

$$(1 + z_{2\infty} E_{\lambda\infty}) \int_{E_\lambda(t)}^{E_\lambda(t+\Delta t)} \mathrm{d}E_\lambda - z_{2\infty} \int_{E_\lambda(t)}^{E_\lambda(t+\Delta t)} E_\lambda \,\mathrm{d}E_\lambda = z_{1\infty} \int_t^{t+\Delta t} (E_{\lambda\infty} - E_\lambda)\,\mathrm{d}t$$

oder

$$(1 + z_{2\infty} E_{\lambda\infty}) \Delta E_\lambda - z_{2\infty} \Delta E'^2_\lambda = z_{1\infty} \int_t^{t+\Delta t} (E_{\lambda\infty} - E_\lambda)\,\mathrm{d}t \qquad (15\text{-}35)$$

mit

$$\Delta E_\lambda = E_\lambda(t+\Delta t) - E_\lambda(t) \quad \text{und} \quad \Delta E'^2_\lambda = \frac{1}{2}\left[E^2_\lambda(t+\Delta t) - E^2_\lambda(t)\right] .$$

Nach Gl. (15-35) gilt also:

$$\Delta E_\lambda = z_3 \int_t^{t+\Delta t} (E_{\lambda\infty} - E_\lambda)\,\mathrm{d}t + z_4\,\Delta E'^2_\lambda \qquad (15\text{-}36)$$

mit

$$z_3 = \frac{z_{1\infty}}{1 + z_{2\infty} E_{\lambda\infty}} \quad \text{und} \quad z_4 = \frac{z_{2\infty}}{1 + z_{2\infty} E_{\lambda\infty}} .$$

Mit den Glgn. (15-34a) und (15-34b) erhält man für z_3 und z_4 [Verhagen 1982]:

$$z_3 = \frac{K_{i1} K_{i2} \dot{p}_{max} Q_{\lambda 1}}{K_{i1} K_{i2} K_m Q_{\lambda 1} + (K_{i2} + i) K_{i1} E_{\lambda\infty} - K_{i2} K_m E_{\lambda 0}} \qquad (15\text{-}37a)$$

und

$$z_4 = \frac{K_{i2}(K_{i1} - K_m) + K_{i1} \cdot i}{K_{i1} K_{i2} K_m Q_{\lambda 1} + (K_{i2} + i) K_{i1} E_{\lambda\infty} - K_{i2} K_m E_{\lambda 0}} . \qquad (15\text{-}37b)$$

Wenn $E_{\lambda 0} = 0$ ist, vereinfachen sich die letzten beiden Gleichungen zu:

$$z_3 = \frac{K_{i2} \dot{p}_{max} Q_{\lambda 1}}{K_{i2} K_m Q_{\lambda 1} + (K_{i2} + i) E_{\lambda\infty}} \qquad (15\text{-}38a)$$

und

$$z_4 = \frac{K_{i2}(K_{i1} + K_m) + K_{i1} \cdot i}{K_{i1} K_{i2} K_m Q_{\lambda 1} + (K_{i2} + i) K_{i1} E_{\lambda\infty}} . \qquad (15\text{-}38b)$$

Aus Gl. (15-38a) erhält man für $1/z_3$

$$\frac{1}{z_3} = \frac{K_m}{\dot{P}_{max}} + \frac{(K_{i2} + i) E_{\lambda\infty}}{K_{i2} \dot{p}_{max} Q_{\lambda 1}} . \qquad (15\text{-}39)$$

$E_{\lambda\infty}$ kann durch Variation der Substratkonzentration s_0 verändert werden. Für eine bestimmte Inhibitorkonzentration i (= i_0) wird im Diagramm $1/z_3$ vs. $E_{\lambda\infty}$ nach Gl. (15-39) eine Gerade erhalten. Für die Steigung dieser Geraden gilt:

$$\frac{\mathrm{d}\left(\frac{1}{z_3}\right)}{\mathrm{d}E_{\lambda\infty}} = \frac{1}{\dot{p}_{max} Q_{\lambda 1}} + \frac{i}{K_{i2} \dot{p}_{max} Q_{\lambda 1}} \qquad (15\text{-}40)$$

Variiert man i und konstruiert zu jeder Inhibitorkonzentration das Diagramm $1/z_3$ vs. $E_{\lambda\infty}$ (indem also bei jeder Inhibitorkonzentration s_0 variiert wird), wird eine Schar von Geraden erhalten. Die Steigungen dieser Geraden können gegen die Inhibitorkonzentration aufgetragen werden. Nach Gl. (15-40) können so K_{i2} und $\dot{p}_{max}$ bestimmt werden (falls $Q_{\lambda 1}$ bekannt ist).

Eine weitere Information ist aus dem Diagramm $1/z_3$ vs. $E_{\lambda\infty}$ erhältlich. Die Schar von Geraden schneidet die Abszisse in verschiedenen Punkten. Für diese Punkte gilt nach Gl. (15-39):

$$E_{\lambda\infty} = -\left(\frac{K_{i2}\,K_m\,Q_{\lambda 1}}{K_{i2}+i}\right) \qquad \text{bei} \qquad 1/z_3 = 0 \quad .$$

Hieraus folgt durch Umstellung:

$$\left.\frac{1}{E_{\lambda\infty}}\right|_{\frac{1}{z_3}=0} = -\frac{1}{K_m\,Q_{\lambda 1}} - \frac{i}{K_{i2}\,K_m\,Q_{\lambda 1}} \tag{15-41}$$

Analog zu $1/z_3$ gilt für $1/z_4$ nach Gl. (15-38b):

$$\frac{1}{z_4} = \frac{K_{i1}\,K_{i2}\,K_m\,Q_{\lambda 1}}{K_{i2}\,(K_{i1}-K_m)+K_{i1}\cdot i} + \frac{(K_{i2}+i)\,K_{i1}\,E_{\lambda\infty}}{K_{i2}\,(K_{i1}-K_m)+K_{i1}\cdot i} \tag{15-42}$$

Andererseits erhält man aus Gl. (15-38b) für $E_{\lambda\infty} = 0$:

$$\left.z_4\right|_{E_{\lambda\infty}=0} = \frac{K_{i1}-K_m}{K_{i1}\,K_m\,Q_{\lambda 1}} + \frac{i}{K_{i2}\,K_m\,Q_{\lambda 1}} \tag{15-43}$$

Analog zur Gl. (15-41) gilt nach Gl. (15-42) :

$$\left.\frac{1}{E_{\lambda\infty}}\right|_{\frac{1}{z_4}=0} = -\frac{1}{K_m\,Q_{\lambda 1}} - \frac{i}{K_{i2}\,K_m\,Q_{\lambda 1}} \tag{15-44}$$

Mit den Glgn. (15-40) - (15-44) können durch geeignete Variation von i_0 und s_0 die gesuchten Konstanten K_{i1}, K_{i2}, K_m und $\dot{p}_{max}$ bestimmt werden, wie das nachfolgende Meßbeispiel zeigt [Verhagen 1982].

Meßbeispiel

Phosphorsäure-p-nitrophenylester kann durch alkalische Phosphatase hydrolysiert werden:

$$O_2N\text{–}C_6H_4\text{–}O\text{–}P(=O)(O^-)\text{–}O^- + OH^- \xrightarrow{\text{Enzym}} O_2N\text{–}C_6H_4\text{–}O^- + HO\text{–}P(=O)(O^-)\text{–}O^- \tag{15-45}$$

Das Enzym wird in Gegenwart von L-Phenylalanin gehemmt. Im nachfolgenden wird angenommen, daß das Enzym keine zwei katalytischen Zentren besitzt und p-Nitrophenolat irreversibel freigesetzt wird ($k_6 = 0$). Im UV-VIS-Bereich können die Meßbefunde durch die Reaktionen (15-19) und (15-20) beschrieben werden.

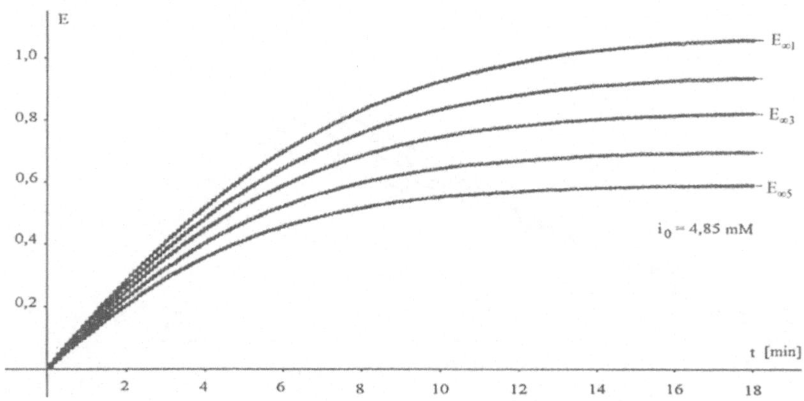

Abb. 15-2 Extinktions-Zeit-Diagramm E_{400} vs. t der enzymkatalysierten Phosphorsäure-p-nitrophenylester-Hydrolyse bei variierter Substrateinwaage (i_0 = 4,85 mM; 1,0 M TRIS-Puffer pH = 8,0; 25,0 ^{0}C) [Verhagen 1982].

Die Bildung von p-Nitrophenolat (pK = 7,15) kann selektiv im Bereich um 410 nm spektroskopisch erfaßt werden. In der Abb. 15-2 sind Extinktions-Zeit-Kurven der Wellenlänge λ = 400 nm bei variierter Substrat- und konstanter Inhibitorkonzentration ($i_0 = i$ = 4,85 mM) dargestellt (1,0 M TRIS-Puffer pH = 8,0). Wie man sieht, hat die Extinktion zur Zeit t = 0 den Wert Null:

$$E_{\lambda 0} = E_{420}(t = 0) = 0$$

Die Meßkurven können nach Gl. (15-36) ausgewertet werden. Wenn Δt eine konstante Zeitdifferenz Δ ist, gilt für Gl. (15-36) [Verhagen 1982]:

$$\Delta E_\lambda = z_3 \int_t^{t+\Delta} (E_{\lambda\infty} - E_\lambda)\,\mathrm{d}t + \frac{1}{2} z_4 \left[E_\lambda^2(t+\Delta) - E_\lambda^2(t) \right] \qquad (15\text{-}46)$$

mit

$$\Delta E_\lambda = E_\lambda(t+\Delta) - E_\lambda(t) \quad .$$

Die nach dieser Beziehung ausgewerteten Meßkurven von Abb. 15-2 führen im Diagramm $1/z_3$ vs. $E_{\lambda\infty}$ nach Gl. (15-39) zu einer Geraden (s. Abb. 15-3). Variiert man die Inhibitorkonzentration, wird eine Schar von Geraden erhalten, die sich auf der Ordinate in einem Punkt schneiden. Die Steigungen dieser Geraden können gegen die Inhibitorkonzentration i aufgetragen werden. Das Ergebnis davon ist in der Abb. 15-4 dargestellt.

Die verschiedenen Abszissenschnittpunkte der Geraden in Abb. 15-3 können ebenfalls ausgewertet werden. Dazu kann nach Gl. (15-41) das Diagramm $1/E_{\lambda\infty}$ (bei $1/z_3 = 0$) vs. i konstruiert werden. Wie die Abb. 15-5 zeigt, wird auch hier eine Gerade erhalten.

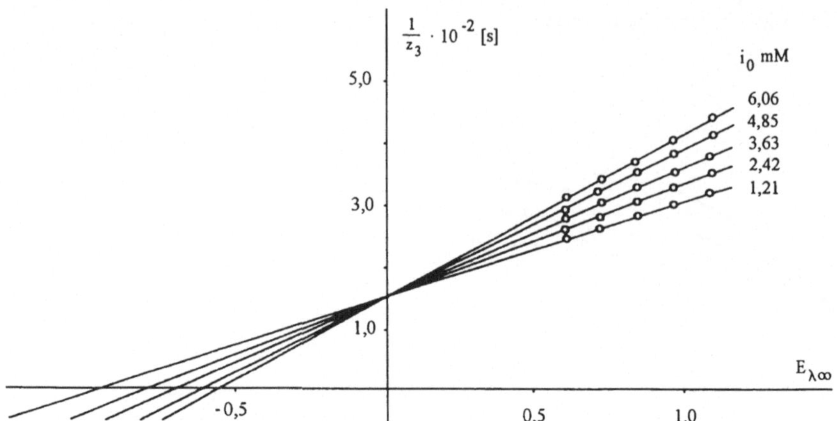

Abb. 15-3 Diagramm $1/z_3$ vs. $E_{\lambda\infty}$ der Reaktion (15-45), erhalten aus verschiedenen Inhibitorkonzentrationen (s. Gl. (15-39) mit $i = i_0$). Die Koeffizienten z_3 wurden nach Gl. (15-46) durch formale Integration bestimmt (mit Δ = 180s) [Verhagen 1982].

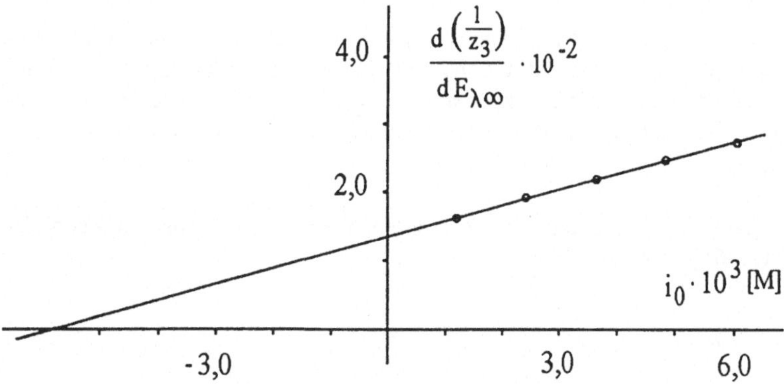

Abb. 15-4 Diagramm $d(1/z_3)/d E_{\lambda\infty}$ vs. i (s. Gl. 15-40) der Reaktion (15-45). Die Steigungen $d(1/z_3)/d E_{\lambda\infty}$ wurden aus der Abb. 15-3 bestimmt [Verhagen 1982].

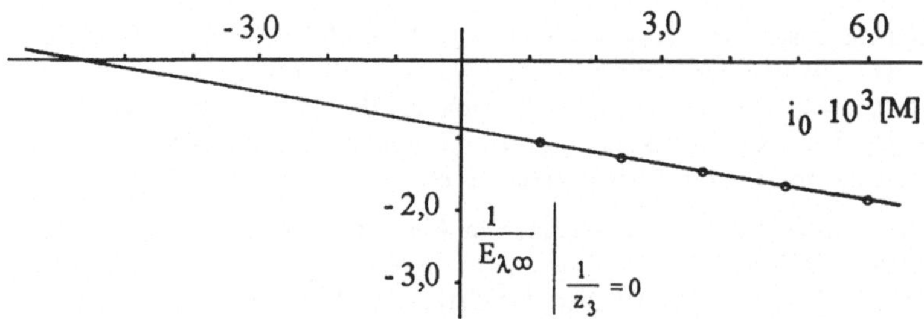

Abb. 15-5 Diagramm $1/E_{\lambda\infty}$ (bei $1/z_3 = 0$) vs. i (s. Gl. (15-41)) der Reaktion (15-45). Die Werte $1/E_{\lambda\infty}$ stellen die reziproken Werte der Abszissenschnittpunkte der Geradenschar aus Abb. 15-3 dar [Verhagen 1982].

Die nach Gl. (15-46) bestimmten z_4-Werte können ebenfalls zur Auswertung herangezogen werden. In der Abb. 15-6 ist das nach Gl. (15-42) konstruierte Diagramm $1/z_4$ vs. $E_{\lambda\infty}$ dargestellt.

Wie man sieht, wird wieder eine Geradenschar erhalten, die sich in einem Punkt schneidet; dieser Schnittpunkt liegt aber hier im 3. Quadranten des Koordinatensystems. Die Geradenschar schneidet die Ordinate und die Abszisse in verschiedenen Punkten. Diese können nach den Glgn. (15-43) und (15-44) ausgewertet werden, wie die Abb. 15-7 und 15-8 zeigen.

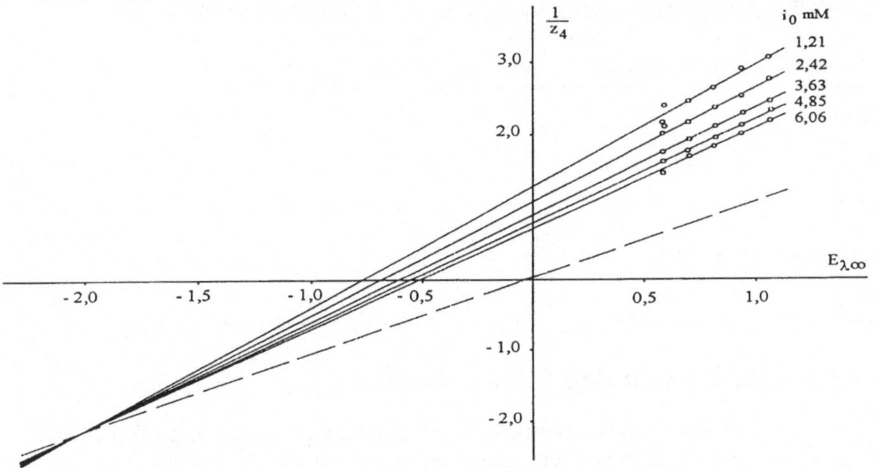

Abb. 15-6 Auswertung der Reaktion (15-45) nach Gl. (15-42) durch das Diagramm $1/z_4$ vs. $E_{\lambda\infty}$ [Verhagen 1982].

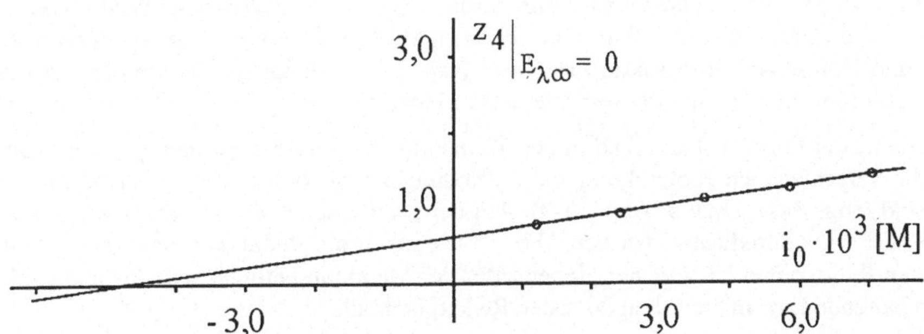

Abb. 15-7 Auswertung der Ordinatenschnittpunkte der Geradenschar aus Abb. 15-6 nach Gl. (15-43) (Diagramm z_4 (bei $E_{\lambda\infty} = 0$) vs. i) [Verhagen 1982].

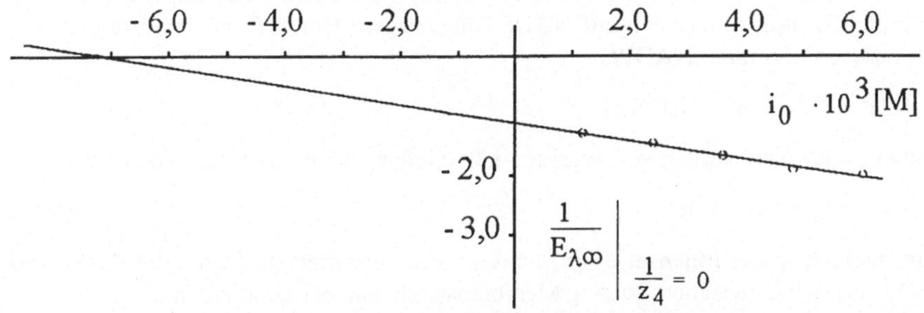

Abb. 15-8 Auswertung der Abszissenschnittpunkte der Geradenschar aus Abb. 15-6 nach Gl. (15-44) (Diagramm $1/E_{\lambda\infty}$ (bei $1/z_4 = 0$) vs. i) [Verhagen 1982].

Aus den Diagrammen (15-3) - (15-8) können die gesuchten Konstanten K_m, K_{i1}, K_{i2} und $\dot{p}_{max}$ bestimmt werden. Ihre Größen sind in der Tabelle 15-1 angegeben.

Tabelle 15-1 Die kinetischen Konstanten K_m, K_{i1}, K_{i2} und $\dot{p}_{max}$ der alkalischen Phosphatase (1,0 M TRIS, pH = 8,0; 25,0 °C), bestimmt durch formale Integration über Gl. (15-46) [Verhagen 1982].

Auswertung nach Gl.	$K_m \cdot 10^5$[M]	$K_{i1} \cdot 10^5$[M]	$K_{i2} \cdot 10^3$[M]	$\dot{P}_{max} \cdot 10^7$ [M^{-1} s^{-1}]
(15-40)	-	-	5,83	4,33
(15-41)	6,40	-	5,75	-
(15-42)	-	11,7	-	-
(15-42) und (15-43)	5,09	-	8,19	-
(15-44)	5,19	-	7,45	-

15.3 Die Photosynthese in den Chloroplasten

In der modernen Landwirtschaft werden Herbizide zur Unkrautbekämpfung in großen Mengen eingesetzt. Viele Herbizide müssen dabei von den Blättern aufgenommen werden, von wo aus sie ihren eigentlichen Wirkungsort in der Pflanze erreichen (im Durchschnitt werden ca. 10% des ausgesprühten Herbizids vom Blatt aufgenommen). Nur wenige Herbizide wirken am Penetrationsort oder in unmittelbarer Nähe. Ein Herbizid mit dieser Eigenschaft wird als **Kontaktherbizid** bezeichnet. Hierzu zählen die Phenolherbizide **Dinoseb** (2-sec-Butyl-4,6-dinitrophenol) und Dinosebacetat (Strukturformeln: s. Kap. 7.1.1). Hauptangriffsorte dieser Herbizide sind die Chloroplasten, wo die Photosynthese stattfindet.

Die Pigmente der Photosynthese sind in den Thylakoidmembranen der Chloroplasten lokalisiert, wobei die verschiedenen Proteinkomplexe nach steigendem Redoxpotential „Z-förmig" angeordnet sind (sog. Z-Schema: s. Abb. 15-9). Auf der „Außenseite" der Membran sitzt die Ferredoxin-$NADP^+$-Oxidoreductase (in der Abb. 15-9 einfach als Reductase bezeichnet), mit dem niedrigsten Redoxpotential. Auf der „Innenseite" der Membran befindet sich das manganhaltige „wasserspaltende Enzym" mit dem höchsten Redoxpotential.

Das Z-Schema besteht aus zwei Photoreaktionszentren: den Pigmentsystemen I und II (PS I und PS II oder auch P_{700} und P_{680} wegen ihrer Absorptionsmaxima bei 700 bzw. 682 nm benannt). Hier werden durch Lichtabsorption Elektronen aus Chlorophyllmolekülen abgespalten und über verschiedene Proteinkomplexe letztlich auf $NADP^+$ übertragen. Durch Protonenverbrauch entsteht so an der äußeren Membran NADPH:

$$NADP^+ + 2e^- + H^+ \rightarrow NADPH \tag{15-47}$$

Die verbrauchten Elektronen werden von Wasser nachgeliefert, indem die Reaktion abläuft:

$$2\,H_2O \rightarrow O_2 + 4\,H^+ + 4e^- \tag{15-48}$$

In dieser Weise werden an der Innenseite der Membran Protonen erzeugt. Durch die Reaktionen (15-47) und (15-48) wird zwischen beiden Membranseiten ein pH-Gradient aufbaut, der zur ATP-Synthese herangezogen werden kann. – Die im Photoreaktionszentrum PS II abgespaltenen Elektronen werden auf Proteinkomplexe der „Q-B-Region" übertragen und von dort weiter auf PS I.

Phenolherbizide sowie auch Atrazine können die Q-B-Region von der äußeren Seite der Thylakoidmembran her angreifen und sich dort spezifisch an Proteine anlagern (für Phenolherbizide scheint dafür ein 41 kD-Protein und für die Atrazine ein 32 kD-Protein in Frage zu kommen). Vermutlich erfahren dadurch die Proteinkomplexe eine Konformationsänderung, die den Elektronentransport unterbindet oder erschwert. Es können so Elektronen z.B. auf Sauerstoff übertragen und dadurch Superoxidradikalanionen entstehen, die die Zellmembran zerstören. Ebenso können weitere „unkontrollierte" Reaktionen ablaufen (wie z.B. die Bildung von Singulettsauerstoff), die zur Zellschädigung führen.

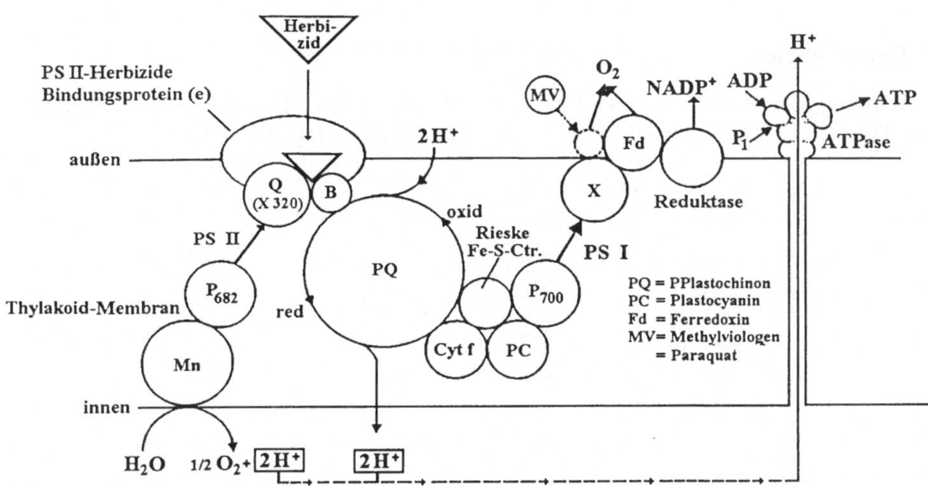

Abb. 15-9 Z-Schema der Photosynthese nach [Hock, Elstner 1985].

Bicarbonat (HCO_3^-) ist für einen ungestörten Elektronenfluß zwischen dem PS II-Zentrum und dem „Plastochinon-Pool PQ" essentiell (CO_2, H_2CO_3 und CO_3^{2-} können hier nicht die Rolle von HCO_3^- übernehmen [Blubaugh, Govindjee 1986]). Es lagert sich an dieselbe Stelle der Q-B-Region an, wo auch die Phenolherbizide gebunden werden können. Bicarbonat und Phenolherbizide können also um dieselbe Bindungsstelle konkurrieren (**kompetitive Inhibition**). – Anstelle von Bicarbonat kann auch Formiat an derselben Stelle gebunden werden. Im Gegensatz zu Bicarbonat unterbricht es aber den Elektronenfluß [Snel et al. 1984]. Diese Inhibierung kann durch Bicarbonat wieder aufgehoben werden, indem es Formiat reversibel verdrängt. In dieser Weise ist im Dunkeln eine Reaktivierung der Chloroplasten innerhalb von 120 Sekunden möglich.

Die photosynthetische Elektronentransportkette kann mit Hilfe der bekannten **Hill-Reaktion** einfach studiert werden:

$$2\ H_2O + 2A \xrightarrow[\text{Chloroplasten}]{h\nu} 2\ AH_2 + O_2 \qquad (15\text{-}49)$$

(A = Elektronenakzeptor)

Anstelle des natürlichen Elektronenakzeptors $NADP^+$ werden üblicherweise künstliche Akzeptoren wie z.B. 2,6-Dichlorphenolindophenol (DCPIP), Kaliumhexacyanoferrat-(III) oder Methylviologen (MV) als „**Hill-Reagenzien**" eingesetzt und so die Sauerstoffproduktion in Gang gehalten. Im Fall von DCPIP kann die Photosynthese spektroskopisch verfolgt werden. Bei Kaliumhexacyanoferrat-(III) wird vorzugsweise der gebildete Sauerstoff ampèrometrisch mit der „Clark-Elektrode“ bestimmt.

Bei intakten Thylakoidmembranen werden die Elektronen der Transportkette von allen drei genannten Elektronenakzeptoren (DCPIP, MV, Hexacyanoferrat-(III)) hinter dem PS I-Zentrum aufgenommen (s. Angriffsort von MV in Abb. 15-9). Diese Stoffe greifen also nicht die Thylakoidmembran in der Nähe der Q-B-Region an; sie haben vermutlich keinen großen Einfluß auf die physikalisch-chemischen Eigenschaften der Bicarbonat (bzw. Formiat oder Dinoseb) - Bindestelle.

15.3.1 Ein mögliches enzymkinetisches Modell

Für die Wirkung von Phenolherbiziden (Dinoseb) auf Chloroplasten kann folgendes vereinfachtes enzymkinetisches Modell herangezogen werden [Polster, Sonntag et al. 1987]:

$$\begin{array}{ccccccc}
E+A & & \overset{K_A}{\rightleftharpoons} & & EA & & \\
 & & & & + & & \\
E+I & \overset{K_I}{\rightleftharpoons} & EI & & S & & \\
+ & & + & & & & \\
S & & S & & & & \\
\Updownarrow K_S & & \Updownarrow K_S & & \Updownarrow K_S & & \\
ES+I & \overset{K_I}{\rightleftharpoons} & EIS & & & & \\
ES+A & & \overset{K_A}{\rightleftharpoons} & & EAS & \overset{k}{\longrightarrow} & EA+P
\end{array} \qquad (15\text{-}50)$$

E = Photosynthetische Elektronentransportkette mit Bicarbonat-/Formiat-/Inhibitor-Bindestelle
A = Aktivator (HCO_3^-)
I = Inhibitor (Dinoseb)
S = Substrat (Hill-Reagenz: DCPIP, $K_3[Fe(CN)_6$, etc.)
P = Produkt ($DCPIPH_2$, $[Fe(CN)_6]^{4-}$, O_2, etc.)

Wenn man nun nach Michaelis-Menten annimmt, daß sich die einzelnen Komplexe zwischen Protein, Aktivator, Inhibitor und Substrat relativ schnell einstellen und die Produktbildungsreaktion

$$\mathrm{EAS} \xrightarrow{k} \mathrm{EA+P} \qquad (15\text{-}51)$$

geschwindigkeitsbestimmend ist, gilt für die Reaktionsgeschwindigkeit

$$v = \frac{dp}{dt} = k \cdot eas \quad . \qquad (15\text{-}52)$$

Die maximale Reaktionsgeschwindigkeit V_m wird erreicht, wenn $e_0 = eas$ ist (e_0 = Gesamtmenge der Photosyntheseeinheiten):

$$V_m = k\, e_0 \qquad (15\text{-}53)$$

Da die Bindungsorte von A (bzw. I) und S räumlich weit entfernt liegen und eine gegenseitige Beeinflussung wohl auszuschließen ist, kann angenommen werden, daß die **Substratkonstante** K_s unabhängig davon ist, ob die Q-B-Region mit A oder I besetzt ist oder nicht:

$$K_s = \frac{e \cdot s}{es} = \frac{ea \cdot s}{eas} = \frac{ei \cdot s}{eis} \tag{15-54}$$

Analog kann erwartet werden, daß die **Aktivatorkonstante** K_A und die **Inhibitorkonstante** K_i unabhängig vom Besetzungszustand der Substratbindungsstelle sind:

$$K_A = \frac{e \cdot a}{ea} = \frac{es \cdot a}{eas} \quad , \tag{15-55}$$

$$K_i = \frac{e \cdot i}{ei} = \frac{es \cdot i}{eis} \quad . \tag{15-56}$$

Mit Hilfe der stöchiometrischen Rahmenbedingung

$$e_0 = e + ea + es + eas + ei + eis \tag{15-57}$$

erhält man aus Gl. (15-26)

$$K_s \cdot eas = ea \cdot s = (e_0 - e - es - eas - ei - eis) \cdot s$$

bzw.

$$eas = \frac{(e_0 - e - es - ei - eis) \cdot s}{s + K_s} \quad . \tag{15-58}$$

Aus den Glgn. (15-54) und (15-55) folgt für e:

$$e = \frac{K_A}{a} \cdot \frac{K_s}{s} \cdot eas \tag{15-59}$$

Nach Gl. (15-55) ist

$$es = \frac{K_A}{a} \cdot eas \tag{15-60}$$

und nach Gl. (15-56):

$$ei = \frac{e \cdot i}{K_i} \quad . \tag{15-61}$$

Wird Gl. (15-59) in Gl. (15-61) eingesetzt, erhält man

$$ei = \frac{K_A}{a} \cdot \frac{K_s}{s} \cdot \frac{i}{K_i} \cdot eas \quad . \tag{15-62}$$

Aus den Glgn. (15-56) und (15-60) folgt analog:

$$eis = \frac{es \cdot i}{K_i} = \frac{K_A}{a} \cdot \frac{i}{K_i} \cdot eas \tag{15-63}$$

Führt man die Glgn. (15-59), (15-60), (15-62) und (15-63) in Gl. (15-58) ein, erhält man:

$$eas = \left[e_0 - \left(\frac{K_A}{a} \cdot \frac{K_s}{s} + \frac{K_A}{a} + \frac{K_A}{a} \cdot \frac{K_s}{s} \cdot \frac{i}{K_i} + \frac{K_A}{a} \cdot \frac{i}{K_i} \right) eas \right] \cdot \frac{s}{s + K_s}$$

oder nach Umstellung:

$$eas = \frac{e_0}{\left(1 + \frac{K_s}{s}\right)\left[1 + \frac{K_A}{a}\left(1 + \frac{i}{K_i}\right)\right]} \quad . \tag{15-64}$$

Aus Gl. (15-52) folgt damit unter Berücksichtigung von Gl. (15-53):

$$\mathrm{v} = \frac{V_m}{\left(1 + \frac{K_s}{s}\right)\left[1 + \frac{K_A}{a}\left(1 + \frac{i}{K_i}\right)\right]} \tag{15-65}$$

Für die Konstruktion des Lineweaver-Burk-Diagramms wird hieraus der Kehrwert gebildet:

$$\frac{1}{\mathrm{v}} = \frac{1}{V_m} \cdot \left(1 + \frac{K_s}{s}\right)\left[1 + \frac{K_A}{a}\left(1 + \frac{i}{K_i}\right)\right] \tag{15-66}$$

oder nach Umstellung:

$$\frac{1}{\mathrm{v}} = \frac{1}{V_m} \cdot \left(1 + \frac{K_s}{s}\right) + \frac{K_A}{V_m} \cdot \left(1 + \frac{K_s}{s}\right)\left(1 + \frac{i}{K_i}\right) \cdot \frac{1}{a} \quad . \tag{15-67}$$

Mit Hilfe der letzten beiden Beziehungen ist es möglich, K_s, K_A, und K_i zu bestimmen, wenn die Einwaagekonzentrationen von S, A und I variiert und die Anfangssteigungen $(\mathrm{d}p/\mathrm{d}t)_{t=0}$ bestimmt werden [Polster et al. 1987; Vogel 1986].

15.3.2 Die Wirkung von Dinoseb

Die Aktivität von Chloroplasten kann spektroskopisch oder elektrochemisch einfach bestimmt werden. Die Elektronen der lichtgetriebenen Transportkette können beispielsweise auf Dichlorphenolindophenol (DCPIP) übertragen werden (s. Gl. (15-49)). Dadurch verschwindet allmählich die blaue Farbe der Lösung und es entsteht $DCPIPH_2$:

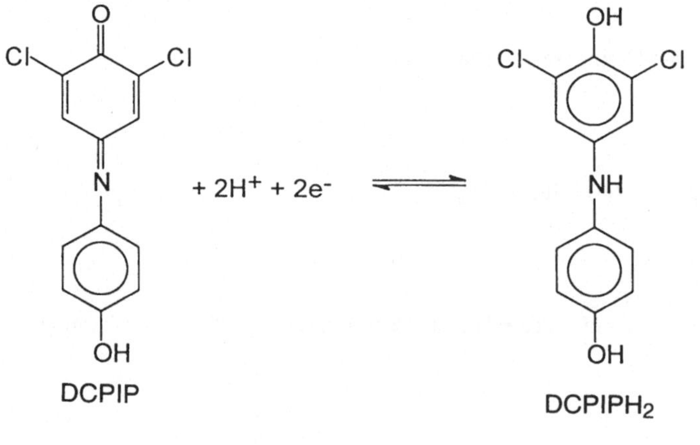

DCPIP $+ 2H^+ + 2e^- \rightleftharpoons$ $DCPIPH_2$ (15-68)

Die zeitliche Abnahme der Extinktion z.B. bei 600 nm ist dann ein Maß für die Chloroplastenaktivität. Die Reaktionsgeschwindigkeit der Produktbildung ($DCPIPH_2$ bzw. O_2) kann demnach graphisch aus der Steigung der Extinktions-Zeit-Kurve zum Zeitpunkt $t = 0$ bestimmt werden. Die zu $t = 0$ gehörenden Konzentrationen von A, S und I entsprechen dann deren Einwaagekonzentrationen (die im nachfolgenden einfach mit a, s und i bezeichnet werden). – In der Abb. 15-10 sind typische Extinktions-Zeit-Kurven dargestellt, die erhalten werden, wenn Chloroplastensuspensionen (von Spinat) in Gegenwart von DCPIP und dem Herbizid Dinoseb bestrahlt werden.

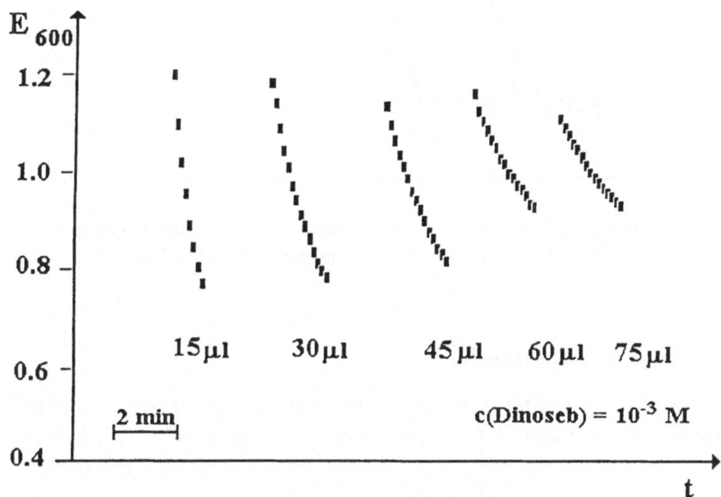

Abb. 15-10 Bestimmung der Chloroplastenaktivität von Spinat in Abhängigkeit von Dinoseb mit Hilfe von gebildetem $DCPIPH_2$ (Strahlungsquelle: Diaprojektor, Beobachtungswellenlänge: 600 nm; Zugabe von 15, 30, 45, 60, 75 µl einer 1 mM Dinoseb-Stammlösung zu jeweils 3 ml einer DCPIP-Chloroplasten- Suspension).

Der bei der Bestrahlung von Chloroplasten gebildete Sauerstoff kann bequem mit Hilfe einer Clark-Elektrode ampèrometrisch bestimmt werden. Dazu wird zunächst die Chloroplastensuspension im Dunkeln mit Stickstoff begast und so der molekular gelöste Sauerstoff verdrängt. In Gegenwart von Kaliumhexacyanoferrat-(III) setzt dann nach Belichten die Sauerstoffproduktion ein. In der Abb. 15-11 sind charakteristische Sauerstoff-Zeit-Kurven in Abhängigkeit von Dinoseb dargestellt. Aus der Anfangssteigung kann die Reaktionsgeschwindigkeit der Produktbildung (O_2 bzw. $[Fe(CN)_6]^{4-}$) bestimmt werden (s. Gl. (15-21). Wie man aus der Abbildung sieht, nimmt die O_2-Produktion mit steigender Dinosebkonzentration ab. Im nachfolgenden werden Ergebnisse behandelt, die mit Hilfe der Clark-Elektrode erhalten wurden.

Experimentelle Details zur spektroskopischen und elektrochemischen Untersuchung der Photosynthese in Chloroplasten sind in [Buschmann, Grumbach 1985] angegeben.

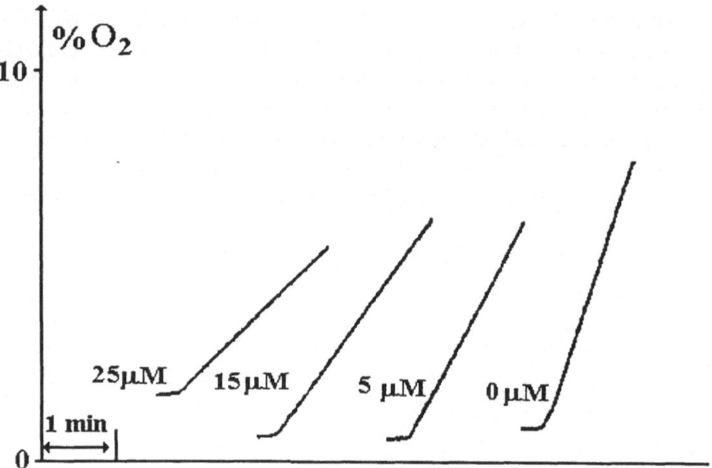

Abb. 15-11 Bestimmung der Chloroplastenaktivität von Spinat mit Hilfe einer Clark-Elektrode in Abhängigkeit von Dinoseb (Elektronenakzeptor: Kaliumhexacyanoferrat-(III); Strahlungsquelle: Diaprojektor).

a) Die Bestimmung der Substratkonstanten K_S

Für die Bestimmung der Chloroplastenaktivität wurde als Substrat Kaliumhexacyanoferrat-(III) verwendet. Zur Bestimmung der Substratkonstanten K_s wird von der umgestellten Gl. (15-66) ausgegangen:

$$\frac{1}{\mathrm{v}} = \frac{1}{V_m}\left[1 + \frac{K_A}{a}\left(1 + \frac{i}{K_i}\right)\right] + \frac{K_s}{V_m}\left[1 + \frac{K_A}{a}\left(1 + \frac{i}{K_i}\right)\right]\frac{1}{s} \tag{15-69}$$

Bestimmt man für verschiedene Dinosebkonzentrationen i bei variierter Substratkonzentration s, aber bei gleichbleibender Menge a (Aktivator HCO_3^-) die Größen 1/v und trägt diese in einem Diagramm gegen die entsprechenden $1/s$-Werte auf, so erhält man Abb. 15-12. Die Geraden schneiden sich im Rahmen der Meßgenauigkeit in einem Punkt auf der Abszisse. Nach Gl. (15-69) gilt für diesen (1/v = 0):

$$\frac{1}{s} = -\frac{1}{K_s} \tag{15-70}$$

Für K_s erhält man hier den Wert [Sonntag 1985; Polster, Sonntag 1986]:

$$K_s \approx 12 \cdot 10^{-5}\ M$$

In Gegenwart von 85 mM Formiatlösung und einer Bicarbonatkonzentration von 5 mM wurde bei einer weiteren Messung der Wert [Vogel 1986; Polster, Sonntag et al. 1987]]

$$K_s \approx 8 \cdot 10^{-5}\ M \tag{15-71}$$

gefunden (Phosphatpuffer pH=6,5; 15 °C).

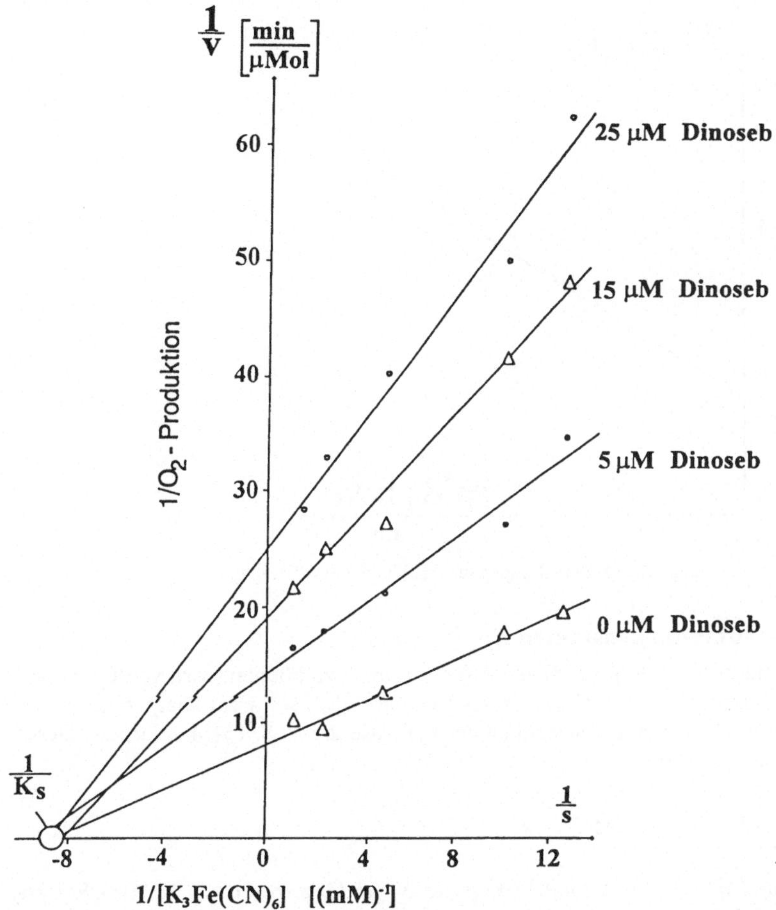

Abb. 15-12 Diagramm 1/v vs. 1/*s*. Hemmung der Hillreaktion durch Dinoseb (Substrat: Kaliumhexacyano-ferrat-(III); HEPES-Puffer, pH = 7,6; Chlorophyllkonzentration: 1,5 - 3 mg/ml Chloroplastensuspension; 15,0 °C; Strahlungsquelle: 60 W Diaprojektor in ca. 10 cm Abstand zur Clark-Zelle) [Sonntag 1985].

b) Bestimmung der Aktivatorkonstanten K_A

Für die Bestimmung der Aktivatorkonstanten K_A (Aktivator A: $a = [HCO_3^-]$) kann von Gl. (15-67) ausgegangen werden. Hieraus folgt für $i = 0$:

$$\frac{1}{v} = \frac{1}{V_m}\left(1 + \frac{K_s}{s}\right) + \frac{K_A}{V_m}\left(1 + \frac{K_s}{s}\right) \cdot \frac{1}{a} \tag{15-72}$$

Der Graph dieser Beziehung ist in Abb. 15-13 dargestellt. Die resultierende Gerade schneidet die Abszisse in

$$\frac{1}{a} = -\frac{1}{K_A} = -0.56 \cdot 10^{+3}\ \text{M} \quad . \tag{15-73}$$

Für K_A erhält man hier den Wert (in Gegenwart von 85 mM Formiat; Phosphatpuffer pH 6,5)

$$K_A = 1{,}8\ \text{mM} \tag{15-74}$$

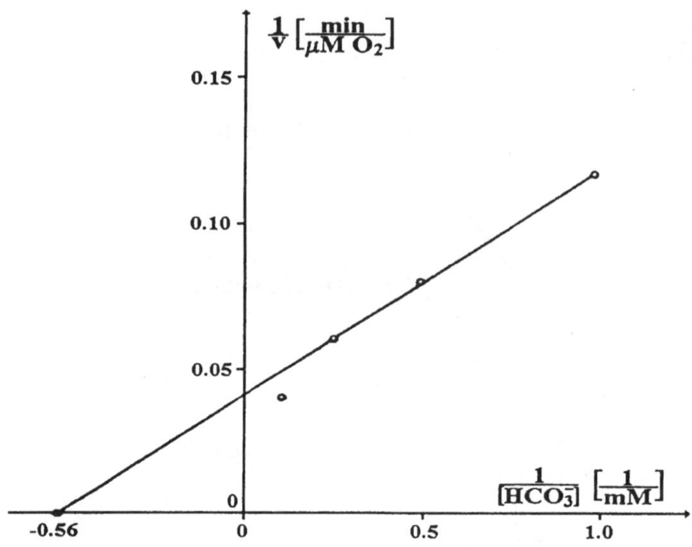

Abb. 15-13 Diagramm 1/v vs. $1/a$ (s. Gl. (15-72)); Temperatur: 15,0°C; 85 mM Formiat.

c) Bestimmung der Inhibitorkonstanten K_i

Um die Inhibitorkonstante K_i (Inhibitor = Dinoseb) bestimmen zu können, wird von Gl. (15-67) ausgegangen. Wenn a und s konstant sind und nur i variiert wird, sollte im Diagramm $1/v$ vs. i eine Gerade resultieren. Dies ist auch tatsächlich der Fall, wie die Abb. 15-14 zeigt. Die Gerade schneidet die Abszisse (Abs) bei

$$i_{Abs} = -\left(1+\frac{a}{K_A}\right)K_i = -0.13 \text{ mM} \quad . \tag{15-75}$$

Mit K_A = 1,8 mM und a = 2,5 mM folgt hieraus für K_i (in Gegenwart von 85 mM Formiat; Phosphatpuffer pH = 6,5):

$$K_i = 54 \text{ nM} \tag{15-76}$$

Dinoseb ist also ein starker Inhibitor der Photosynthese.

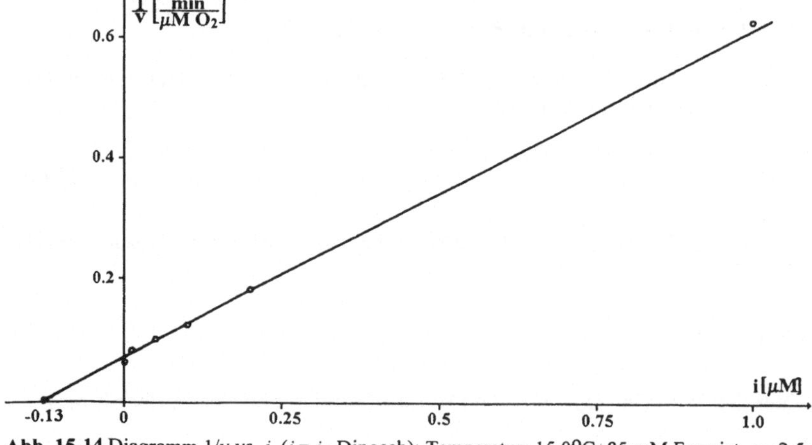

Abb. 15-14 Diagramm 1/v vs. i ($i = i_0$ Dinoseb); Temperatur: 15,0°C; 85 mM Formiat. a= 2,5 mM HCO_3^-.

16 Fluorimetrisch-kinetische Analyse

16.1 Allgemeine Begriffe

Im Kap. 4.1 sind die physikalischen Primärprozesse erläutert, die bei der Entstehung von Fluoreszenzlicht ablaufen. Ob ein Molekül fluoresziert, hängt wesentlich von seiner Struktur ab. In Lösung fluoreszieren bevorzugt solche Moleküle, die über leicht anregbare (π-) Elektronen verfügen, die über einen großen Raumbereich „verschmiert“ sind. Beispiele dafür stellen Anthracen, Fluorescein, DEMC (7,7'-N-Diethylamino-4-methylcumarin) und CPTC (7-(4-Chlor-3-methylpyrazol-1-yl)-3-(4-methyl-1,2,4-triazol)-cumarinsulfat dar:

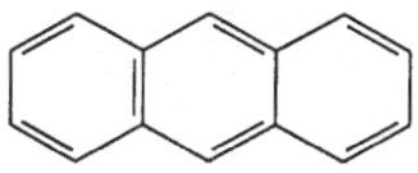

Anthracen

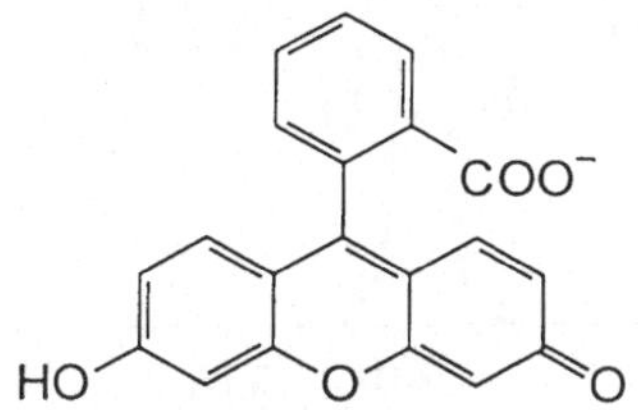

Fluorescein

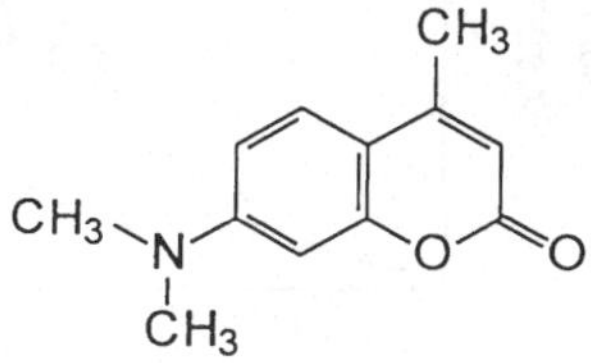

DEMC

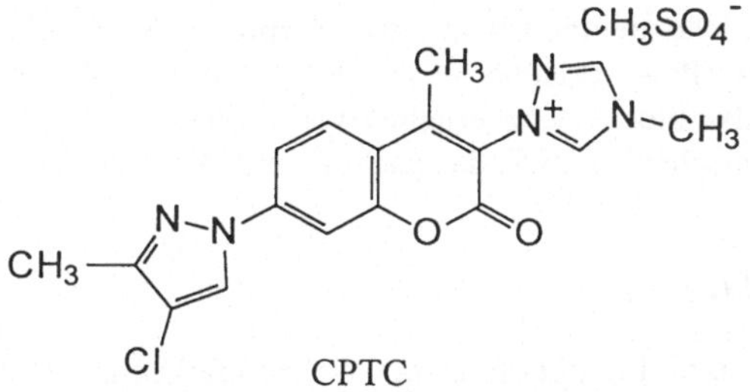

CPTC

Es gibt intra- und intermolekulare **Fluoreszenzlöschung**. Intramolekulare Fluoreszenzlöschung kann beispielsweise beobachtet werden, wenn im Ringsystem Wasserstoff durch Jod ersetzt ist. Intermolekulare Fluoreszenzlöschung tritt häufig in Gegenwart von Schwermetallionen, Halogenidionen oder Sauerstoff auf. Ferner führen erhöhte Fluoreszenzfarbstoff-Konzentrationen (sog. Eigenlöschung) und zunehmende Polarität des Lösungsmittels zur Fluoreszenzlöschung.

In der Abb. 16-1 ist das Absorptions- und Fluoreszenzspektrum von Anthracen in Cyclohexan dargestellt. Wie man sieht, verhalten sich beide Spektren nahezu spiegelsymmetrisch. Die Spiegelachse gibt den 0-0-Übergang an. Hier werden die gleichen Energieunterschiede bei der Absorption und Fluoreszenz angetroffen. Der 0-0-Übergang kann allerdings im Fluoreszenzspektrum weniger stark ausgeprägt sein, wenn z.B. das innerhalb der Meßküvette emittierte Licht von anderen Fluoreszenzfarbstoffmolekülen auf seinem Weg nach „außen“ absorbiert wird. Diese Absorption ist umso wahrscheinlicher, je größer die Konzentration des Fluoreszenzfarbstoffes ist. Bei höherer Konzentration wird daher auch eine „Lücke“ zwischen dem Absorptions- und Emissionsspektrum beobachtet (sog. innerer Filtereffekt). Deswegen ist die „**innere**“ von der „**äußeren**“ **Fluoreszenz** zu unterscheiden. Wegen dieser Löscheffekte (und weiterer Gründe, die im Kap. 16.4. behandelt werden) ist eine Konzentrationsbestimmung über Fluoreszenz-

Intensitätsmessungen problematisch. In der Tat ist die allgemeine Beziehung zwischen Intensität und Konzentration viel komplizierter als beim Lambert-Beer-Bouguerschen Gesetz, dem Grundgesetz der Absorptionsspektroskopie.

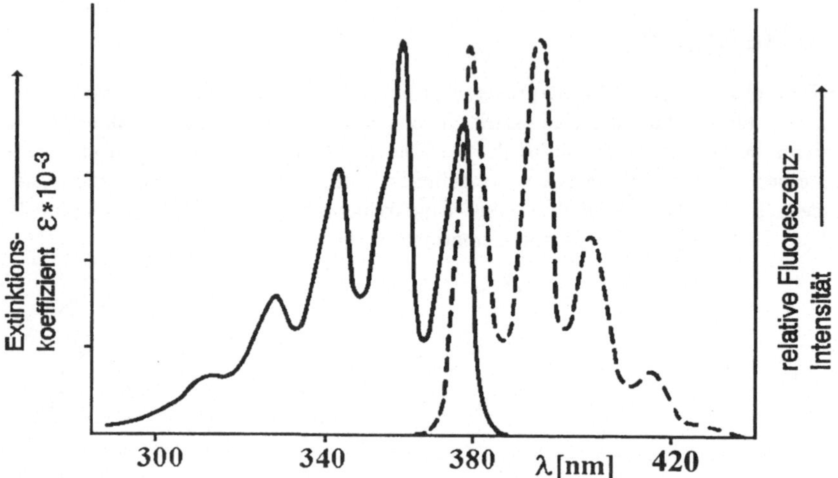

Abb. 16-1 Absorptions- und Fluoreszenzspektrum von Anthrazen in Cyclohexan [Galla 1988].

Trotz der komplizierteren Grundlage ist die Fluoreszenzspektroskopie in der modernen (physikalischen) Biochemie und Chemie weit verbreitet. So spielt sie bei optischen Biosensoren eine wichtige Rolle [Polster, Höbel et al. 1989; Höbel et al. 1992a und 1992b; Busch et al. 1993]. Ebenso ist das Fluoreszenzverhalten von Molekülen beim „durchstimmbaren" Laser im UV-VIS-Bereich entscheidend, wie das nachfolgende Kapitel zeigt.

16.2 Farbstofflaser

Ein modernes Beispiel für den Einsatz von Fluoreszenzfarbstoffen stellen durchstimmbare Farbstofflaser dar. Laser besitzen eine

- hohe Intensität,
- hohe Monochromasie und
- hohe Bündelung des Lichtes in einer Richtung (kleiner Leuchtfleck).

Laser werden in großen Mengen für die Herstellung von Bildspeicherplatten (d.h. zur optischen Speicherung von Informationen) und von Druckern (Diodendrucker) gebaut. Der Farbstofflaser kann eingesetzt werden bei der

- Isotopentrennung,
- Photopolymerisation,
- photochemischen Herstellung von Pharmazeutika (Vitamin D3; Cytostatica) und
- der Herstellung von aufgelösten Oberflächenstrukturen (Leiterplatten).

Bei einem Farbstofflaser besteht das aktive Medium aus einem Fluoreszenzfarbstoff, der z.B. in Ethanol, Methanol oder Wasser gelöst ist. Die Konzentration liegt etwa im Bereich 0,1-1 mM. Über 500 verschiedene Fluoreszenzfarbstoffe sind beschrieben, jedoch eignen sich für den kontinuierlichen Betrieb nur relativ wenige Farbstoffe. Für die Abdeckung des gesamten sichtbaren Spektralbereiches stehen etwa 100 Farbstoffe zur Verfügung. Bedeutung haben hier u.a. Farbstoffe auf der Basis der Cumarine, Fluoresceine, Rhodamine und Xanthene. Die pro Farbstoff durchführbare kontinuierliche Wellenlängenabstimmung des Lasers liegt im Bereich von ca. 20-90 nm. Entscheidend für diesen Bereich ist die Breite und Intensität des Fluoreszenzspektrums. Der Arbeitsbereich des Farbstofflasers liegt meistens im Bereich des Fluoreszenzmaximums. So liegt beispielsweise das Fluoreszenzmaximum von Fluorescein bei 552 nm. Der Arbeitsbereich des Fluorescein-Lasers liegt demnach bei ca. 540-570 nm.

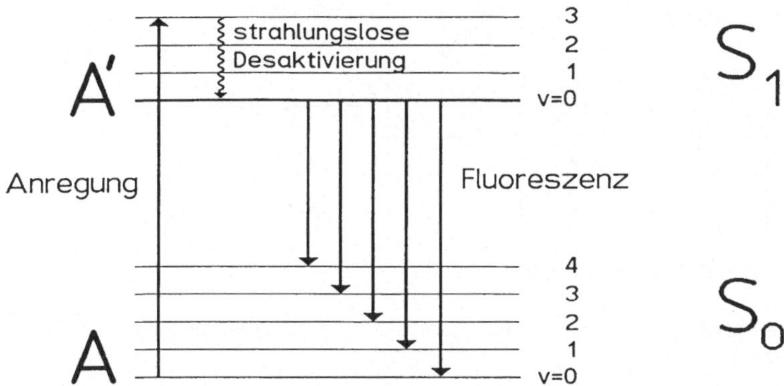

Abb. 16-2 Jablonski-Termschema für einen Fluoreszenzfarbstoff.

In der Abb. 16-2 sind die Vorgänge dargestellt, die zur Fluoreszenz führen. Das Farbstoffmolekül (A) nimmt Energie im Elektronengrundzustand (S_0) aus der Strahlung auf. Ein Elektron wird dadurch in den angeregten Elektronenzustand (S_1) überführt. Während nach dem Boltzmannschen Energieverteilungsgesetz im S_0-Zustand die Grundschwingung (v = 0) dominiert, wird bei der Elektronenanregung im allgemeinen ein angeregter Schwingungszustand eingenommen. Durch strahlungslose Desaktivierung wird dann innerhalb von 10^{-13}-10^{-12} s der Zustand v = 0 von S_1 erreicht. Dieser Zustand besitzt eine relativ hohe Lebensdauer (10^{-9}-10^{-7}s; nach Kap. 4.1 wird dieser Zustand des Moleküls A mit A' bezeichnet). Die Energie von S_1 (v = 0) kann nun in Form von Fluoreszenzlicht abgestrahlt werden. Je nachdem, welcher Schwingungszustand in S_0 dabei erreicht wird, wird Licht unterschiedlicher Energie abgestrahlt. Dabei sind die Rotations- und Schwingungsniveaus durch die Wechselwirkung der Farbstoffmoleküle mit den Lösungsmittelteilchen so stark „stoßverbreitert", daß sie sich überlappen und zu Emissionsbanden führen.

Wenn nun die Farbstofflösung mit Licht hoher Intensität (z.B. mit einer Blitzlampe) bestrahlt wird (s. Abb. 16-3), kann erreicht werden, daß viele Elektronen von v = 0 des S_0-Zustandes in v = 0 des S_1 Zustandes „angehoben" werden. Jedoch kann so maximal nur eine Gleichbesetzung der S_0- und S_1-Zustände erreicht werden. Wenn es jedoch geeignete Energiezustände gibt, die eine größere Energie als S_1 (v = 0) aufweisen, können diese durch Anregung mit Licht hoher Intensität besetzt und so die Elektronen anschließend strahlungslos nach S_1 (v = 0) überführt werden. In dieser Weise ist es durch Anregung möglich, Elektronen über die höheren Energiezustände nach S_1 (v = 0) zu „pumpen" (sog. „**optisches Pumpen**"). Es kann so zu einer „Besetzungsinversion" kommen, d.h. es befinden sich mehr Elektronen im S_1- als im S_0-Zustand. Wenn nun Licht eingestrahlt wird (sog. sekundäres Pumplicht), das einer Energiedifferenz S_1 (v = 0) – S_0 (v ≥ 0) entspricht, kann erreicht werden, daß alle Moleküle den S_1-Zustand (v = 0) innerhalb der Lebensdauer des angeregten Zustandes verlassen und auf das betreffende Schwingungsniveau des S_0-Zustandes „fallen". Dabei wird das eigentliche Laserlicht abgestrahlt. Da die Moleküle im angeregten Zustand durch das sekundäre Pumplicht nach unten „abgeholt“ werden, spricht man hier von „**induzierter Emission**“.

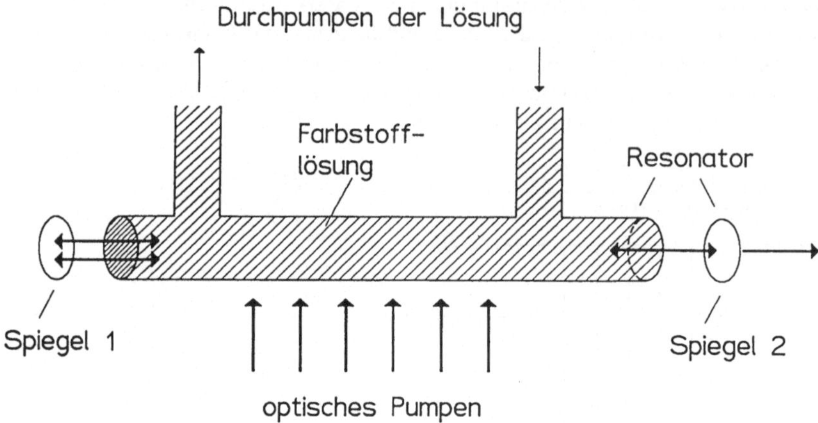

Abb. 16-3 Schematischer, vereinfachter Aufbau eines Farbstofflasers (i. a. wird die Farbstofflösung ständig durch den Resonator gepumpt).

Unter Praxisbedingungen wird diese induzierte Emission in anderer Weise erzeugt. In vereinfachter Darstellung läßt sich dieses wie folgt erreichen: Das laseraktive Medium wird zwischen zwei planparallelen Spiegeln eingeschlossen und die Lösung von der Seite her bestrahlt. Durch dieses optische Pumpen werden einzelne Moleküle veranlaßt, Fluoreszenzlicht abzustrahlen (sog. spontane Emission). Fluoreszenzlicht, das zufällig genau entlang der optischen Achse verläuft, wird von den Spiegeln reflektiert (s. Abb. 16-3). Dadurch kann es zur induzierten Emission kommen, die dazu führt, daß sich im Lasermedium eine stehende Welle ausbildet.

Bei der Ausbildung der stehenden Lichtwelle wird die induzierte Emission kaskadenförmig verstärkt. Mit Hilfe eines teildurchlässigen Spiegels an der einen Wand des „Resonators“ kann nun Laserlicht ausgekoppelt werden.

Zur Wellenlängenabstimmung können Beugungsgitter, Prismen, Filter oder Etalons verwendet werden, mit denen die Wellenlänge der stehenden Lichtwelle im Resonator eingestellt wird. Mehrere Anordnungen wurden dazu entwickelt, die in der Spezialliteratur nachgelesen werden können [Kneubühl, Sigrist 1988; Demtröder 1982].

Folgende Forderungen an die physikalisch-chemischen Eigenschaften eines Laserfarbstoffes werden gestellt:

- Der Absorptionswellenlängenbereich sollte möglichst groß sein (da dann für eine effektive optische Anregung keine wellenlängenselektive Pumpquelle nötig ist),
- das Fluoreszenzspektrum sollte breitbandig sein (damit ein größerer Wellenlängenbereich abgestimmt werden kann),
- das Absorptions- und Fluoreszenzspektrum sollten wenig überlappen und
- photochemische Zersetzungsreaktionen sollten kaum ablaufen.

Besonders der letzte Punkt hat Bedeutung und demnach auch die kinetische Analyse der Photoreaktionen von Laserfarbstoffen. Da aber diese Stoffe i.a. stark fluoreszieren und die Grundgleichung der Fluoreszenzspektroskopie komplizierter ist als das Lambert-Beer-Bouguersche Gesetz, sind bei der fluorimetrisch-kinetischen Analyse mehrere Punkte zu beachten. In den nachfolgenden Kapiteln wird gezeigt, wie die für die Analyse von quasilinearen Photoreaktionen entwickelten Methoden nach entsprechender Modifizierung auch auf fluorimetrisch untersuchte Reaktionen angewendet werden können.

16.3 Die Grundgleichung der Fluoreszenzspektroskopie

Wie aus dem Kap. 6.2 hervorgeht, ist die Wellenlänge des Fluoreszenzlichtes größer als die des Erregerlichtes. Im nachfolgenden wird angenommen, daß das Erregerlicht monochromatisch ist. Seine Wellenlänge wird mit λ' bezeichnet (also mit demselben Symbol wie die Bestrahlungswellenlänge bei Photoreaktionen). Indem die Farbstoffmoleküle (A) das Erregerlicht absorbieren, werden die Moleküle elektronisch angeregt und in den Zustand A' (d.h. in S_1 mit v = 0, s. Kap. 4.1) versetzt. Die Intensität I^F des Fluoreszenzlichtes (der Index F steht für Fluoreszenz) ist demnach proportional zur absorbierten Lichtmenge I_A (bei λ'):

$$I^F \propto I_A \tag{16-1}$$

Nach Kap. 4.5 gilt für I_A (s. Gl. (4-74)):

$$I_A = 1000\, I_0 \left(\frac{1-10^{-E'}}{E'}\right) \varepsilon'_A\, a \tag{16-2}$$

Dabei gibt E' die bei λ' gemessene Extinktion an. Für das nachfolgende spielt der in Kap. 14.2 eingeführte photokinetische Faktor F (der nicht mit F in I^F zu verwechseln ist) eine wichtige Rolle (s. Gl. (14-2)):

$$F := \left(\frac{1-10^{-E'}}{E'}\right) \tag{16-3}$$

Für Gl. (16-2) gilt damit:

$$I_A = 1000\, I_0\, F \varepsilon'_A a \tag{16-4}$$

I^F muß ferner proportional zur Fluoreszenzquantenausbeute η sein:

$$I_A \propto \eta \tag{16-5}$$

Dabei ist η wie folgt definiert:

$$\eta = \frac{\text{Zahl der emittierten Lichtquanten}}{\text{Zahl der absorbierten Lichtquanten}} \tag{16-6}$$

Da die Intensität des Fluoreszenzlichtes nicht in der Richtung des eingestrahlten Erregerlichtes gemessen wird, sondern seitlich dazu (meistens im rechten Winkel), ist I^F auch proportional zur gemittelten Länge d der Beobachtungsschichtdicke

$$I^F \propto d\ . \tag{16-7}$$

Aus den Glgn. (16-1), (16-4), (16-5) und (16-7) folgt bisher:

$$I^F \propto 1000\, d\, I_0\, F\, \eta\, \varepsilon'_A\, a \tag{16-8}$$

Das von der Küvettenlösung emittierte Fluoreszenzlicht ist polychromatisch. Die bei der Wellenlänge λ gemessene Fluoreszenzintensität I^F_λ stellt demnach nur einen Teil der gesamten Intensität des Fluoreszenzlichtes dar (in der Literatur wird anstelle von λ gelegentlich auch das Symbol α verwendet, um zum Ausdruck zu bringen, daß bei kombinierten Absorptions- und Fluoreszenzmessungen die Beobachtungswellenlängen im allgemeinen verschieden sind; auf diese Unterscheidung wird hier verzichtet). Dieser Teil wird als **„spektrale Verteilung“** und nachfolgend mit f_λ bezeichnet. Damit gilt für I_λ^F:

$$I_\lambda^F \propto f_\lambda \, I^F \qquad (16\text{-}9)$$

Aus den letzten beiden Gleichungen folgt:

$$I_\lambda^F \propto 1000 \, d \, I_0 \, F \, \eta \, f_\lambda \, \varepsilon'_A \, a \qquad (16\text{-}10)$$

Da das Fluoreszenzlicht in der Küvette in alle Raumrichtungen abgestrahlt wird, kann nur ein Teil des polychromatischen Fluoreszenzlichtes vom Fluorimeter erfaßt werden. Demnach fällt auch nur ein Teil des (monochromatischen) Lichtes der Wellenlänge λ auf den Photomultiplier des Fluorimeters. Daraus folgt, daß der Teil des erfaßten Fluoreszenzlichtes von der apparativen Geometrie der Meßanordnung abhängt. Dies wird durch die Einführung des sog. **„geometrischen Faktors“** (Γ) berücksichtigt. Dabei ist Γ grundsätzlich eine Funktion der Extinktion E', da I_λ^F davon abhängt, welche „Schicht“ innerhalb der Küvette seitlich beobachtet wird. Für I_λ^F gilt damit

$$I_\lambda^F \propto \Gamma(E') \; . \qquad (16\text{-}11)$$

Schließlich ist noch der **Reflexionsfaktor** r zu beachten, der die Mehrfachreflexionen an den Küvettenwänden berücksichtigt (s. Kap. 4.5). Da auch dieser Term von E' abhängt, gilt für I_λ^F:

$$I_\lambda^F \propto r(E') \qquad (16\text{-}12)$$

Aus den Glgn. (16-10) - (16-12) folgt demnach für I_λ^F:

$$I_\lambda^F \propto 1000 \, d \, I_0 \, F \, r(E') \, \Gamma(E') \, \eta \, f_\lambda \, \varepsilon'_A \, a \qquad (16\text{-}13)$$

Um diese Proportionalitätsbeziehung in eine Gleichheitsbeziehung zu überführen, muß eine Proportionalitätskonstante eingeführt werden. Wenn man diese Proportionalitätskonstante in den geometrischen Faktor $\Gamma(E')$ miteinbezieht, erhält man die Grundgleichung der Fluoreszenzspektroskopie:

$$\boxed{I_\lambda^F = 1000 \, d \, I_0 \, F \, r(E') \, \Gamma(E') \, \eta \, f_\lambda \, \varepsilon'_A \, a} \qquad (16\text{-}14)$$

Diese Beziehung gilt für eine Lösung, in der nur **ein** Stoff (A) fluoresziert. Wenn mehrere (n) Stoffe (A_i) in der Küvette fluoreszieren, ist Gl. (16-14) für jeden dieser Stoffe aufzustellen und deren Beiträge zu addieren. Für die Gesamtintensität des Meßsignals bei der Wellenlänge λ gilt dann:

$$\boxed{I_\lambda^F = 1000 \, d \, I_0 \, F \, r(E') \, \Gamma(E') \sum_{i=1}^{n} \eta_i \, f_{\lambda i} \, \varepsilon'_i \, a_i} \qquad (16\text{-}15)$$

Diese verallgemeinerte Grundbeziehung ist komplizierter als das entsprechende verallgemeinerte Lambert-Beer-Bouguersche Grundgesetz der Absorptionsspektroskopie:

$$E_\lambda = \ell \sum_{i=1}^{n} \varepsilon_{\lambda i}\, a_i \tag{2-11}$$

Demnach sind Fluoreszenzmessungen im allgemeinen nicht so unproblematisch auszuwerten wie Absorptionsmessungen.

Gl. (16-15) ist hier im wesentlichen heuristisch hergeleitet worden. Eine exakte Begründung bleibt der Spezialliteratur vorbehalten [Förster, 1951].

Bei der Ableitung von Gl. (16-15) sind die folgenden Annahmen gemacht [Gauglitz 1974; Gauglitz 1983; Polster, Lachmann 1989]:

- Die Intensität des Erregerlichtes ist konstant,
- das monochromatische Erregerlicht fällt senkrecht auf die Küvette,
- eine Reabsorption des Fluoreszenzlichtes findet nicht statt (keine Eigenlöschung),
- die Konzentrationen etwaiger Fluoreszenzlöscher bleiben konstant (dadurch konstante Fremdlöschung),
- die Lösung ist vollständig klar (keine Lichtstreuung) und
- die Lösung wird bei photochemischen Reaktionen ständig gerührt.

Grundsätzlich ist darauf zu achten, daß durch das Erregerlicht Photoreaktionen ausgelöst werden können (wenn Photoreaktionen fluorimetrisch-kinetisch analysiert werden, ist meistens die gewählte Bestrahlungswellenlänge, bei der die Photoreaktionen ausgelöst werden, mit der Wellenlänge des Fluoreszenzerregerlichtes identisch).

Im nachfolgenden wird bei den untersuchten Reaktionen angenommen, daß sich die Größen $r(E')$ und $\Gamma(E')$ während der gesamten Reaktionszeit nicht ändern. Es kann dann die Konstante K'

$$K' = 1000\, d\, I_0\, r(E')\Gamma(E') = \text{const} \tag{16-16}$$

eingeführt werden. Für Gl. (16-15) gilt dann:

$$I_\lambda^F = K' F \sum_{i=1}^{n} \eta_i\, f_{\lambda i}\, \varepsilon_i'\, a_i \tag{16-17}$$

Diese Beziehung ist die Basisgleichung für die nachfolgenden Ausführungen. Unter der Voraussetzung, daß die Meßlösung nur sehr schwach absorbiert ($E' < 0{,}02$) gilt in guter Näherung (der Fehler beträgt < 3 %)

$$F \approx 2{,}3$$

und es wird aus Gl. (16-17):

$$I_\lambda^F = 2{,}3\; K' \sum_{i=1}^{n} \eta_i\, f_{\lambda i}\, \varepsilon_i'\, a_i \qquad (E' < 0{,}02)\;. \tag{16-18}$$

(der Faktor 2,3 kann wegen Gl. (16-16) auch in K' einbezogen werden).

Wenn allerdings $E' \approx 0{,}1$ ist, beträgt der Fehler bei $F = 2{,}3$ immerhin schon ca. 11%.

16.4 Die Reaktionssysteme $A^F \rightarrow B^F$ und $A^F \rightarrow B$

Die Reaktion

$$A^F \rightarrow B^F \qquad \text{bzw.} \qquad A^F \rightarrow B \tag{16-19}$$

stellt entweder eine Dunkel- oder Photoreaktion dar. Da hier besonders die Photostabilität von Laserfarbstoffen interessiert, werden nachfolgend vorzugsweise Photoreaktionen, deren Komponenten fluoreszieren, betrachtet.

16.4.1 Das I- und ID-Diagramm

Für die Intensität I_λ^F des Reaktionssystems

$$A^F \xrightarrow{h\nu} B^F$$

gilt nach Gl. (16-17):

$$I_\lambda^F = K' F(\eta_A f_{\lambda A} \varepsilon'_A a + \eta_B f_{\lambda B} \varepsilon'_B b) \; . \tag{16-20}$$

Mit $a = a_0 - X$ und $b = X$ (s. Glgn. (6-13a) und (6-13b)) folgt hieraus

$$I_\lambda^F = K' F\left[p_{\lambda A} a_0 + (p_{\lambda B} - p_{\lambda A}) X \right] \tag{16-21}$$

mit

$$p_{\lambda A} = \eta_A f_{\lambda A} \varepsilon'_A \quad \text{und} \quad p_{\lambda B} = \eta_B f_{\lambda B} \varepsilon'_B \; .$$

Dividiert man durch F, erhält man

$$\frac{I_\lambda^F}{F} = K'\left[p_{\lambda A} a_0 + (p_{\lambda B} - p_{\lambda A}) X \right] \; . \tag{16-22}$$

Zur Zeit $\Theta = 0$ ist $X = 0$ und I_λ^F und F haben die Werte:

$$I_\lambda^F(\Theta = 0) = I_{\lambda 0}^F \quad \text{und} \quad F(\Theta = 0) = F_0 \; . \tag{16-23}$$

Aus Gl. (16-22) folgt damit:

$$\frac{I_{\lambda 0}^F}{F_0} = K' \, p_{\lambda A} a_0 \tag{16-24}$$

Führt man diese Beziehung in Gl. (16-22) ein, erhält man nach Umstellung:

$$\Delta I_\lambda^F := \frac{I_\lambda^F}{F} - \frac{I_{\lambda 0}^F}{F_0} = P_\lambda X \tag{16-25}$$

mit

$$P_\lambda = K'(p_{\lambda B} - p_{\lambda A}) \; .$$

Der Ausdruck für P_λ steht in Analogie zu Q_λ, das bei der Auswertung der Absorptionsmessungen eine Rolle spielt (s. Gl. (7-2)):

$$Q_\lambda = \ell\,(\varepsilon_{\lambda B} - \varepsilon_{\lambda A}) \tag{7-2}$$

Stellt man Gl. (16-25) für zwei Fluoreszenzwellenlängen $\lambda = 1$ und 2 ($\lambda_1 = 1$, $\lambda_2 = 2$) auf, folgt allgemein aus diesen beiden Gleichungen [Gauglitz 1974]:

$$\Delta I_1^F = \frac{P_1}{P_2} \Delta I_2^F \tag{16-26}$$

Demnach resultiert bei der Reaktion $A^F \rightarrow B^F$ im Diagramm ΔI_1^F vs. ΔI_2^F eine Nullpunktsgerade. Dieses Diagramm verhält sich analog zu den ED-Diagrammen und wird nach Gauglitz **Intensitätsdifferenzen (ID)-Diagramm** bezeichnet [Gauglitz 1974].

Für die Funktion des zu den E-Diagrammen analogen **Intensitäts (I)-Diagrammes** gilt unter Berücksichtigung von Gl. (16-25):

$$\frac{I_1^F}{F} = \frac{P_1}{P_2} \cdot \frac{I_2^F}{F} + \left(- \frac{P_1}{P_2} \cdot \frac{I_{20}^F}{F_0} + \frac{I_{10}^F}{F_0} \right) \tag{16-27a}$$

Die Glgn. (16-26) und (16-27) vereinfachen sich, wenn $E' < 0{,}02$ ist. Es ist dann $F = F_0 \approx 2{,}3$.

Wenn nur A fluoresziert, ist bei der Reaktion

$$A^F \rightarrow B$$

zu beachten, daß die Fluoreszenzquantenausbeute η_B den Wert null hat. Demnach gilt nach Gl. (16-20) für den funktionalen Zusammenhang von I_1^F und I_2^F:

$$I_1^F = \frac{f_{1A}}{f_{2A}} I_2^F \tag{16-27b}$$

Wie man sieht, wird hier anstelle der allgemeinen Beziehung (16-27a) eine einfachere Funktion erhalten.

Für die Reaktion $A \rightarrow B^F$ gilt entsprechend:

$$I_1^F = \frac{f_{1B}}{f_{2B}} I_2^F \tag{16-27c}$$

Meßbeispiel

CPTC ist ein Laserfarbstoff auf Cumarinbasis (s. Kap. 16.1). Bestrahlt man seine sauerstoffhaltige methanolische Lösung bei $\lambda' = 365$ nm, wird der Stoff langsam photochemisch zersetzt, und die Fluoreszenzspektren ändern sich zeitabhängig. Die für mehrere Fluoreszenzwellenlängen nach Gl. (16-27b) konstruierten I-Diagramme zeigen ausschließlich Geraden (s. Abb. 16-4) [Gauglitz 1978a].

Die gemessenen Intensitäten wurden dabei auf den allgemein üblichen Uranylstandard bezogen (dies bedeutet, daß bei fluorimetrischen Messungen sowohl Intensitätswerte <100% als auch >100% gefunden werden können, je nach dem, ob der Fluoreszenzfarbstoff schwächer oder stärker als der Standard fluoresziert).

Die I-Diagramme weisen darauf hin, daß die Reaktion spektroskopisch-einheitlich abläuft. Im einfachsten Fall sollte demnach die Reaktion $A \xrightarrow{h\nu} B$ vorliegen. Da alle Geraden in der Abb. 16-4 mit zunehmender Bestrahlungszeit in den Nullpunkt laufen, fluoresziert das „Endprodukt" B nicht und es gilt:

$$A^F \xrightarrow{h\nu} B$$

Da B nicht fluoresziert, ist hier nicht auszuschließen, daß B weiter photochemisch zersetzt wird. Wenn die Folgeprodukte ebenfalls nicht fluoreszieren, kann sich dieses auch nicht im Fluoreszenzsignal ausdrücken. In Wirklichkeit ist das Reaktionssystem hier viel komplizierter als die Reaktion $A^F \xrightarrow{h\nu} B$ ausdrückt. Wenn man die Auswertung mit Hilfe der Absorptionsspektroskopie durchführt und EDQ-Diagramme konstruiert, werden nicht Geraden, sondern Kurven erhalten. Es laufen hier also mehr als zwei linear unabhängige Teilreaktionen ab [Gauglitz 1978a].

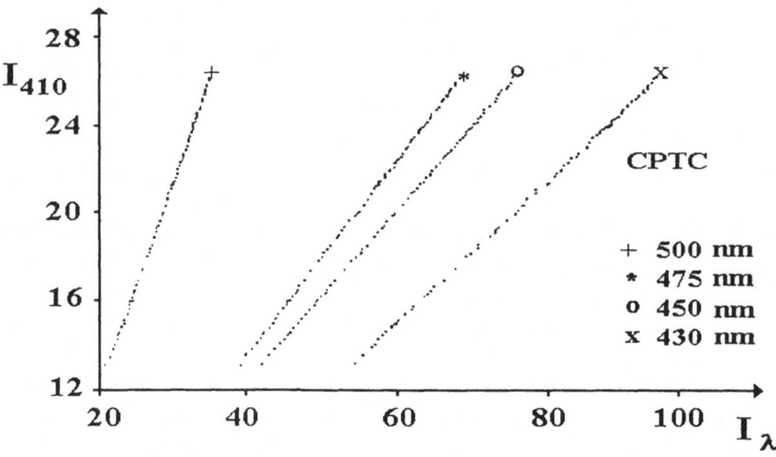

Abb. 16-4 I-Diagramm der Photoreaktion von CPTC in sauerstoffhaltigem Methanol; die Bestrahlungswellenlänge (λ' = 365 nm) ist identisch mit der Wellenlänge des Fluoreszenzerregerlichtes [Gauglitz, 1978a und 1978b].

Dieses Beispiel zeigt anschaulich, daß die fluorimetrisch-kinetische Analyse allgemein weniger Information als die UV-VIS-Absorptionsspektroskopie liefert. Diesem Nachteil der Fluoreszenzspektroskopie stehen Vorteile gegenüber. In vielen Fällen können Teilreaktionen von komplizierten Reaktionssystemen fluorimetrisch „selektiv" untersucht und so Auswertungsergebnisse der Absorptionsspektroskopie ergänzt werden. Ferner ist die Fluoreszenzspektroskopie außerordentlich empfindlich, so daß mit dieser Methode häufig noch hochverdünnte Lösungen analysiert werden können (in günstigen Fällen ist die Fluoreszenzspektroskopie 100-1000 mal empfindlicher als die Absorptionsspektroskopie).

16.4.2 Kinetische Gleichungen

Nach den Glgn. (4-76) und (16-3) gilt für die transformierte Zeit dΘ:

$$\mathrm{d}\Theta = 1000\left(\frac{1-10^{-E'}}{E'}\right)\cdot \mathrm{d}t \;=\; 1000\cdot F\cdot \mathrm{d}t \qquad (16\text{-}28)$$

Differenziert man Gl. (16-25) nach der transformierten Zeit, erhält man:

$$\frac{\mathrm{d}\,\Delta I_\lambda^F}{\mathrm{d}\Theta} = \frac{\mathrm{d}\left(\dfrac{I_\lambda^F}{F}\right)}{\mathrm{d}\Theta} = P_\lambda \cdot \dot{X} = P_\lambda \frac{\mathrm{d}X}{\mathrm{d}\Theta} \qquad (16\text{-}29)$$

Für die Photoreaktion $A^F \xrightarrow{h\nu} B^F$ gilt nach Gl. (5-13) (mit $X = x$):

$$\dot{X} = \frac{\mathrm{d}X}{\mathrm{d}\Theta} = k_1 a = I_0\, \varepsilon'_A\, \varphi^A \cdot a \qquad (16\text{-}30)$$

Durch Einsetzen in Gl. (16-29) folgt damit:

$$\frac{\mathrm{d}\left(\dfrac{I_\lambda^F}{F}\right)}{\mathrm{d}\Theta} = P_\lambda \cdot k_1 a = P_\lambda \cdot I_0\, \varepsilon'_A\, \varphi^A \cdot a \qquad (16\text{-}31)$$

Da $a = a_0$ - X ist, erhält man hieraus

$$\frac{\mathrm{d}\left(\dfrac{I_\lambda^F}{F}\right)}{\mathrm{d}\Theta} = P_\lambda \cdot k_1 (a_0 - X) \quad .$$

Führt man die nach X aufgelöste Gl. (16-25) in diese Beziehung ein, wird

$$\frac{\mathrm{d}\left(\dfrac{I_\lambda^F}{F}\right)}{\mathrm{d}\Theta} = P_\lambda \cdot k_1 a_0 - k_1 \Delta I_\lambda^F \quad . \qquad (16\text{-}32)$$

Zur Zeit $t \to \infty$ ist die Reaktion abgelaufen, und es ist dann $X = a_0$. Aus Gl. (16-25) folgt damit:

$$\boxed{\Delta I_{\lambda\infty}^F = \frac{I_{\lambda\infty}^F}{F_\infty} - \frac{I_{\lambda 0}^F}{F_0} = P_\lambda\, a_0} \qquad (16\text{-}33)$$

Demnach erhält man aus den letzten beiden Gleichungen:

$$\frac{\mathrm{d}\left(\dfrac{I_\lambda^F}{F}\right)}{\mathrm{d}\Theta} = k_1 (\Delta I_{\lambda\infty}^F - \Delta I_\lambda^F) = k_1\left(\frac{I_{\lambda\infty}^F}{F_\infty} - \frac{I_\lambda^F}{F}\right) = I_0\, \varepsilon'_A\, \varphi^A\left(\frac{I_{\lambda\infty}^F}{F_\infty} - \frac{I_\lambda^F}{F}\right) \qquad (16\text{-}34)$$

Die zur Gl. (16-34) analoge Beziehung aus der Absorptionsspektroskopie lautet:

$$\dot{E}_\lambda = k_1 (E_{\lambda\infty} - E_\lambda) \qquad (7\text{-}14)$$

Demnach können die zur Bestimmung von k_1 im Kapitel 7 behandelten Verfahren auch auf Gl. (16-34) angewendet werden. So gilt nach Kézdy und Swinbourne (vgl. Gl. (7-30)):

$$\frac{I_\lambda^F}{F}(\Theta+\Delta) = \left(1-e^{-k_1\Delta}\right)\frac{I_{\lambda\infty}^F}{F_\infty} + e^{-k_1\Delta}\,\frac{I_\lambda^F}{F}(\Theta) \qquad (16\text{-}35)$$

Mit Hilfe der formalen Integration gilt nach Mauser (vgl. Gl. (7-32a)):

$$\frac{\Delta I_\lambda^F}{\Theta} = \frac{\frac{I_\lambda^F}{F} - \frac{I_{\lambda 0}^F}{F_0}}{\Theta} = k_1\,\frac{I_{\lambda\infty}^F}{F_\infty} - k_1\,\frac{\int_0^\Theta \frac{I_\lambda^F}{F}\cdot \mathrm{d}\Theta}{\Theta} \qquad (16\text{-}36)$$

Die geschlossene Integration von Gl. (16-34) zwischen den Grenzen $\Theta = 0$ und Θ führt zu (vgl. Gl. (7-18b)):

$$\ln\left(\frac{I_{\lambda\infty}^F}{F_\infty} - \frac{I_\lambda^F}{F}\right) = -\,k_1\,\Theta + \ln\left(\frac{I_{\lambda\infty}^F}{F_\infty} - \frac{I_{\lambda 0}^F}{F_0}\right) \qquad (16\text{-}37)$$

Für den speziellen Fall, daß nur A^F fluoresziert und $E' < 0{,}02$ ist, vereinfacht sich Gl. (16-34) für das System $A^F \xrightarrow{h\nu} B$ zu (da $F \approx 2{,}3 = \text{const.}$ und $I_{\lambda\infty}^F = 0$ ist):

$$\frac{\mathrm{d}\left(I_\lambda^F\right)}{\mathrm{d}\Theta} = -\,k_1 I_\lambda^F \qquad (16\text{-}38)$$

Nach Gl. (16-28) gilt für $\mathrm{d}\Theta$ (mit $F \approx 2{,}3$):

$$\mathrm{d}\Theta = 2{,}3\cdot 1000\cdot \mathrm{d}t \qquad (16\text{-}39)$$

Aus den letzten beiden Gleichungen folgt demnach (mit $k_1 = I_0\,\varepsilon'_A\,\varphi^A$):

$$\frac{\mathrm{d}I_\lambda^F}{I_\lambda^F} = -2{,}3\cdot 1000\,k_1\cdot \mathrm{d}t = -2{,}3\cdot 1000\,I_0\,\varepsilon'_A\,\varphi^A\cdot \mathrm{d}t$$

Die Integration zwichen den Grenzen $t = 0$ und t führt zu [vgl. Gauglitz 1978 b]:

$$\log I_\lambda^F = \log I_{\lambda 0}^F - 1000\,I_0\,\varepsilon'_A\,\varphi^A\cdot t \qquad (16\text{-}40)$$

Meßbeispiel

Für den Betrieb eines Farbstofflasers ist von Bedeutung, daß der Farbstoff bei der Erregerwellenlänge möglichst photochemisch stabil ist. Dies drückt sich darin aus, daß die Quantenausbeute φ^A (bei dieser Wellenlänge) einen kleinen Wert besitzt (etwa $<10^{-4}$). Für die Beurteilung, ob ein Laserfarbstoff eine ausreichende Photostabilität besitzt, reicht es in vielen Fällen aus, die erste Teilreaktion kinetisch zu analysieren. Da es häufiger vorkommt, daß nur die Ausgangsverbindung, nicht aber die Photoprodukte fluoreszieren, kann mit Gl. (16-40) φ^A bestimmt werden, sofern die Reaktionslösung in einer solchen Verdünnung eingesetzt wird, daß $E' < 0{,}02$ ist.

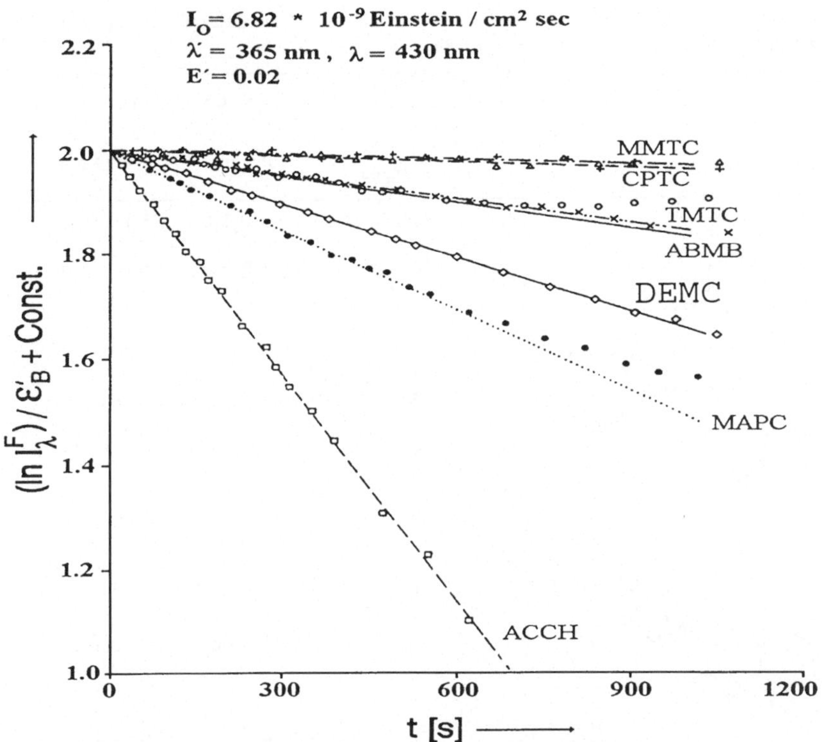

Abb. 16-5 Auswertung der Photoreaktion $A^F \xrightarrow{h\nu} B$ verschiedener Laserfarbstoffe analog zu Gl. (16-40). (Die Werte I_λ^F wurden durch ε_A' dividiert). Lösungsmittel: sauerstoffhaltiges Methanol [Gauglitz 1978a und 1978b].

In der Abb. 16-5 sind die Ergebnisse der fluorimetrisch-kinetischen Analyse mehrerer Laserfarbstoffe graphisch dargestellt [Gauglitz 1978a und 1978b]. Aus den Steigungen der Geraden kann jeweils φ^A für die einzelnen Reaktionen bestimmt werden, falls I_0 bekannt ist. Die so bestimmten Werte φ^A sind in der Tabelle 16-1 für zwei Bestrahlungswellenlängen (λ'= 365 und 254 nm) dargestellt. Zusätzlich wurde das Reaktionsverhalten der Laserfarbstoffe unter Sauerstoffausschluß (durch Spülen der Lösung mit Stickstoff) studiert. Wie man sieht, kann die Photostabilität in Gegenwart von Sauerstoff viel größer sein als unter Stickstoff. Aber auch der umgekehrte Fall wird angetroffen.

Tabelle 16-1 Quantenausbeuten φ^A der Reaktion $A^F \xrightarrow{h\nu} B$ verschiedener Laserfarbstoffe in sauerstoffhaltigem und sauerstofffreiem Methanol [Gauglitz 1978b].

	Anregungs-wellenlängen:	$\varphi^A \cdot [10^4]$ $\lambda' = 365$ nm	$\varphi^A \cdot [10^4]$ $\lambda' = 254$ nm
DEMC	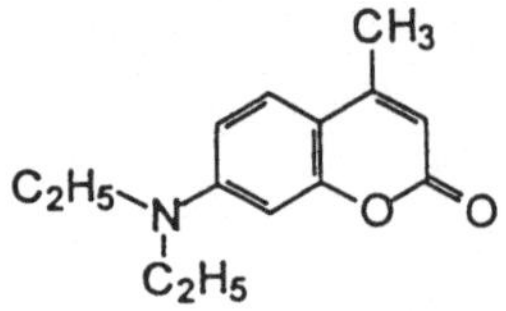 O_2:	1,10 ± 0,10	1,50 ± 0,10
	N_2:	0,5 ± 0,5	90,0 ± 5,0
CPTC	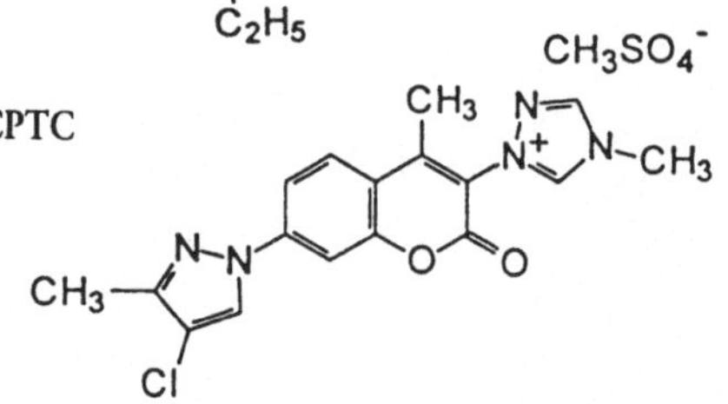 O_2:	0,06 ± 0,05	0,6 ± 0,05
	N_2:	0,70 ± 0,05	1500 ± 100
MMTC	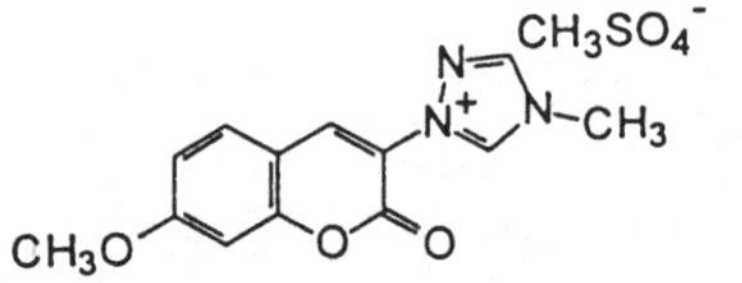 O_2:	0,09 ± 0,05	3,25 ± 0,18
	N_2:	1,15 ± 0,06	2,65 ± 0,20
TMTC	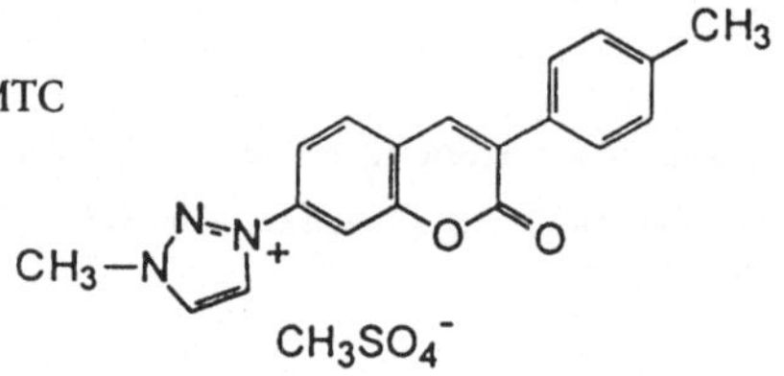 O_2:	0,55 ± 0,05	0,03 ± 0,03
	N_2:	0,05 ± 0,03	99,4 ± 3,5
MAPC	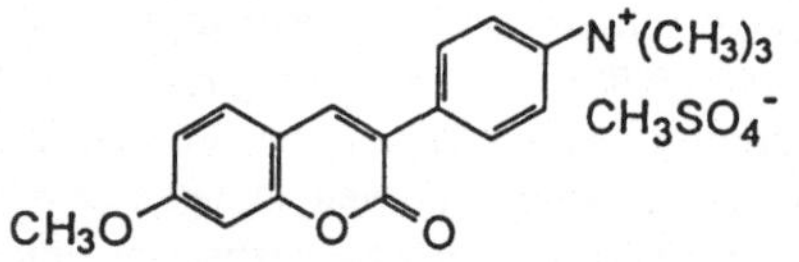 O_2:	0,98 ± 0,06	0,94 ± 0,05
	N_2:	0,09 ± 0,03	1,63 ± 0,08
ABMB	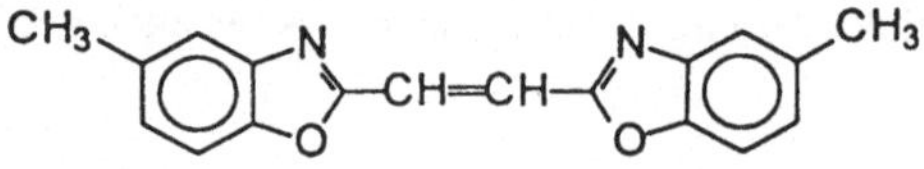 O_2:	0,34 ± 0,03	0,95 ± 0,05
	N_2:	0,32 ± 0,03	105 ± 5,0
BBCS	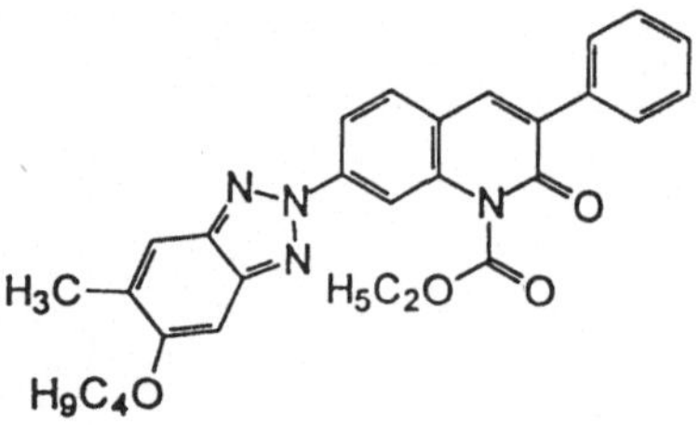 O_2:	0,05 ± 0,05	0,03 ± 0,03
	N_2:	0,03 ± 0,03	395 ± 15

16.5 Die Reaktionssysteme $A^F \rightarrow B^F \rightarrow C^F$ und $A^F \rightarrow B^F, C^F \rightarrow D^F$

Wie am Beispiel des Reaktionssystems A → B in Kap. 16.4.1 gezeigt wurde, können durch Einführung der Größen (s. Glgn. (16-22) und (16-25))

$$\frac{I_\lambda^F}{F} \quad \text{und} \quad \Delta I_\lambda^F = \frac{I_\lambda^F}{F} - \frac{I_{\lambda 0}^F}{F_0} \quad .$$

Fluoreszenzmessungen analog zu Absoptionsmessungen ausgewertet werden. Allerdings setzt dieses voraus, daß *K'* nach Gl. (16-16) tatsächlich eine Konstante ist. Damit lassen sich auch Folgereaktionen (die entweder nur Dunkel-oder Photoreaktionen sind)

$$A^F \rightarrow B^F \rightarrow C^F$$

und Parallelreaktionen

$$A^F \rightarrow B^F \quad , \quad C^F \rightarrow D^F$$

nach den im Kap. 8 dargestellten Methoden in analoger Weise auswerten, wie nachfolgend gezeigt wird.

16.5.1 I- und IDQ-Diagramme

Bei der Konstruktion des I-Diagrammes ist für einen gegebenen Reaktionsmechanismus darauf zu achten, ob I_1^F gegen I_2^F oder I_1^F / F gegen I_2^F / F aufzutragen ist. Die Wahl hängt davon ab, ob *F* sich zeitabhängig ändert und welche Komponenten fluoreszieren. Um dies zu verdeutlichen, wird zunächst die Folgereaktion

$$A^F \rightarrow B^F \rightarrow C^F \tag{16-41}$$

betrachtet, bei der alle Komponenten fluoreszieren (markiert durch den Index *F*). Für die Herleitung der Funktion der zu den EDQ-Diagrammen analogen IDQ-Diagrammen wird von der Gl. (16-17) ausgegangen:

$$I_\lambda^F = K' \cdot F \, (p_{\lambda A} a + p_{\lambda B} b + p_{\lambda C} c) \tag{16-42}$$

mit

$$p_{\lambda A} = \eta_A f_{\lambda A} \varepsilon'_A \,, \quad p_{\lambda B} = \eta_B f_{\lambda B} \varepsilon'_B \quad \text{und} \quad p_{\lambda C} = \eta_C f_{\lambda C} \varepsilon'_C \quad .$$

Nach den Glgn. (8-66a) - (8-66c) ist:

$$a = a_0 - X_1, \quad b = X_1 - X_2 \quad \text{und} \quad c = X_2 \quad .$$

Führt man diese Beziehungen in Gl. (16-42) ein, folgt:

$$I_\lambda^F = K' \cdot F \, p_{\lambda A} a_0 + K' \cdot F \left[(p_{\lambda B} - p_{\lambda A}) X_1 + (p_{\lambda C} - p_{\lambda B}) X_2 \right] \tag{16-43}$$

Da bei $t = 0$ die Größen X_1 und X_2 den Wert Null haben, gilt für $I_\lambda^F(t = 0)$ mit $F(t = 0) = F_0$:

$$I_\lambda^F(t = 0) = I_{\lambda 0}^F = K' F_0 \, p_{\lambda A} \, a_0 \tag{16-44}$$

Fügt man diese Beziehung in Gl. (16-43) ein, erhält man nach Umstellung:

$$\Delta I_\lambda^F = \frac{I_\lambda^F}{F} - \frac{I_{\lambda 0}^F}{F_0} = P_{\lambda 1} X_1 + P_{\lambda 2} X_2 \tag{16-45}$$

mit

$$P_{\lambda 1} = K'(p_{\lambda B} - p_{\lambda A}) \text{ und } P_{\lambda 2} = K'(p_{\lambda C} - p_{\lambda B}) \quad .$$

Die Größen X_1 und X_2 können eliminiert werden, wenn Gl. (16-45) für drei Wellenlängen (λ =1, 2, 3) aufgestellt wird. Analog zur Gl. (6-37) erhält man dann:

$$\Delta I_1^F = \beta_1 \Delta I_2^F + \beta_2 \Delta I_3^F \tag{16-46}$$

mit

$$\beta_1 = \frac{P_{11}P_{32} - P_{12}P_{31}}{P_{21}P_{32} - P_{22}P_{31}} = \frac{\begin{vmatrix} P_{11} & P_{12} \\ P_{31} & P_{32} \end{vmatrix}}{|\mathbf{P}|}$$

$$\beta_2 = -\frac{P_{11}P_{22} - P_{12}P_{21}}{P_{21}P_{32} - P_{22}P_{31}} = -\frac{\begin{vmatrix} P_{11} & P_{12} \\ P_{21} & P_{22} \end{vmatrix}}{|\mathbf{P}|}$$

und

$$|\mathbf{P}| = \begin{vmatrix} P_{21} & P_{22} \\ P_{31} & P_{32} \end{vmatrix} \neq 0 \quad .$$

Die Division mit ΔI_2^F führt zu:

$$\frac{\Delta I_1^F}{\Delta I_2^F} = \beta_1 + \beta_2 \frac{\Delta I_3^F}{\Delta I_2^F} \qquad \text{mit} \qquad \Delta I_\lambda^F = \frac{I_\lambda^F}{F} - \frac{I_{\lambda 0}^F}{F_0} \quad . \tag{16-47a}$$

Trägt man die beiden Quotienten dieser Beziehung in einem Diagramm gegeneinander auf, entsteht das sog. **Intensitätsdifferenzen-Quotienten (IDQ)-Diagramm** [Gauglitz 1974]. Eine einfachere Funktion des IDQ-Diagrammes wird erhalten, wenn sich F zeitabhängig nicht ändert; es gilt bei $E' < 0{,}02$: $F = F_0 = 2{,}3$. Aus Gl. (16-47a) folgt dann:

$$\frac{I_1^F - I_{10}^F}{I_2^F - I_{20}^F} = \beta_1 + \beta_2 \left(\frac{I_3^F - I_{30}^F}{I_2^F - I_{20}^F} \right) \tag{16-47b}$$

Dagegen erhält man für das System

$$\mathrm{A} \rightarrow \mathrm{B}^\mathrm{F} \rightarrow \mathrm{C}^\mathrm{F}$$

(wobei also A nicht fluoresziert) aus Gl. (16-47a)

$$\frac{I_1^F}{I_2^F} = \beta_1 + \beta_2 \frac{I_3^F}{I_2^F} \qquad \text{mit} \qquad I_{\lambda 0}^F = 0 \quad . \tag{16-47c}$$

Nach den Glgn. (16-47a) - (16-47c) können also drei verschiedene Diagramme für das System $A \to B \to C$ konstruiert werden.

Wie bei den IDQ-Diagrammen lassen sich auch verschiedene I-Diagramme aufstellen. So sind hier die Diagramme

$$I_1^F / F \text{ vs. } I_2^F / F \qquad \text{und} \qquad I_1^F \text{ vs. } I_2^F$$

zu unterscheiden. In der Abb. 16-6 sind einige mögliche I-Diagramme für das System $A \to B \to C$ dargestellt.

Je nachdem, ob drei, zwei oder nur eine Komponente fluoreszieren, resultieren in den I-Diagrammen Kurven oder Geraden. Wenn eine oder zwei Komponenten nicht fluoreszieren, liegen deren betreffende Punkte im Koordinatenursprung. Fluoresziert nur eine Komponente, resultieren Geraden in den betreffenden I-Diagrammen (wenn nur B fluoresziert, laufen die Punkte im I-Diagramm mit zunehmender Reaktion auf derselben Geraden in sich zurück; s. Abb 16-6).

Bei Folgereaktionen spielt das Verhältnis k_2 / k_1

$$\kappa = \frac{k_2}{k_1} \tag{8-78}$$

eine Rolle, und es wurden daher im Kap. 8.2.3 die Fälle $\kappa < 1$ und $\kappa > 1$ unterschieden. Wie dort gezeigt wurde, liegt im E-Diagramm auf der im Anfangspunkt A an die Kurve angelegten Tangente immer der Punkt B (s. Abb. 16-6). Speziell für den Fall, daß $\kappa < 1$ ist, liegt B auch auf der im Punkt C konstruierten Tangente. Der Punkt B kann dann direkt aus dem Schnittpunkt der Tangenten von A und C ermittelt werden. Wenn jedoch $\kappa > 1$ ist, liegt der Punkt B nicht auf der Tangenten von C, und die Lage von B kann nicht ohne weiteres bestimmt werden (analoges gilt für das I-Diagramm: s. Kap. 16.5.2).

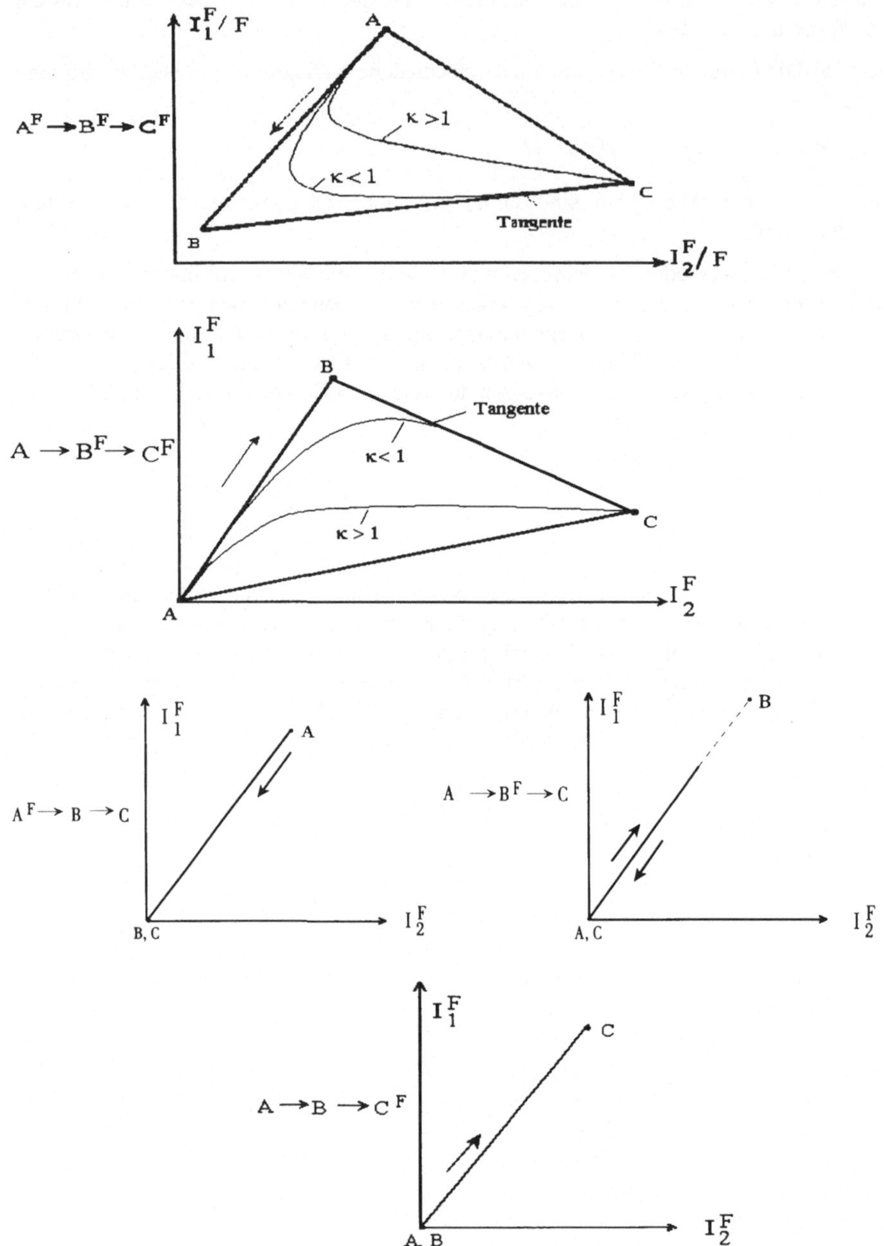

Abb. 16-6 Mögliche Kurvenverläufe im I-Diagramm (I_1^F / F vs. I_2^F / F bzw. I_1^F vs. I_2^F) für das Reaktionssystem $A \rightarrow B \rightarrow C$. Die Pfeile geben die Richtung der Anfangsreaktion an (bei $A \rightarrow B^F \rightarrow C$ sind die Richtungen beider Teilreaktionen angegeben).

Meßbeispiel

Die Fluoreszenzspektren der **Photoreaktionen** von DEMC (s. Tabelle 16-1) sind in der Abb. 16-7 dargestellt. Ein **Isostilb** (dieser entspricht dem isosbestischen Punkt in den Absorptionsspektren) wird nicht beobachtet.

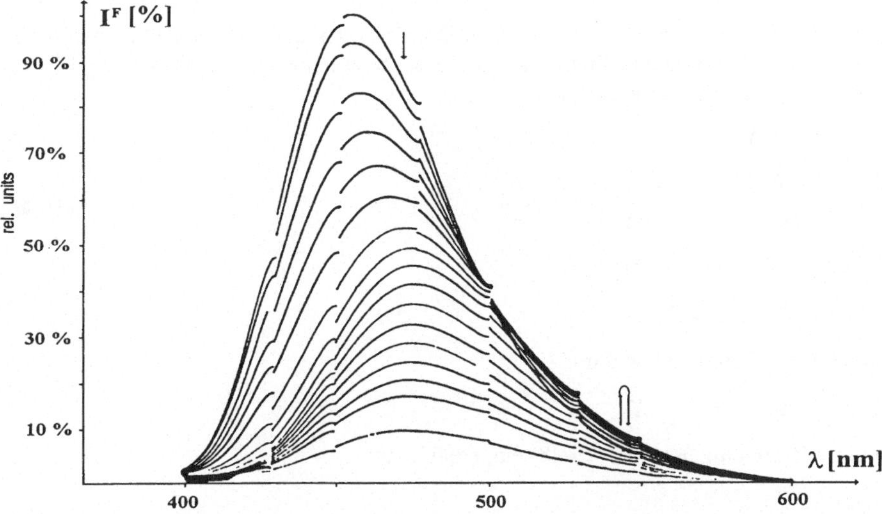

Abb. 16-7 Fluoreszenzspektren der Photoreaktion von DEMC in sauerstoffhaltiger methanolischer Lösung (λ' = 365 nm) [Gauglitz 1978a und 1978b].

In der Abb. 16-8 sind mehrere I-Diagramme (mit $F \approx 2{,}3$) dargestellt [Gauglitz, 1978a]. Wie man sieht, werden keine Geraden angetroffen. Die Kurven bewegen sich in den I-Diagrammen mit zunehmender Reaktionszeit auf den Ursprung zu. Die Reaktion verhält sich nicht spektroskopisch-einheitlich.

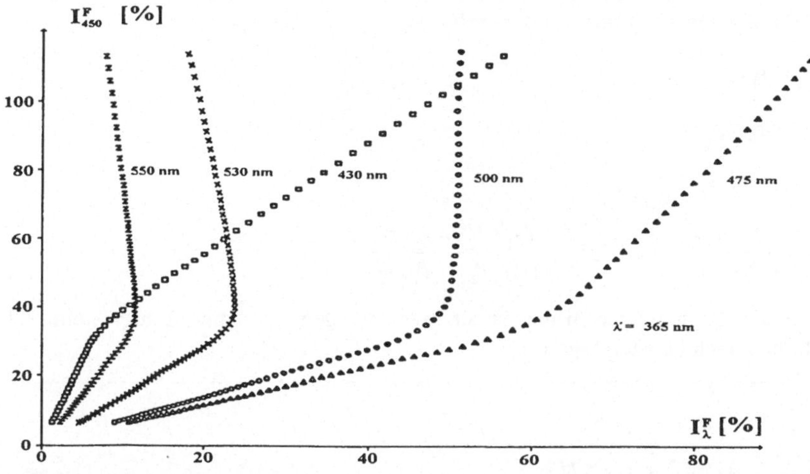

Abb. 16-8 I-Diagramm der Photoreaktion von DEMC in sauerstoffhaltiger methanolischer Lösung (λ' = 365 nm, $F \approx 2{,}3$) [Gauglitz 1974 und 1978a].

16.5.2 Kinetische Gleichungen

Die fluorimetrisch-kinetische Analyse kann analog zu den Absorptionsmessungen durchgeführt werden. Um das zu zeigen, wird vom Reaktionssystem

$$A^F \rightarrow B^F \rightarrow C^F$$

ausgegangen, das sich entweder nur aus linearen Dunkel- oder quasilinearen Photoreaktionen zusammensetzt. Zunächst wird das Photofolgereaktionssystem betrachtet. Dazu wird Gl. (16-45) nach der transformierten Zeit differenziert:

$$\frac{\mathrm{d}\Delta I_\lambda^F}{\mathrm{d}\Theta} = \frac{\mathrm{d}\left(\frac{I_\lambda^F}{F}\right)}{\mathrm{d}\Theta} = P_{\lambda 1}\frac{\mathrm{d}X_1}{\mathrm{d}\Theta} + P_{\lambda 2}\frac{\mathrm{d}X_2}{\mathrm{d}\Theta} \tag{16-48}$$

Nach den Glgn. (8-66d) und (8-66f) sind

$$\dot{X}_1 = k_1 a \quad \text{und} \quad \dot{X}_2 = k_2 b$$

und nach den Glgn. (8-66a) und (8-66b)

$$a = a_0 - X \quad \text{und} \quad b = X_1 - X_2 \quad .$$

Führt man diese Beziehungen in Gl. (16-48) ein, erhält man:

$$\frac{\mathrm{d}\left(\frac{I_\lambda^F}{F}\right)}{\mathrm{d}\Theta} = P_{\lambda 1}\, k_1\,(a_0 - X_1) + P_{\lambda 2}\, k_2\,(X_1 - X_2) \tag{16-49}$$

Dabei haben k_1 und k_2 nach den Glgn. (5-17a) und (5-17b) die Bedeutungen:

$$k_1 = I_0 \varepsilon'_A \varphi_1^A \quad \text{und} \quad k_2 = I_0 \varepsilon'_B \varphi_2^B \quad .$$

Die Größen X_1 und X_2 können in Gl. (16-49) durch Intensitätsgrößen ersetzt werden, wenn Gl. (16-45) für die Wellenlängen $\lambda = 1$ und 2 aufgestellt wird:

$$\Delta I_1^F = P_{11}X_1 + P_{12}X_2$$

$$\Delta I_2^F = P_{21}X_1 + P_{22}X_2$$

Hieraus folgt für X_1 und X_2:

$$X_1 = \frac{P_{22}\Delta I_1^F - P_{12}\Delta I_2^F}{P_{11}P_{22} - P_{12}P_{21}} \quad \text{und} \quad X_2 = \frac{P_{11}\Delta I_2^F - P_{21}\Delta I_1^F}{P_{11}P_{22} - P_{12}P_{21}} \quad .$$

Führt man diese beiden Beziehungen in die für die Wellenlängen $\lambda = 1$ und 2 aufgestellte Gl. (16-49) ein, erhält man nach Umstellungen:

$$\boxed{\frac{\mathrm{d}\left(\frac{I_1^F}{F}\right)}{\mathrm{d}\Theta} = z'_{10} + z_{11}\,\Delta I_1^F + z_{12}\,\Delta I_2^F} \tag{16-50a}$$

$$\frac{\mathrm{d}\left(\dfrac{I_2^F}{F}\right)}{\mathrm{d}\Theta} = z'_{20} + z_{21}\,\Delta I_1^F + z_{22}\,\Delta I_2^F \qquad (16\text{-}50b)$$

mit

$$z'_{10} = P_{11}k_1a_0 \ ,$$

$$z_{11} = \left[P_{12}k_2(P_{22}+P_{21}) - P_{11}P_{22}k_1\right]/|\mathbf{P}| \ ,$$

$$z_{12} = \left[-P_{12}k_2(P_{12}+P_{11}) + P_{11}P_{12}k_1\right]/|\mathbf{P}| \ ,$$

$$z'_{20} = P_{21}k_1a_0 \ ,$$

$$z_{21} = \left[P_{22}k_2(P_{22}+P_{21}) - P_{21}P_{22}k_1\right]/|\mathbf{P}| \ ,$$

$$z_{22} = \left[-P_{22}k_2(P_{12}+P_{11}) + P_{12}P_{21}k_1\right]/|\mathbf{P}|$$

und

$$|\mathbf{P}| = P_{11}P_{22} - P_{12}P_{21} \ .$$

Da zur Zeit $\Theta \to \infty$ das Differential $(\mathrm{d}I_\lambda^F / F)/\mathrm{d}\Theta = 0$ ist, folgt aus den Glgn. (16-50a) und (16-50b):

$$z'_{10} = -z_{11}\frac{I_{1\infty}^F}{F_\infty} - z_{12}\frac{I_{2\infty}^F}{F_\infty} + z_{11}\frac{I_{10}^F}{F_0} + z_{12}\frac{I_{20}^F}{F_0}$$

und

$$z'_{20} = -z_{21}\frac{I_{1\infty}}{F_\infty} - z_{22}\frac{I_{2\infty}}{F_\infty} + z_{21}\frac{I_{10}}{F_0} + z_{22}\frac{I_{20}}{F_0} \ .$$

Führt man diese Beziehung in die Glgn. (16-50a) und (16-50b) ein, erhält man:

$$\frac{\mathrm{d}\left(\dfrac{I_1^F}{F}\right)}{\mathrm{d}\Theta} = z_{10} + z_{11}\frac{I_1^F}{F} + z_{12}\frac{I_2^F}{F} \ , \qquad (16\text{-}51a)$$

$$\frac{\mathrm{d}\left(\dfrac{I_2^F}{F}\right)}{\mathrm{d}\Theta} = z_{20} + z_{21}\frac{I_1^F}{F} + z_{22}\frac{I_2^F}{F} \qquad (16\text{-}51b)$$

mit

$$z_{10} = -z_{11}\frac{I_{1\infty}}{F_\infty} - z_{12}\frac{I_{2\infty}}{F_\infty} \qquad (16\text{-}51c)$$

und

$$z_{20} = -z_{21}\frac{I_{1\infty}}{F_\infty} - z_{22}\frac{I_{2\infty}}{F_\infty} \ . \qquad (16\text{-}51d)$$

Diese Beziehungen sind völlig analog zu den Glgn. (8-74a) und (8-74b) aufgebaut, so daß auch hier derselbe formale Zusammenhang wie in der Absorptionsspektroskopie gilt.

Zwischen den Größen z_{ij} bestehen analog zu den Glgn. (8-75a) und (8-75b) die folgenden Zusammenhänge:

$$\begin{aligned} D &= z_{11}z_{22} - z_{12}z_{21} = k_1k_2 \\ S &= z_{11} + z_{22} = -k_1 - k_2 \end{aligned} \tag{16-52}$$

Damit ist auf der Ebene der Intensitäts-Differentialgleichungen gezeigt, daß die kinetischen Gleichungen der Absorptionsspektroskopie analog auch hier gelten. Demnach können für die fluorimetrisch-kinetische Analyse auch Intensitäts-Differenzengleichungen höherer Ordnung analog zum Kap. 8.1.3 (vgl. hierzu Gl. (8-37)) und Intensitätsdifferenzen-Rekursionsgleichungen höherer Ordnung analog zum Kap. 8.1.4 (vgl. hierzu Gl. (8-39)) herangezogen werden. Ferner ist es möglich, Intensitäts-Differenzengleichungen 1. Ordnung, die Intensitätsdifferenzen zweier Wellenlängen enthalten, analog zum Kap. 8.1.5 (vgl. hierzu die Glgn. (8-45a) und (8-45b)) einzusetzen. Damit stehen die im Kap. 8 entwickelten Verfahren nach entsprechender Modifizierung auch für die Fluoreszenzspektroskopie zur Verfügung, sofern die Voraussetzungen der Basisgleichung (16-17) zutreffen.

Die entwickelten Verfahren gelten sowohl für quasilineare Photo- als auch für lineare Dunkelreaktionen und können sowohl bei Folge- als auch Parallelreaktionen ($A^F \rightarrow B^F$, $C^F \rightarrow D^F$) angewendet werden.

In günstigen Fällen ist bei linearen Folgereaktionen vom Typ $A^F \rightarrow B^F \rightarrow C^F$ analog zum Kap. 8.2.3 eine besonders einfache kinetische Analyse möglich. Dazu wird das I-Diagramm der Abb. 16-9 betrachtet. Wie im Kap. 8.2.3 gezeigt wird, ist die Gerade $\overline{AB}$ Tangente der Kurve im Anfangspunkt A. Wenn auf dieser Geraden ausreichend viele Meßpunkte liegen, können diese nach der Gl. (16-35) oder (16-36) kinetisch ausgewertet und so über k_1 die Quantenausbeute φ_1 bestimmt werden. Ferner ist es so möglich, $I^F_{\lambda\infty} / F_\infty$ zu berechnen und somit den Punkt B im I-Diagramm auf der Tangente $\overline{AB}$ eindeutig zu lokalisieren. In dieser Weise kann entschieden werden, ob der Fall $\kappa > 1$ oder $\kappa < 1$ vorliegt (in der Abb. 16-9 ist nur eine Kurve für $\kappa > 1$ eingezeichnet). Aus dem Flächenverhältnis F_1/F_2 kann dann sofort k_2 nach Gl. (8-83) bestimmt werden:

$$\frac{F_1}{F_2} = \kappa = \frac{k_2}{k_1}$$

Dabei ist es grundsätzlich in günstigen Fällen auch möglich, Gl. (8-89) in die Auswertung einzubeziehen. – Das hier behandelte Verfahren kann bei Photo- und Dunkelfolgereaktionen angewendet werden.

Die im Kap. 9 behandelten allgemeinen Verfahren treffen unter den genannten Voraussetzungen auch für die fluorimetrisch-kinetische Analyse zu. Selbst Dunkelreaktionen 2. Ordnung können mit den geschilderten Verfahren fluorimetrisch analysiert werden (s. Kap. 10 und 11). Damit kann das in der Absorptionsspektroskopie von H. Mauser entwickelte Konzept der Mehrwellenlängenanalyse nach entsprechender Modifizierung auch auf die Fluoreszenzspektroskopie erfolgreich übertragen werden.

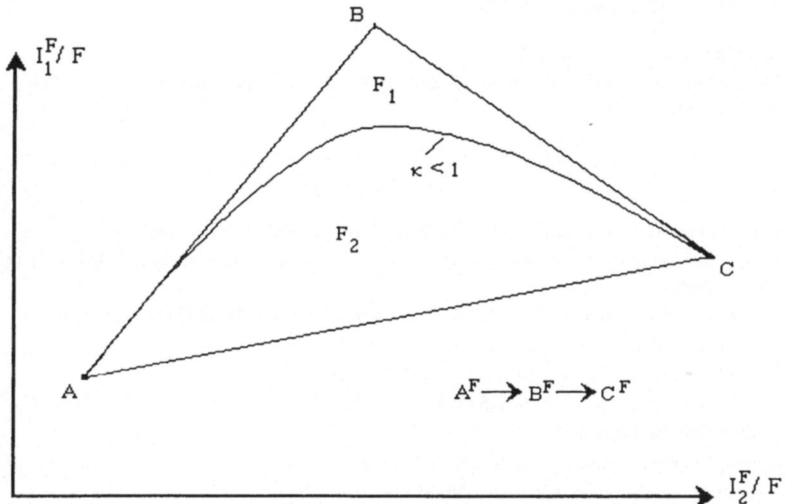

Abb. 16-9 Schematisches I-Diagramm der Folgereaktion $A^F \rightarrow B^F \rightarrow C^F$. F_1 und F_2 sind die jeweiligen Flächen im Dreieck ABC zwischen der Kurve und den entsprechenden Dreiecksseiten.

Software zur Formalen Integration

Niemann H.J., Dissertation, Universität Tübingen 1972

Perkampus H.H. und Kaufmann R., Kinetische Analyse mit Hilfe der UV-VIS-Spektrometrie, VCH Verlagsgesellschaft, Weinheim 1991

Literatur

Bär R., Gauglitz G., Benz R., Polster J., Spang P und Dürr H., Z. Naturforsch. **39a** (1984) 662 - 667

Bayer E., Mutter M., Polster J. and Uhmann R. (1974a), Peptides 1974, Y. Wolmann / Editor; John Wiley & Sons, New York; Israel Universities Press, Jerusalem

Bayer E., Mutter M., Uhmann R., Polster J. and Mauser H. (1974b), J. Am. Chem. Sre. **96** (1974) 7333 - 7336

Beer A., Pogg. Ann. Physik **86** (1852) 78

Benz J., Polster J., Bär R. and Gauglitz G., Comput. Chem. **11** (1987) 41 - 48

Blubaugh D.J. and Govindjee, Biochim. Biophys. Acta **848** (1986) 147 - 151

Blume R., Dissertation , Universität Tübingen 1975

Boehringer Mannheim GmbH, biochemica information II (1975), Mannheim

Bouguer P., "Essai d´optique sur la gradation de la lumiere, Paris 1729

Busch M., Gutberlet F., Höbel W., Polster J., Schmidt H.-L. and Schwenk M., Sensors and Actuators B **11** (1993) 407 - 412

Buschmann C. und Grumbach K., Physiologie der Photosynthese, Springer-Verlag, Berlin 1985

Chylewski C., Angew. Chem. **83** (1971) 214

Coleman J.S., Varga L. P., Mastin S. H., Inorg. Chem **9** (1970) 1015

Demtröder W., Laser Spectroscopy, Springer-Verlag, Berlin 1982

Dreszer J., Mathematik - Handbuch für Technik und Naturwissenschaften, Verlag Harri Deutsch, Zürich 1975, S: 127

Flaschka H., Talanta **7** (1960) 99

Förster Th., Fluoreszenz organischer Verbindungen, Vandenhoeck, Göttingen 1951

Galla H. J., Spektroskopische Methoden in der Biochemie, Thieme-Verlag, Stuttgart 1988

Gauglitz G., Z. physik. Chem. N.F. **88** (1974) 193 - 210

Gauglitz G. (1978a), Habilitationsschrift, Universität Tübingen 1978

Gauglitz G. (1978b), Z. phys. Chem. N. F. **113** (1978) 217 - 229

Gauglitz G. and Hubig S., J. Photochem. **15** (1981) 255 - 257

Gauglitz G., Praktische Spektroskopie, Attempto Verlag, Tübingen 1983

Gauglitz G., Photochemie in der Leiterplattenfertigung, Verlag Simanowski, Gomaringen 1987

Guggenheim E.A., Philos. Mag. (7) **2** (1926) 538

Hartley H.O., Technometries, Vol. 3 (1961)

Hatchard C.G. and Parker C.A., Proc. R. Soc. London A **235** (1956) 518

Höbel W. und Polster J. (1992a), BIOforum **15** (1992) 300 - 303

Höbel W., Papperger A. and Polster J. (1992b), Biosensors & Bioelectronics **7** (1992) 549 - 557

Hock B. und Elstner E., Pflanzentoxische Komponenten der Luftverschmutzung, Pflanzentoxikologie. B. I. Wissenschaftsverlag Mannheim 1985 (2. Auflage: Schadwirkungen auf Pflanzen; Hrsg.: Hock B., Elstner E.)

Kézdy F.J., Jaz J., Bruylands A., Bull. Soc. Chim. Belg. **67** (1958) 687

Kneubühl F.K. und Sigrist M.W., Laser, B. G. Teubner, Stuttgart 1988

Kölle E.U., Dissertation, Universität Tübingen 1978

Kortüm G., Lachmann H., Einführung in die chemische Thermodynamik, Verlag Chemie, Weinheim 1981

Lachmann H., Dissertation, Universität Tübingen 1973

Lachmann H., Habilitationsschrift, Universität Würzburg 1982

Lachmann G., Lachmann H. und Mauser H., Z. physik. Chem. **110** (1978) 237 - 247

Lachmann G., Lachmann H. und Mauser H. (1980a), Z. physik. Chem. **120** (1980) 9 - 18

Lachmann G., Lachmann H. und Mauser H. (1980b), Z. physik. Chem. N. F. **120** (1980) 19 - 30

Lachmann H., Mauser H., Schneider F. und Wenck H., Z. Naturforsch. **26b** (1971) 629 - 638

Lambert J.H., "Photometria sive mensura et gradibur luminis colorum et umbrae", 1760

Lüddecke E., Dissertation, Universität Tübingen 1976

Lüddecke E., Mauser H. und Polster J., Z. Naturforsch. **31b** (1976) 1438 - 1439

Marquardt D., J. of SIAM, Vol. 11 (1963)

Mauser H., Z. Naturforsch. **19a** (1964) 767 - 770

Mauser H. (1967a), Z. Naturforsch. **22b** (1967) 367 - 370

Mauser H. (1967b), Z. Naturforsch. **22b** (1967) 371 - 375

Mauser H. (1967c), Z. Naturforsch. **22b** (1967) 465 - 469

Mauser H. (1967d), Z. Naturforsch. **22b** (1967) 569 - 573

Mauser H. (1968a), Z. Naturforsch. **23b** (1968) 1021 - 1025

Mauser H. (1968b), Z. Naturforsch. **23b** (1968) 1025 - 1030

Mauser H., Formale Kinetik,Bertelsmann Universitätsverlag, Düsseldorf 1974

Mauser H., Z. Naturforsch. **34a** (1979) 1295 - 1296

Mauser H., Z. Naturforsch. **38a** (1983) 359 - 367

Mauser H., Z. Naturforsch. **42a** (1987) 713 - 721

Mauser H. und Hezel U., Z. Naturforsch. **26b** (1971) 203 - 208

Mauser H., Nickel B., Sproesser U. und Bihl V., Z. Naturforsch. **22b** (1967) 903 - 908

Mauser H. und Polster J., Z. physik. Chem. N. F. **91** (1974) 108 - 120

Mauser H. und Polster J., DFG-Forschungsberichte 1978 (Ma 268/36, Ma 268/39, Ma 268/39z und Po 196/1)

Mauser H. und Polster J., Z. Physik. Chem. N. F. **138** (1983) 87 - 105 (Teil I)

Mauser H. und Polster J., Z. physik. Chem. Leipzig **268** (1987) 481 - 501 (Teil II)

Mauser H., Polster J. und Wenck H. (1972a), Chimia **26** (1972) 361 - 365

Mauser H., Starrock V. und Niemann H.J. (1972b), Z. Naturforsch. **27b** (1972) 1354 - 1359

Mohr H. und Schopfer P., Lehrbuch der Pflanzenphysioligie, Springer-Verlag, Berlin 1978

Nie N.H., Hull C.H., SPSS 8, Statistik-Programm-System für die Sozialwissenschaften, Gustav-Fischer-Verlag, Stuttgart 1980

Niemann H.J., Dissertation, Universität Tübingen 1972

Niemann H.J. und Mauser H., Z. physik. Chem. N.F. **82** (1972) 295 - 308

Oesterhelt D. and Hess B., Eur. J. Biochem. **37** (1973) 316 - 326

Oesterhelt D. in: Biochemistry of Sensory Functions, Springer-Verlag, Berlin 1974 (Editor: L. Jaenicke), S: 55 - 57

Perkampus H.H. und Kaufmann R., Kinetische Analyse mit Hilfe der UV-Vis-Spektrometrie, VCH Verlagsgesellschaft, Weinheim 1991

Polster J., Diplomarbeit, Universität Tübingen 1971

Polster J., Dissertation, Universität Tübingen 1974

Polster J., Höbel W., Papperger A. and Schmidt H.-L., SPIE Chemical, Biochemical and Environmental Sensor **1172** (1989) 273 - 286

Polster J. and Lachmann H., Spectrometric Titrations, VCH Verlagsgesellschaft, Weinheim 1989

Polster J. and Mauser H., J. Photochem. & Photobiol., A: Chem. **43** (1988) 109 - 118

Polster J. and Mauser H., Talanta **39** (1992) 1355 - 1359 (Copyright mit freundlicher Genehmigung von "Elsevier Science Ltd.", The Boulevard, Langford Lane, Kidlington OX5 1GB, UK)

Polster J. and Sonntag M., Fresenius Z. Anal. Chem. **324** (1986) 301

Polster J., Sonntag M. and Vogel H., Chromatography International **22** (1987) 5 - 8

Press W.H., Flamnery B.R., Tenkolsky S.A. and Vetterling W.T., "Numerical Recipes in PASCAL", Cambridge University Press, 1989

Reilley C.N., Flaschka H. A., Laurent S., Laurent B., Anal. Chem. **32** (1960) 1218

Reilley C.N., Smith E. M., Anal. Chem. **32** (1960) 1233

Repges R. und Boguth W., Ber. Bunsenges. physik. Chem. **69** (1965) 638 - 641

Snel J.F.H. and Van Rensen J.J.S., Physiol. Plant **75** (1984) 146 - 150

Sonntag M., Diplomarbeit, TU München, Freising - Weihenstephan 1985

Starrock V., Dissertation, Universität Tübingen 1974

Swinbourne E.S., J. Chem. Soc. **473** (1960) 2371

Swinbourne E.S., Auswertung und Analyse kinetischer Messungen, Taschentext 37, Verlag Chemie, Weinheim 1975

Verhagen R., Dissertation, Universität Tübingen 1982

Vogel H., Diplomarbeit, TU München, Freising-Weihenstephan 1986

Wenck H., Polster J., Helv. Chim. Acta **56** (1973) 2036 - 2044

Wilkinson J.H., in "Numerical Software - Needs and Availability", Academie Press, New York 1978

Zurmühl R., Praktische Mathematik für Ingenieure und Physiker, Springer-Verlag, Berlin 1965

Lehrbücher und Monographien

Benson S.W., The Foundations of Chemical Kinetics, Mc Graw-Hill Book Company, New York 1960

Connors K.A., Chemical Kinetics, VCH Verlagsgesellschaft, Weinheim 1990

Frost A.A., Pearson R.G., Kinetik und Mechanismen homogener chemischer Reaktionen, Verlag Chemie, Weinheim 1973

Gauglitz G., Praktische Spektroskopie, Attempto Verlag, Tübingen 1983

Laidler K.J., Reaction Kinetics (Vol. I and II), Pergamon Press, Oxford 1963

Mauser H., Formale Kinetik, Bertelsmann Universitätsverlag, Düsseldorf 1974

Mauser H. and Gauglitz G., Photokinetics, in Vorbereitung

Perkampus H.-H., Kaufmann R., Kinetische Analyse mit Hilfe der UV-VIS-Spektrometrie, VCH Verlagsgesellschaft, Weinheim 1991

Perkampus H.-H., UV-VIS- Spektroskopie und ihre Anwendungen, Springer Verlag, Berlin 1986

Schwertlick K., Kinetische Methoden zur Untersuchung von Reaktionsmechanismen, VEB Deutscher Verlag der Wissenschaften, Berlin 1971

Strehlow H., Knoche W., Fundamentals of Chemical Relaxation, Verlag Chemie, Weinheim 1977

Swinbourne E.S., Analysis of Kinetic. Deta, Th. Nelson and Sons, Ltd. London 1971; dt. Version: Auswertung und Analyse kinetischer Messungen, Verlag Chemie, Weinheim 1975

Sachwortverzeichnis

Chemische Gleichgewichtsthermodynamik

Begriffe – Konzepte – Modelle

von Hermann und Jenspeter Rau

1994. XII, 236 Seiten mit 97 Abbildungen Kartoniert.
ISBN 3-528-06503-6

Aus dem Inhalt: Grundbegriffe und Definitionen: Das Volumen als Zustandsfunktion – Der 1. Hauptsatz der Thermodynamik (Energiesatz) – Der 2. Hauptsatz der Thermodynamik (Entropiesatz) – Gleichgewichte – Formelsammlung.

Die chemische Thermodynamik ist schon im Grundstudium ein Lehrgebiet der Physikalischen Chemie. Aufgrund der Mischung von experimentellen Ergebnissen, Phänomenen und mathematisch-methodischen Konzepten bereitet sie dem Studenten oft Schwierigkeiten. Dieses Lehrbuch hilft mit einem neuen Konzept – einen Lehrenden und einen Lernenden als Autoren zu gewinnen –, die Sichtweise beider am Lernprozeß beteiligten Seiten darzustellen. Mit einem Schwerpunkt auf dem Verständnis des Lesers für die Thermodynamik zeigt das Buch den hohen Praxisbezug dieses Gebietes und ist somit ideal zur anschaulichen Vorbereitung auf das Vordiplom.

Verlag Vieweg · Postfach 58 29 · 65048 Wiesbaden